실전 거버 캐드 8.5
Gerber AccuMark Pattern 8.5

초판 1쇄 인쇄일 2015년 06월 12일
초판 1쇄 발행일 2015년 06월 17일

지은이 염성환
펴낸이 김양수
편집·디자인 곽세진

펴낸곳 도서출판 맑은샘
출판등록 제2012-000035
주소 경기도 고양시 일산서구 중앙로 1456 604호(주엽동 18-2)
대표전화 031.906.5006   **팩스** 031.906.5079
이메일 OKboOK1234@naver.com
홈페이지 www.boOKsam.co.kr

ISBN 979-11-5778-035-8 (13590)

「이 도서의 국립중앙도서관 출판시도서목록(CIP)은 서지정보유통지원 시스템 홈페이지(http://seoji.nl.go.kr)와 국가자료공동목록시스템(http://www.nl.go.kr/kolisnet)에서 이용하실 수 있습니다.(CIP제어번호: CIP2015016068)」

의류 만드는 직업을 천직으로 알고 평생 한길만을 걸어온 필자가 염 성 환 선생과 업계의 발전을 위해서 무엇인가 해야 한다는 책임감으로 함께 연구하고 또한, 서로 충고와 격려 권고를 통해 오랜 세월을 해외 생산 현장에서 함께 하였다.

Gerber는 연륜이 오래된 세계적인 명품 브랜드와 바이어 사이드는 물론이고 전 세계 수많은 의류 벤더들 과, 항공기 시트, 자동차 시트, 가정에 필요한 소파, 완구 등, 제봉사 손길에 의해 만들어지는 모든 품목과 이를 제품화하는 공장에서 많이 도입하여 사용하는 프로그램이다. 안정성과 업무 효율성 측면에서 보면 타의 추종을 불허 할 정도지만, 초보 사용자가 쉽게 접할 수 있는 프로그램은 아니기에 더욱더 이 책에 기재되어 있는 다양한 항목의 주제들이 배움을 원하는 많은 분에게 좋은 지침서가 될 것으로 확신한다.

정밀성, 신속성, 편리성, 재활용성으로 볼 때 앞으로 봉제 업계는 캐드 시스템과 동반자 관계가 되지 않고서는 경쟁력에서 뒤처질 수밖에 없다. 캐드 시스템은 패턴과 마커를 손쉽게 작업할 뿐만 아니라 컷팅 설비까지 연계하여 자동으로 재단하고 있으며 생산성과 품질, 경쟁력에서 앞서고 있다.

캐드 시스템의 도입으로 혁신적인 업무 효율이 이루어졌지만, 컴퓨터의 한계가 없는 것은 아니다.

캐드 그레이딩 오류의 원인을 분석해보면 사용자가 패턴을 X와 Y축의 숫자로 증감하며 사이즈 스펙에만 주안점을 두고 제작에 몰두하다 패턴을 단순히 넘버로 만 인식을 해버리기 때문에 빚어지는 현상이다. 수 작업 패턴이 디지타이징 되어 컴퓨터에 입력되는 순간 물리적으로는 단순 숫자의 조합에 불과하나 다시 프린팅 아웃이 되면 종이 위에 원래의 원형보다도 더 정교한 모양으로 돌아오게 된다.

패턴은 인체의 굴곡 면과 기능에 부합되어야 하며 미적 감각도 떨어져서는 안되므로 패턴 제작은 예술의 경지까지 도달해야 한다는 신념을 가져야한다.

캐드 개발자 역시 성별에 따른 인체의 중요 부위에 가장 알맞는 알고리즘을 도입하여 기형적인 모양의 그레이딩이 되지 않게 해야 한다.

즉 넘어야 할 선을 넘지 않도록 자동 보완 기능을 적용한다면 많은 유저들의 갈채를 받으며 끝까지 존속하게 될 것이다. 3D 프린트로 입체 형상을 복사하여 제품화하듯이 의류 제작 역시 필연적으로 캐드를 기반으로 3D 프린팅과 같은 첨단 기술이 도입되어 활용될 수 있는 날이 도래할 것이다.

배움에 목말라하는 분들과 패턴을 연구하는 분들의 건투를 기원하며……

MBI 전무 신상호

본 책자는 거버 8.5를 기반으로 패턴 수정. 그레이딩. 마커 제작. 내용을 차례로 연계성 있게 구성한 것으로 학습자를 위한 필자의 숨은 배려가 담겨있으며 현장에서 사용하며 경험한 것을 바탕으로 서술하므로 "실전 거버 캐드 8.5" 라 하였다.

GerBer CAD는 운영 환경이 윈도우와 비슷하여 검색과 저장 과정이 편하고 피스를 다루는 것이 매우 정교하며 그레이딩과 마커 넣기 준비 과정도 단계별로 구분되어 있어서 이해하기가 쉽다. 거버의 사용은 의류 이외에 봉제와 관련된 모든 제품에서 사용하는 범위가 대단히 넓어서 세계화된 시장에서 전문직으로 진출하는데 거버의 학습은 선택의 폭을 넓혀줄 것으로 믿는다.

또한, 거버를 바탕으로 설명하고는 있으나 의류 캐드에 관련하여 프로그램에 상관없이 모두 적용되는 정보이며 한정된 지면과 사용해본 경험에만 의존하므로 전체 사용 방법 등에 대해서 100% 설명하지는 못하였다. 바라건대, 뛰어난 후학이 있어 필자가 마련한 토대 위에서 못다 설명한 사용 방법과 정보 그리고 계속 진화하고 있는 3D 캐드의 발전 속도를 앞서는 명쾌한 해설이 이어지기를 기대한다.

끝으로 많은 학습자를 위하여 출간을 도와주신 도서출판 맑은샘 임직원께 감사의 말씀을 드린다.

거버의 장점

자동마커 넣기 Accu Nest

거버의 자동마킹 기능은 수작업 캐드 마커의 효율을 뛰어넘는 대단히 우수한 기능이며 블록 마커가 필요한 경우 사용방법에 따른 테크닉을 필요로 한다.

첵크무늬 맞추기

사용할 원단의 사진을 찍어 바탕 화면에 놓고 원단에 직접 배열 하는 것과 같은 느낌으로 합복 위치를 맞추어 배열한다.

제1장 Accu Mark Explorer에서 파일 불러오기 저장하기 방법을 설명한다.

제2장 Pattern Design에서 패턴 제도와 관련된 핵심적인 기능들을 설명하여 패턴을 수정하거나 몸판에서 부속을 복사하고 다트 넣기와 같은 중요한 기능을 설명한다.

제3장 MARK 넣기와 관련된 일 방향과 양방향 마커 근접 마커 블록 마커 등에 대해서 생산현장에서 사용하는 기술과 방법을 설명한다.

제4장 자동 마킹에서 일방향 양방향 블록마커 근접 마커를 실시하는 방법에 대하여 설명하며 편리함과 효율성을 실감 할 수 있다.

제5장 그레이딩에 대하여 기본적인 수칙을 이해하고 입력하는 방법을 배운다.

CONTENTS

PART 01   GERBER Technology 5개의 카테고리

PART 02   Pattern Design

PART 03　　마커

PART 04 자동 마커

PART 05 그레이딩

PART
01

GERBER Technology
5개의 카테고리

모니터에서 처음 보게 되는 GERBER Technology 메인이며 모니터 화면에서 메인이 보이지 않을 경우 Gerber Launchpad 단축 아이콘을 클릭한다.

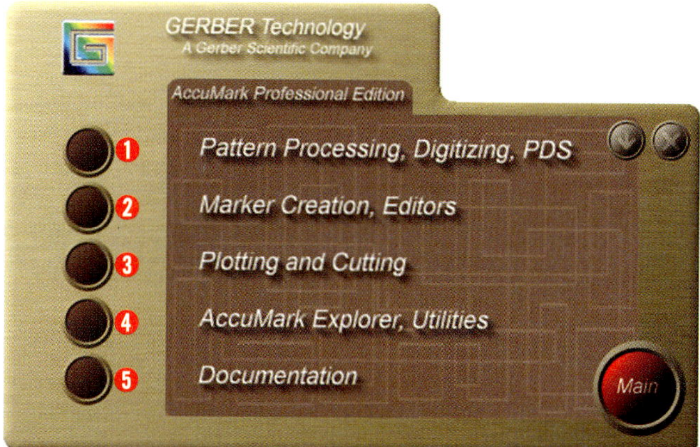

Pattern Design

❶ Pattern Design에서 그레이딩 패턴 제도 & 교정 작업한다.

Mark Marking

❷ Mark Marking 마킹 & 소요량 산출한다.
❸ Mark와 관련된 카테고리 작성한다.

Accu Mark Explorer

❹ Accu Mark Explorer에서 파일 저장 검색한다.
❺ Accu Mark에 관해 설명한다.

파일 열기

Gerber Technology 위에서 4번째 단추를 클릭.
좌측 상단 첫 번째 단추를 (Accu Mark Explorer) 클릭한다.

 Accu Mark Explorer

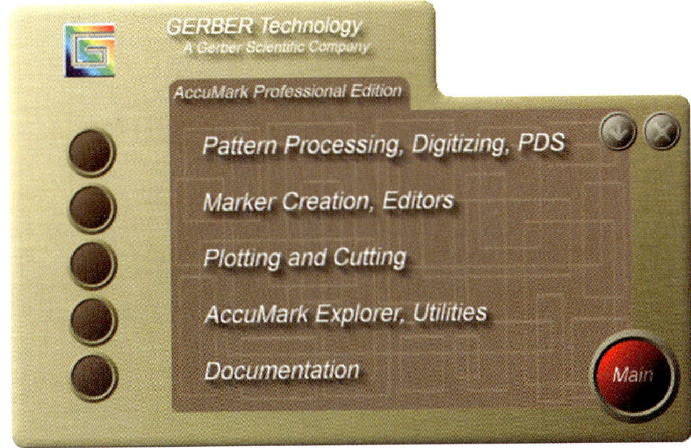

Pattern Design에서 스타일별로 열기 & 다른 스타일을 같은 작업 화면으로 불러오기

Accu Mark Explorer에서 − TOOIS − Default Piece Open Function − Pattern Design −
Open Separate Work Area − 스타일 넘버 별로 불러낸다.
Open in Active Work Area − 스타일 넘버가 달라도 함께 불러낸다.

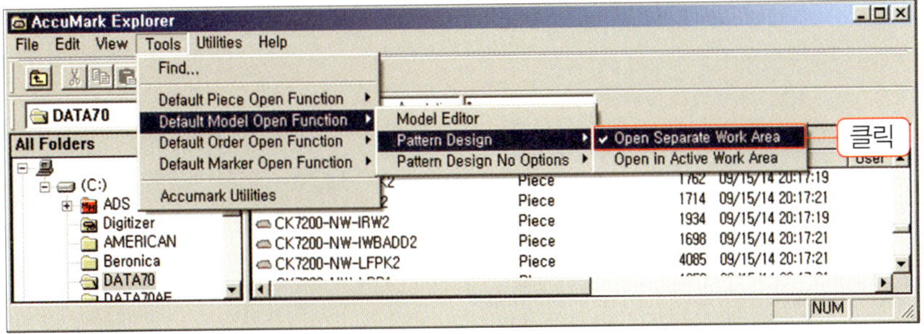

Accu Mark Explorer에서 스타일 넘버 찾기

❶ Accu Mark Explorer – 파일이 들어있는 폴더를 열어놓는다.

❷ 별표 – 스타일 넘버 – ＊ 별표 – Enter

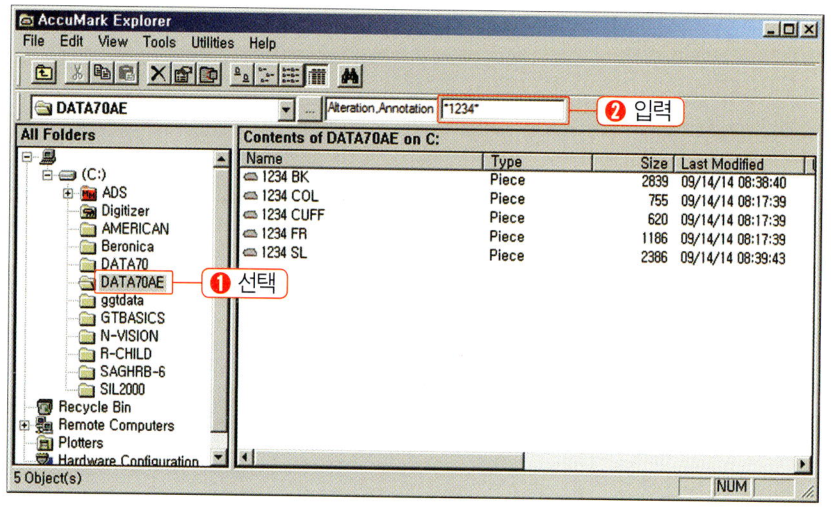

- 스타일 넘버 #9020 #8020 #4720이 있고 2번에 ＊20＊ 이라고 입력하면 끝에서 두 자리 같은 스타일은 모두 보이게 된다.
- 스타일 넘버 #1234 #1256 #1278이 있고 2번에 ＊12＊ 이라고 입력하면 첫 번째 두 자리 같은 스타일은 모두 보이게 된다.
- 스타일 넘버 #0009 #4789 #3759이 있고 2번에 ＊9＊ 이라고 입력하면 끝자리가 같은 스타일은 모두 보이게 된다

 참고

파일이 들어있는 폴더를 알 수 없을 때 스타일 넘버를 입력한 다음 폴더를 차례로 클릭한다.

미리보기 Quick View

Acc Mark Explorer에서 Pattern Design으로 불러내기 전에 내용을 먼저 볼 수 있는 방법으로 패턴의 모양이나 번호 등을 확인하고 삭제가 필요할 때 대조하기가 쉽다.

❶ 마우스 왼쪽을 누르고 드래그 – ❷ 마우스 오른쪽 – ❸ Quick View

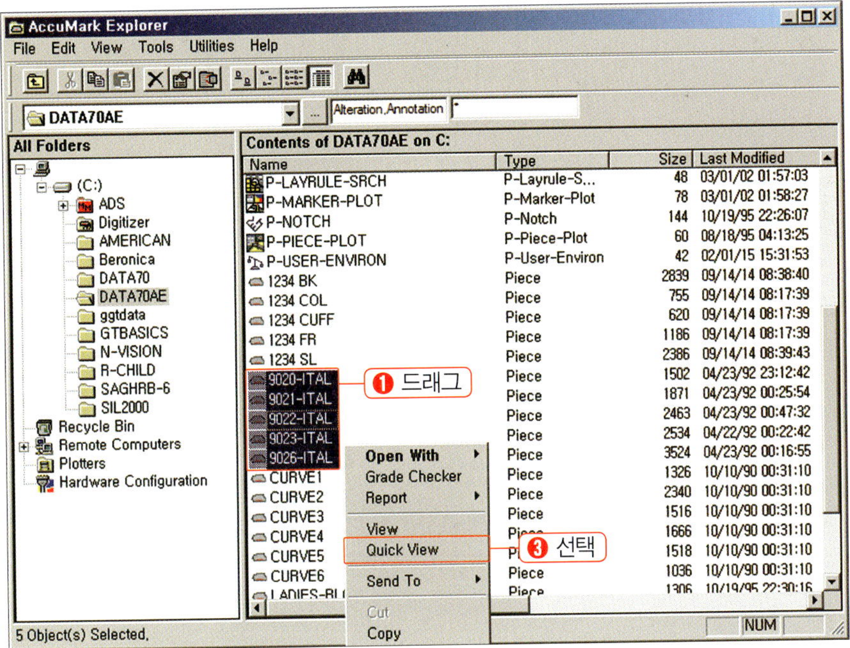

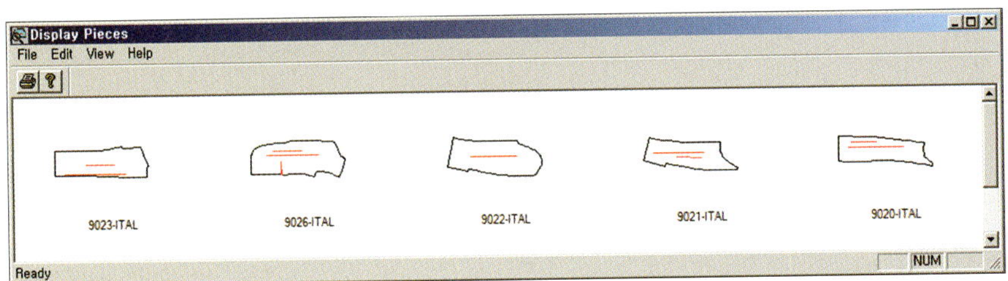

폴더에서 스타일 넘버 복사 / 바꾸기

❶ 스타일 넘버 드래그 – ❷ Save As
에서 마우스 왼쪽 클릭 – 대화상자
에서 – ❸ 새로운 스타일 넘버 1234
* 입력 – Enter – OK

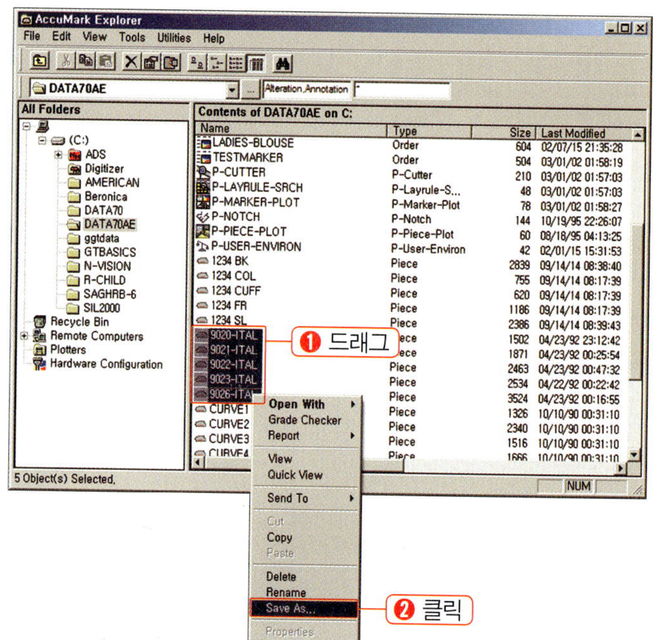

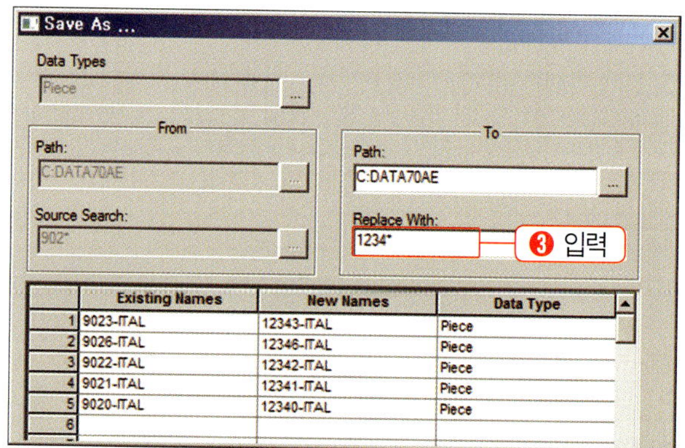

⚠ **참고**

- enter를 먼저 실행하면 바뀐 스타일 넘버를 확인할 수 있으나 입력창에서 OK 를 클릭하면 바로 복사된다. (Enter를 먼저 실행하여 스타일 넘버를 확인한다.)
- 별표를 스타일 넘버 앞에 넣으면 피스 이름이 앞에 오고 별표를 뒤에 넣으면 스타일 넘버가 앞으로 오고 피스 이름이 뒤에 붙는다.
- 스타일 넘버 바꾸기가 안될 때 패턴에 입력날짜가 있으면 날짜를 모두 지운다.

스타일 넘버를 입력하여 찾기

❶ Accu Mark Explorer – ❷ 스타일 넘버 입력 – 예) *1234* 별표를 앞뒤로 넣고 – 폴더 클릭

⚠ 참고

- 스타일 넘버를 입력하고 패턴이 저장된 폴더를 클릭하면 입력한 패턴만 보이게 되며 저장된 폴더를 모르는 경우에 각 폴더를 모두 클릭해 나아간다.
- 스타일 넘버를 정확하게 알지 못하고 앞뒤로 두 자리 정도만 입력하여 근접한 스타일을 모두 찾아서 확인한다.

예) * 34 *라고 입력하고 폴더를 클릭하면 1234 / 1534 / 9234라는 패턴이 모두 보이게 된다.

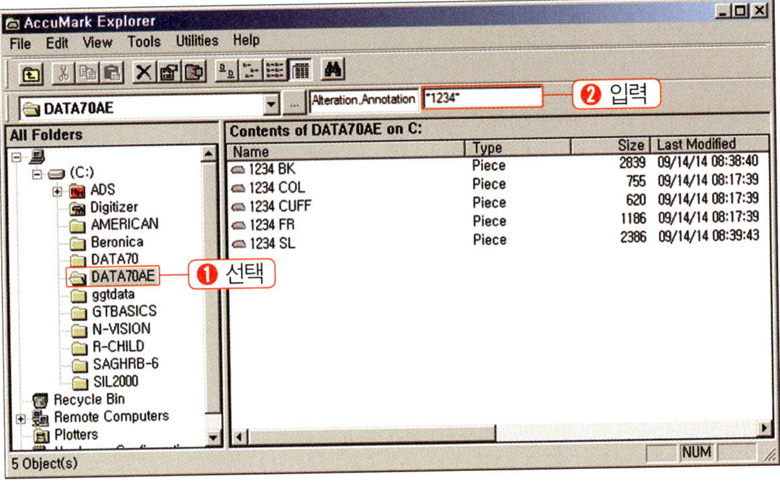

스타일 넘버 내용 바꾸기

Accu Mark Explorer에서 – ❶ 한 개만 클릭 – 마우스 오른쪽 – ❷ Rename – 커서를 안에 놓고 마우스 왼쪽 클릭 – 내용을 변경한다.

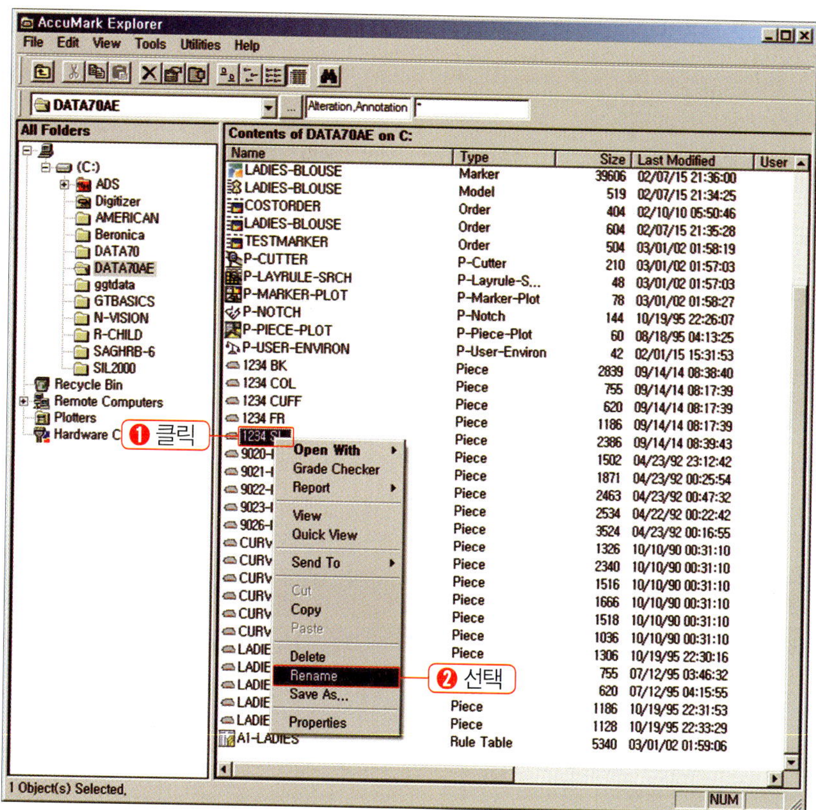

Pattern Design으로 불러내기

❶ 스타일 넘버를 모두 드래그 – 마우스 오른쪽 클릭 – ❷ Open Separate Area 클릭한다.

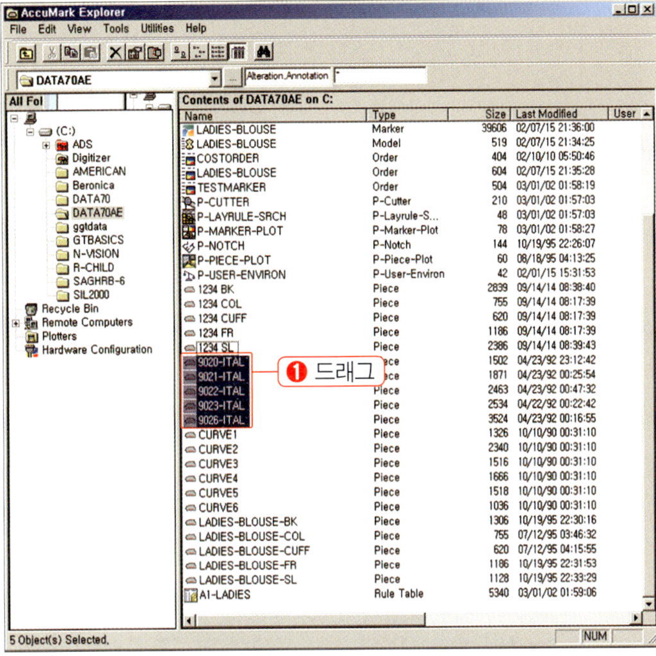

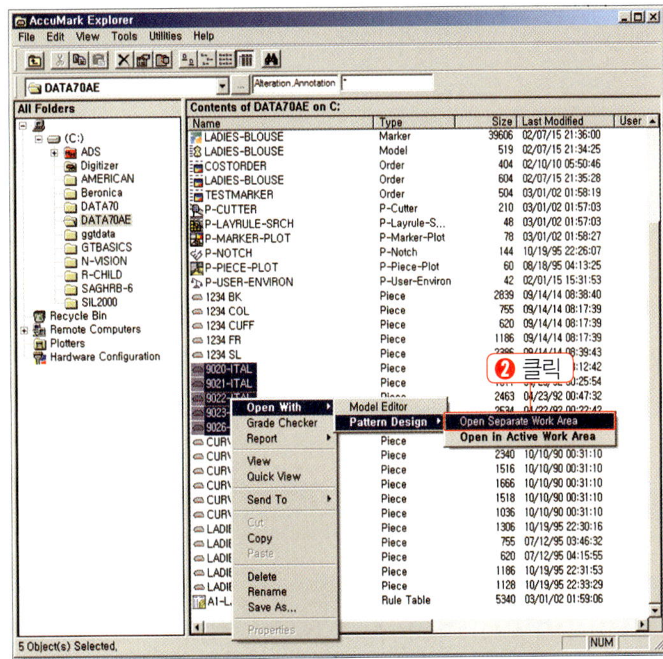

피스를 작업 영역으로 불러오기

Pattern Design – File – Open

1) 피스를 하나씩 작업 화면으로 불러내려면 – ❶ 패턴에 커서를 놓고 마우스 왼쪽 클릭 – ❷ 작업 화면에 놓고 마우스 왼쪽 클릭.

2) 한꺼번에 모두 불러들이려면 패턴 툴에 커서를 놓고 마우스 오른쪽 클릭 – ❸ Place All Positioned – 마우스 왼쪽 클릭.
   Icon Only – 상단에 피스만 보인다.
   Name Only – 스타일 넘버만 보이게 설정된다.
   Icon and Name – 피스와 스타일 넘버 함께 볼 수 있다.

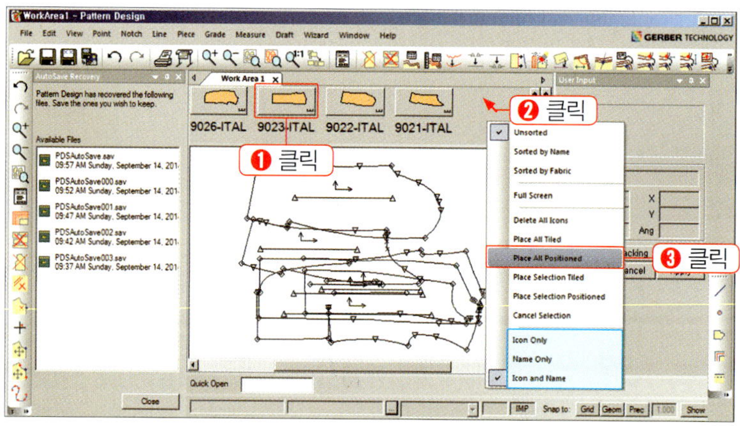

스타일별로 작업 화면을 따로 열기

Tools – Default Piece Open Function – Pattern Design – Open Separate Work Area를 클릭하면 스타일별로 화면을 따로 열 수 있게 된다.

> ⚠ **참고 1**
>
> Open in Active Work Are가 클릭 되어 있으면 한 스타일만 열리게 된다.

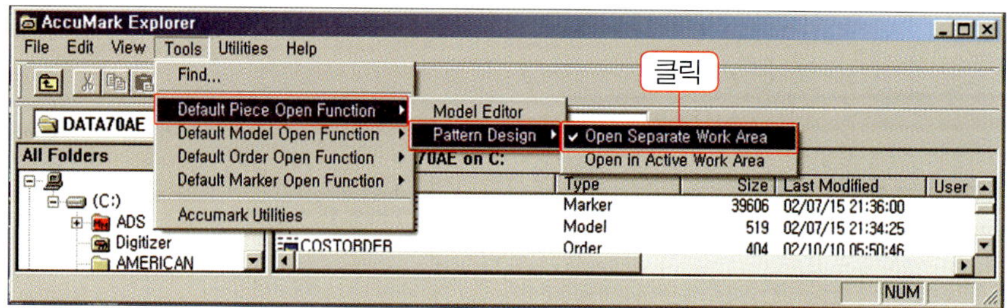

화면에 피스를 가지런히 정리하는 방법

작업 화면에 불러들인 피스가 서로 겹쳐있으므로 보기와 같이 정리한다.

윈도우 표시 단추를 누른 상태에서 F2를 누르면 정돈된다.
윈도우 단추를 누른 상태에서 F2를 계속 연타하면 피스들이 가로 방향으로 정돈된다.

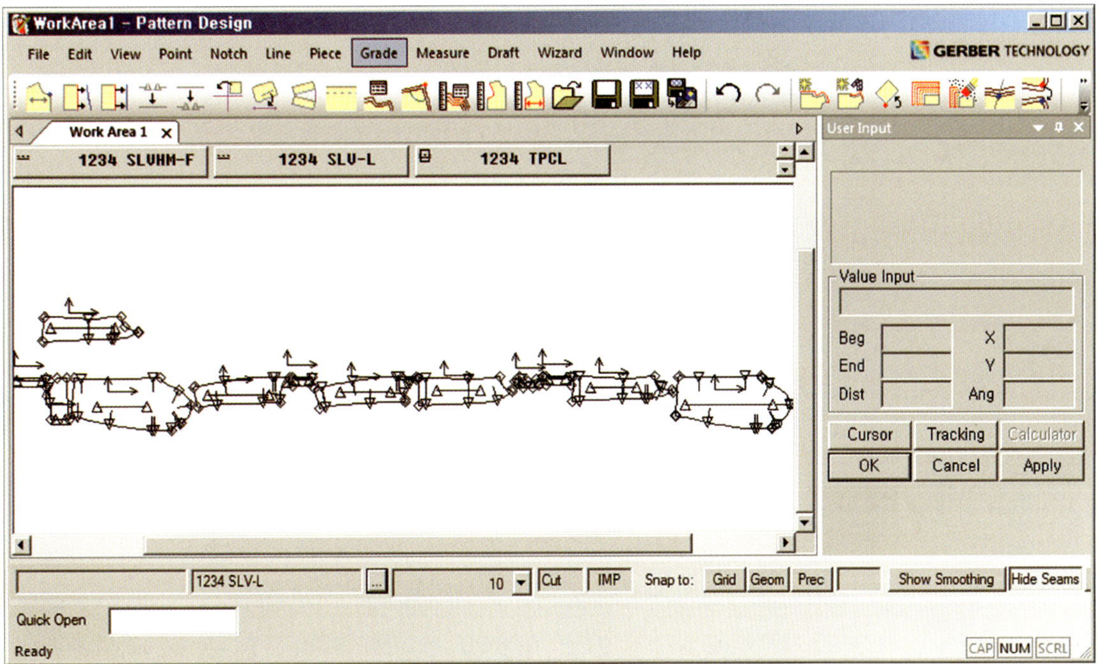

기본 단축 아이콘 환경설정

Pattern Design에서 – ❶ View – ❷ Toolbar – ❸ 기본 툴바가 상단에 설정된다.

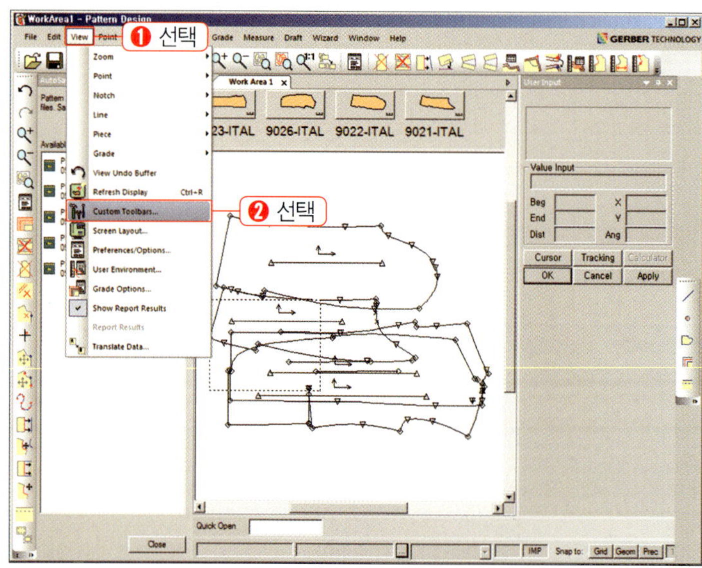

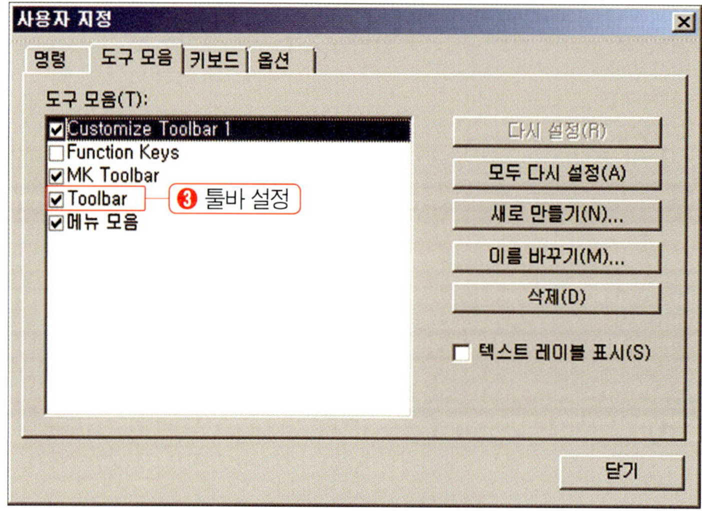

기능별 단축 아이콘 찾기

Pattern Design에서 − ❶ View − ❷ Custom Toolbars − ❸ 명령 − ❹ 필요한 것을 커서로 집어서 상단 틀에 놓는다.

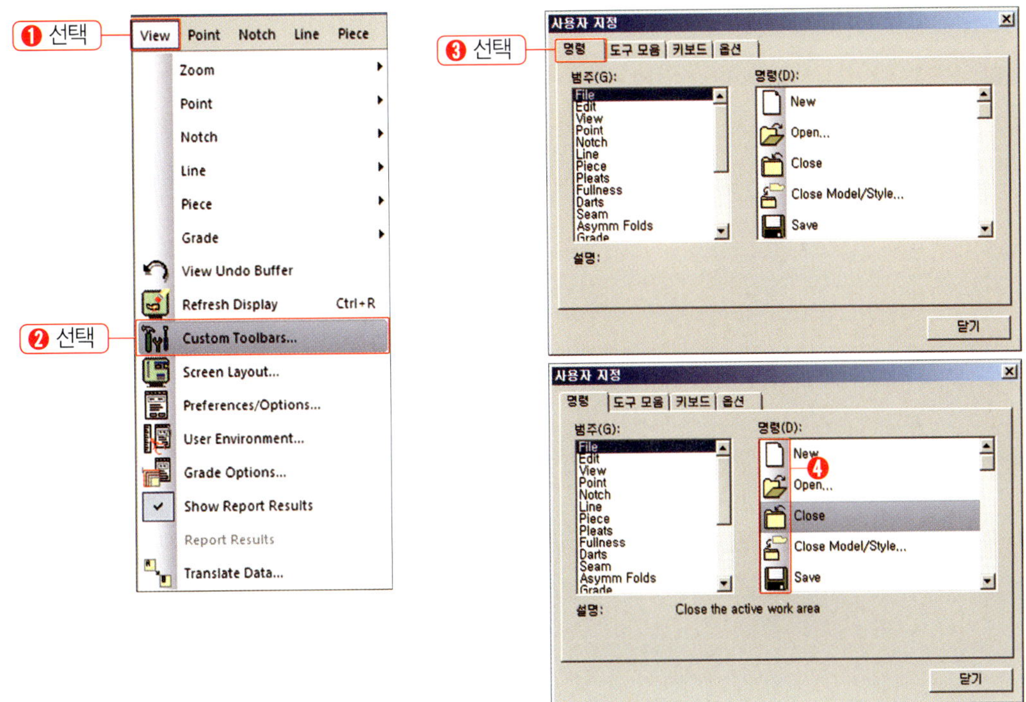

Pattarn Design 작업 화면에서 단축 아이콘 모두 보이기 지우기

❶ View − ❷ Screen Layout − Screen Layout − ❸ Menu Icons 클릭

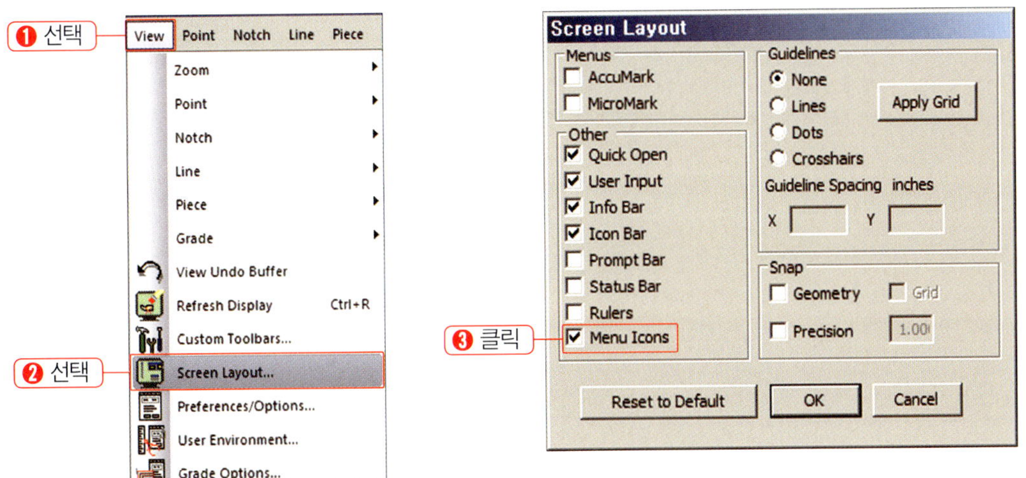

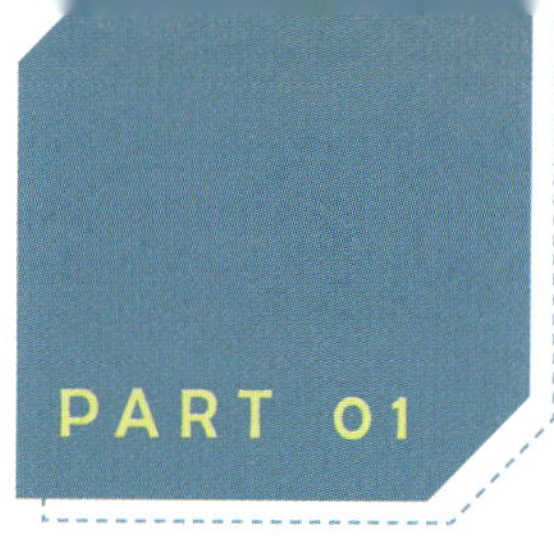

Pattern Design에서 inch & cm 설정

❶ View – ❷ User Environment – ❸ 미터 & 인치 설정 – Save

Metric : 미터 설정

Imperial : 인치 설정

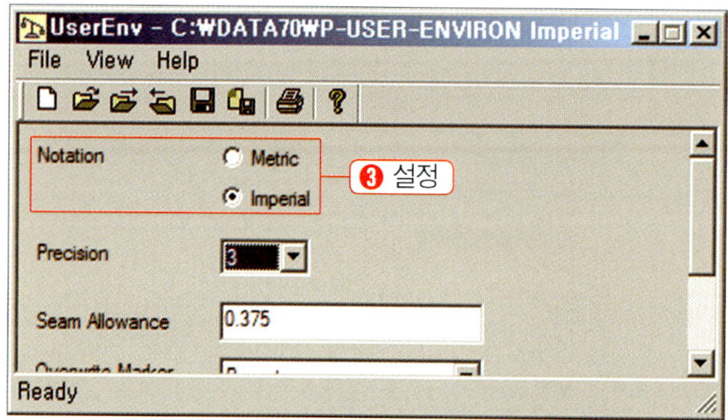

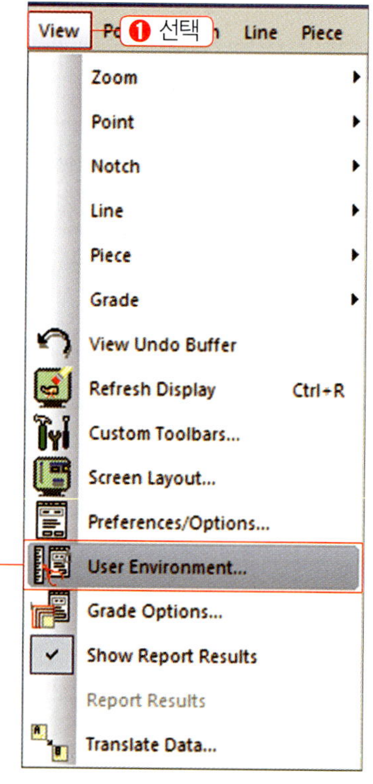

환경설정 색상 바꾸기

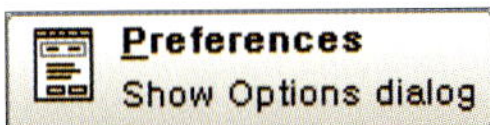

프린트 과정에서 패턴의 색상을 일시적으로 지워야 할 때 패턴의 주석을 넣을 때 숫자의 색상을 강조하기 위해서 Color를 바꾼다.

패턴 색상 지우기

View – Preferences/Options – Display – Filled Pieces 란의 체크 표시를 지우고 – 적용 – 확인 – 복원이 필요할 때 같은 방법으로 체크 표시를 넣어준다.

패턴 색상 바꾸기

View – Preferences/Options – Color – Fabric Type – 선택 – OK – Save – 확인

Original – 작업 화면에서 대기 중인 피스의 색상

Highlighted – 커서에 의해서 피스가 움직이지 않을 때 검정으로 설정한다.

Near – 클릭할 때 기본색과 다르게 설정

Selected – 포인트 활성화되었을 때 색상

Fabric Type – 작업 화면으로 불러들이기 위해서 클릭할 때 표시로 남는 색상설정

Use Rainbow 체크아웃 – 그레이딩 선 사이즈별로 다르게 설정

Annotation – 포인트 숫자 색상

Work Area – 바탕화면 색상 설정

Grid – 바탕화면 격자선 색상 설정

Arrows – 포인트 사각의 테두리 색상 설정

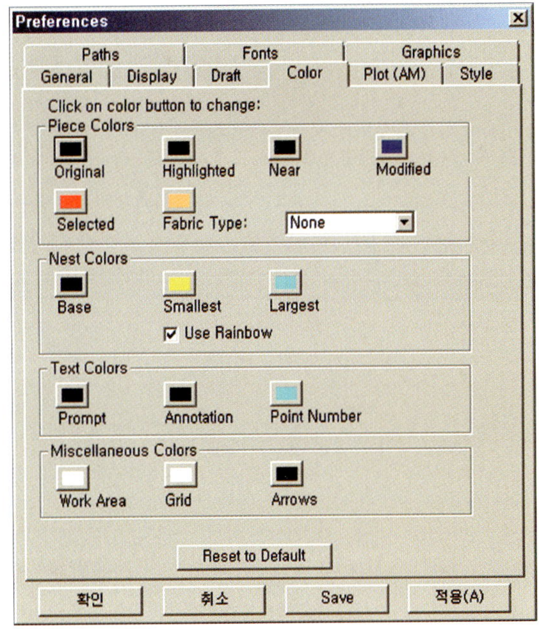

Pattern Design에서 지원되는 기본 패턴

종류별로 제공되는 패턴으로 연습과 제도를 모두 연습해 볼 수 있다.

남성복 패턴

종류별로 10개의 패턴 샘플을 지원한다.

Wizard – Mens – Mens Dust Cort
– OK 클릭 – 작업 화면에 커서 놓고
마우스 왼쪽 클릭 – 패턴이 화면에 놓
인다.

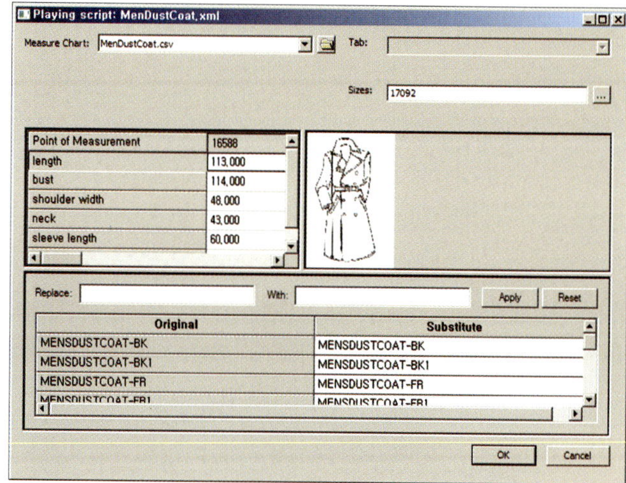

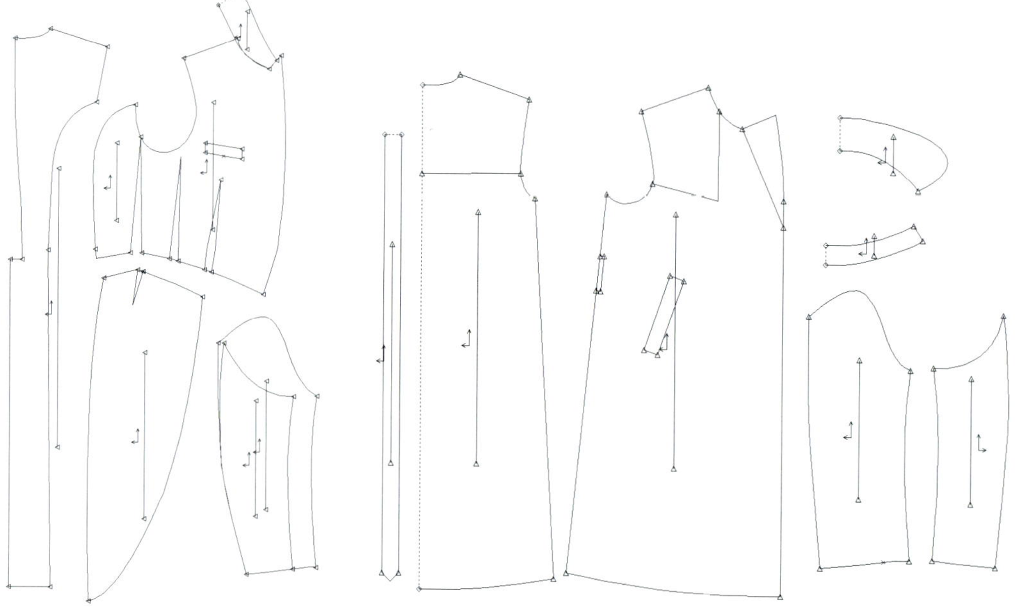

여성복 종류별로 12개의 패턴을 지원한다.

Wizard – Womens – Womens Dress 2 – OK 클릭 – 작업 화면에 커서 놓고 마우스 왼쪽 클릭 – 패턴이 화면에 놓인다.

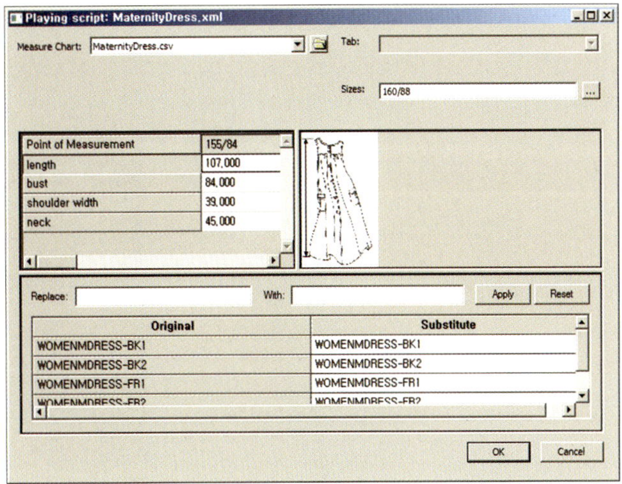

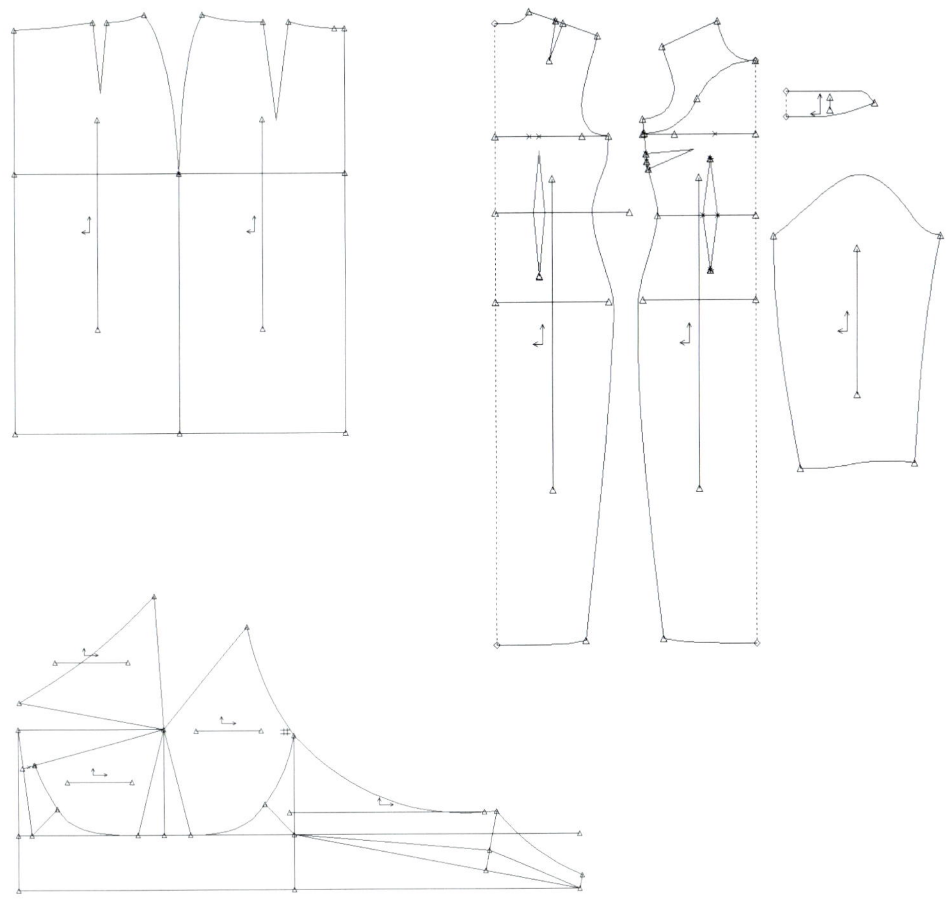

Wizard – Childrens – Girls Dress –
OK 클릭 – 작업 화면에 커서 놓고 마
우스 왼쪽 클릭 – 패턴이 화면에 놓인
다.

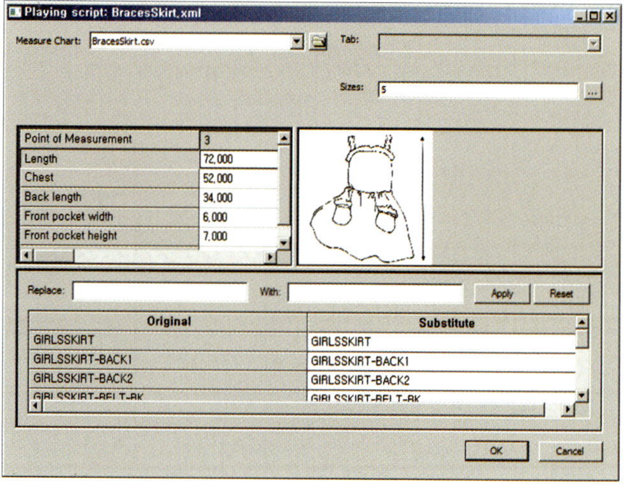

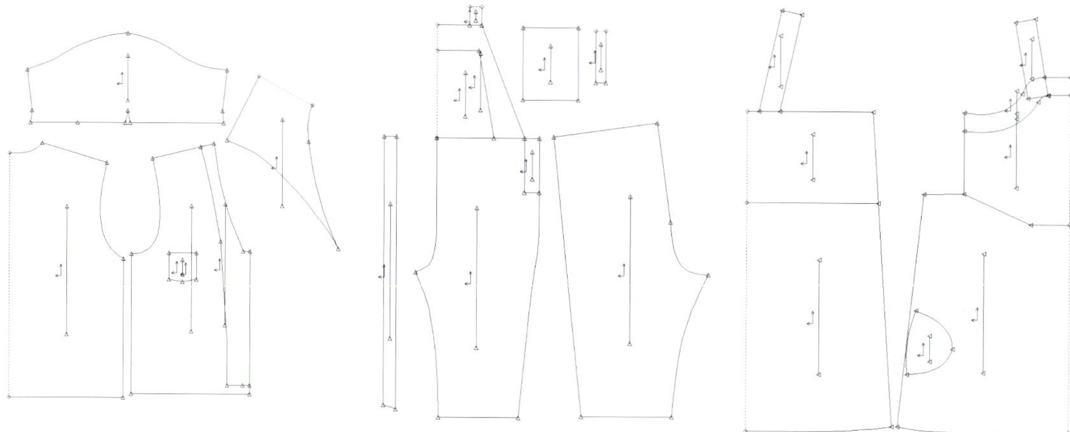

기본 사이즈 바꾸기 추가 & 삭제하기

기본 사이즈 바꾸기

Grade −Edit size Line −Chang Base Size −
패턴을 모두 드래그 Chang Base Size 입력창
에서 교체할 사이즈 선택 − OK − 저장

그레이딩이 되어있는 상태라면 기본 사이즈가
바뀌면서 패턴의 크기도 화면에서 바뀐다.
기본 사이즈가 바뀐 상태 확인.

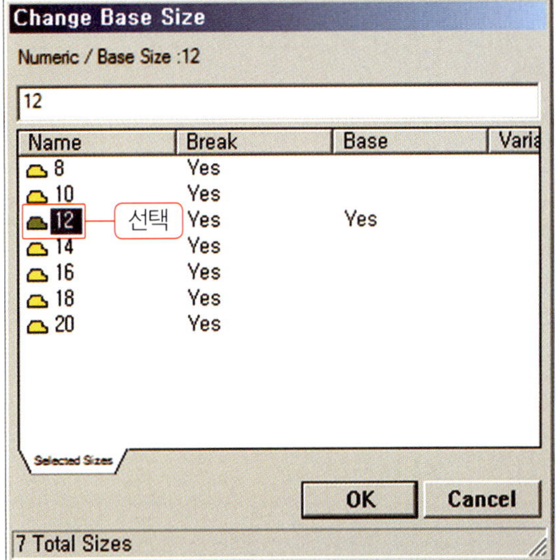

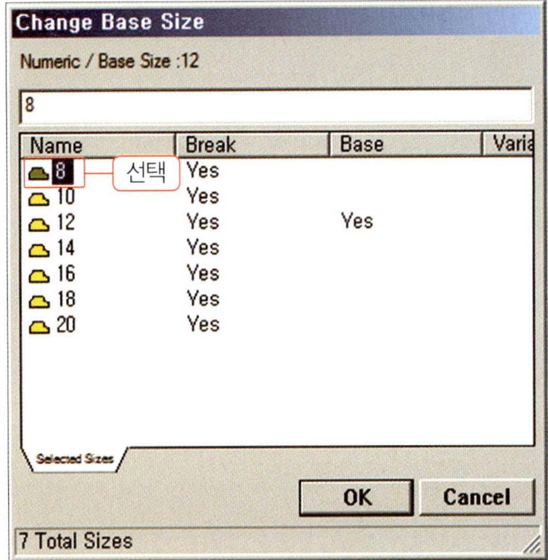

사이즈 추가 &삭제하기

Grade − Edit Size Line − Edit Break sizes

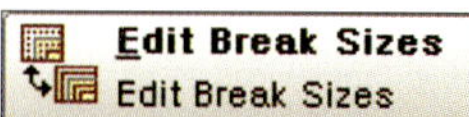

추가 − 피스를 모두 화면에 불러놓고 − Grade − Edit Sizes
Line − Edit Break Sizes − ❶ 화면에서 마우스 왼쪽 클릭 −
마우스에서 손을 놓고 − ❷ 마우스만 움직여 패턴을 사각 안
에 들어가도록 드래그 − 마우스 오른쪽 클릭 − OK − 입력창
에서 − 예) 18 입력 − OK

삭제 − 삭제할 사이즈 선택 − Delete Break

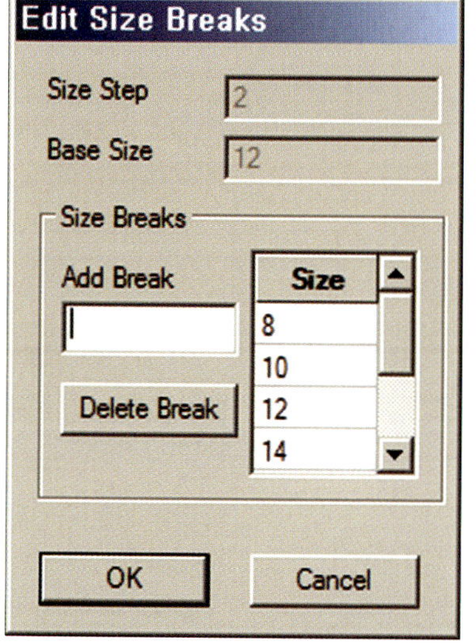

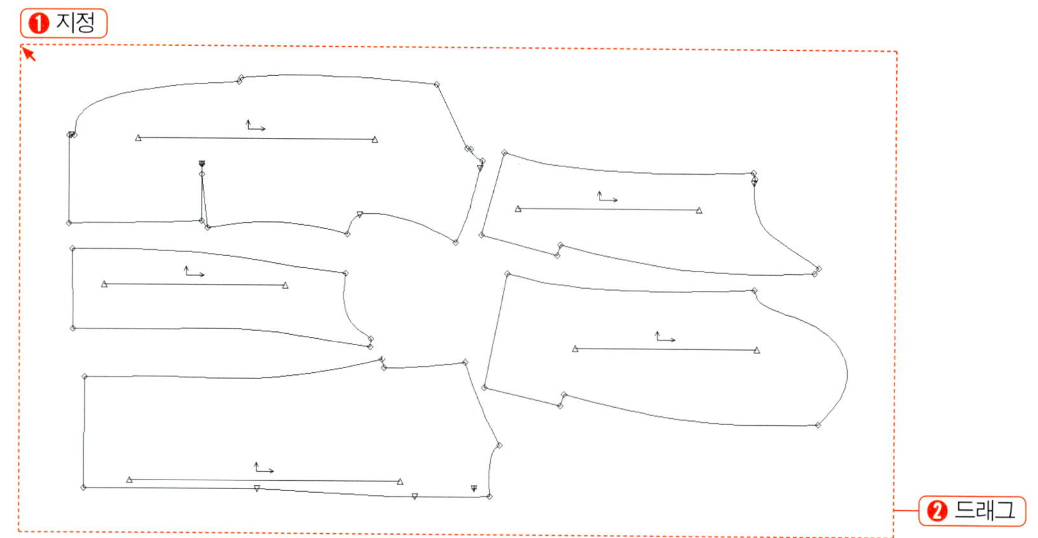

⚠ **참고**

그레이딩이 끝난 상태에서 18호를 추가하면 16호의 그레이드 룰 값이 적용되면서 자동 그레이드
된다

Pattern Design에서 저장과 실행이 안 될 때

Pattern Design에서 저장과 실행이 안 될 때

점검(1) – 저장되지 않을 때 점검

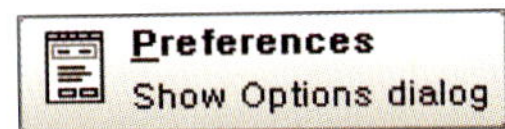

View – Preferences/Options – General – V7로 되어있을 때 V8을 체크하고
V8로 되어있을 때 V7을 체크한다.

Preferences/Options – General – V7에 체크 표시 V8로 바꾸고 적용 – 확인 – 저장
Preferences/Options – General – V8에 체크 표시 V7로 바꾸고 적용 – 확인 – 저장

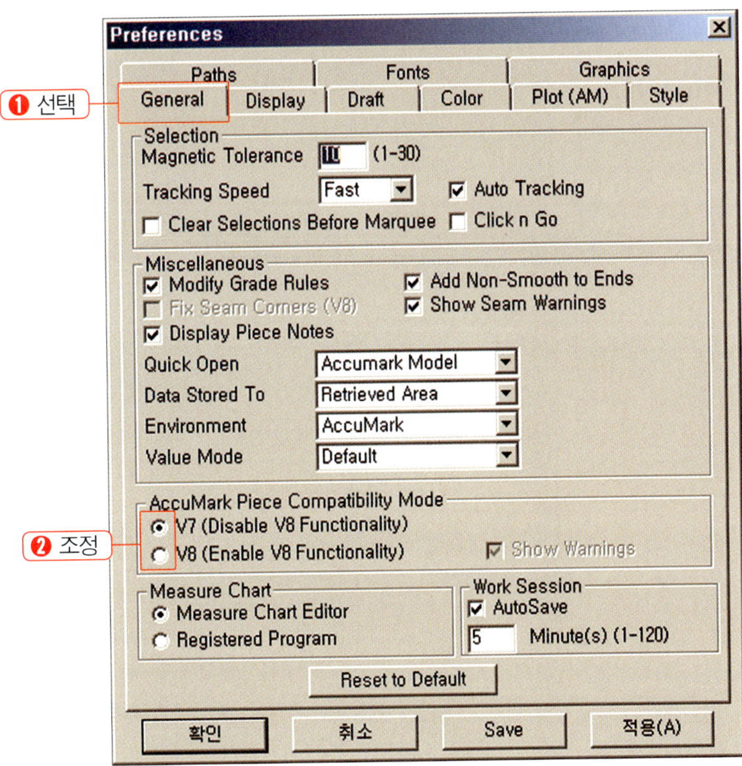

Piece – Seam – Copy Piece No Seam – 피스에 커서 놓고 마우스 왼쪽 클릭 – 복사된 것을 옮겨놓고 왼쪽 클릭 – 마우스 움직이지 않고 오른쪽 클릭 – OK – Delete Piece from Work Area – 원본 삭제 – 복사본 저장 – 재실행한다.

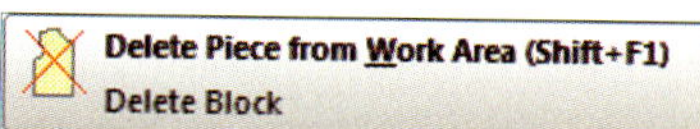

2 – 원본은 삭제한다.

Delete Piece from Work Area 클릭 – 원본 클릭 – 마우스 오른쪽 – OK

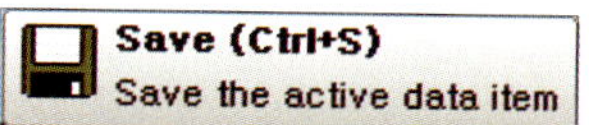

3 – 복사한 피스를 저장한다.

Save – 복사한 피스에 커서 놓고 마우스 왼쪽 클릭 – 오른쪽 – 저장

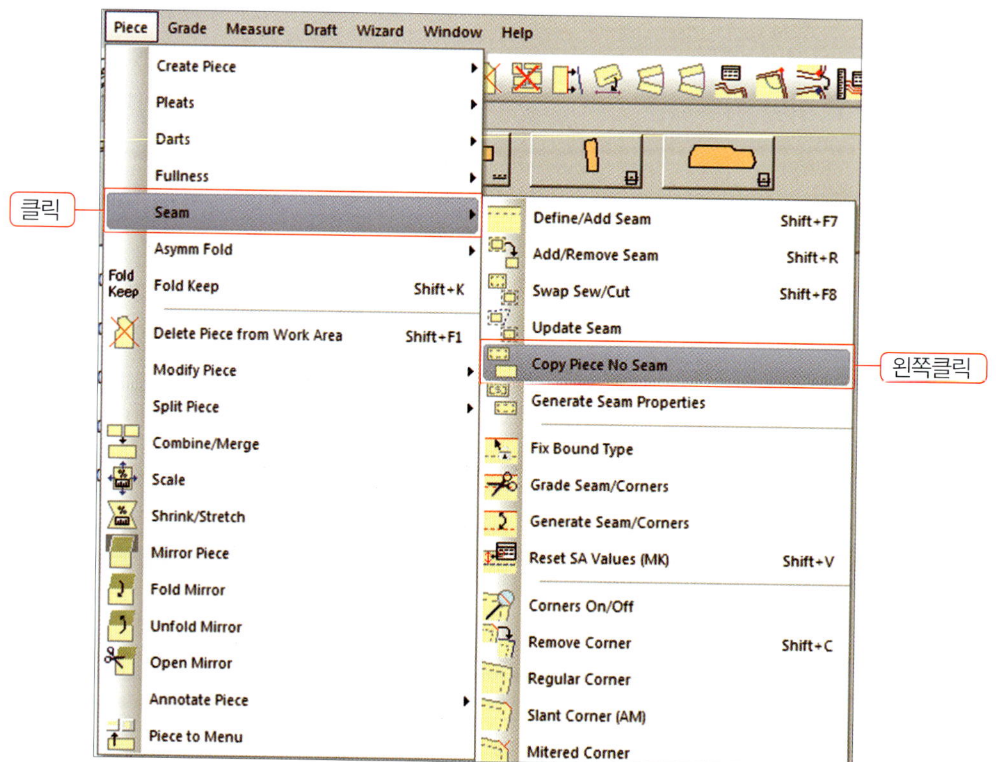

절개되거나 겹쳐 있는 위치를 찾는다

점검(4)

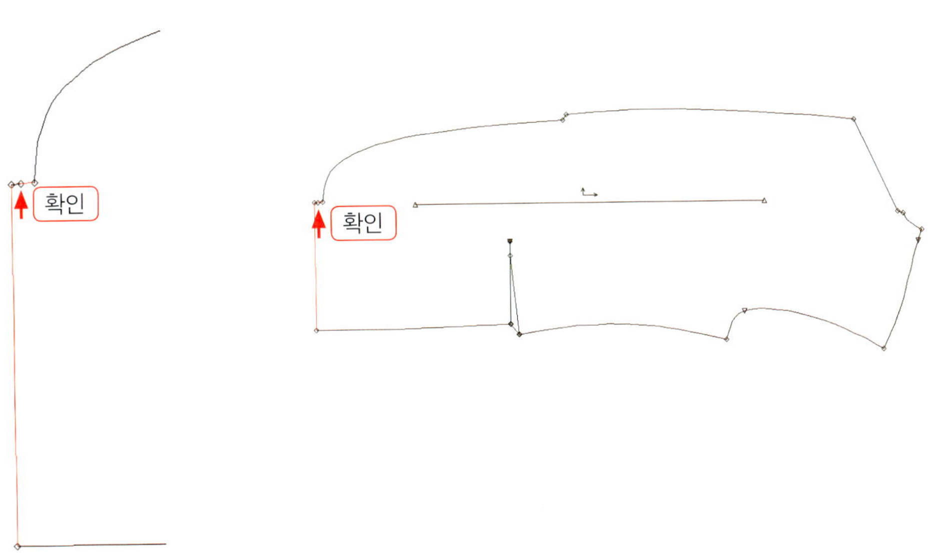

1) Combine/Merge – 커서를 선에 놓고 마우스 왼쪽 클릭 선이 끊어진 위치를 확인한다.

2) 크게 확대하면서 포인트가 겹쳐진 곳이 있는지 관찰한다.

육안으로는 잘 보이지 않으나 선이 꼬여 있거나 겹쳐진 곳이 반드시 있다.
겹쳐진 포인트를 찾아 지우고 선을 이어주면 저장된다.

> ⚠ **참고**
> 끊어진 선을 이어주려면 – Combine/Merge 클릭 – 끊어진 패턴선 양쪽 클릭 – 마우스 오른쪽
> 클릭 – OK 선이 이어진다.

Zip 파일로 저장하기 / Zip 파일 불러들이기 열기

Zip 파일로 저장하기

Accu Mark Explorer에서 지정한 다른 폴더에 zip 파일로 저장하기
파일을 메일로 보내야 할 경우 또는 다른 폴더에 보관이 필요할 때 zip 파일로 저장한다.

❶ 스타일 전체 드래그 – ❷ File에서 – ❸ Export Zip – Export To 대화상자에서 – ❹ 저장 위치 저장할 폴더 선택 – ❺ 파일이름에서 스타일 넘버 입력 – 파일 형식 – ZIP Files 설정 – ❻ 저장

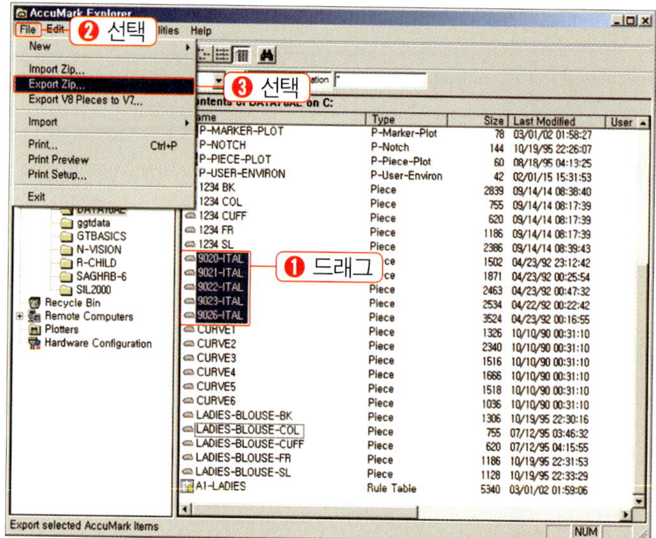

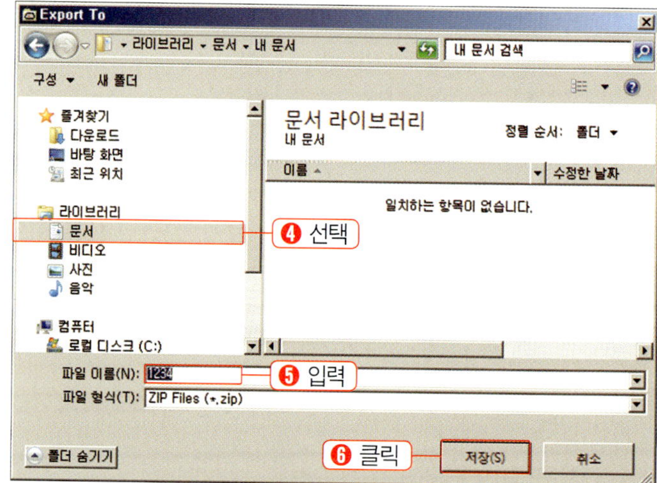

Zip 파일 불러들이기 열기

❶ 저장할 폴더 선택 예) SIL2000 –
❷ File – ❸ Import Zip – ❹ 찾는
위치에서 Zip 파일이 있는 폴더 클릭
– ❺ Zip 파일 클릭 – ❻ 열기 –

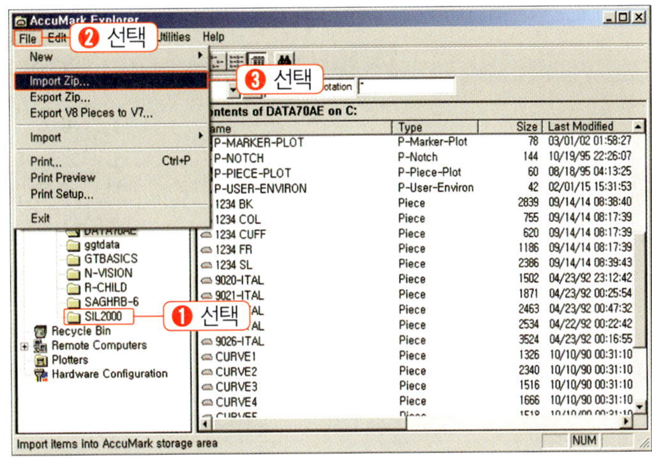

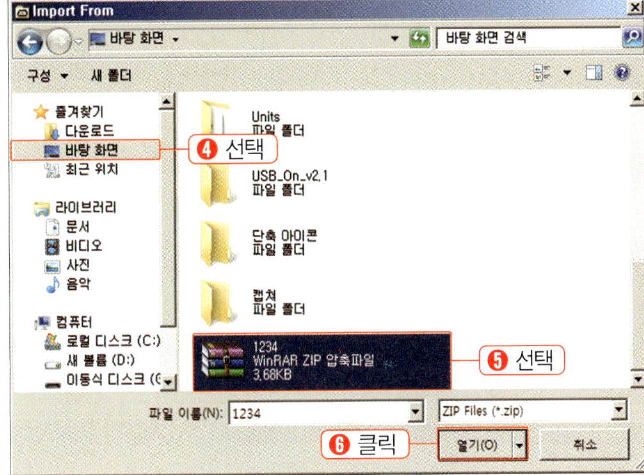

❼ OK – ❽ SIL2000 폴더에 모두 저장된다.

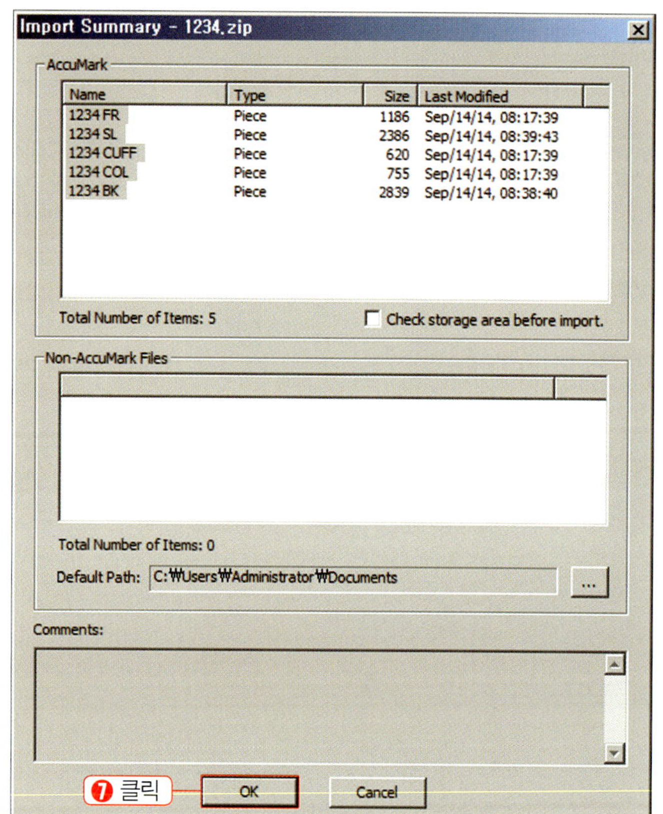

파일 백업하기

storage 전체 백업

내 컴퓨터 – C; – userroot – storage – 복사

폴더 한 개만 백업하려면 C; – userroot – storage – 폴더 – 복사

백업 파일 재설정

백업 파일을 Accu Mark Explorer에서 불러내려면 storage 폴더에 넣어야 한다.

C; – userroot – storage – 붙여넣기 – 컴퓨터 재시동한다.

그림파일 & Polt 파일 Open

유용한 그림 모음

Pattern Design에서 File – Import – Import Browser – Preview
File을 선택하고 Preview를 클릭 그림을 클릭하여 작업 영역에 놓는다.

그려보기 연습

피스 만들어 넣기 참고 – 그려보기 연습을 하려면 하나의 피스가 작업 영역에 있어야 한다.

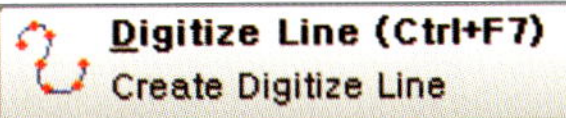

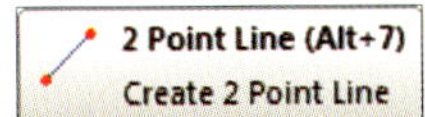

Pattern Design에서 저장한 피스를 불러낸다 – Digitized 클릭 – 선을 그려 넣고 선을 끊어야 할 때 더블 클릭 – 커브에서 마우스 오른쪽 Curve 클릭 선을 계속 그려 넣고 90° 선을 꺾어야 할 때 마우스 오른쪽 Line 클릭 – 계속 진행한다.
커브와 직선이 계속 진행되어야 할 때 Curve와 Line을 반복적으로 클릭하면서 진행한다.

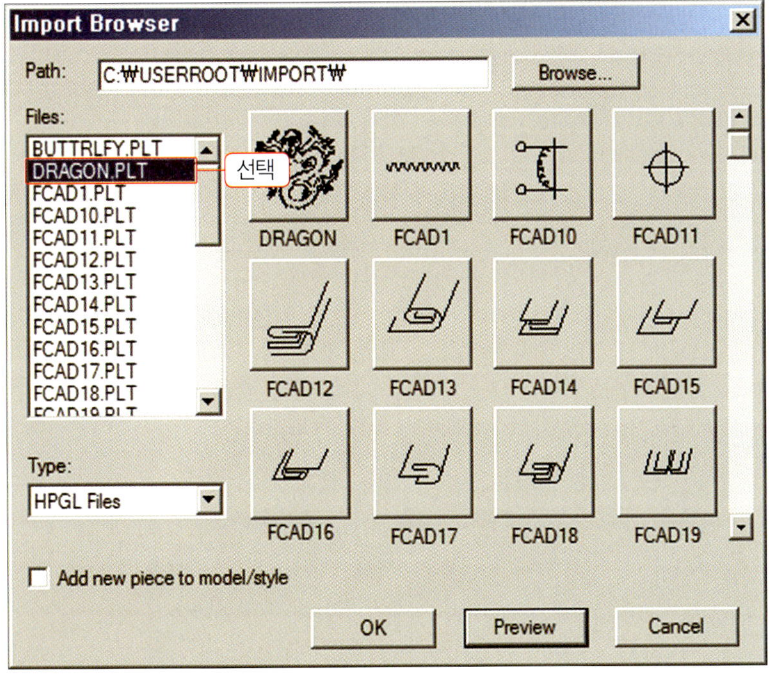

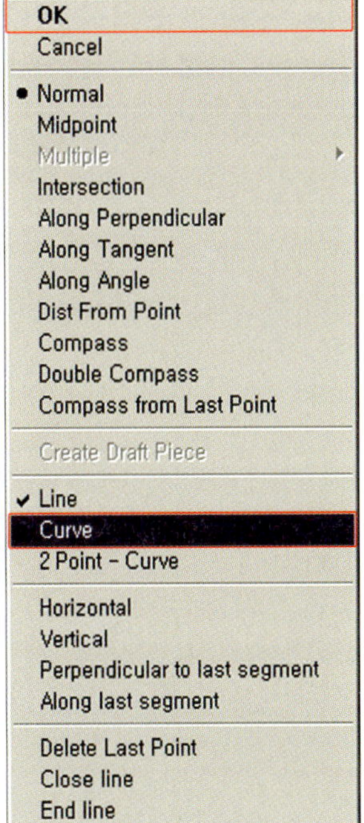

피스 입력 디지타이저 / 마우스 사용법

피스 입력 디지타이저

CAD 작업자가 반드시 숙지하고 있어야 할 사항.

입력이 끝난 다음 내용을 수정하려면 Accu Mark Explorer에서 한 피스씩 수정할 수 있다

스타일 넘버 / 조각명 / 원단S / 안감 L / 심지F /순으로 입력하며 중요한 원단은 S를 먼저 넣고 심지는 F를 안감은 L을 첫머리에 넣으며 원단과 심지가 함께 필요한 부위는 SF라고 입력한다.

피스의 명칭 앞판 또는 뒤판 (FRONT & BACK)

원단 S. (SELF)

심지 F. (FUSE)

안감 L. (LINING)

Front SF – FR SF 앞판이며 심지 패턴

Front ling – FR L–앞판이며 안감

Top Collar – TCLR SF 위 카라 겉감과 심지

Under Colla – UCLR SF 아래 카라 겉감과 심지라는 뜻으로 원문을 줄여서 입력한다.

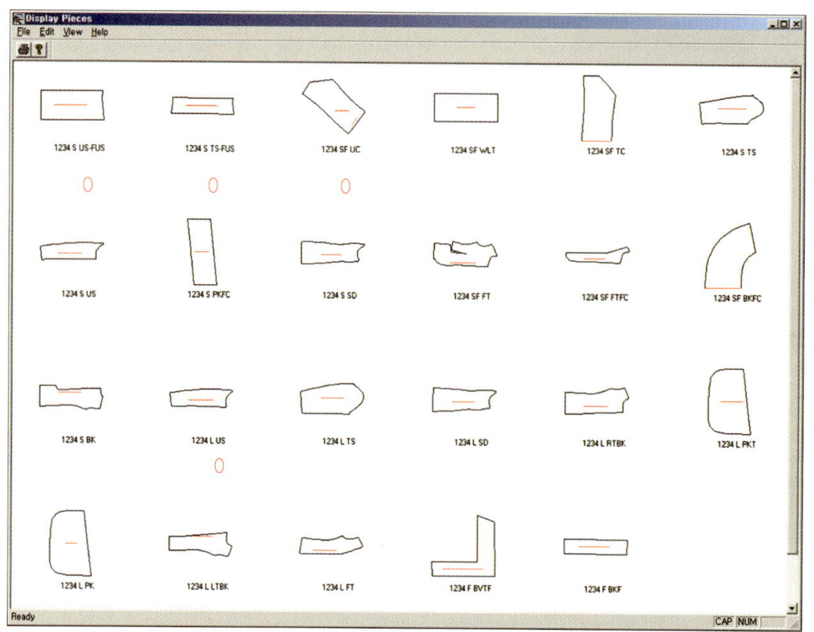

디지타이저 입력판

거버의 새로운 프로그램은 패턴을 스캔하거나 사진으로
전송하는 등 개선되었으나 기존의 디지타이저 입력 방법
을 설명한다.

디지타이저 좌측 하단 메뉴

Digitizer 입력판			
START PIECE	LARGE PIECE	FOLLOW—ON PIECE	
RULE TABLE	NUMERIC SIZES	ALPHA SIZES	COPY PIECE

!	@	#	$	%	^	&	(	)	-	+	=
-	<	>	:	;	..	.	/	?	.	'	
Q	W	E	R	T	Y	U	I	O	P		
A	S	D	F	G	H	J	K	L			
Z	X	C	V	B	N	M					

SPACE

1	2	3
4	5	6
7	8	9
	0	

INTERNAL LABEL	ATTRIBUTE	
ALT GRADE LINE	90 DEGREE ANGLE	CIRCLE CTR . RAD
CLOSE PIECE	MKIRROR PIECE	END INPUT
DELETE PIECE	DELETE TO LAST POINT	

입력 마우스 사용법

시작 – START PIECE

입력종료 – CLOSE PIECE에 마우스 놓고 A. ＊ 별표 – END INPUT에 마우스 놓고 A. ＊ 별표를
누른다.

각진 부분 A B 1.

노치 부분 A C 1.

- 입력 포인트를 마우스 십자선에 정확하게 맞춘다.
- 시계 방향으로 돌아가면서 입력한다.
- 곡선은 1㎝ 간격으로 촘촘하게 클릭한다.
- 직선과 사선은 양쪽 끝과 끝을 클릭한다.

실수할 경우

DELETE TO LAST POINT에 마우스 놓고 A. ＊ 별표를 누르고 다시 시작한다.

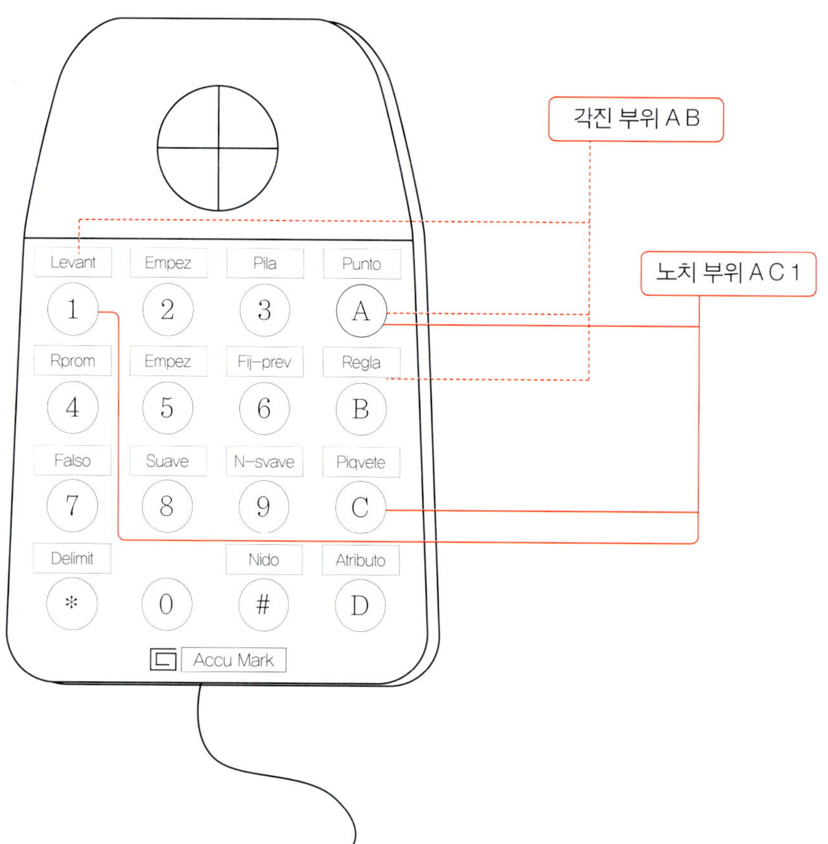

피스명과 원단의 S을 넣을 때 S는 한 칸 띄어쓰기 SPACE에 커서 놓고 A를 누른다.

띄어쓰기 (– SPACE)

피스의 이름은 전부 입력하기보다 줄여서 예) FRONT는 FR. BACK은 BK. 심지는 F. 안감은 L로 입력한다.

피스명은 스타일 넘버 – 조각이름 – 원단 S – 심지 F – 안감 L – 순으로 설정한다.

원단 SELF / 심지 FUSIBLE / 안감 LINING

예제) 123 BACK – S

예제) 123 BACK – SF

START PIECE	LARGE PIECE	FOLLOW–ON PIECE	
RULE TABLE	NUMERIC SIZES	ALPHA SIZES	COPY PIECE

!	@	#	$	%	^	&	(	)	-	+	=
-	<	>	:	;	..	.	/	?	·	'	
Q	W	E	R	T	Y	U	I	O	P		
A	S	D	F	G	H	J	K	L			
Z	X	C	V	B	N	M					

SPACE

스타일 넘버 입력

1	2	3
4	5	6
7	8	9
	0	

INTERNAL LABEL	ATTRIBUTE	
ALT GRADE LINE	90 DEGREE ANGLE	CIRCLE CTR. RAD
CLOSE PIECE	MKIRROR PIECE	END INPUT
DELETE PIECE	DELETE TO LAST POINT	

Digitizer 포트 점검

❶ 메뉴판에서 4번째 단추 클릭 – ❷ Hardware Configuration 클릭 – ❸ Digitizer – ❹ 디지타이저 연결된 포트를 정확하게 설정 – ❺ 적용 – ❻ 확인 – ❼ 우측 하단에서 마이크 모양의 아이콘 확인 모니터 우측 하단에 마이크 모양의 아이콘이 활성화되어있고 커서를 올려놓았을 때 WDigit이라고 보이면 디지타이저와 연결이 된 상태이다.

입력 마우스를 판넬에 놓고 버튼을 누를 때 "삐익" 소리가 나야 한다.
"삐익" 소리가 나지 않을 때.
입력판 우측 하단에서　　〔1〕 Application
　　　　　　　　　　　　〔2〕 Application
〔2〕 Application에 마우스 포인트를 놓고 A를 누르면 "삐익" 소리가 2~3초 정도 들리고 소리가 멈출 때 마우스에서 손을 뗀다.

입력 마우스를 판넬에 놓고 버튼을 눌러보고 소리가 나지 않으면 포트를 1번에 연결하고 디지타이저 전원을 on 상태로 놓고 컴퓨터를 재시동한다.
판넬에 마우스를 놓고 A 눌러본다.
2~3회 정도 "삐익" 소리가 나고 멈출 경우 이번에는 디지타이저 스위치를 On/Off 한 다음 눌러본다.
이와 같은 과정을 몇 차례 반복한다.

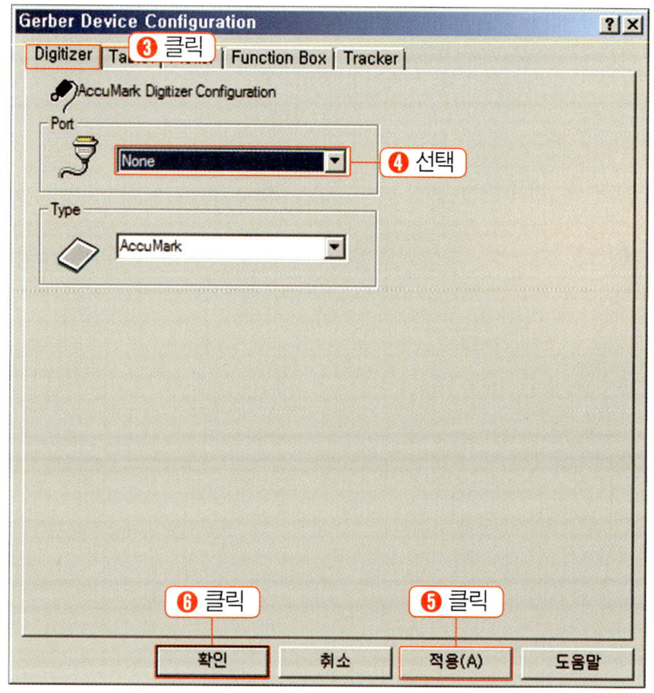

입력과정을 확인하며 작업하려면

마이크 모양의 아이콘에 커서를 놓고 마우스 오른쪽 클릭 – Open – WDigit 편집 창에서 입력하는
과정으로 볼 수 있게 된다.

 WDigit

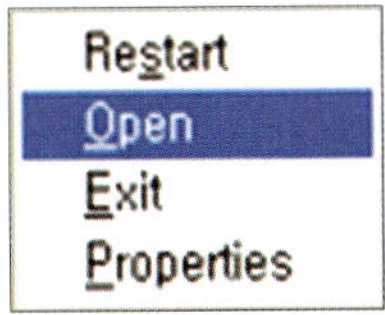

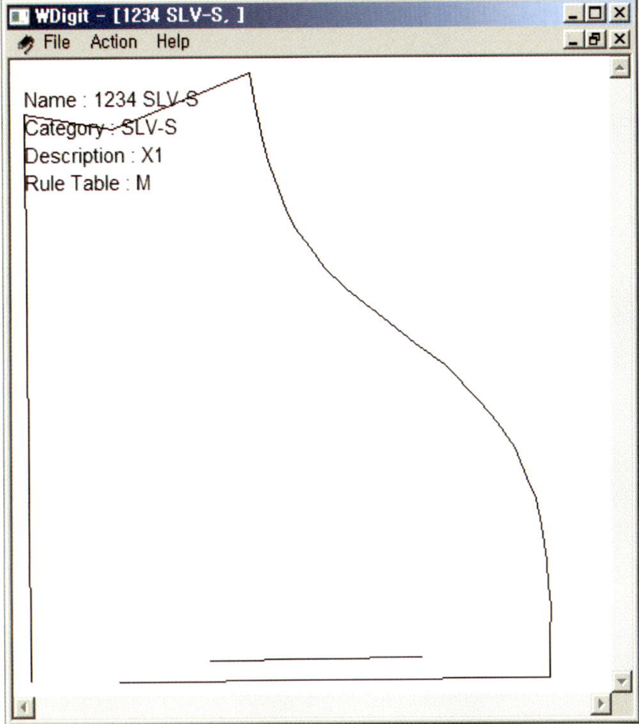

입력 준비

입력 준비

1) 룰 테이블을 작성 또는 다른 폴더에서 복사하여 입력 피스를 저장할 폴더에 저장한다.
2) 피스의 결선을 가로로 놓고 가장자리에서 5cm 정도 떨어지게 디지타이저 판넬에 붙인다.

입력 시작

1) START PIECE에 마우스를 놓고 A를 누른다.
2) Style No 입력 예) 1 2 3
3) 띄어쓰기 SPACE 커서 놓고 A
4) 피스 이름 입력 FRONT-S. A. * (원단-S, 안감-L, 심지-F)
5) 피스 이름 입력 FRONT-S. A. * (피스 이름은 2회 입력)
6) X에 커서 놓고 A. 1 에 커서 놓고 A.
7) RULE TABLE에 마우스를 놓고 A.
8) 기본 사이즈 8/ M/ 또는 18W * 별표 (8/ M/ 18W/ − 패턴의 기본사이즈 입력)

> ⚠ **참고**
> 6) X를 넣고 1은 한 조각일 경우이며 두 조각이 필요한 경우 2를 눌러준다.
> Moder 을 작성할 때 정확한 개수를 설정하므로 모두 1을 입력해도 된다.

입력 시작 − 시계방향으로 입력한다.

① 결선 첫머리에 마우스 놓고 A를 누르고 결선 끝에 마우스 놓고 A * 를 누른다.
　곡선은 촘촘하게 A를 누르면서 진행한다.
　각진 부분은 A B 1. / 노치 부분은 A C 1.
② 입력종료 CLOSE PIECE에 마우스 놓고 A .* 별표를 누른나.
③ END INPUT에 마우스 놓고 A .* 별표를 누른다.

실수할 경우

- DELETE TO LAST POINT에 마우스 놓고 A. * 별표를 누르고 다시 시작한다.
- 입력을 정확히 하였으나 저장 에러인 경우 RULE TABLE 8. M .18W. 등이 폴더에 저장되어 있지 않은 경우이다.

START PIECE	LARGE PIECE	FOLLOW−ON PIECE	
RULE TABLE	NUMERIC SIZES	ALPHA SIZES	COPY PIECE

!	@	#	$	%	^	&	(	)	-	+	=
-	<	>	:	;	..	.	/	?	.	'	
Q	W	E	R	T	Y	U	I	O	P		
A	S	D	F	G	H	J	K	L			
	Z	X	C	V	B	N	M				

1	2	3
4	5	6
7	8	9
	0	

SPACE

시계방향으로 움직이면서 입력한다.

❶ 결선에 마우스 놓고 A를 누르고 − ❷ 결선 끝에 마우스 놓고 A. ✳ 를 누른다. − ❸ 우측 코너에서 입력 시작하여 − ❹ 시계 방향으로 진행하고 − ❺ 위치에서 A를 누르고 좌측 하단 메뉴에서 − ❻ CLOSE PIECE에 마우스 놓고 A. ✳ 별표 − ❼ END INPUT에 마우스 놓고 A. ✳ 별표를 누른다.

> ⚠ **참고**
>
> 곡선에서는 A를 누르며 이동 거리를 촘촘하게 한다.

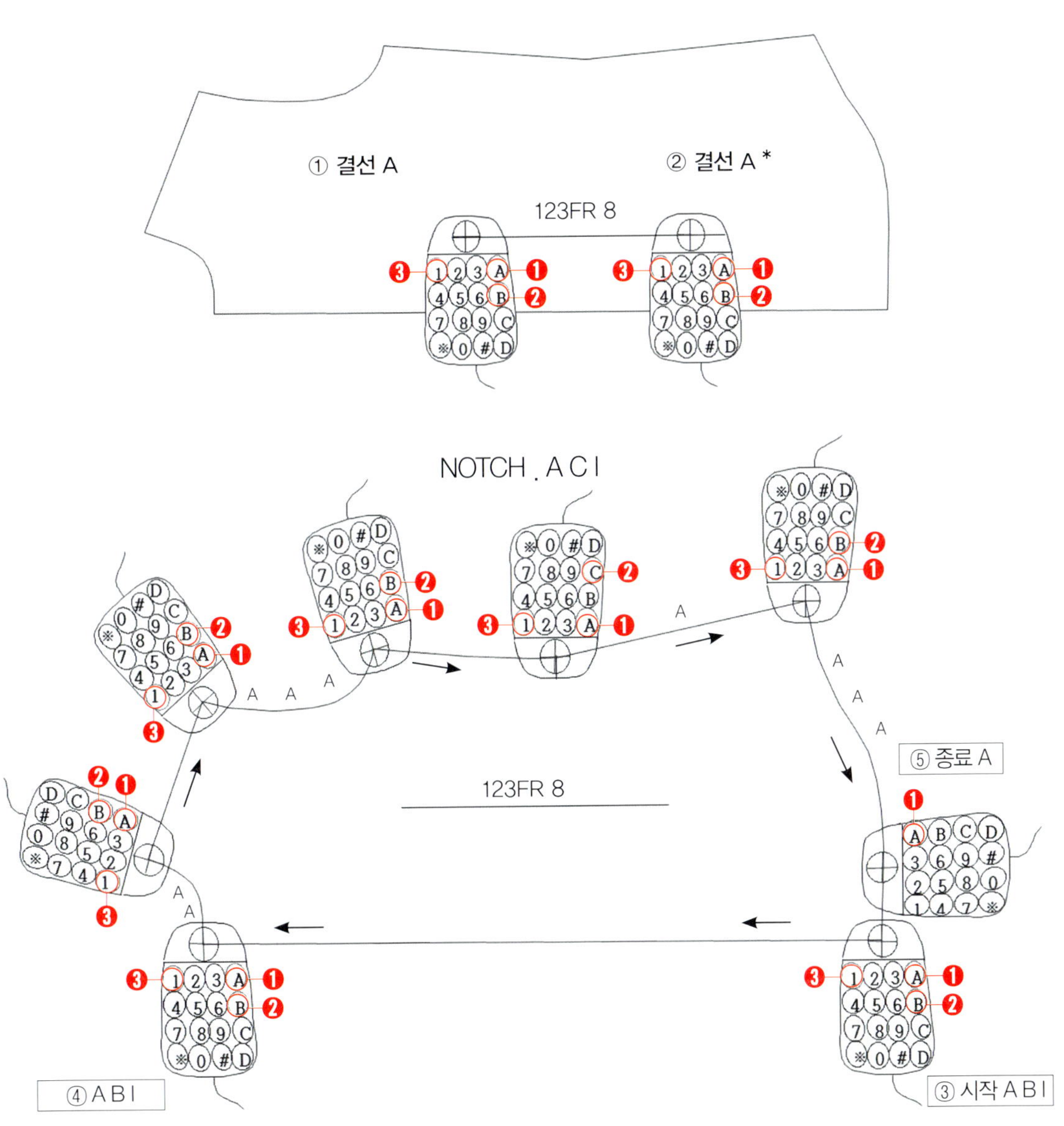

입력 뒤판, 접어서 입력할 때

카라, 뒤판 등 양쪽이 같은 곡선인 경우 접어서 입력한다.

❶ 결선 A ❷ 결선 A

❸ 모서리에 마우스 놓고 A. B. 1

❹ 마우스 움직이지 않은 상태에서 A. C. 1

❾ 모서리에 마우스 놓고 A. B. 1

❿ 마우스 움직이지 않은 상태에서 A. C. 1.

⓫ MIRROR PIECE. A. *

⓬ 입력종료 END INPUT. A. *

INTERNAL LABEL	ATTRIBUTE	
ALT GRADE LINE	90 DEGREE ANGLE	CIRCLE CTR. RAD
CLOSE PIECE	MKIRROR PIECE	END INPUT
DELETE PIECE	DELETE TO LAST POINT	

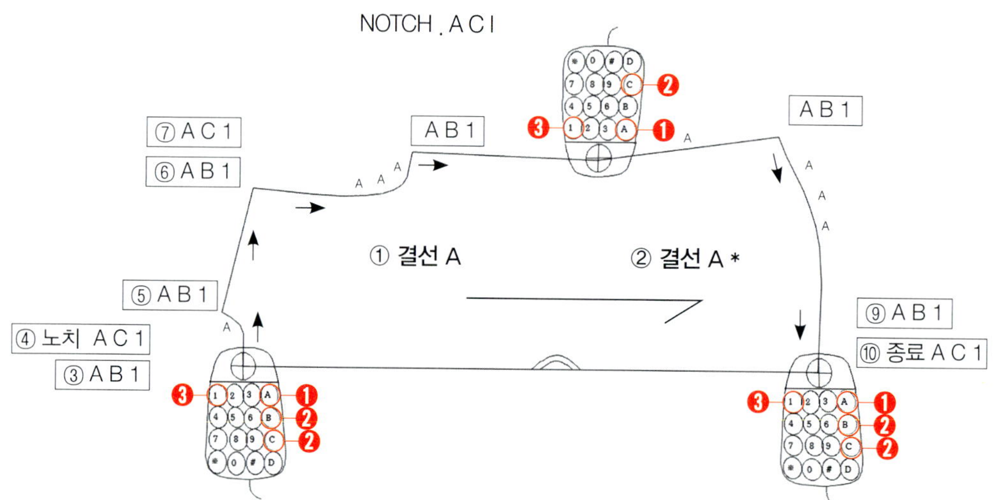

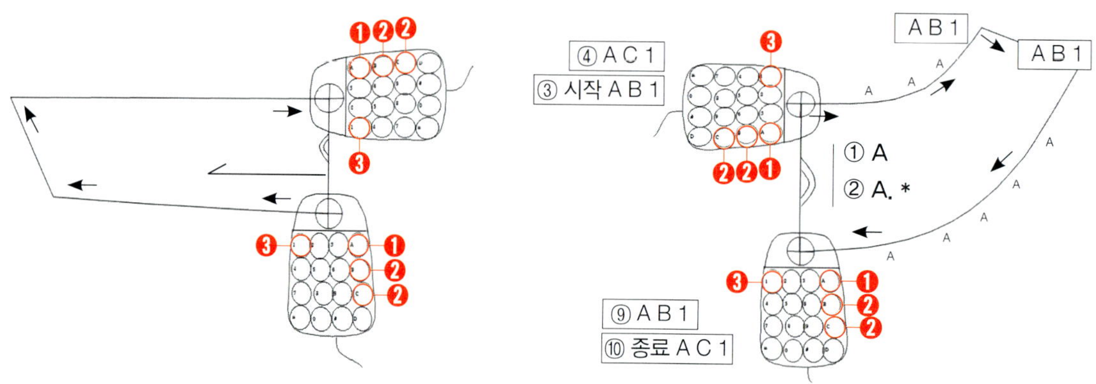

단추 위치 입력

모든 부위의 입력을 끝내고 종료를 하지 않은 상태에서 단추 위치 주머니 포인트를 입력한다.

CLOSE PIECE – INTERNAL LABEL – D. 를 누르고

마우스 십자 포인트를 위치에 놓고 A. B. 1. 을 누른다.

단추, 다트, 포인트를 모두 끝낸 다음 END INPUT. ※ 빠져나온다.

!	@	#	$	%	^	&	(	)	-	+	=
-	<	>	:	;	..	.	/	?	'	'	
Q	W	E	R	T	Y	U	I	O	P		
A	S	D	F	G	H	J	K	L			
	Z	X	C	V	B	N	M				

SPACE

INTERNAL LABEL	ATTRIBUTE	
ALT GRADE LINE	90 DEGREE ANGLE	CIRCLE CTR . RAD
CLOSE PIECE	MKIRROR PIECE	END INPUT
DELETE PIECE	DELETE TO LAST POINT	

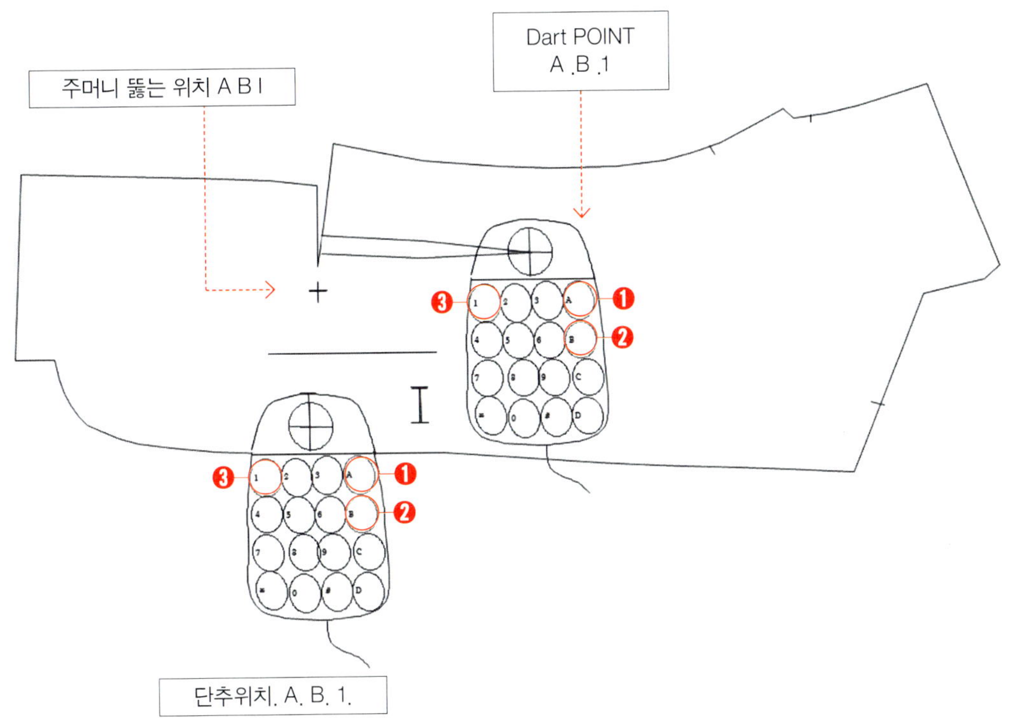

주머니 위치 그리기 주머니 한 개만 입력할 경우

주머니 위치 그려 넣기

몸판을 모두 입력한 다음 입력을 종료하지 않고 CLOSE PIECE – INTERNAL LABEL – I. 클릭
한 다음 주머니 형태를 곡선을 촘촘하게 입력 END INPUT. ＊ 빠져나온다.

그림과 같이 주머니 뚜껑과 주머니 겉주머니 두 개를 모두 그려 넣어야 하는 경우

❶ CLOSE PIECE – INTERNAL LABER – I. 클릭한 다음 주머니 뚜껑을 입력

❷ 다시 CLOSE PIECE – INTERNAL LABER – I. 클릭한 다음 주머니를 입력

❸ END INPUT – 빠져나온다.

!	@	#	$	%	^	&	(	)	-	+	=
-	<	>	:	;	..	.	/	?	.	'	

Q	W	E	R	T	Y	U	I	O	P

A	S	D	F	G	H	J	K	L

Z	X	C	V	B	N	M

SPACE

INTERNAL LABEL	ATTRIBUTE	
ALT GRADE LINE	90 DEGREE ANGLE	CIRCLE CTR. RAD
CLOSE PIECE	MKIRROR PIECE	END INPUT
DELETE PIECE	DELETE TO LAST POINT	

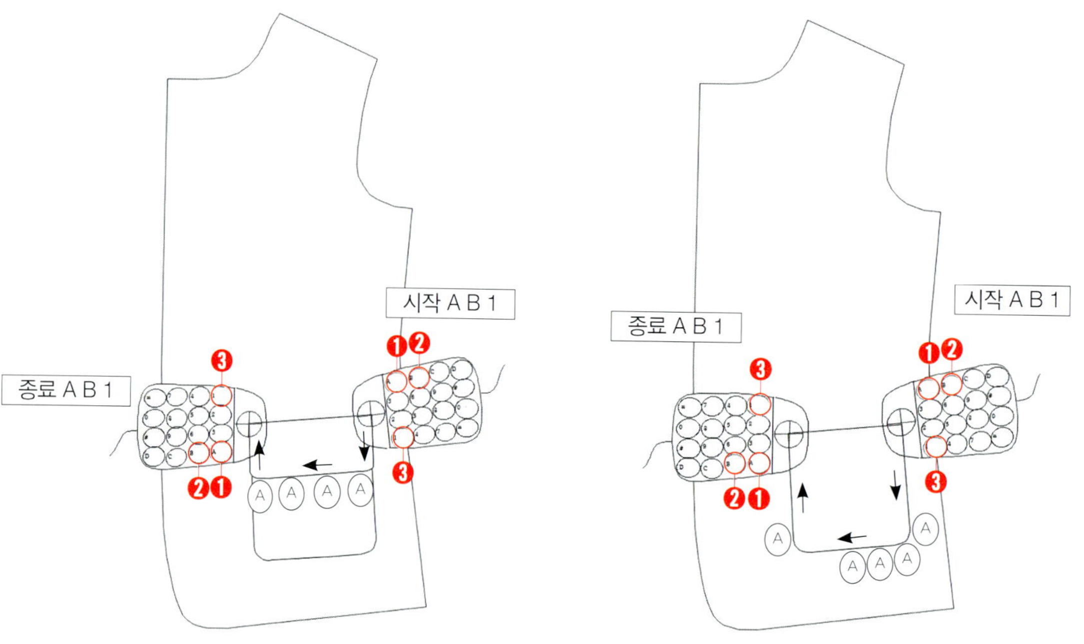

다트만 그릴 경우

몸판을 모두 입력한 다음 입력 종료를 하지 않은 상태에서 CLOSE PIECE – INTERNAL LABER
– I 다트 형태 – END INPUT. ※ 빠져나온다.

!	@	#	$	%	^	&	(	)	-	+	=
-	<	>	:	;	..	.	/	?	.	'	
Q	W	E	R	T	Y	U	Ⓘ	O	P		
A	S	D	F	G	H	J	K	L			
	Z	X	C	V	B	N	M				

SPACE

INTERNAL LABEL	ATTRIBUTE	
ALT GRADE LINE	90 DEGREE ANGLE	CIRCLE CTR. RAD
CLOSE PIECE	MKIRROR PIECE	END INPUT
DELETE PIECE	DELETE TO LAST POINT	

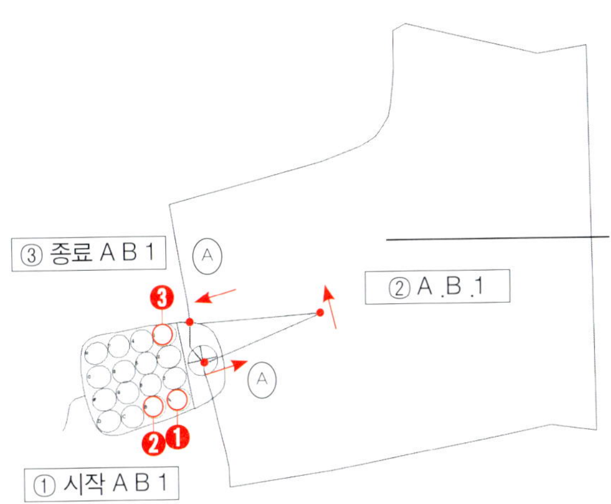

다트와 주머니 모양까지 그릴 경우

몸판을 모두 입력한 다음 입력 종료를 하지 않은 상태에서

1) CLOSE PIECE – INTERNAL LABER – I. 다트를 넣는다.

2) CLOSE PIECE – INTERNAL LABER – I 주머니 모습을 입력 – END INPUT. ＊ 빠져나온다.

!	@	#	$	%	^	&	(	)	-	+	=
-	<	>	:	;	..	.	/	?	.	'	
Q	W	E	R	T	Y	U	I	O	P		
A	S	D	F	G	H	J	K	L			
Z	X	C	V	B	N	M					

SPACE

INTERNAL LABEL	ATTRIBUTE	
ALT GRADE LINE	90 DEGREE ANGLE	CIRCLE CTR. RAD
CLOSE PIECE	MKIRROR PIECE	END INPUT
DELETE PIECE	DELETE TO LAST POINT	

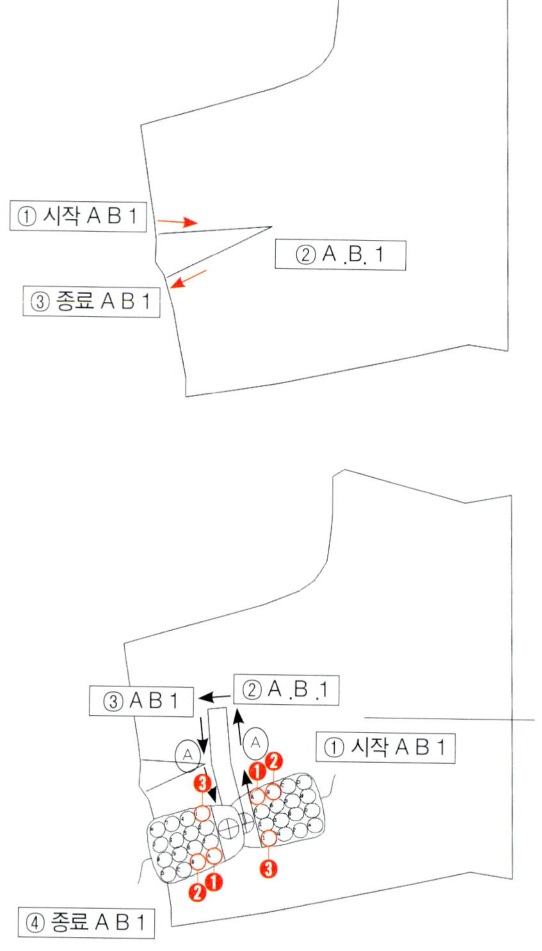

피스 저장 폴더 설정

❶ Accu Mark Explorer에서 – ❷
View – ❸ Process Preferences –
❹ Dgitize Processing – ❺ 저장할
폴더 선택 – ❻ 저장할 폴더 선택 –
❼ Open – ❽ OK

Dgitize – 입력된 피스 드래그 –
Options – Verify

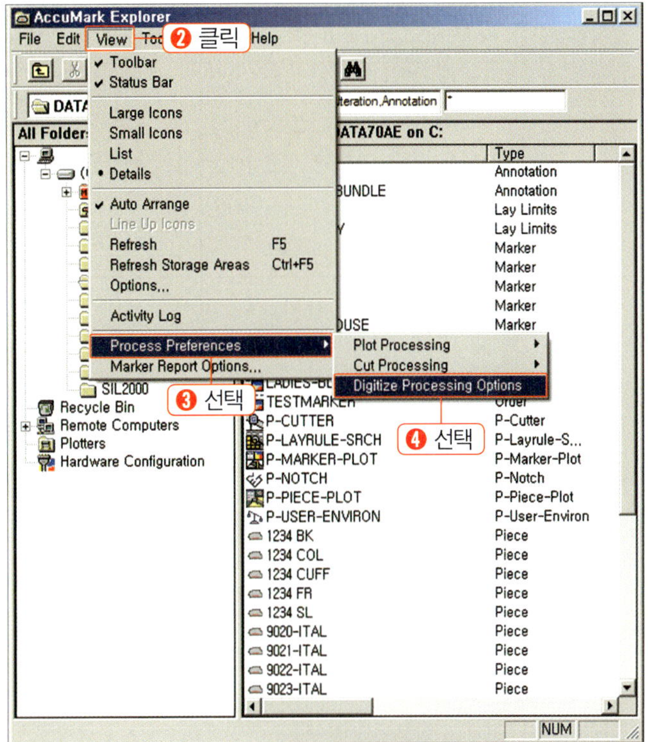

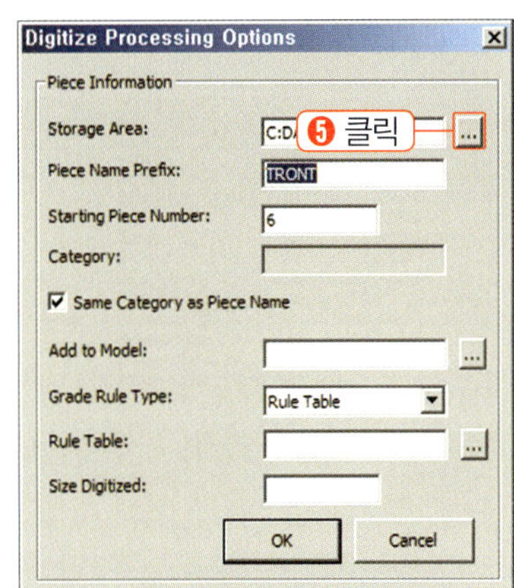

입력한 피스를 저장하기

1) Accu Mark Explorer에서

❶ Digitizer − ❷ 입력된 피스에 커서 놓고 마우스 오른쪽 클릭 − ❸ Verify − ❹ OK − ❺ 지정한 폴더에 저장된다.

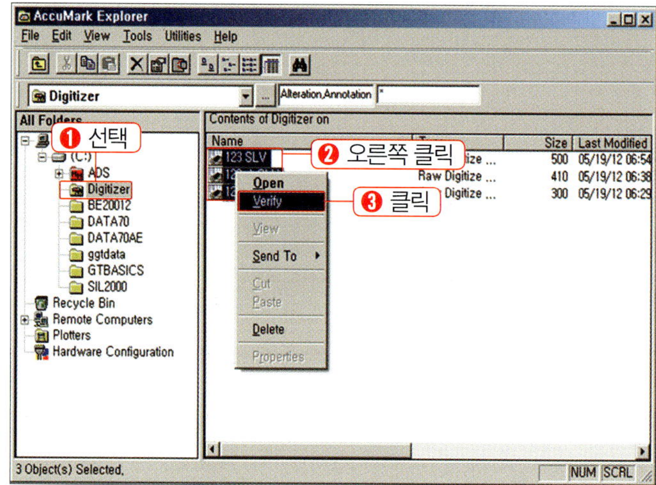

입력이 잘된 것은 Success 밑에 란에 들어가고 에러가 난 것은 Failure 란에 들어간다.

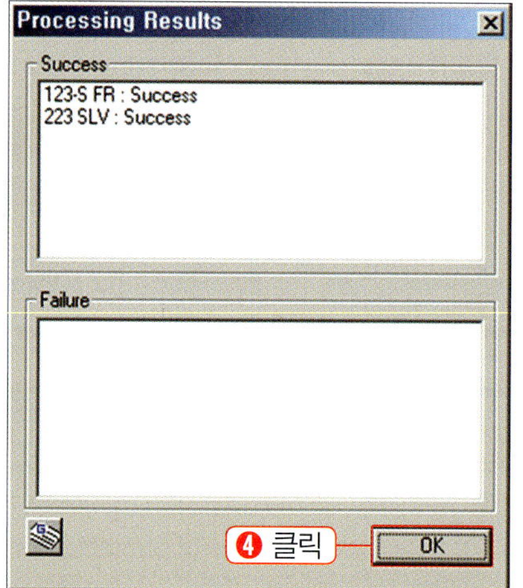

⚠ **참고**

저장 폴더를 설정한 후 입력이 잘된 것은 자동으로 폴더에 저장된다.

입력 에러조치

❶ Digitizer – ❷ 입력된 피스에 커서 놓고 마우스 오른쪽 클릭 – ❸ Verify – ❹ OK – 에러 표시가 나타나면 먼저 STATUS 란의 우측에 에러에 대한 내용을 확인한다.

RULE TABLE 8 = 저장할 폴더에 RULE TABLE 8이 없다.
저장 폴더에 있는 룰 테이블과 입력 피스의 룰 테이블이 맞지 않으므로 새로 작성하고 저장명을 8로 하여 저장한 다음 Verify를 실시한다.

버튼과 메뉴에서 실수하지 않아도 RULE TABLE을 누르고 기본 사이즈 선택에서 (8/M/18)을 지정했을 때 저장 폴더에 8/M/18의 룰 테이블이 저장되어 있어야 한다.

PUSH BUTTON 에러 수정방법
PUSH BUTTON A = 라는 에러일 때 마우스 버튼을 누르는 과정에서 A를 누르지 않았다.
PUSH BUTTON A를 찾아서 클릭한다.

MENU X = X를 누르지 않았다
MENU X를 찾아서 클릭한다.

수정 작업이 이루어지지 않을 경우 재입력한다.

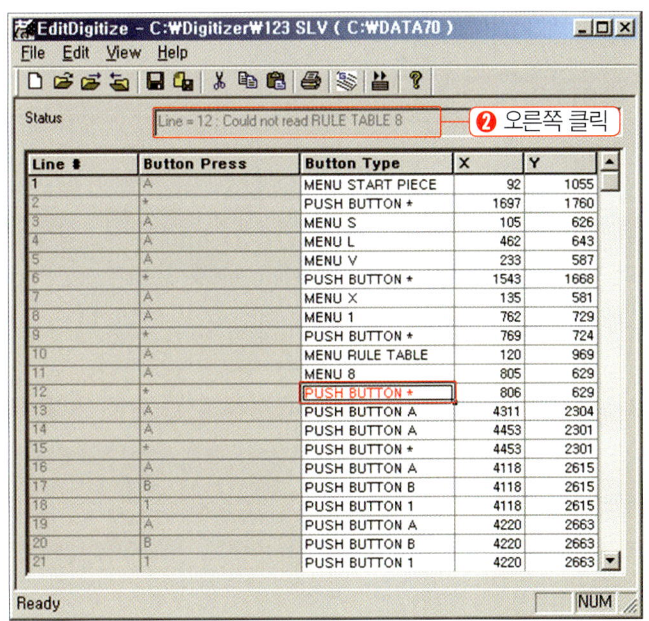

Line #	Button Press	Button Type	X	Y
1	A	MENU START PIECE	92	1055
2	*	PUSH BUTTON *	1697	1760
3	A	MENU S	105	626
4	A	MENU L	462	643
5	A	MENU V	233	587
6	*	PUSH BUTTON *	1543	1668
7	A	MENU X	135	581
8	A	MENU 1	762	729
9	*	PUSH BUTTON *	769	724
10	A	MENU RULE TABLE	120	969
11	A	MENU 8	805	629
12	*	PUSH BUTTON *	806	629
13	A	PUSH BUTTON A	4311	2304
14	A	PUSH BUTTON A	4453	2301
15	*	PUSH BUTTON *	4453	2301
16	A	PUSH BUTTON A	4118	2615
17	B	PUSH BUTTON B	4118	2615
18	1	PUSH BUTTON 1	4118	2615
19	A	PUSH BUTTON A	4220	2663
20	B	PUSH BUTTON B	4220	2663
21	1	PUSH BUTTON 1	4220	2663

Pattern Design

피스 열기 / Pattern Design

피스를 작업 영역으로 불러오기 참고

피스 열기 / Pattern Design

Accu Mark Explorer에서 – 피스 드래그 – Open in Active Work Area – Pattern Design

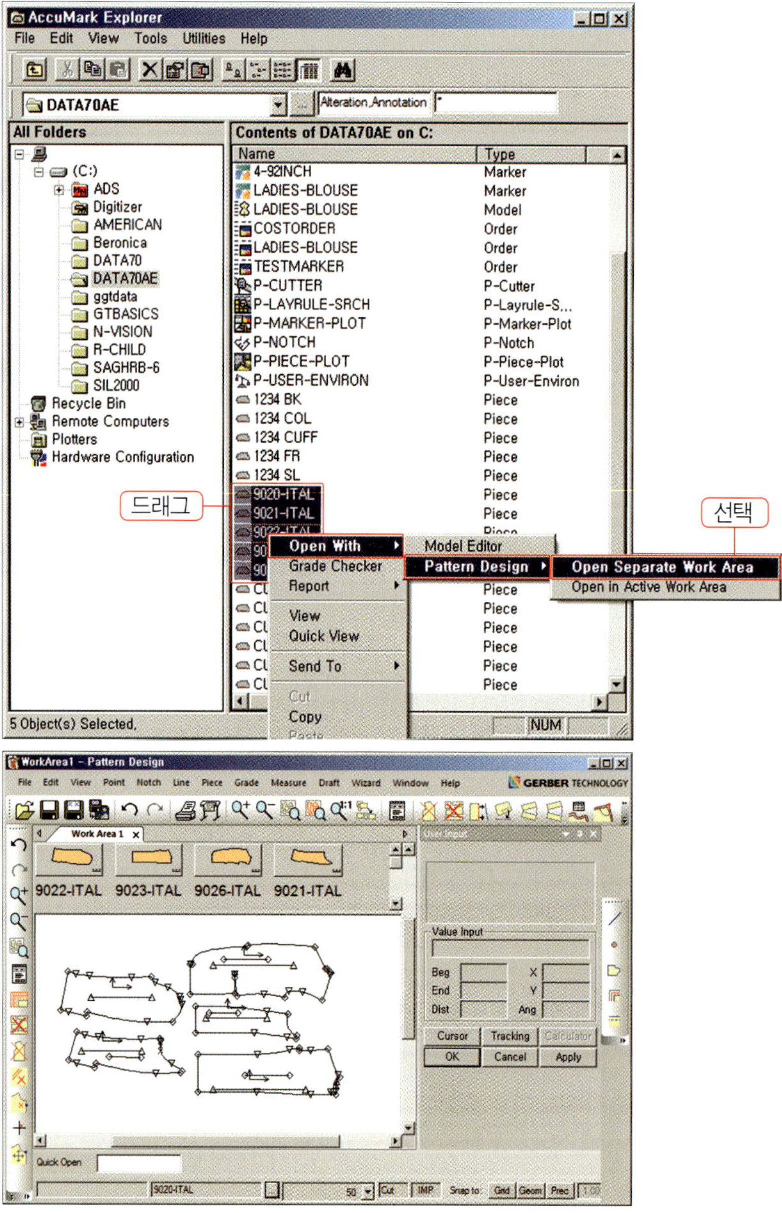

수직 & 수평으로 길이와 넓이 확인하기

수직으로 측정하기 – Vertical

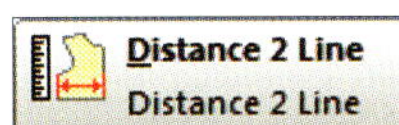

Measure – Distance 2 Line – 선에 커서를 놓고 마우스 왼쪽 클릭 약간 마우스를 밑으로 당긴다 – 오른쪽 – OK – 사이즈 확인

> ⚠ **참고**
>
> 화살표와 숫자를 지우려면 – Measure – Clear All Measurements

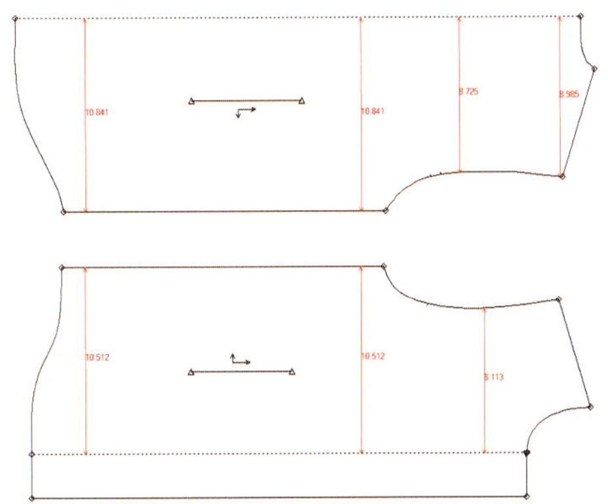

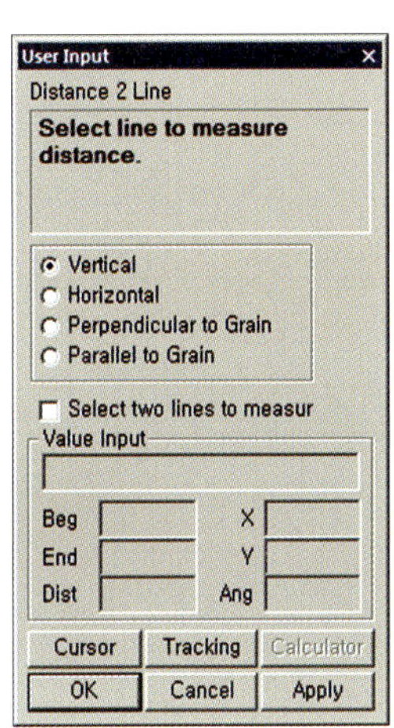

수평으로 측정하기 – Horizontal

Measure – Distance 2 Line – 선에 커서를 놓고 마우스 왼쪽 클릭 약간 마우스를 수평으로 약간 당긴다. – 오른쪽 – OK – 사이즈 확인 – 시접을 넣고 실행할 경우 시접선에 커서를 놓고 클릭한다.

> ⚠ **참고**
>
> 시임선에 화살표가 닿게 하려면 Select two lines to measur

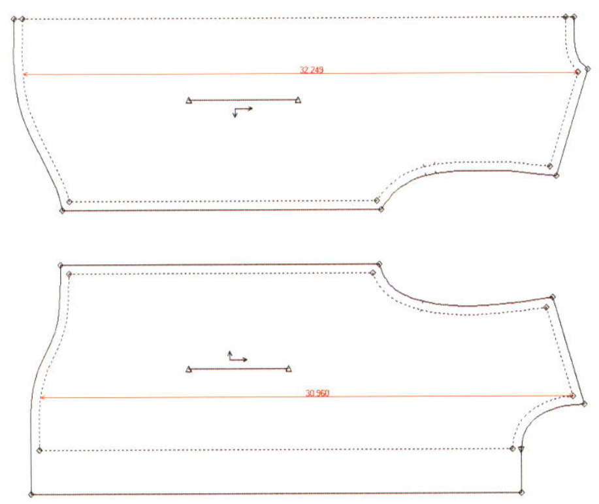

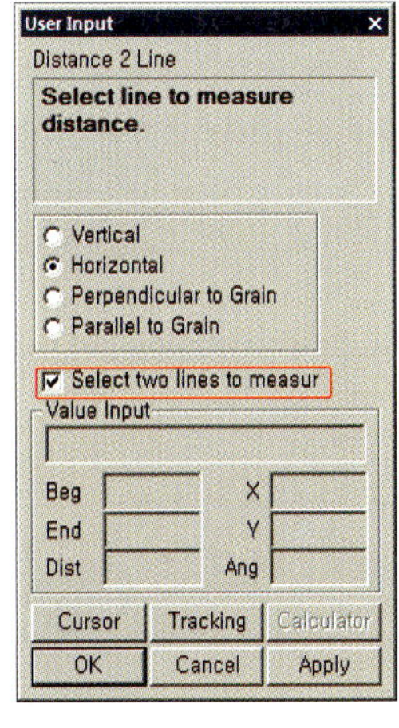

곡선·직선의 거리를 확인하기

암홀과 목둘레 등을 확인할 때 유용한 기능이다.

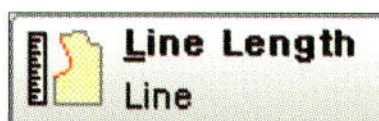

Distance to Notch/Measure Along Piece – Line Length – 선에 커서를 놓고 마우스 왼쪽 – 오른쪽 – OK – 사이즈 확인

필요한 부위를 모두 클릭하여 한 번에 확인할 수 있다.

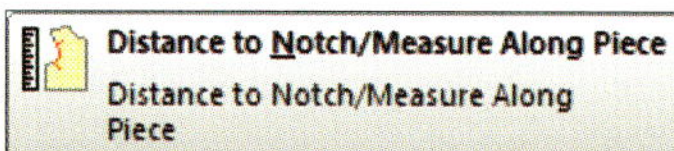

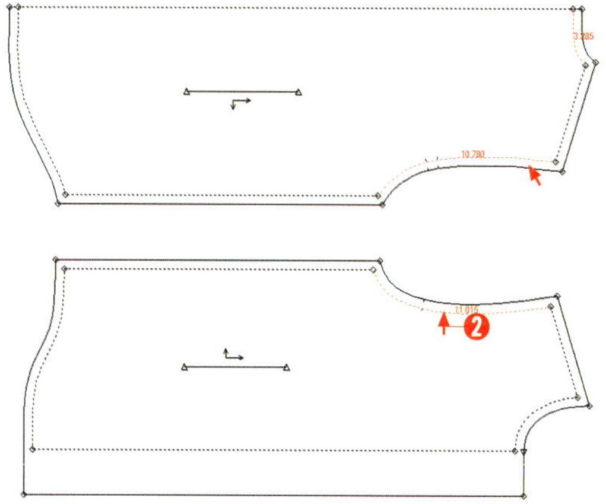

선을 절개 & 연결하기

보기와 같이 암홀과 옆 솔기가 연결되어 있으면 암홀과 옆 솔기 길이가 함께 나타난다.

Line – Modify Line – Split – 절개하고자 하는 어느 위치라도 클릭하면 선이 절개된다.

Split 기능은 사이즈 측정과 패턴 제도 과정에서 자주 사용하게 된다.

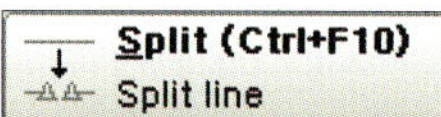

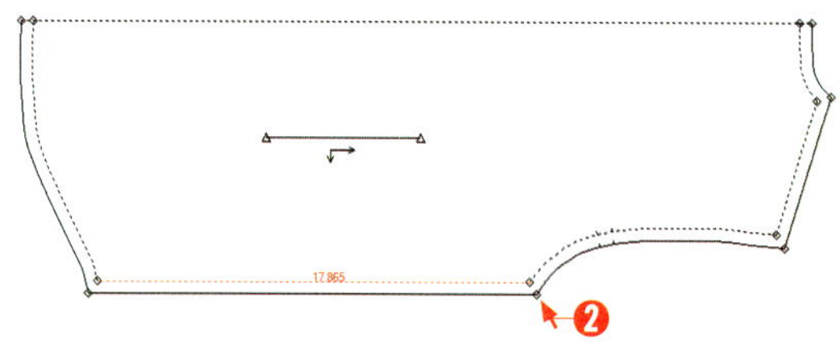

패턴을 고치거나 할 때 마치 수족과 같이 움직여 주는 것이 단축 아이콘이며 개성과 취향에 맞는 아이콘을 알아두면 대단히 편리하다.
제시된 아이콘들은 패턴 첵크와 교정 등 작업과 관련하여 편리한 작업 환경을 제공한다.

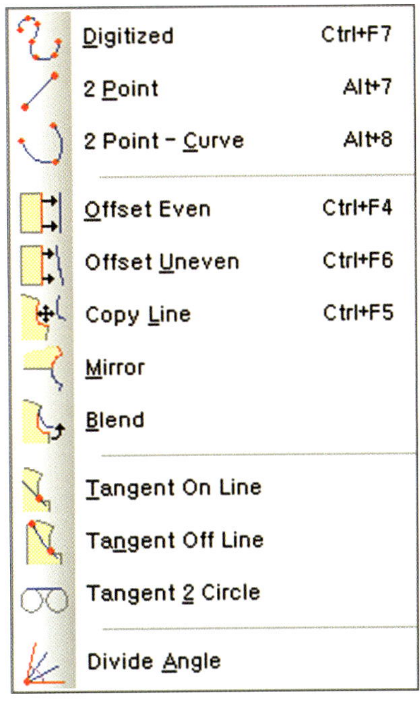

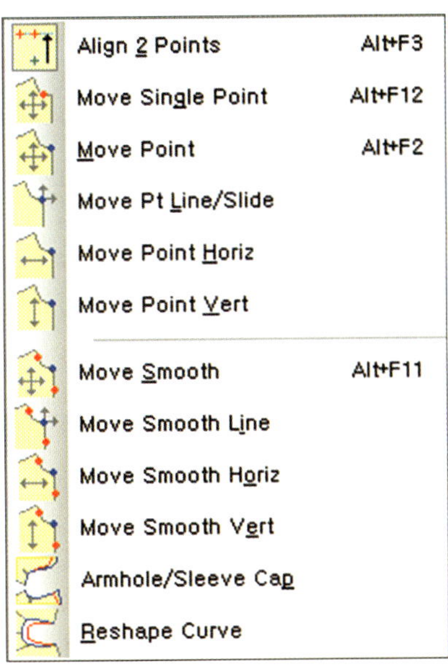

부위별 줄이기와 늘이기

부위별로 줄이거나 키울 때 사용하는 유용한 기능으로 한 라인에서 연속적으로 다른 수치로 수정할 수 있다.

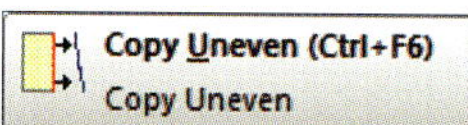

Line – Create Line – Offset Uneven – 마우스 왼쪽을 누르고 포인트를 향하여 드래그 – 사각점 생성 마우스에서 손을 놓고 – 우측 입력창 – 0.45 입력 – Replace 체크아웃 – OK – 암홀 밑을 클릭 입력창 0 – OK – OK

예) ❶ 가슴둘레는 +0.125 – ❷ 허리 1.5를 밑단 둘레 – ❸ 0.5를 연속해서 키우거나 줄인다.

줄이려면 (–) 키우려면 숫자만 입력한다.

패턴을 수정하였을 때 원래의 선이 없어지지 않고 그대로 남아 있는 경우 Replace에 체크 아웃이 되어있는지 확인한다.

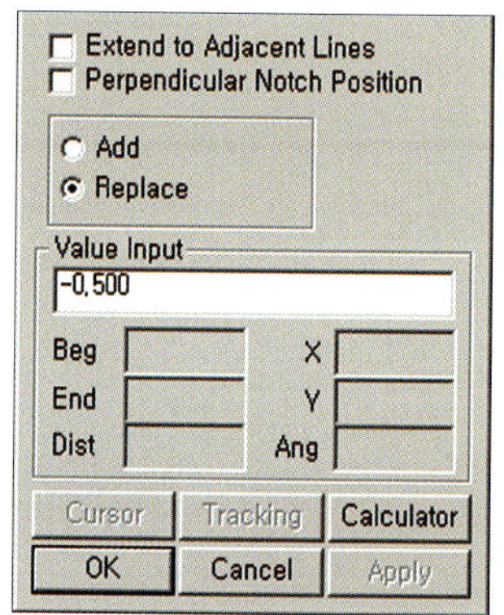

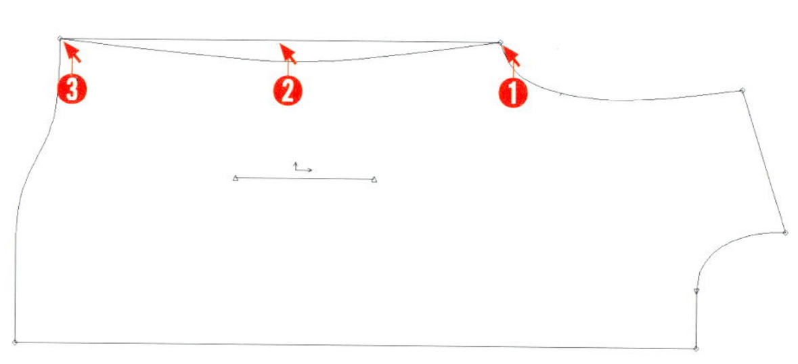

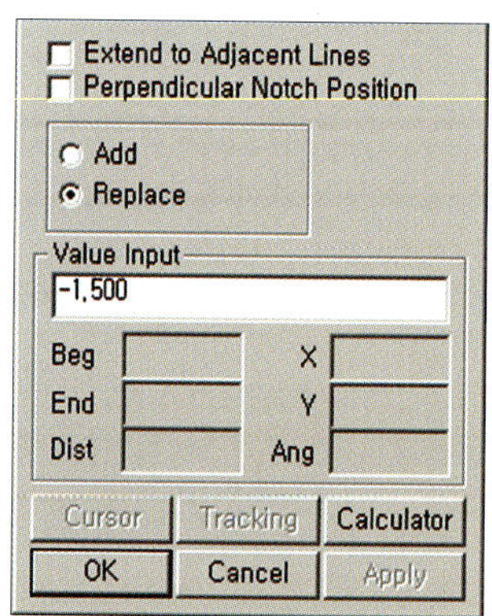

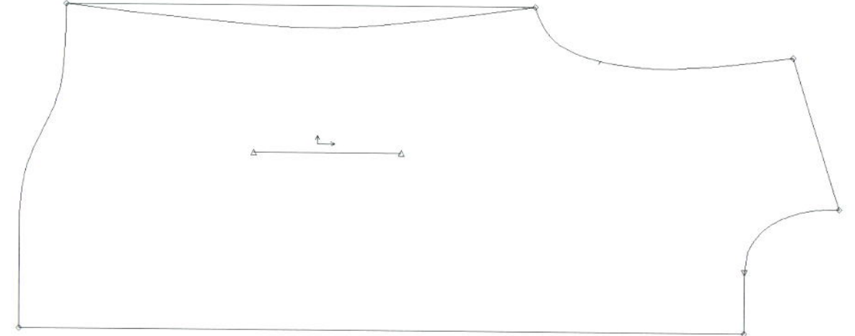

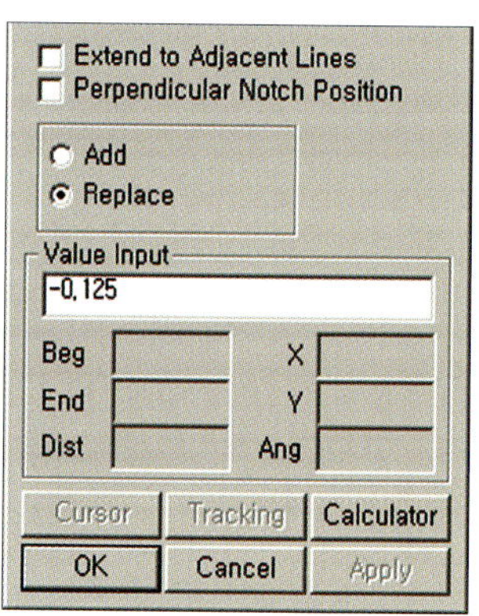

포인트 만들어 넣기 이동하기

포인트 만들어 넣기

선을 수정하려는 위치에 Move Point로 클릭하였으나 반응이 없을 때 Add Point로 포인트를 만들어 넣는다.

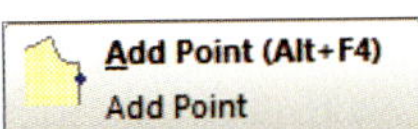

❶ Add Point 클릭 – 필요한 위치를 클릭 포인트 생성.

❷ 포인트의 위치가 정확하여야 할 때 – Add Point – 위치를 향하여 마우스 왼쪽을 누르고 약간 드래그 마우스 오른쪽 클릭 마우스에서 손을 놓으면 입력창이 활성화된다.

Beg / End / X / Y / 란에 커서를 넣고 포인트를 넣을 방향과 이동할 수치를 입력한다.

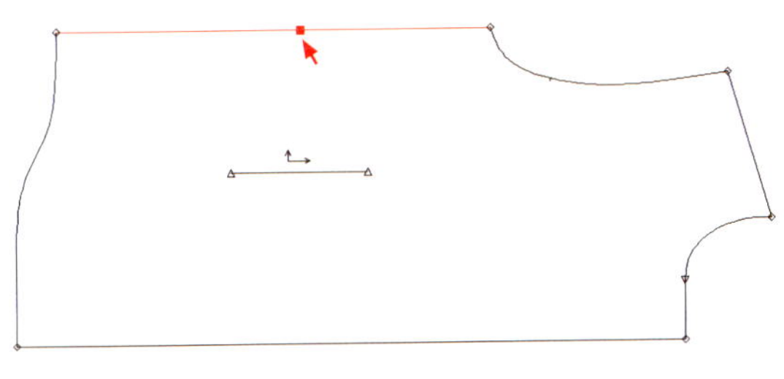

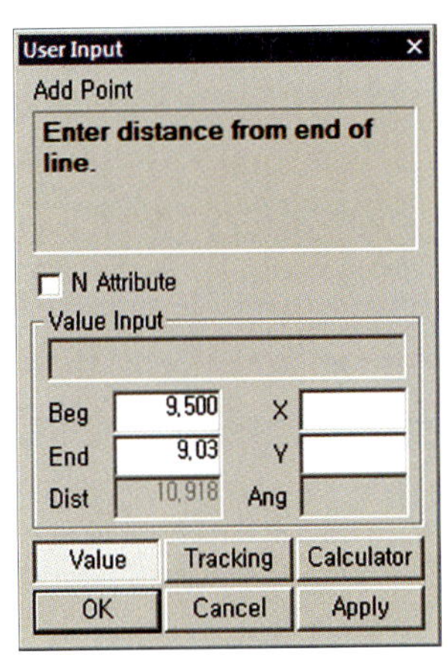

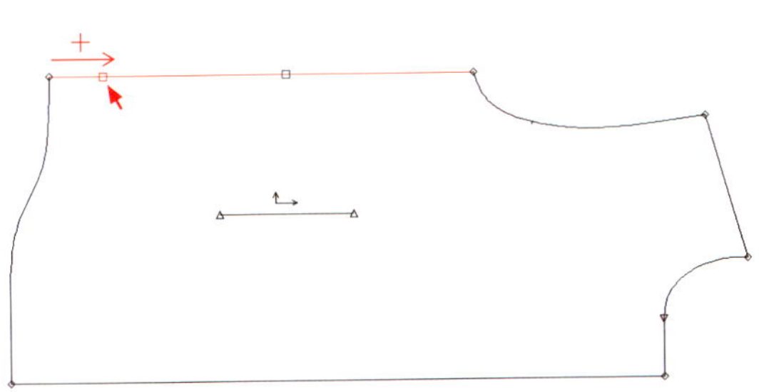

⚠ **참고**
생성된 포인트가 보이지 않으나 마우스 왼쪽을 누르고 접근하면 포인트가 활성화된다.

포인트 위치 이동하기

피스 안에 있는 다트 위치 주머니 위치 등을 옮길 때 유용한 기능이다.

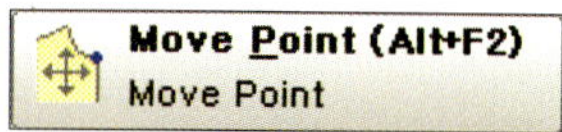

Point – Modify Points – Move Point – 포인트에 커서 놓고 마우스 왼쪽 클릭 – 오른쪽 클릭 – OK – 이동 수치 입력

Move Point에서 X & Y 란에 커서를 넣어 다트 포인트의 이동방향을 설정한다.

Cursor에서 마우스를 움직여 이동하고 적정한 위치에서 마우스 왼쪽과 오른쪽을 동시에 눌러 입력 모드로 Value 전환한다.

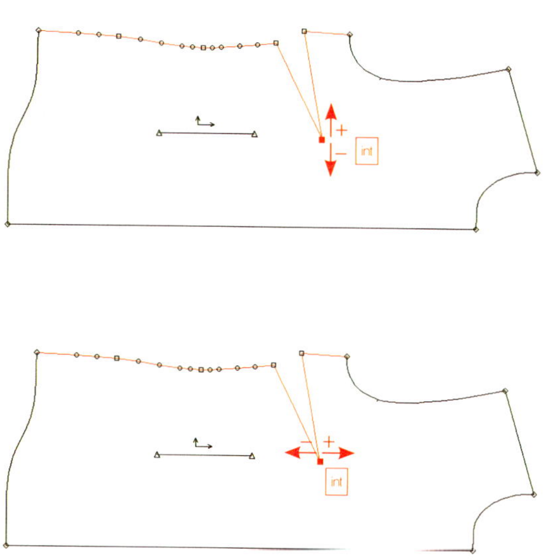

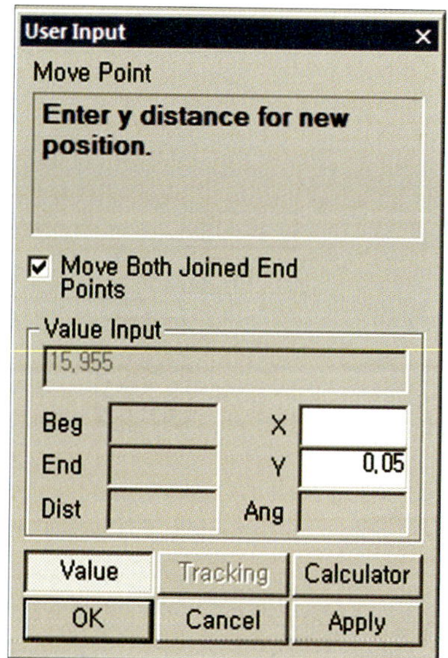

수평과 수직으로 늘이기 줄이기

노치 표시/ 각도/ 넓이/ 등을 손상 없이 품과 길이에서 줄이거나 늘리는 기능으로 유용하다.

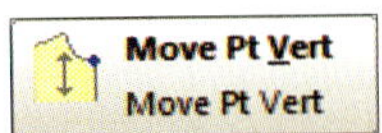
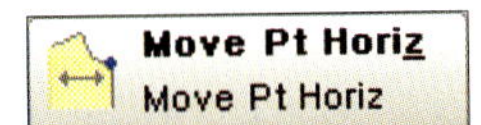

1) Point – Modify point – Move Point Horiz – 수정할 부위를 사각 안에 들어가도록 드래그 – 마우스 오른쪽 – OK – 입력 – OK

Value 모드에서 입력한다.
Cursor 모드에서 마우스만 움직여 X란의 이동 수치를 확인하고 왼쪽을 클릭하면 수정되고 마우스 왼쪽과 오른쪽을 동시에 누르면 Value 모드로 전환된다.

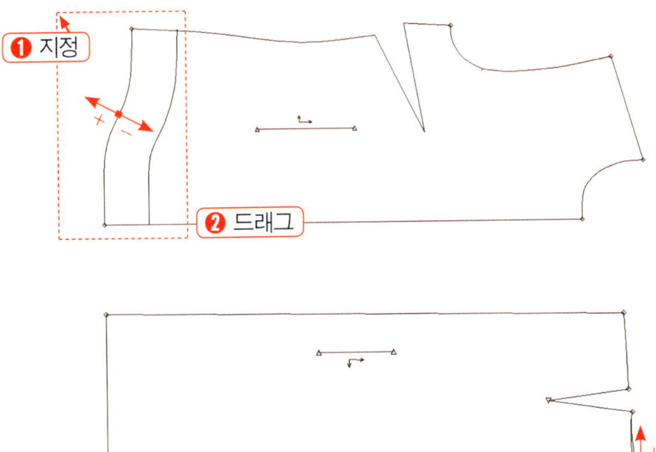

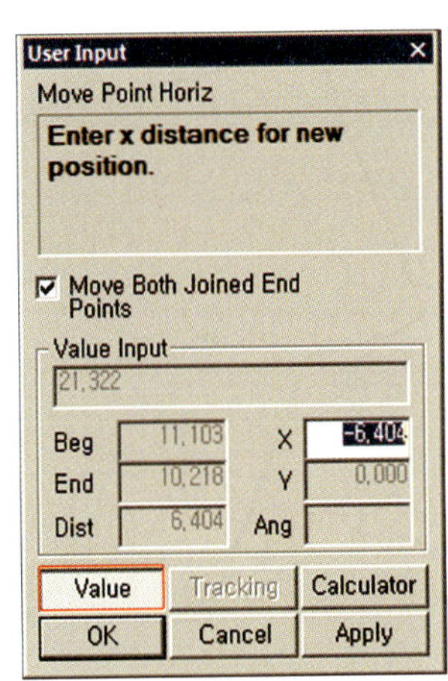

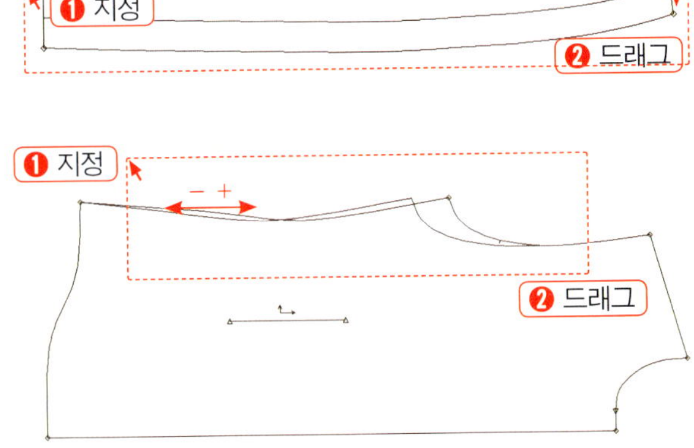

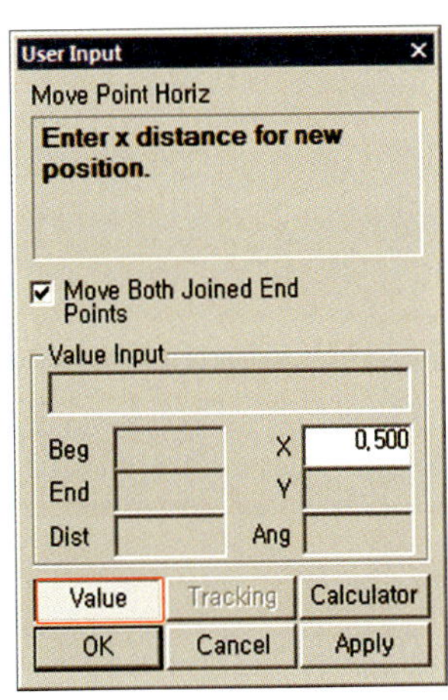

옆 솔기의 사선 각도에 따라 밑단의 넓이도 함께 늘어난다.

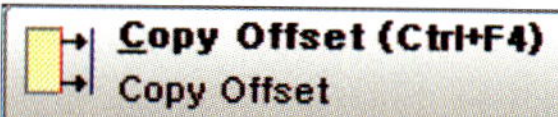

Offset Even – 밑단 선에 커서 놓고 클릭 – 마우스 움직이지 않고 오른쪽 클릭 – Offset Even 입력창에서 – (+ –) 치수 입력 – OK

Offset Even – 밑단 선에 정확하게 커서 놓고 클릭 – 마우스 움직이지 않고 오른쪽 클릭 – 입력창 하단에서 Value를 클릭하여 Cursor로 바꾸면 마우스를 움직이며 늘어나거나 줄어드는 수치를 확인한다. – 마우스 왼쪽과 오른쪽을 동시에 누르면 입력 모드로 전환된다.

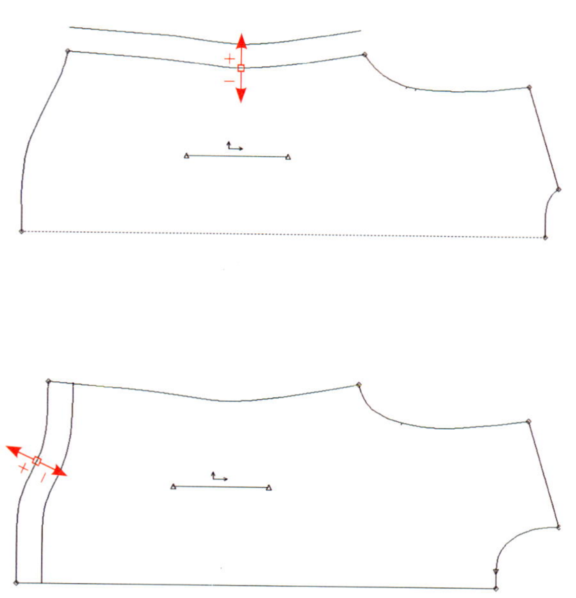

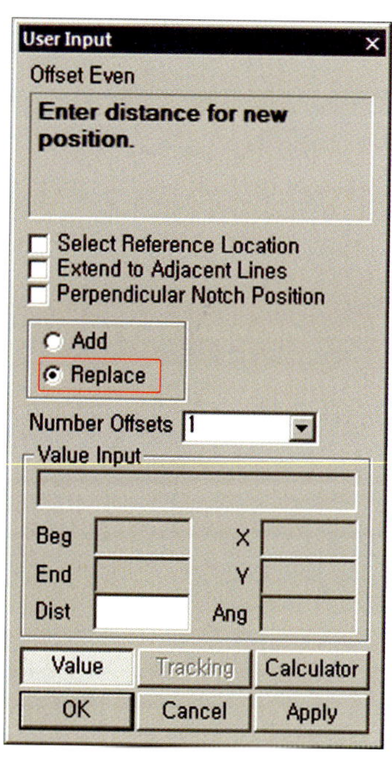

⚠ 참고
Replace 난을 체크해야한다.

수평·수직·평행이동 수정하기

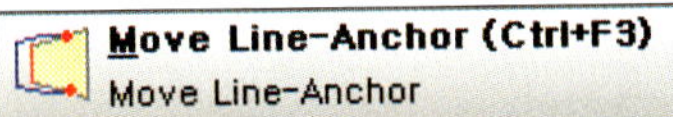

Line – Modify Line – Move Line Anchor –
밑단을 수정하려면 밑단을 클릭 / 옆 솔기를 수정하려면 옆 솔기를 클릭 – 마우스 왼쪽 클릭 – 마우스 움직이지 않고 오른쪽 클릭 – OK – 핀 생성 – OK – Value 클릭 – 마우스만 움직여 이동위치를 확인 – 마우스 왼쪽과 오른쪽 동시에 클릭 – 입력모드로 전환 – 정확한 이동 수치 입력 – OK

핀 이동

1) 핀의 이동 거리를 수치로 입력한다.
2) Value 모드에서 – Cursor 클릭 – 핀 클릭 – 마우스만 움직여 핀을 원하는 위치로 이동하고 왼쪽과 오른쪽을 동시에 클릭 Value 모드로 전환한다.

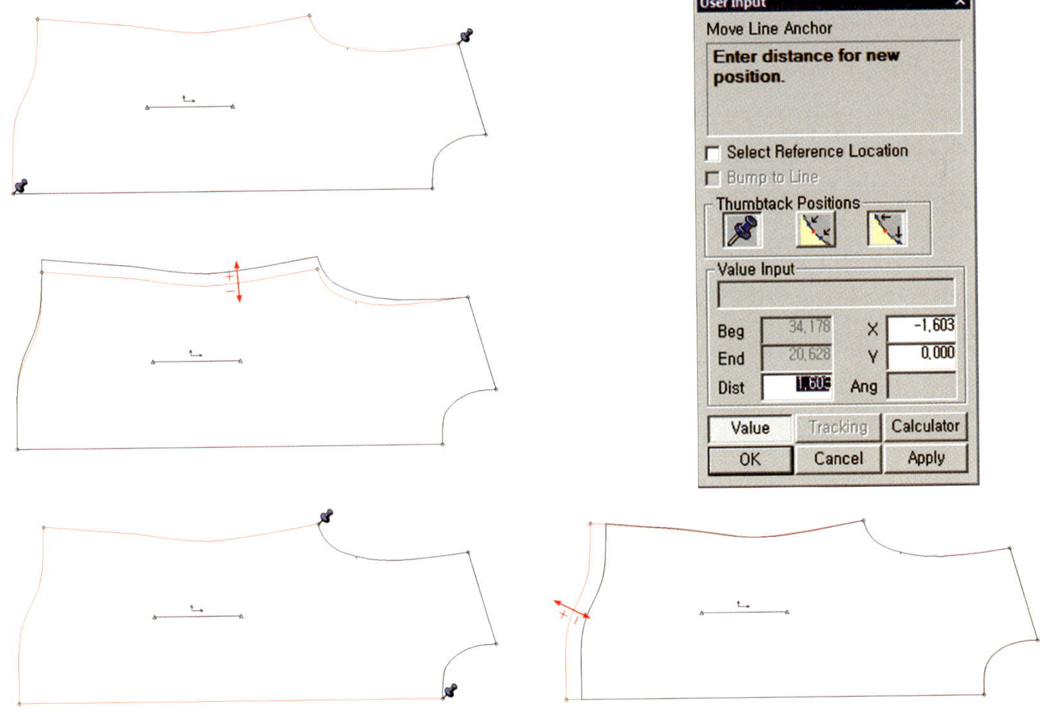

⚠ **참고**
X와 Y란과 Dist 란에 커서를 넣어 수정 방향을 설정한다.

진동선 조정

암홀등 곡선을 부위를 조정하기 위해서 진동선을 올리거나 내려야 할 때 유용한 기능이다.

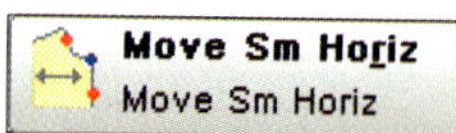

Point – Modify Points – Move Smooth Horiz – 마우스 왼쪽 클릭 – 마우스에서 손을 놓고 마우스만 움직여 수정할 부위를 드래그 – 마우스 왼쪽 클릭 움직이지 않은 상태에서 마우스 오른쪽 클릭 – OK – 핀 생성 – 이동할 수치 입력 – OK
수정 위치를 확인하려면 – Value로 체인지 – 마우스 오른쪽 – 마우스만 움직여서 대강의 포인트를 확인하고 – 마우스 왼쪽과 오른쪽을 동시에 클릭 입력 모드로 전환 – 수정할 사이즈 입력 – OK

Value에서 입력하고 Cursor 모드에서 마우스를 움직여 교정 상태를 확인한다.

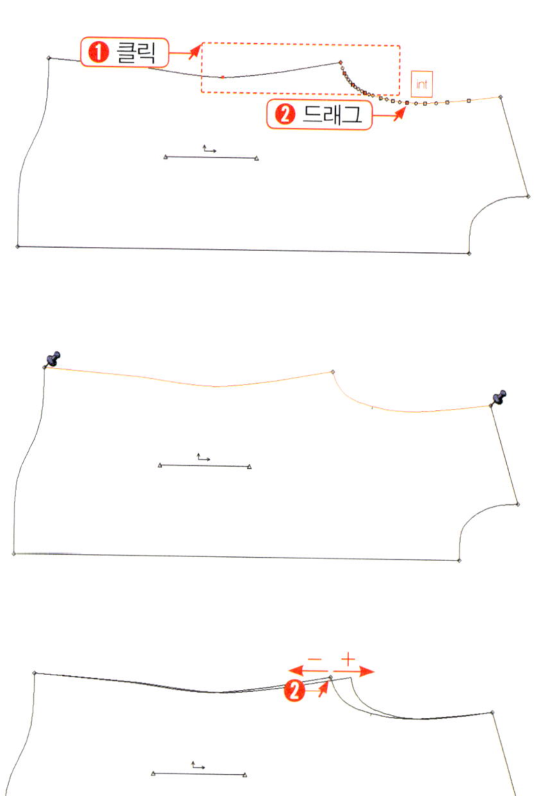

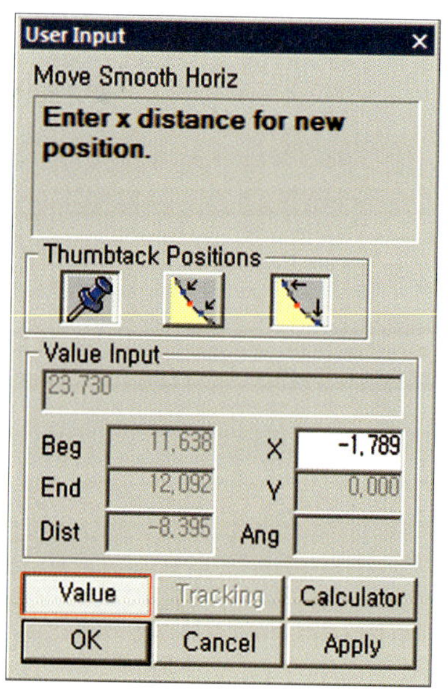

선을 절개하기

노치 넣기와 사이즈 측정 심지 떠내기 등 작업 과정에서 자주 사용한다.

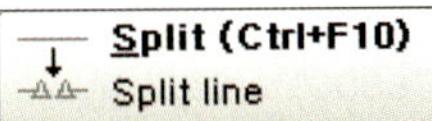 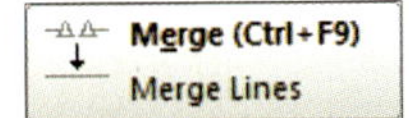

Line – Modify Line – Split – Split 클릭 – 포인트 클릭 또는 절개가 필요한 위치를 클릭 선이 절개된다.

예) 암홀 사이즈를 확인하기 위해서 Line Length 으로 암홀 곡선을 클릭하였을 때 그림과 같이 옆 솔기까지 선이 이어져서 암홀 사이즈를 체크 할 수 없다.

Split – 암홀과 옆 솔기가 만나는 지점을 클릭 – 선을 끊어준다.

절개된 선을 이어주기
Combine/Merg – 절개된 위치를 양쪽으로 클릭 – 마우스 오른쪽 클릭 – OK

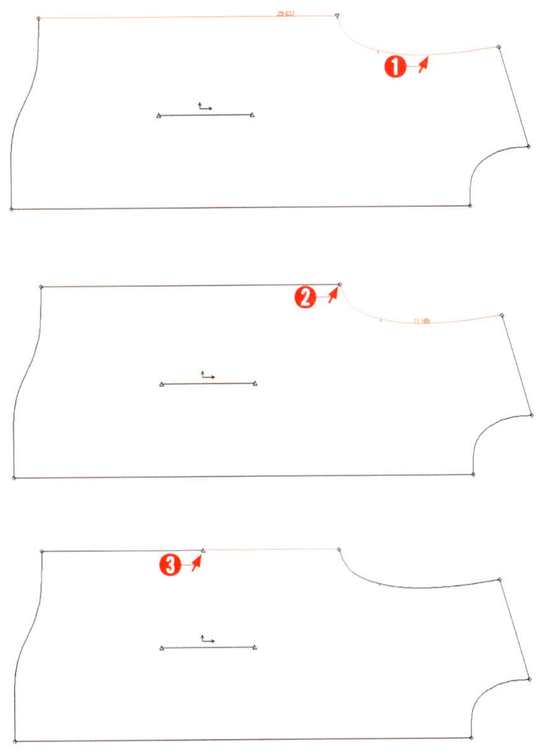

곡선을 유연하게 수정하기

소매산·암홀·목둘레 등 유연한 곡선이 요구되는 부위를 Smooth 기능으로 부드러운 곡선으로 다듬어준다.

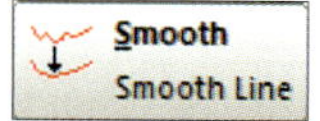

Line − Modify line − Smooth − 암홀·목둘레·힙선 등 중간에 커서 놓고 마우스 왼쪽 클릭 양쪽으로 핀이 생성 − 핀과 핀의 가운데 커서를 놓고 4회 정도 마우스 왼쪽을 계속 연타한다.
커서로 핀을 집어서 핀을 이동시키고 핀과 핀의 가운데를 2~4회 마우스 왼쪽을 연타한다.

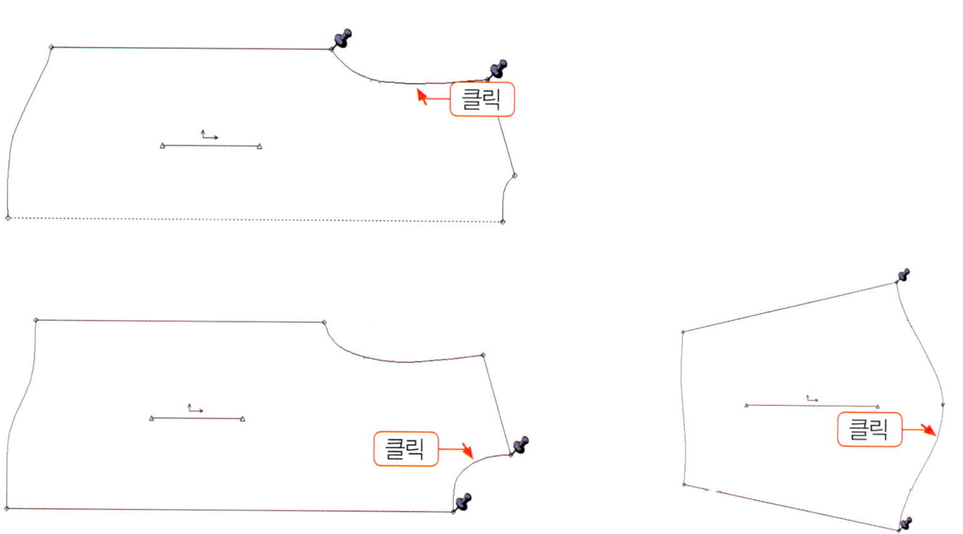

각이진 곳이 뭉그러졌을 때 조치방법

각이 져야 할 모서리가 뭉그러져 있는 경우 실행한다.

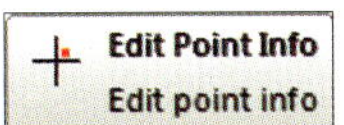

Edit – Edit Point Info – ❶ 뭉그러진 부위에서 마우스 왼쪽을 눌렀다가 놓고 – 사각 안에 들어가게
드래그 – 마우스 왼쪽을 클릭 – ❷ Attributes에서 n을 입력 – OK

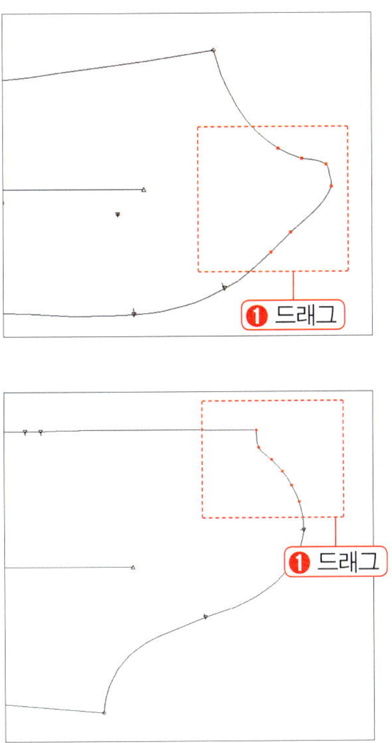

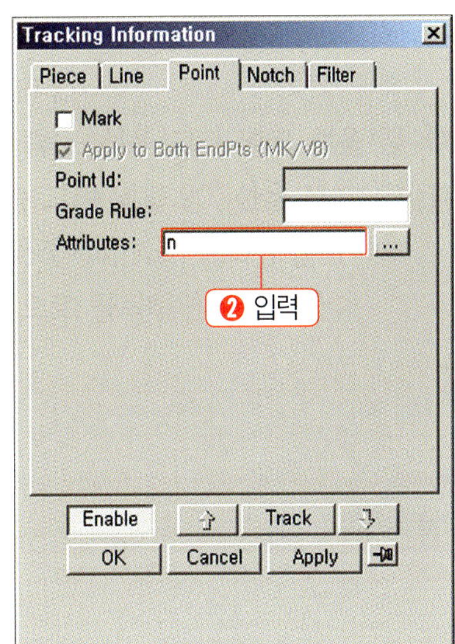

⚠ **참고**

n 실행이 안될 때 – Edit – Edit Point info – Filter – point에서 All point를 체크하고 재실행한다.

피스의 중요한 위치에 내용 입력하기

Pattern Design – Piece – Annotate Piece – Add Annotation
피스에 중요한 내용을 입력해야 할 경우 유용한 기능이다.
글자의 크기는 피스의 크기와 위치에 알맞게 조정한다.

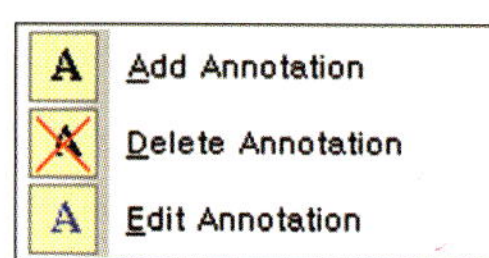

Add Annotation 클릭 – ❶ 커서를 입력할 위치에 놓고
마우스 왼쪽 클릭 – 내용 입력 – ❷ Character Size 란
에 글자 크기 0.6 정도 입력 – ❸ OK
위치를 옮기기 – Edit Annotation 클릭 – 입력내용 클
릭 – Move 클릭 – 새로운 위치에 놓은 다음 – OK

입력 내용 회전

Edit Annotation – 입력내용 클릭 – 마우스 오른쪽 –
OK – Rotate 클릭 – 입력 내용 클릭 마우스를 움직여
방향을 바꾼다.

내용을 복사하여 옮기기

Edit Annotation 클릭 – 입력내용 클릭 – 마우스 오른쪽
– OK – Copy – 다른 위치에 놓고 – OK
내용 지우기 – Delete Add Annotation

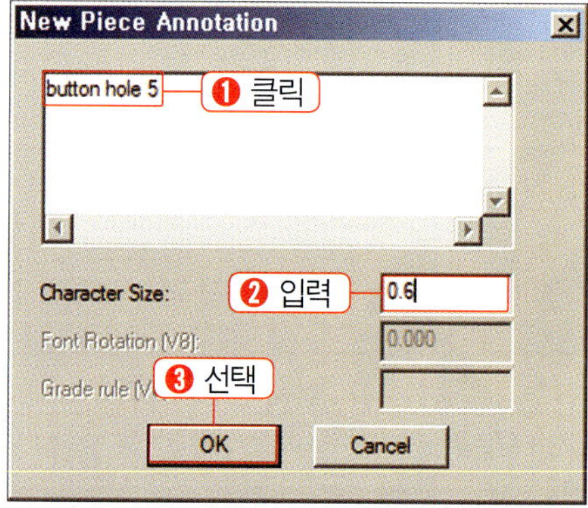

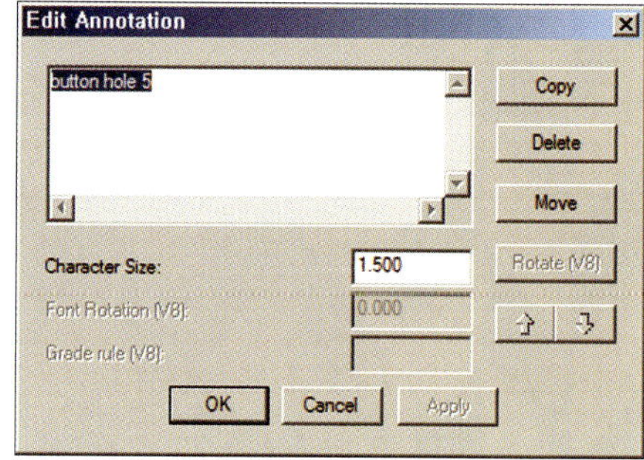

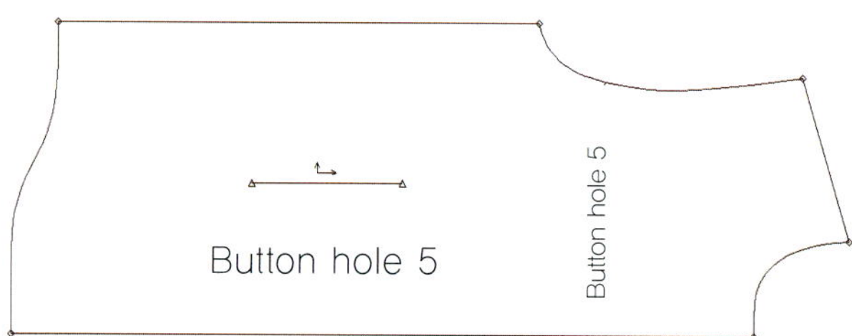

노치 테이블 편집 저장하기

노치 형태를 편집하여 저장해두고 Pattern Design에서 필요할 때마다 노치 번호를 선택한다.

1) 일반 직물에 가장 많이 사용하는 노치 표시

2) 일반 직물에 넣는 노치 표시로써 깊이를 조정할 필요가 있을 때 표시한다.

3) 원단 조직이 잘 풀리는 현상이 있을 때 삼각으로 파내는 형식으로 노치를 넣는다.

4) 스트레치 니트 종류의 원단은 노치 표시를 밖으로 삼각형으로 넣는다.

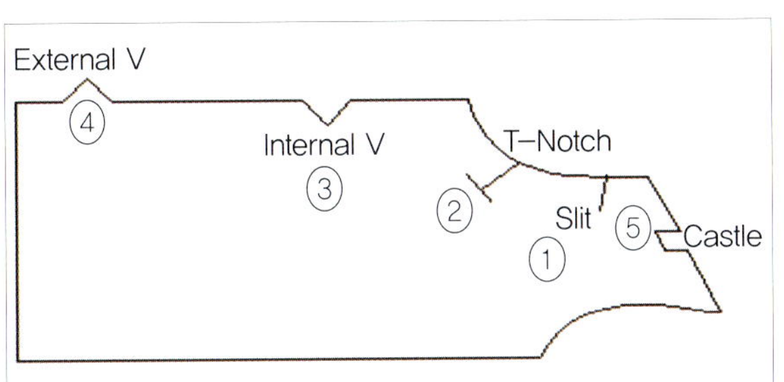

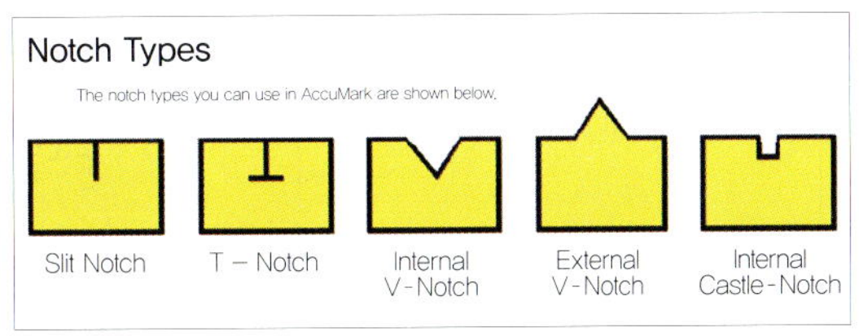

❶ 메인에서 2번째 단추 클릭 – ❷ Notch Editor – ❸ View – ❹ Preferences – ❺ inch & cm 설정 ❻ 저장

Notch Editor

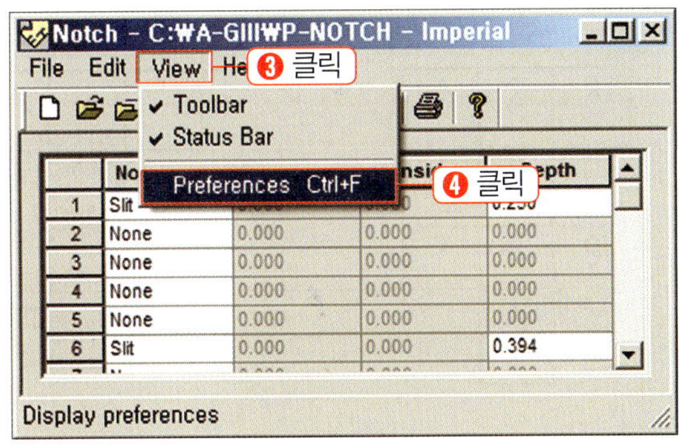

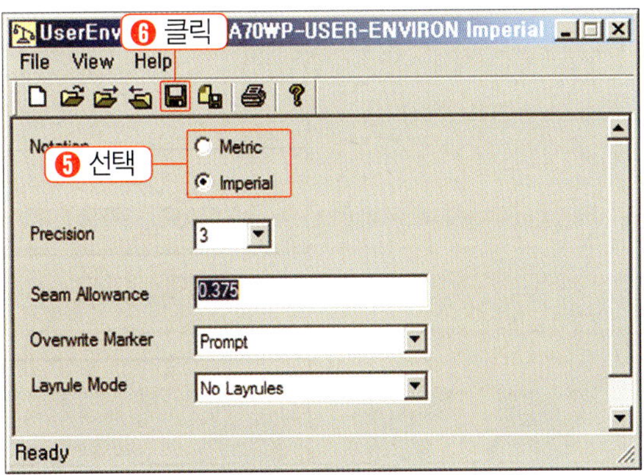

❼ Notch Type에서 코너 클릭 – ❽ 순서대로 설정 – ❾ 노치 깊이 입력 – ❿ Save As 클릭 – ⓫ 저장 폴더설정 – ⓬ 노치 파일명 입력 7개를 설정하였으므로 기억하기 쉽도록 예) p–notch 70이라고 설정 – ⓭ Save

Slit – 1번으로 설정
T – 2번으로 설정
V – 3번으로 설정
Castle – 4번으로 설정
U – 5번으로 설정

노치의 깊이와 넓이 설정
Depth 깊이
Perim 밖에서 넓이
Inside 안에서 넓이

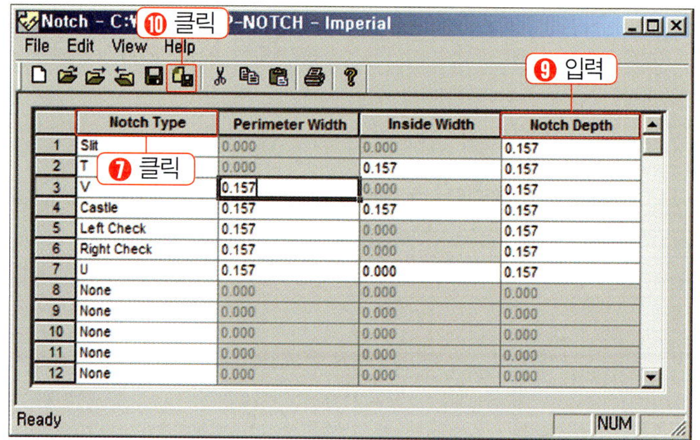

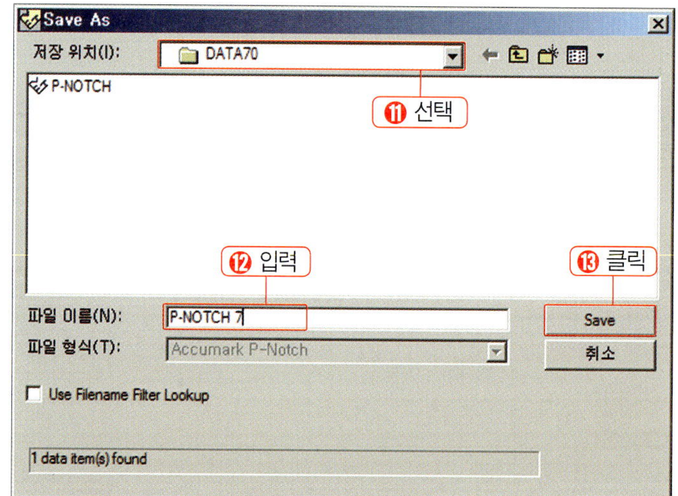

노치 넣기 이동하기 / 사선으로 노치 넣기

노치 넣기

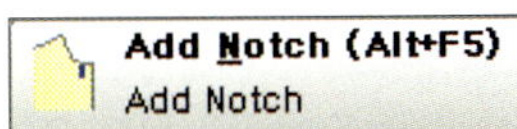

Notch – Add Notch – Add Notch 편집창에서 노치 번호를 선택한다.
커서를 패턴 선에 놓고 마우스 왼쪽을 누르고 드래그 입력창에서 커서가 움직이는 거리를 보여준다.
마우스에서 검지를 놓으면 그 자리에 노치가 형성된다.
정확한 위치에 노치를 넣으려면 커서를 패턴 선에 놓고 마우스 왼쪽을 누르고 드래그 마우스 오른쪽을 누르면서 왼쪽과 오른쪽을 동시에 놓으면 입력창이 생성된다.

Add Notch 입력창 – 노치 기본적인 번호 1번으로 맞추고 – Beg – End 란을 클릭하여 방향을 설정 – 노치를 넣을 위치를 숫자로 입력 – OK

노치 포인트 지우기 Notch – Delete Notch
한 번에 모두 지우려면 사각 안에 모두 들어가도록 드래그 Delete

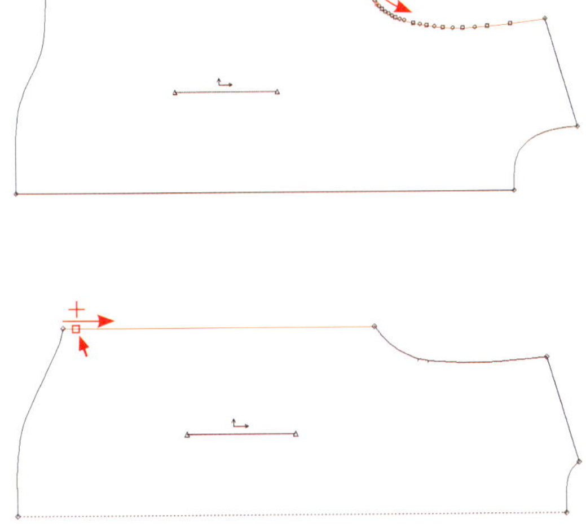

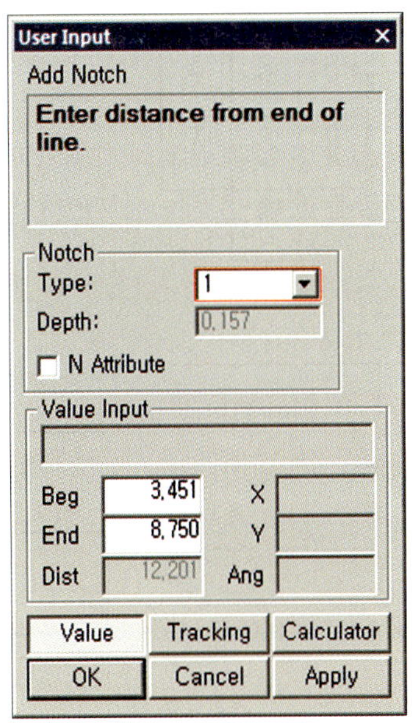

⚠ **참고**
노치 테이블에서 만들어 놓은 노치 타입은 마커를 프린트할 때 나타난다.

포인트 & 노치 이동하기

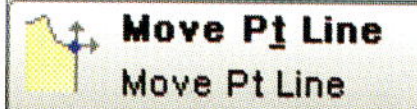

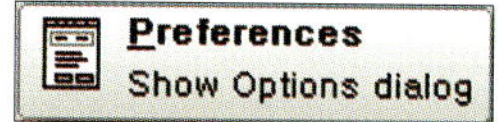

노치 포함하여 포인트 위치를 옮겨야 할 때 유용한 기능이다.

Point – Modify Point – Move Pt Line/Slide – 노치 포인트에 커서 놓고 마우스 왼쪽 클릭 – 입력 창 – Dist 란을 클릭 – 이동 방향 확인 위쪽으로 이동 수치만 입력 아래쪽으로 이동 (–) 를 함께 입력 – OK

> ⚠ **참고**
>
> - Notch 옮겨지지 않을 때 – Preferences/Options – V8 과 V7을 교체 체크아웃
> - Move Pt Line/Slide 입력창 Dist 란에 Cursor로 되었을 때 Value로 바꾼다.

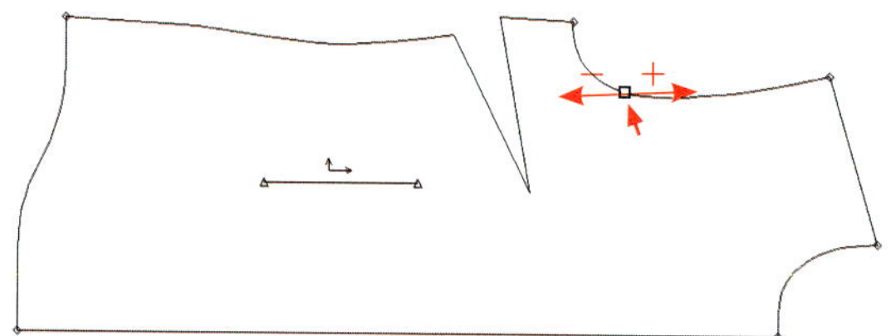

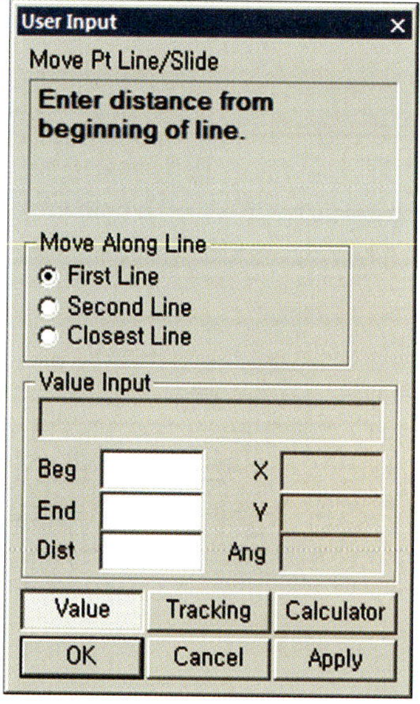

선을 끊고 이어 주며 노치 넣기

원하는 위치에 노치를 넣을 수가 없을 때

암홀선에서 허리선 화살표 방향으로 노치를 넣으려고 드래그하고 방향을 바꾸었을 때 어깨에서부터
가능하다고 화살표가 생성되었다.

이것은 옆솔기선과 암홀선이 끊어져 있지 않고 하나의 선으로 이어져 있기 때문이다.

암홀선에서부터 노치를 놓으려면 선을 끊어주어야 한다.

Combine/Merg – 아이콘 클릭 – 옆 솔기 선이 암홀까지 하나로 이어져 있는 것이 보인다.

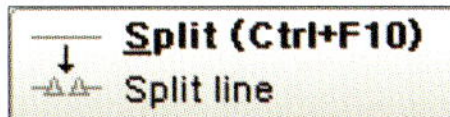
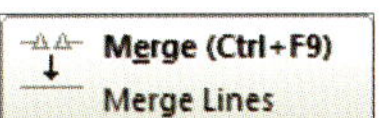

Split 클릭 – 암홀 밑을 클릭하여 선을 끊어주고 암홀 밑에서 다시 드래그 노치를 넣는다.
노치를 원하는 위치에 넣기 위해서 선을 끊어주고 이어주는 방법을 모든 각도에서 반복하며 유용하
게 활용한다.

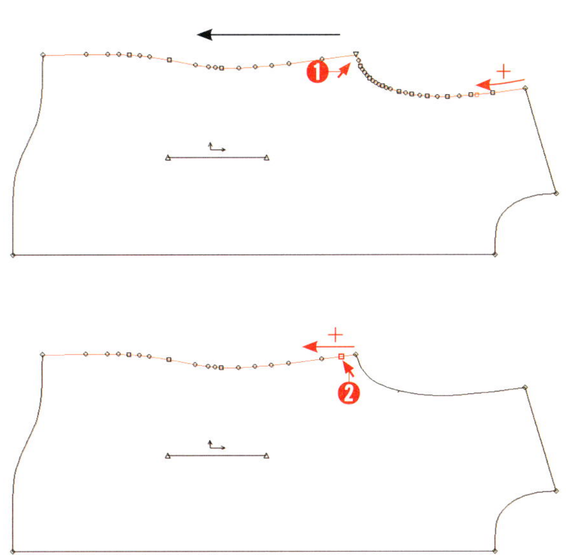

사선으로 노치 넣기

일반적인 노치는 선에서 90°로 노치가 들어가게 되므로 시접의 각도가 예) 45° 정도이면 Ⓐ 번 노치를 넣었을 때 시접의 각도와 맞지 않게 된다.

Ⓑ 번과 같이 시접선과 같은 방향으로 노치가 들어가야 한다.

Notch – Angled Notch – 마우스 왼쪽을 누르고 시접과 같은 넓이로 클릭 – 마우스만 움직여 선을 길게 늘여 시접선과 일치되는 것을 확인하고 커서에서 손을 떼면 사선으로 노치가 들어간다.

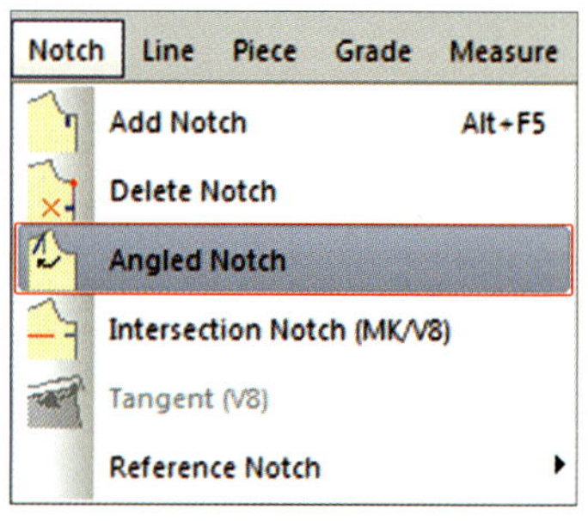

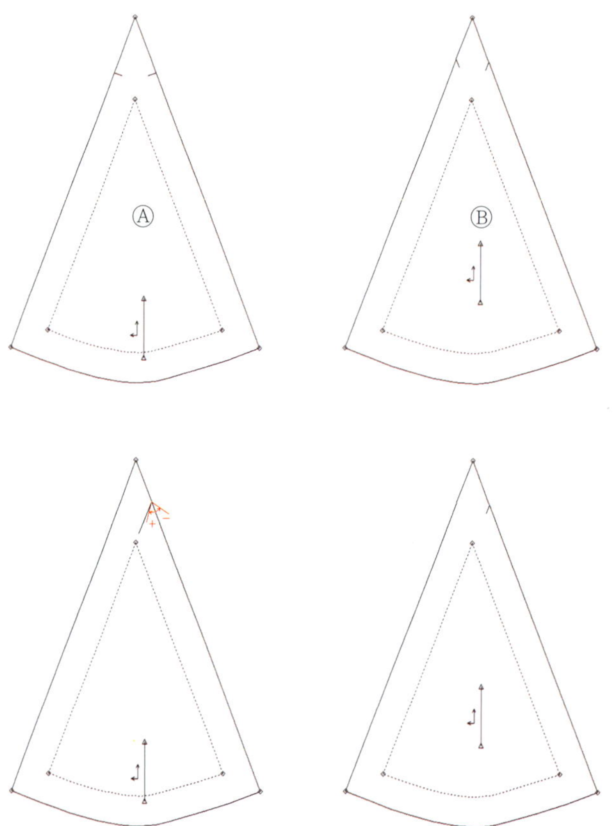

노치 모양 바꾸기

Pattern Design에서 작업 화면에 피스를 불러들인다.

현재 있는 노치 모양 바꾸기
❶ Notch – ❷ Add Notch – ❸ 노치 번호 선택 – ❹ 기존에 넣었던 노치 포인트 클릭 – 노치의 모양이 바뀐다.

새로 넣는 노치 모양 선택하려면
❶ Notch – ❷ Add Notch – ❸ 노치 번호 선택 – ❹ 노치를 넣는다.

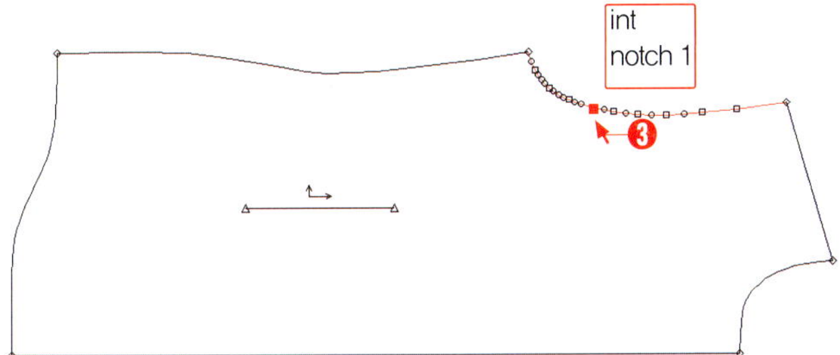

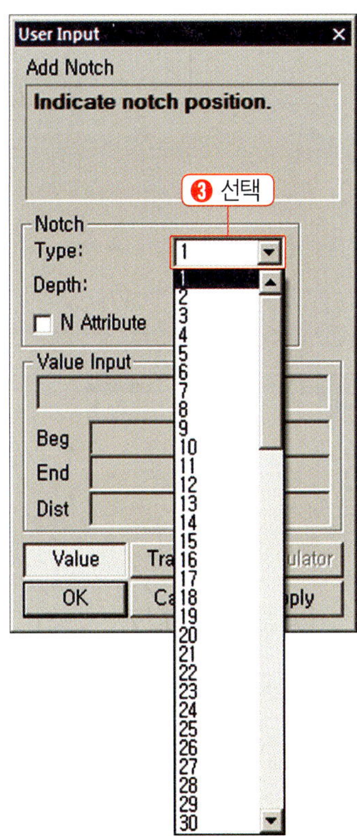

⚠ 참고

한 개의 피스에 여러 모양의 노치를 넣을 수 있으며 모양을 바꿀 때마다 다른 번호를 선택하고 노치를 넣거나 기존의 노치를 클릭하여준다.
바뀐 노치 모양은 Pattern Design에서 확인이 안 되며 플로트에서 볼 수 있다.

작업 화면에 격자선 설정

View – Screen Layout – Screen Layout

Screen Layout 환경설정 작업 화면에 선을 배열하여 패턴을 교정할 때 결선과 무늬를 맞추는 데 필요할 때 설정한다.

Guidelines

None – 화면 설정 복구

Line – 사각형의 격자선

Dots – 점선

Crosshairs – 십자선

X와 Y 칸에 격자 마크 사이의 특정 값을 지정한다. Apply Grid를 선택하고 저장하려면 OK를 선택한다.

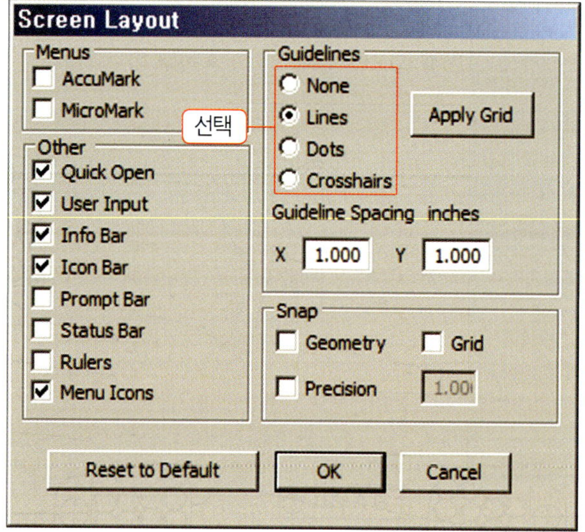

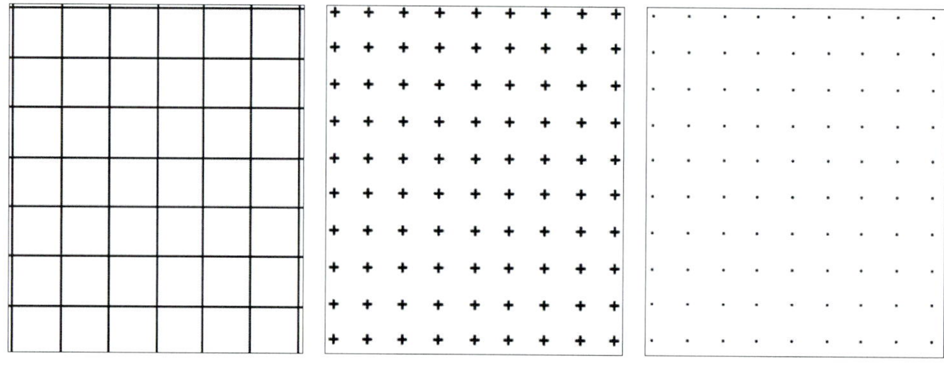

격자선을 이용하여 중심 결선 바로잡기

앞판과 뒤판 소매 등 패턴의 모든 조각은 어떤 목적으로 변경하지 않는 한 변함없이 가로로 또는 세로로 놓았을 때 결선에 의해서 수직 수평을 유지한다.
잘못 설정된 결선으로 입력되었거나 교정 과정에서 위치가 바뀌는 경우 수정해야 한다.

1) 그림참조 결선 설정이 잘못되어 앞 중심이 정확하게 가로선에 놓이지 않고 기울어져 있다.
2) 앞 중심을 결선에 맞추어 놓는다.
3) 결선을 가로선에 맞추어 재설정하고 저장한다.

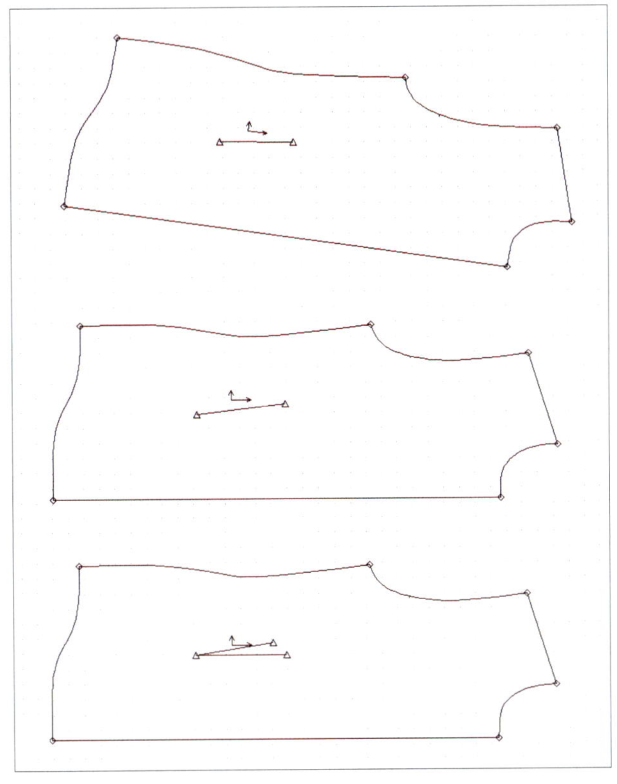

⚠ **참고**

Shift – F5 – 우측 User Input 창에서 Realign Grain/Grade Ref 체크 – 결선 클릭 – 결선이 바로 설정된다.

1 – 격자선을 설정하고 패턴의 앞 중심을 가로선을 맞춘다.

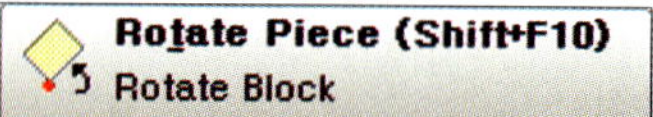

Rotate Piece – 대화상자에서 – None 클릭 설정

Piece – Modify Piece – Rotate Piece – 패턴에 커서를 놓고 마우스 왼쪽 클릭 – 마우스 오른쪽 클릭 – 대화상자에서 None 클릭 – 패턴에 커서 놓고 마우스 왼쪽 클릭 – 오른쪽 클릭 – OK – 마우스만 움직여서 왼쪽으로 가로선에 중심을 맞추고 마우스 왼쪽을 클릭 – 저장

2 – 결선을 옮긴다. (Alt+F2)

Line – Modify Line – Move Range –

우측 결선 포인트에 커서를 놓고 마우스 왼쪽을 누르고 좌측 결선 끝점까지 드래그 포인트가 활성화 되면 – 마우스에서 손을 놓고 – 마우스 오른쪽 클릭 – 마우스에서 손을 놓고 마우스만 움직여 가로선을 정확하게 맞추고 마우스 왼쪽 클릭 – 저장

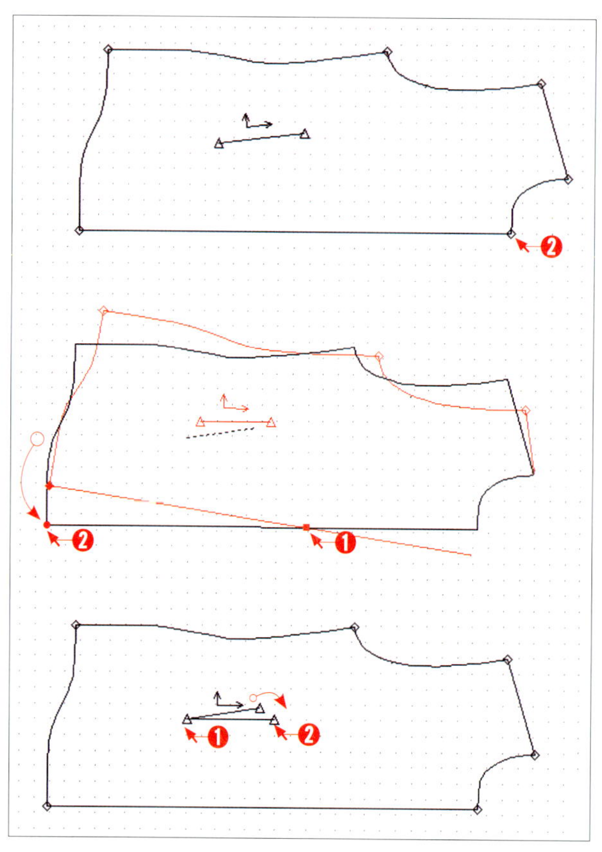

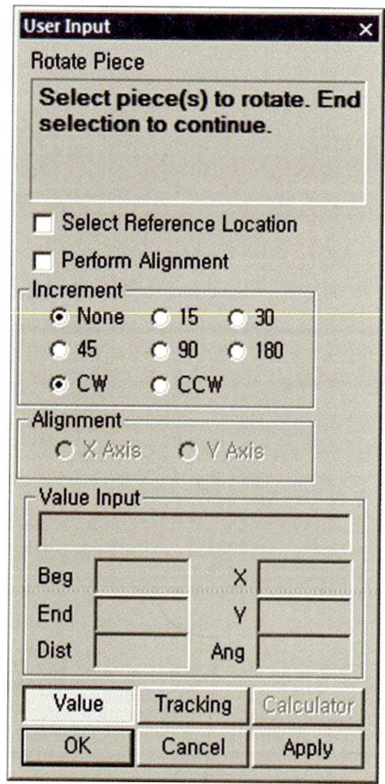

결선 & 작업선 옮기기

피스 안에 있는 결선을 이동시킨다.

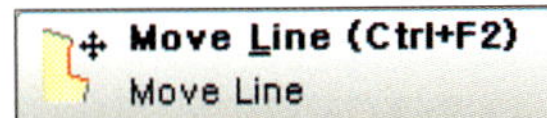
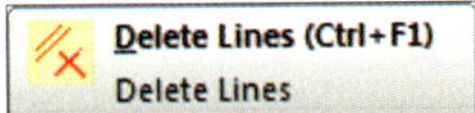

Line – Modify Line – Move Line – 결선 클릭 – 마우스 오른쪽 – OK – 이동 사이즈 입력 – OK

절개 부위에 있는 결선은 작업에 방해되므로 위치를 이동시킨다.

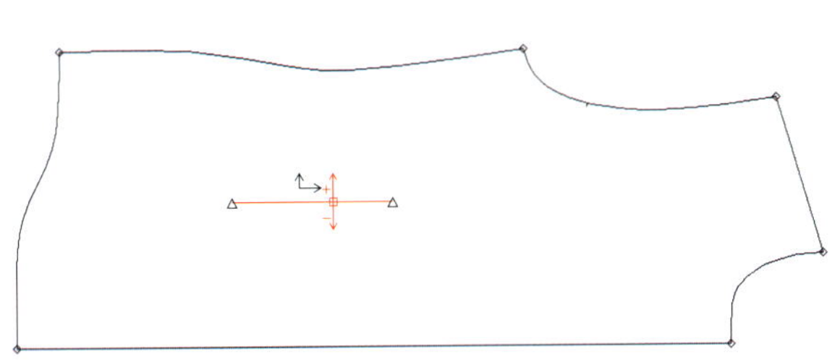

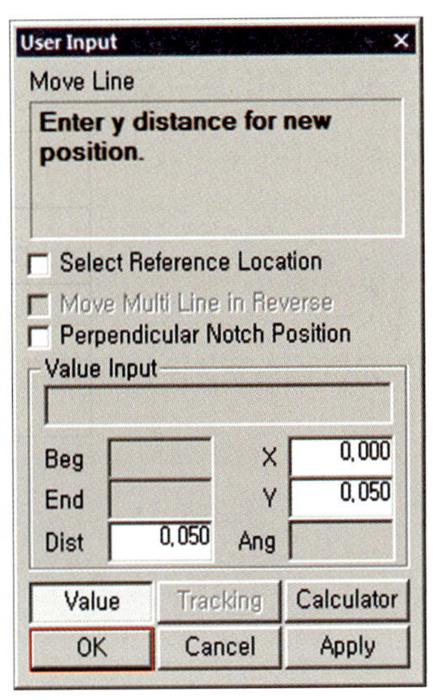

결선을 바이어스 결로 배치하기

피스 안에 결선을 바이어스 결 즉 45°로 설정할 때 유용한 기능이다.

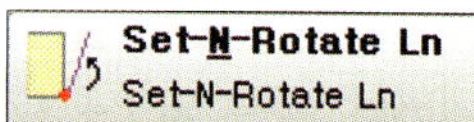

Line – Modify Line – Set and Rotate – 결선 한쪽 클릭 – 다른 쪽 클릭 – 45 입력 – OK

Line – Modify Line – Set and Rotate – 결선 한쪽 클릭 – 다른 쪽 클릭 – Value – 마우스만 움직여 결선의 방향을 정한 다음 – 마우스 왼쪽과 오른쪽을 동시에 클릭 – 입력모드로 전환한다.

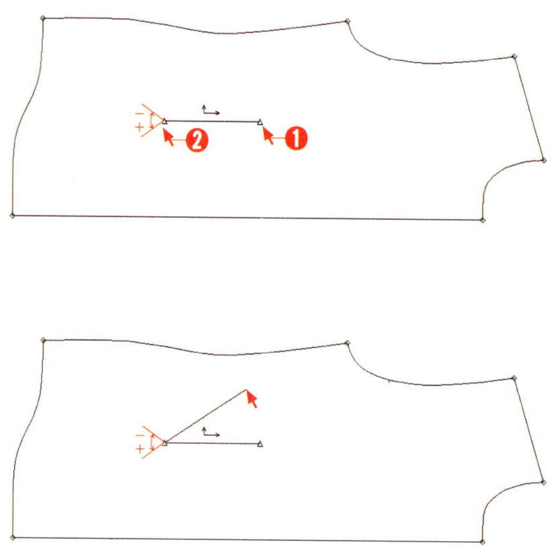

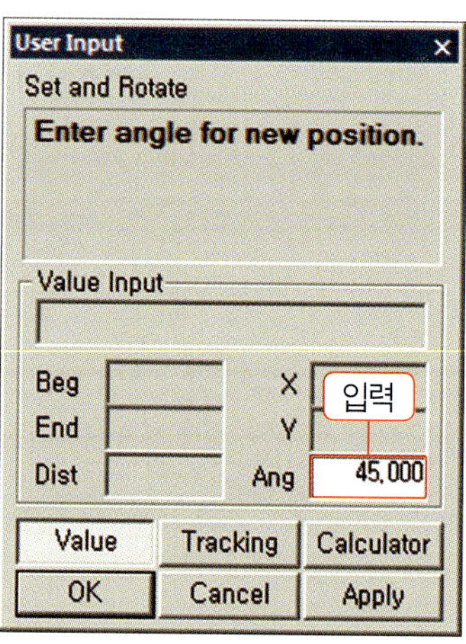

피스를 회전시키기

작업 화면에서 패턴을 세워서 보아야 할 때 필요한 기능이다.

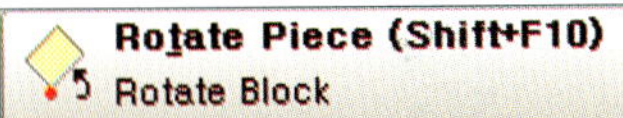

Piece – Modify Piece – Rotate Piece – 패턴에 커서를 놓고 마우스 왼쪽 클릭 – 마우스 오른쪽 클릭 – 입력창에서 설정하는 대로 각도에 따라 움직인다.

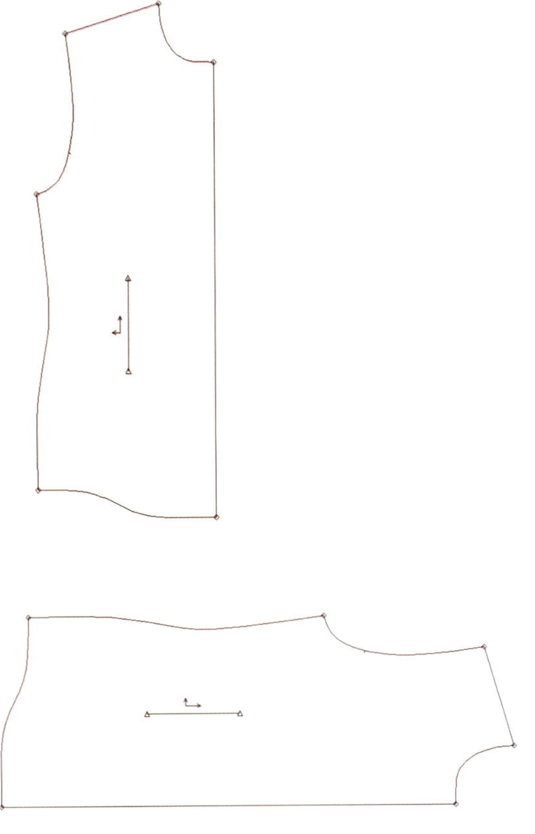

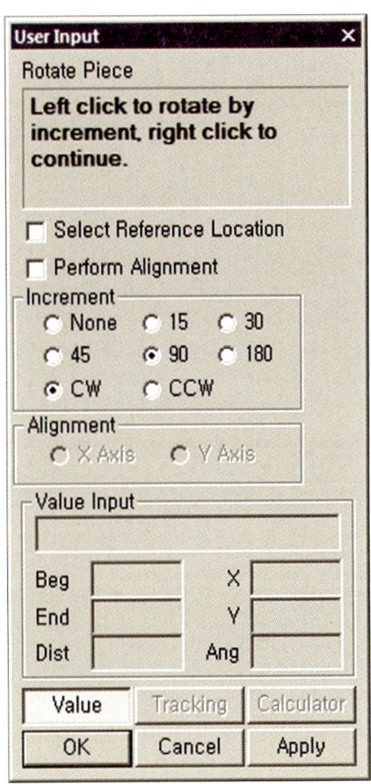

패턴 조각이 서로 대칭 상태로 일시적으로 마주 보게 설정할 필요가 있을 때 실행한다.

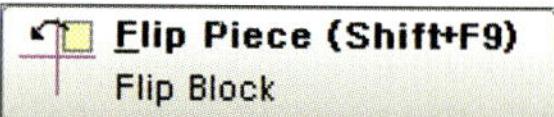

Piece – Modify Piece – Flip Piece – 입력창에서 Flip Piece 설정 – 패턴에 커서 놓고 마우스 왼쪽 클릭 – 대화상자에서 화살표 방향 설정 – OK – 서로 마주 보게 방향이 바뀐다.

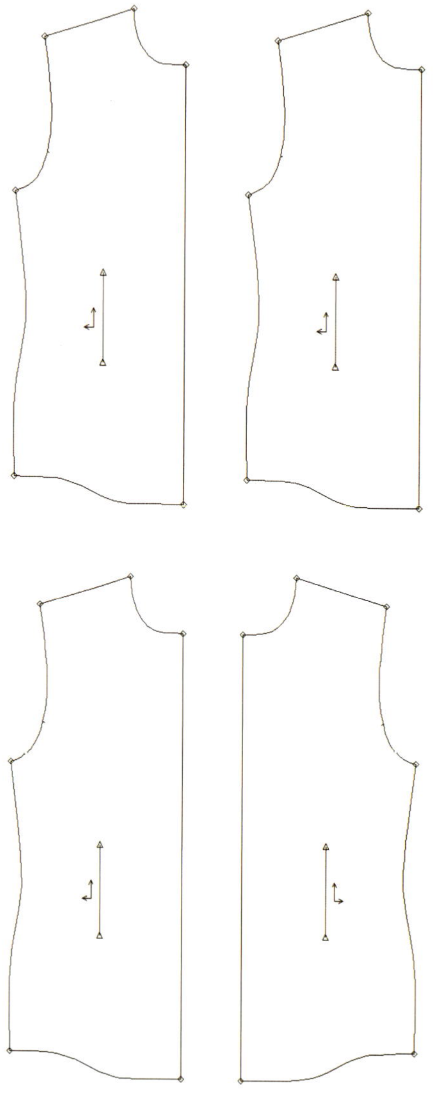

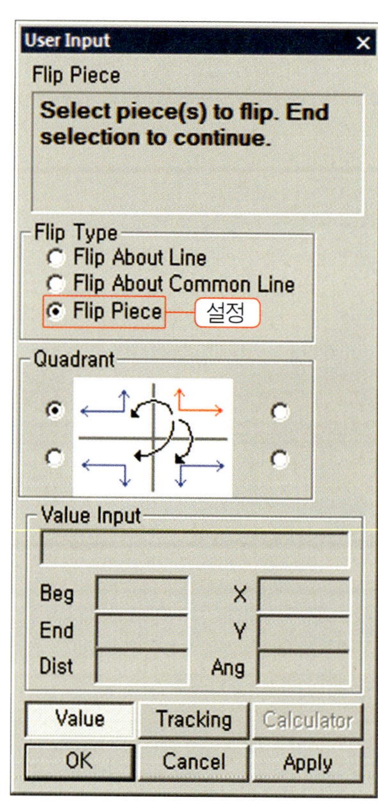

대칭 상태로 방향 바꾸어 저장하기

방향을 뒤집어서 저장해야 하는 경우에 필요한 기능이다.

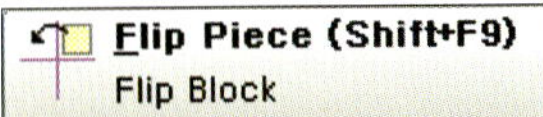

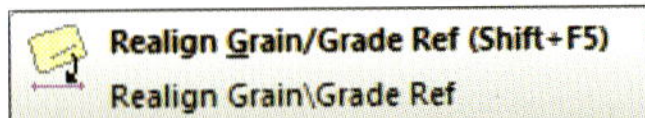

1) Piece – Modify Piece – Flip Piece – 대화 상자에서 Flip About Line 설정 – 패턴 결선에 커서 놓고 마우스 왼쪽 클릭 – 오른쪽 클릭 – OK – 방향이 바뀐다.

2) Realing Grain/Grade Ret – 결선에 커서 놓고 – 마우스 왼쪽 클릭 – 저장
   (상단에 미니 피스조각의 방향이 바뀌어야 저장된 것으로 반드시 다시 열어 확인한다.)

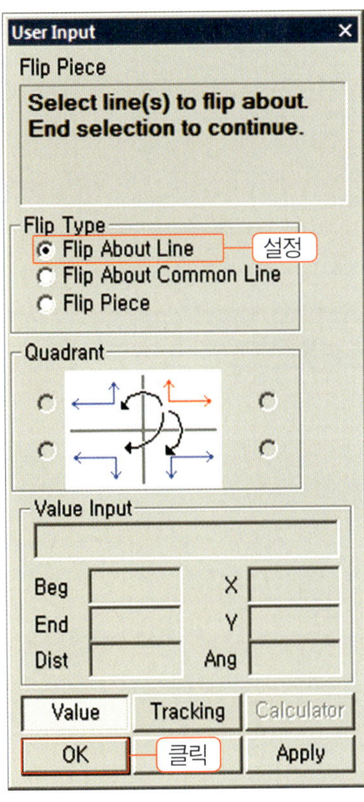

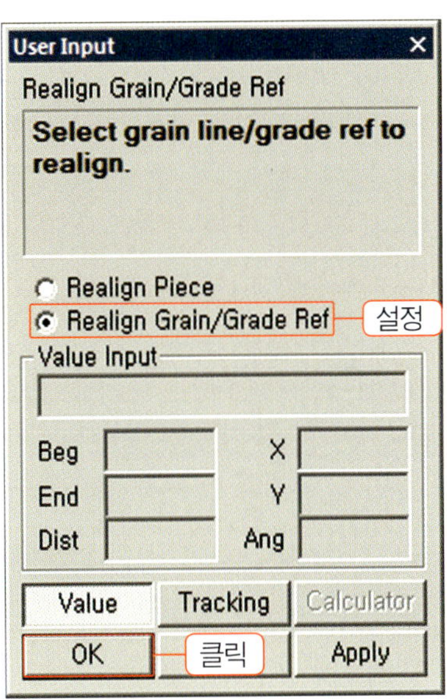

⚠ **참고**

대화상자에서 Realing Grain/Grade Ret 란에 체크가 되어있어야 한다.

가슴 다트 분량 측정하는 방법

ⓐ 가슴둘레를 측정한다.

ⓑ 유두를 지나는 둘레를 측정한다.

ⓐ 와 ⓑ 차이 치수 즉 상동과 유상동의 차이가 다트 분량이 된다.

대략적으로 적용되는 사이즈별 가슴 다트 분량

ⓐ 상동

ⓑ 유 상동

petiet. 2.5cm(1″)

missy. 3.81cm(1″½)

woman. 6.35cm(2″½)

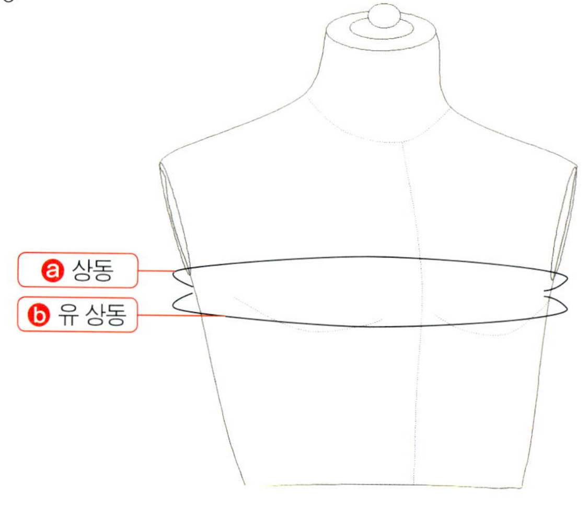

Back Neck Drop – 뒤목 올려주는 분량으로 뒤판에 적용된다.

Neck Width – 앞판과 뒤판의 옆 목선 넓이로 사이즈가 클수록 넓어진다.

기본적으로 적용되는 Back Neck Drop의 치수는 아래와 같다.

petiet 1.905cm(¾)

missy 2.54cm(1″)

woman 3.81cm(1″½)

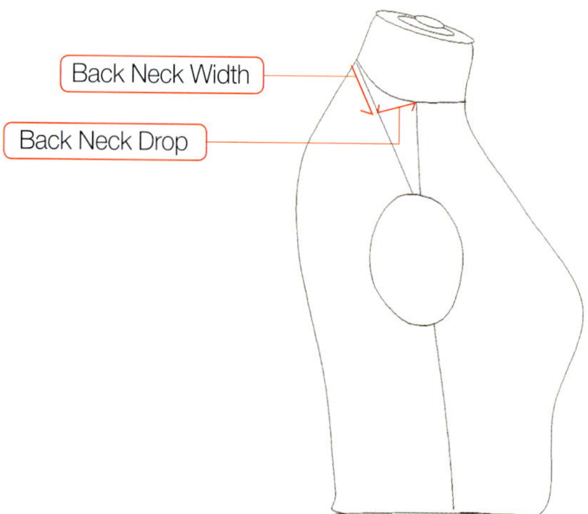

다트 만들어 넣기

패턴을 제도할 때 기본적으로 다트를 넣는 곳은 옆 솔기에 넣는 Underarm Dart이며 다른 위치로 옮길 필요가 있을 때 기본 다트를 접어서 이동시킨다.

앞가슴에 다트를 넣는 데 필요한 3가지

1) 유장

2) 유폭

3) 다트 분량 – 상동과 유상동의 차이 치수

– 유폭을 설정하는 앞 중심선은 낸 단분이 없는 선에서 맞추어야 한다.

– 다트 포인트 설정은 볼륨이 필요한 정점에서 1.5 정도 떨어진다.

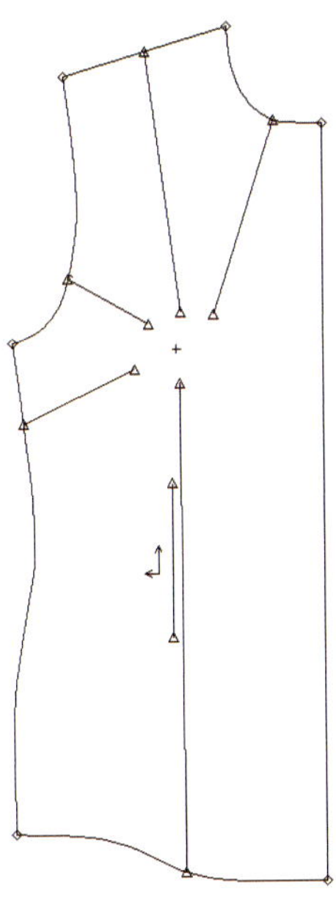

❶ 다트 넣을 위치를 향해 마우스 왼쪽을 누르고 약간 드래그

❷ 마우스 왼쪽과 오른쪽을 동시에 클릭

❸ 입력창 End 란에 밑으로 내려갈 치수 예) 3″ 입력

❹ OK

❺ Dist 란에 다트 길이 예) 5.5 입력

❻ OK

❼ 다트의 접는 분량 입력 상동과 유상동의 차이 치수 예) 1.5

❽ OK

다트의 실행이 안될 경우 Tracking Information에서 All Points를 첵크 아웃한다.

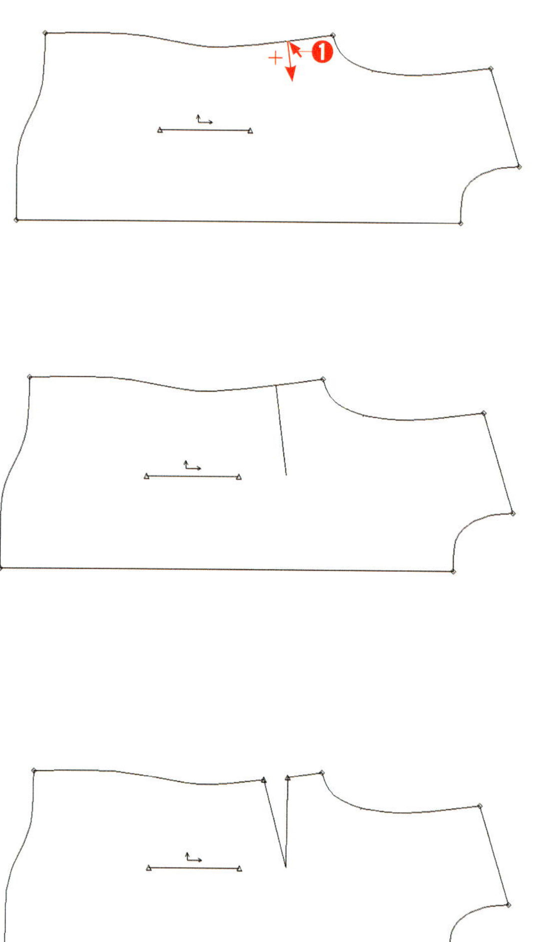

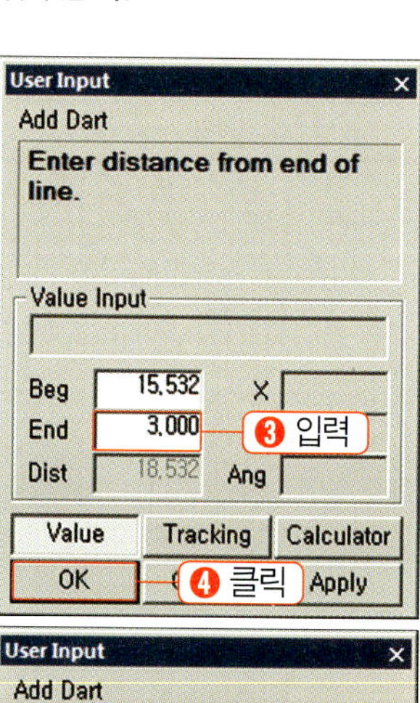

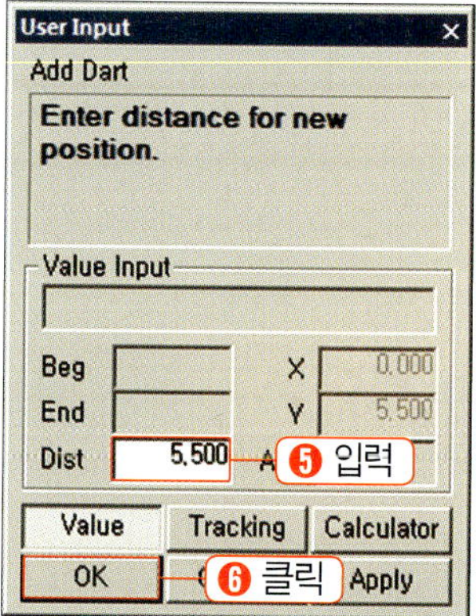

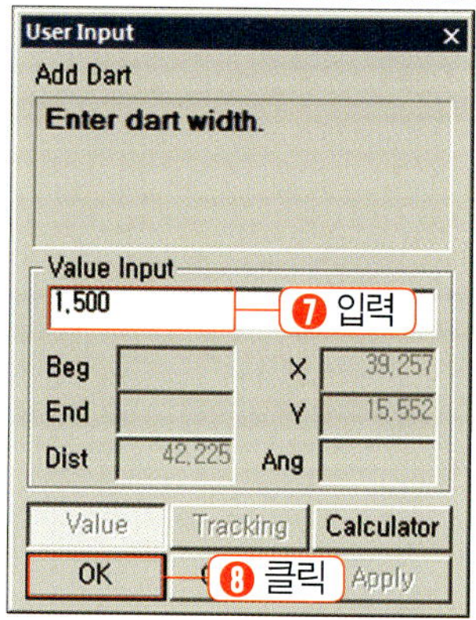

다트의 끝을 포인트에 끌어다 붙인다.

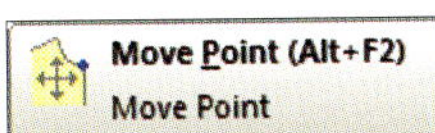

Point – Modify Point – Move Point –

❶ 다트 끝 클릭

❷ 마우스 오른쪽 클릭

❸ OK 마우스만 움직여 다트 포인트 정확하게 놓고

❹ 왼쪽 클릭 오른쪽 클릭

❺ 저장

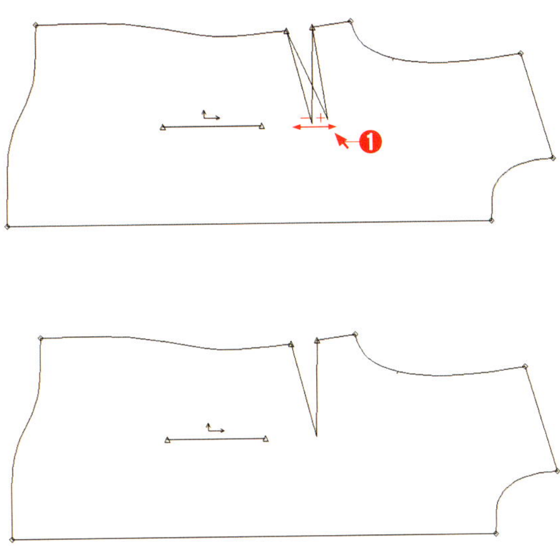

> ⚠ **참고**
>
> 입력창에서 Value를 클릭 마우스만 움직여 이동할 대략의 위치를 확인하고 마우스 왼쪽과 오른쪽
> 을 동시에 클릭 입력모드로 설정한다.

다트 합복 길이 확인하는 방법

Piece - Asymm Fold - Date Fold - 다트 선에 커서 놓고 마우스 왼쪽 클릭 다트가 접히면서 차이 나는 치수를 확인한다.

원상회복 - Piece - Asymm Fold - Unfold

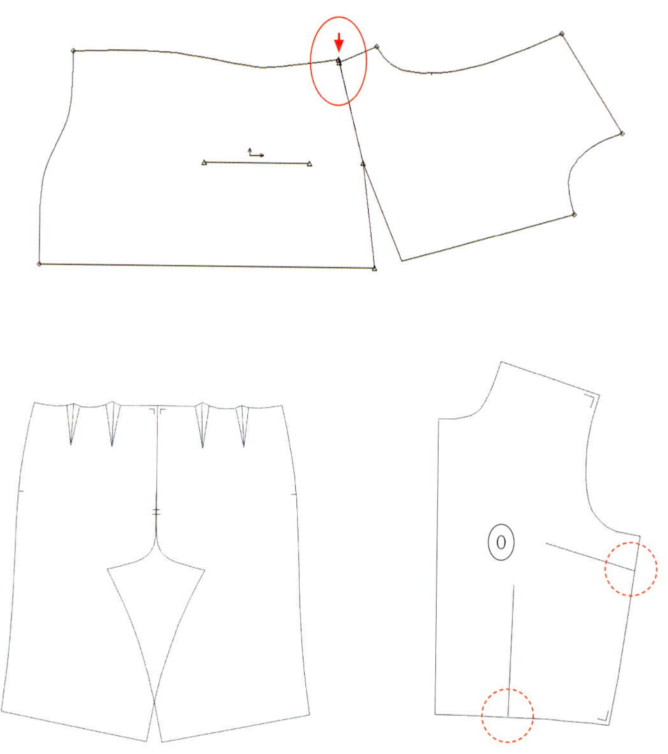

> ⚠ **참고**
>
> 합복 부위의 각도가 맞지 않으면 각도가 맞지 않은 부분은 당겨지는 현상이 발생한다.
> 특히 다트의 경우 합복 각도가 중요하며 접었을 때 선이 자연스럽게 이어지도록 조치해야한다.

다트의 합복 길이를 자동으로 맞추는 방법

자동으로 다트 합복 길이를 수정하는 방법은 다트의 3각 포인트를 다트로 인식할 때 가능한 방법이다.

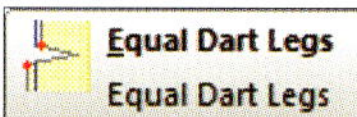

1) 다트의 양쪽 선을 큰 쪽은 줄이고 작은 쪽은 늘이며 길이를 똑같이 하는 방법이다.

　　Piece – Dart – Equal Dart Legs –

　　❶ 다트 선을 클릭 다트선 전체 활성화된다.

　　❷ 마우스에서 손을 놓고 마우스만 움직여 다트 포인트에 커서를 접근한다.

　　❸ 다트 포인트 끝점 활성화 확인한다.

　　❹ 마우스 왼쪽 클릭 양쪽의 합복 길이가 같아진다. – 저장

2) 양쪽 합복선에서 선택적으로 한쪽만 조정하는 방법이다.

　　Piece – Dart – Equal Dart Legs –

　　❶ 다트 선을 클릭 다트선 전체 활성화된다.

　　❷ 마우스에서 손을 놓고 마우스만 움직여 수정할 다트선 포인트에 접근한다.

　　❸ 다트 포인트 끝점 활성화 확인한다.

　　❹ 마우스 왼쪽 클릭 양쪽의 합복 길이가 같아진다. – 저장

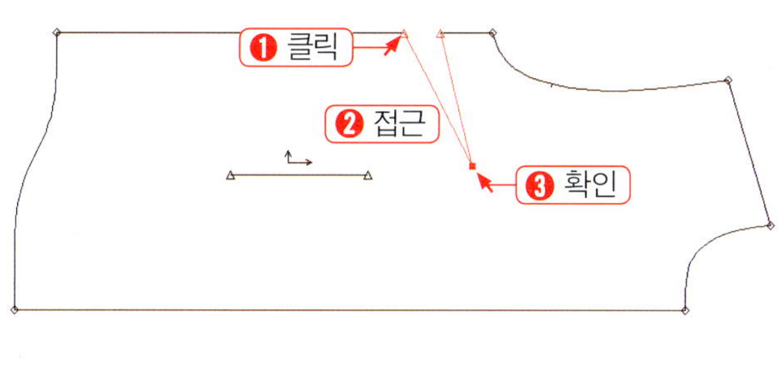

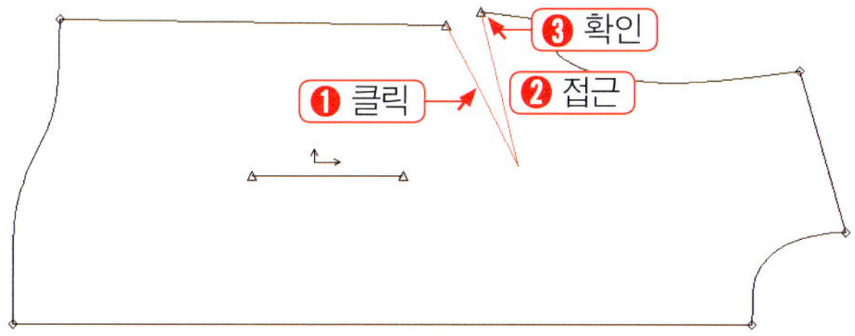

Value 모드에서 합복 길이를 맞추는 방법

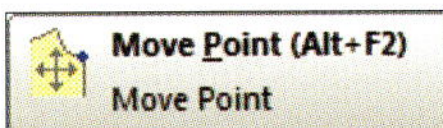

❶ Split 아이콘 클릭 – 다트 포인트 클릭 절개 – Line Length – 양쪽 다트선을 클릭 차이치수 확인한다.

❷ Point – Modify Points – Move Point – 마우스 왼쪽을 누르고 포인트를 향해 드래그 – 포인트 활성화 확인 – 마우스 왼쪽 클릭 – 움직이지 않은 상태에서 마우스 오른쪽 클릭 – OK –입력창 Y란에 차이 치수 입력 – OK

Y와 X란에 커서를 놓고 클릭 방향을 설정한다.

Value와 Cursor는 모든 작업 과정에서 수시로 변환하여 사용한다.

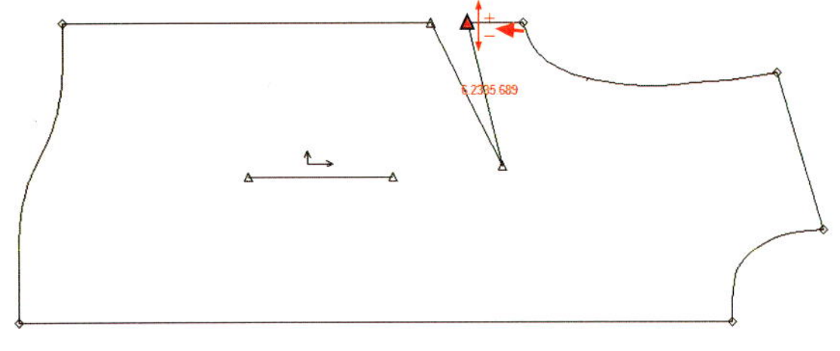

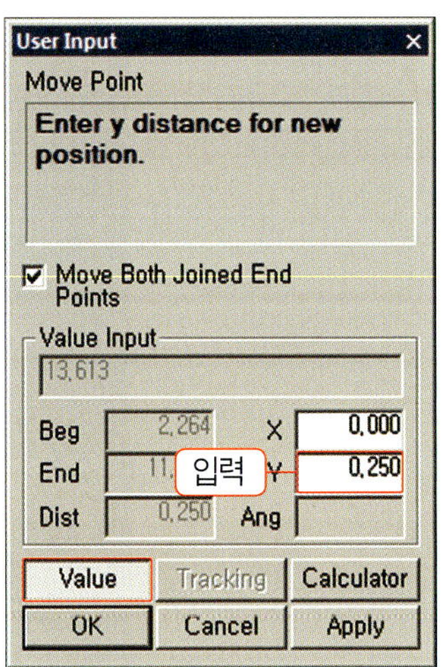

> ⚠ **참고**
> - 마우스 사용에서 왼쪽과 오른쪽 단추를 동시에 클릭해야하는 경우가 있다.
> - 왼쪽과 오른쪽을 차례로 클릭하되 마우스는 움직이면 안되는 경우가 있다.
> - 마우스 왼쪽과 오른쪽 단추를 동시에 누르고 드래그 해야 하는 경우가 있다.

Cursor 모드에서 합복 길이를 맞추는 방법

Point – Modify Points – Move Point (Alt +F2) –
마우스 왼쪽을 누르고 포인트를 향해 드래그 – 포인트 활성화 확인 – 마우스 오른쪽 클릭 – OK –
마우스에서 검지를 놓으면 포인트가 마우스와 함께 움직이게 되며 좌측 대화상자에서 폭과 길이 방
향으로 이동하는 수치를 확인하고 알맞은 위치에서 마우스 왼쪽을 클릭한다.

Alt + F2를 동시에 누르면 Move Point 모드로 전환된다.

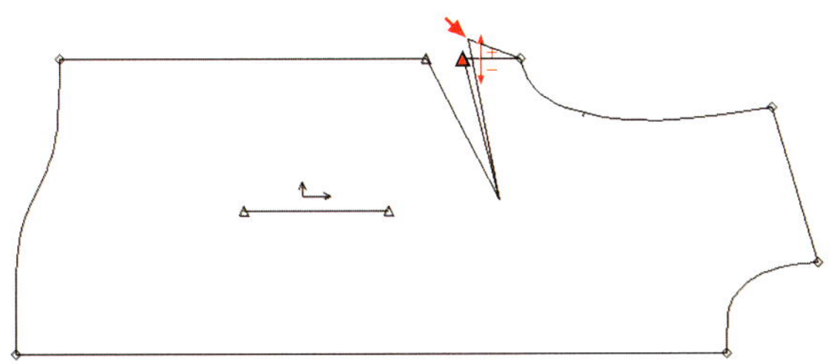

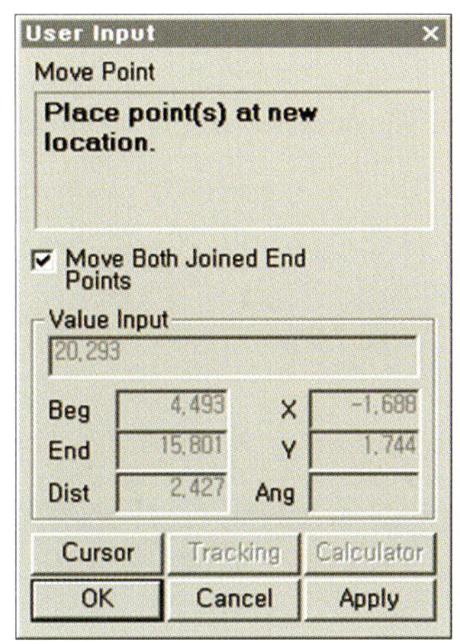

 **참고**

마우스 사용에서 포인트를 클릭하고 Value와 Cursor로 전환하여 마우스 단추에서 손을 놓고 마
우스만 움직여 새로운 포인트를 찾거나 설정한다.

다트의 방향 옮기기

제도할 때 기본 다트는 옆 솔기에 넣는 Underarm Dart 다트이다.
디자인에 따라서 다트를 넣는 위치가 어깨·암홀·목선 등으로 변화되고 곡선을 넣어 다트를 없애는
경우도 있으나 다트의 변화는 모두 어퍼암 다트가 기준이고 기본이 된다.

다트를 옮기는 방법
옮기려는 방향을 절개하고 어퍼암 다트를 접으면 새로운 다트가 형성된다.

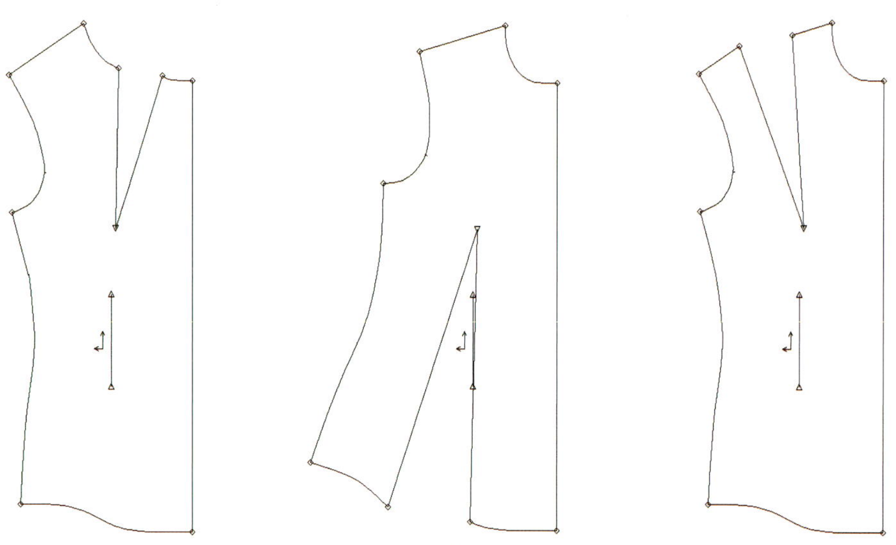

Armhole 다트로 이동하기

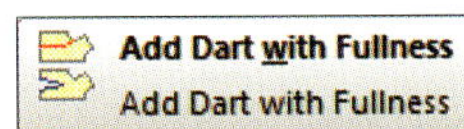

Piece – Dart – Add Dart with Fullness –
❶ 다트를 이동시킬 암홀 포인트 클릭 – ❷ 다트 포인트 클릭 – ❸ 옆 솔기에서 아래쪽 다트 선 클릭
– ❹ 마우스 오른쪽 클릭 – ❺ OK – ❻ 마우스를 움직여서 아래 다트선에 정확하게 붙여놓고 – ❼
왼쪽을 클릭 – ❽ 오른쪽 – ❾ OK
옆솔기 다트선은 Delete Point로 지운다.

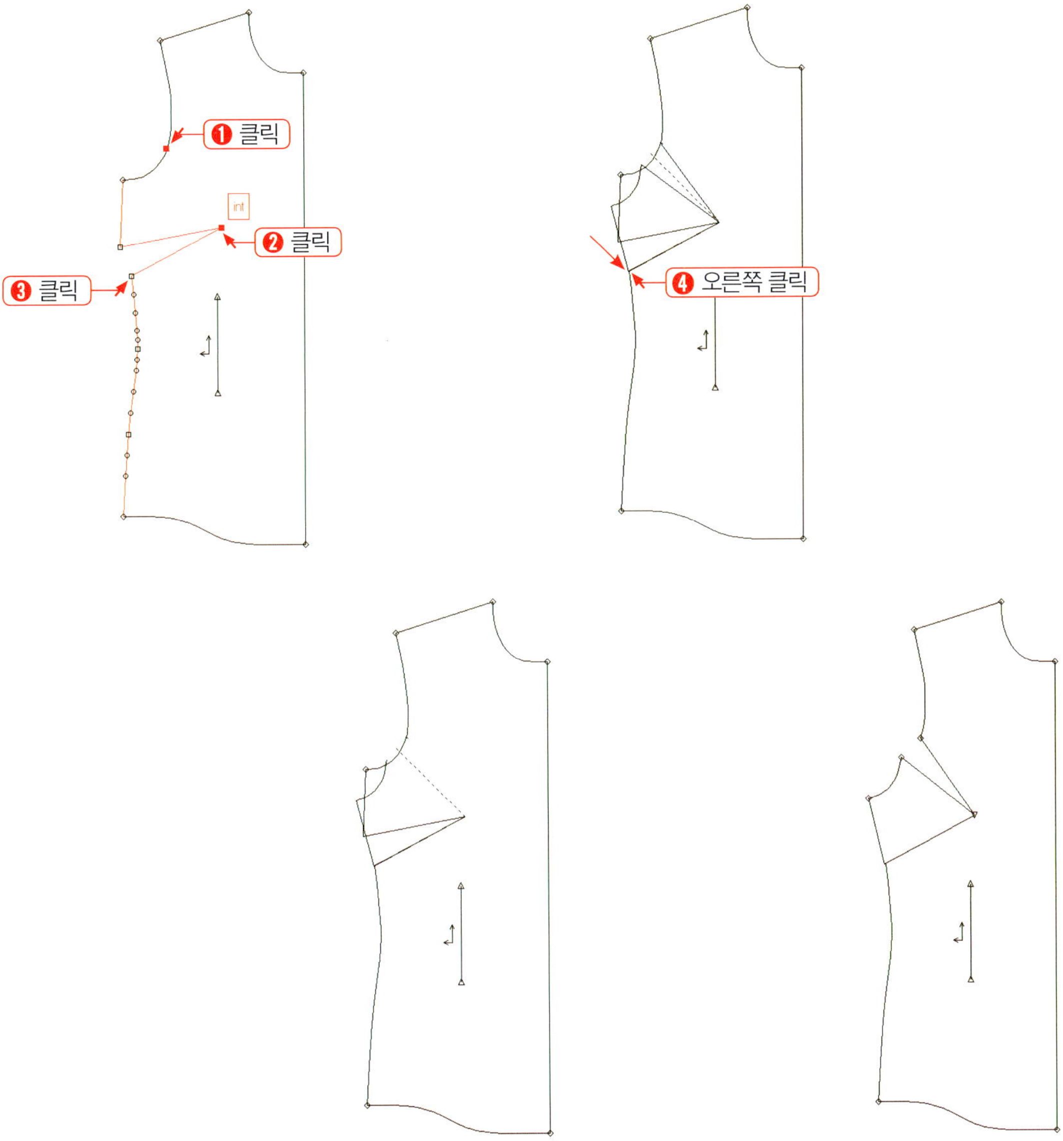

다트 실행이 안 될 때 / 다트 닫기와 열기

다트 변경 실행이 안 될 때

3point line의 결함으로 에러가 나는 경우

다트 포인트 선을 Merge(Ctrl+F9)로 이어주어야 한다.

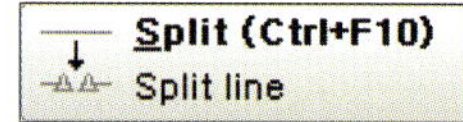 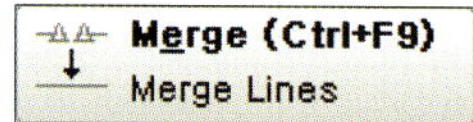

다트의 실행이 안 될 때 (3Point line)

다트 포인트 선이 끊어진 경우 실행이 안 된다.

Piece – Dart – Equal Dart Legs에서 실행이 안 될 때 Split로 다트의 3포인트를 이어준 다음 재실행한다.

Combine/Merg – ❶ 1번 선에 커서 놓고 마우스 왼쪽 클릭 – ❷ 2번 선에 커서 놓고 마우스 왼쪽 클릭 – ❸ 오른쪽 클릭 – ❹ OK – 절개된 선이 이어진다.

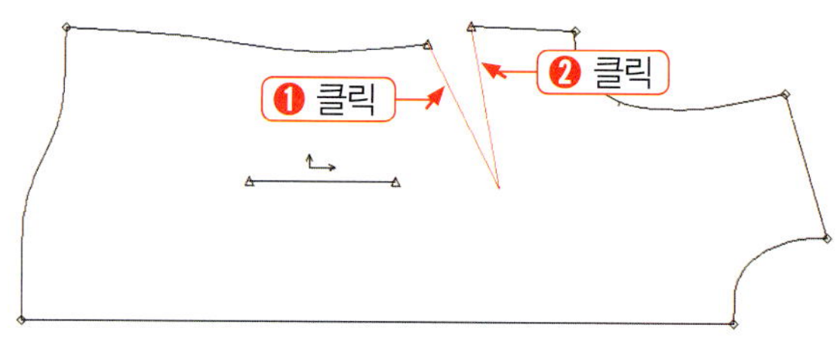

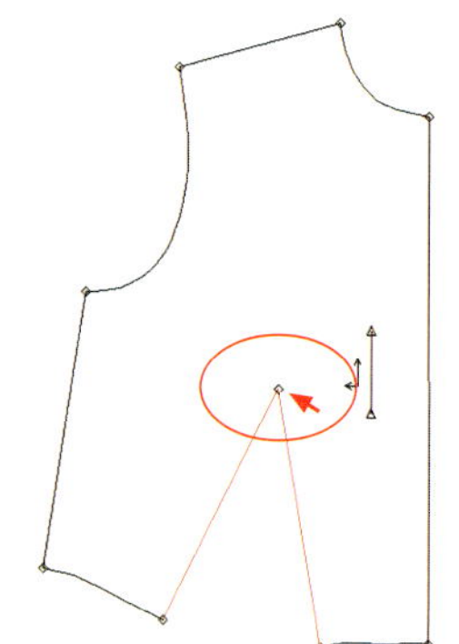
다트 포인트가 연결된 상태

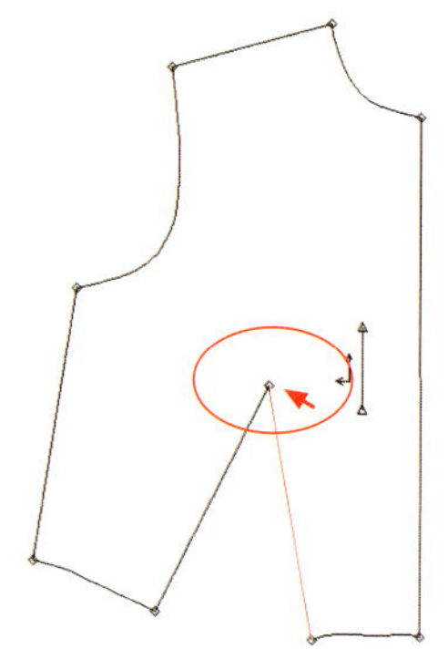
다트 포인트가 절개된 상태

다트 닫기와 열기의 차이

Close Dart ─ 다트의 시접을 잘라내지 않은 상태로 다트의 시접이 적거나 안감이 없는 경우에 사용하는 방법이다.

Open Dart ─ 다트의 시접을 남기고 잘라내는 형태로 다트의 분량이 많을 때와 안감이 있을 때 사용한다.

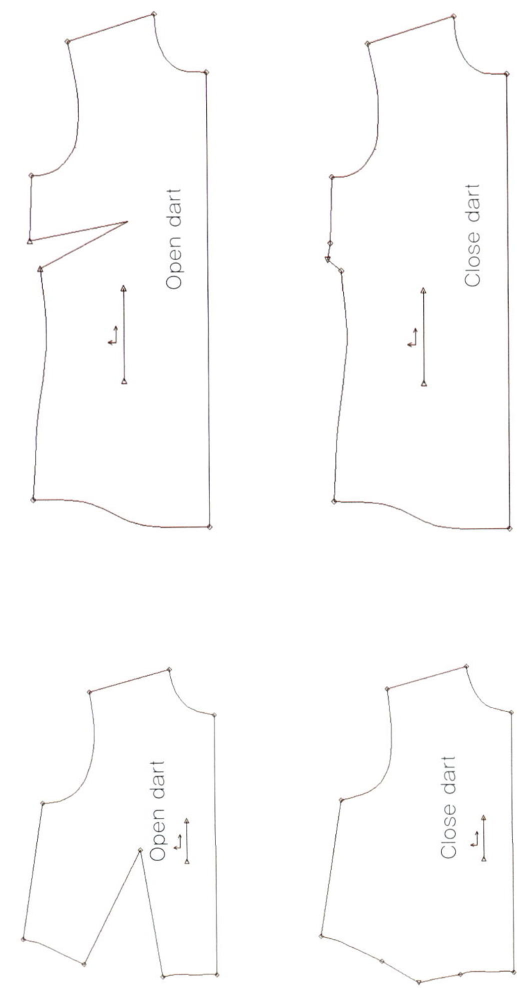

다트 닫기

다트 시접을 보내는 방향이 중요한 것은 박음질했을 때 시접이 빠지는 현상을 방지하기 위해서이다.

1) 다트의 시접을 밑으로 내리는 방법
2) 다트의 시접을 위로 올리는 방법

Piece – Darts – Fold / Close Dart End –
다트의 시접을 위쪽으로 올리려면 다트의 위쪽을 클릭한다.
다트의 시접을 아래쪽으로 내리려면 다트의 아래쪽을 클릭한다.

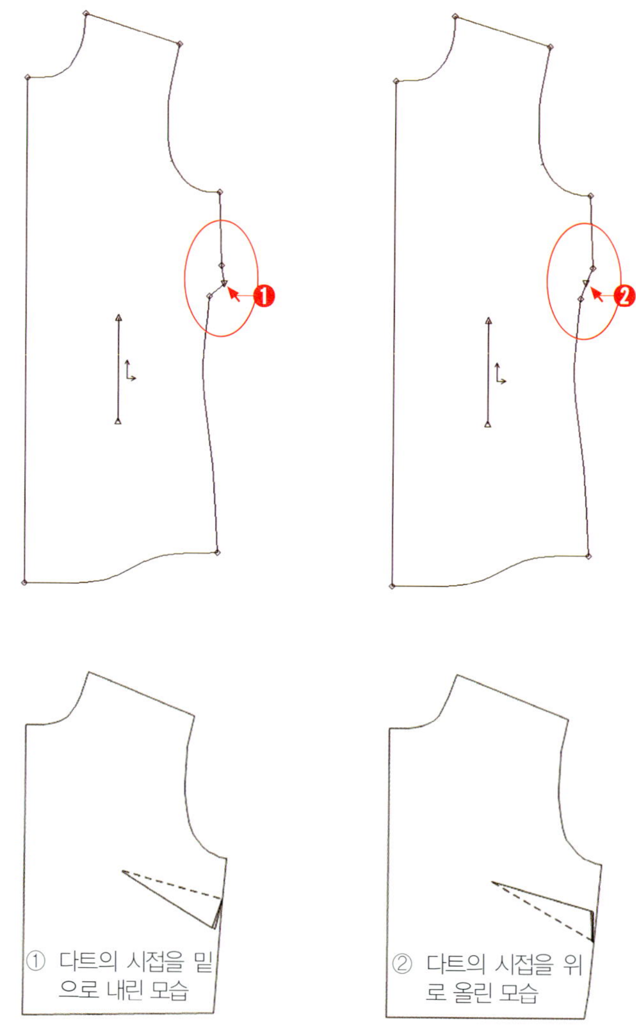

① 다트의 시접을 밑으로 내린 모습

② 다트의 시접을 위로 올린 모습

다트 열기

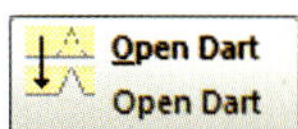 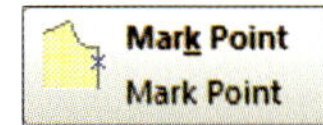

Piece − Darts − Open Darts −
❶ 닫힌 다트 클릭 − ❷ 다트 포인트 클릭 − 열린 다트로 복원된다.

Point − Mark X Point − 다트를 다시 열기로 전환하려면 내부에 다트 포인트가 있어야 한다.

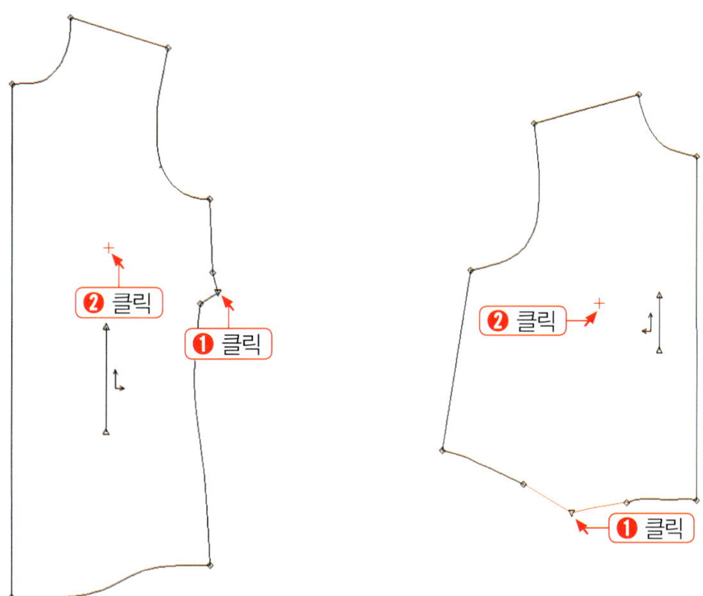

다트 양을 줄이거나 늘여야 할 때

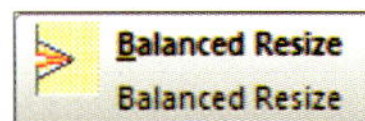

다트의 발란스를 유지하면서 수정할 수 있는 방법이다.
연습) SIL2000 폴더에서 1Dart를 불러낸다.

❶ Piece – Darts – Balanced Resize
❷ 다트선 클릭 – ❸ 다트선 이외의 선 예) 어깨 클릭 – ❹ 마우스 오른쪽 클릭 – OK – 현재 피스의
다트 폭 3 – ❺ 새로운 다트 폭 입력 – OK – 다트 합복 길이를 교정한다.

Piece – Dart – Equal Dart Legs – 다트 합복 길이를 맞춘다.

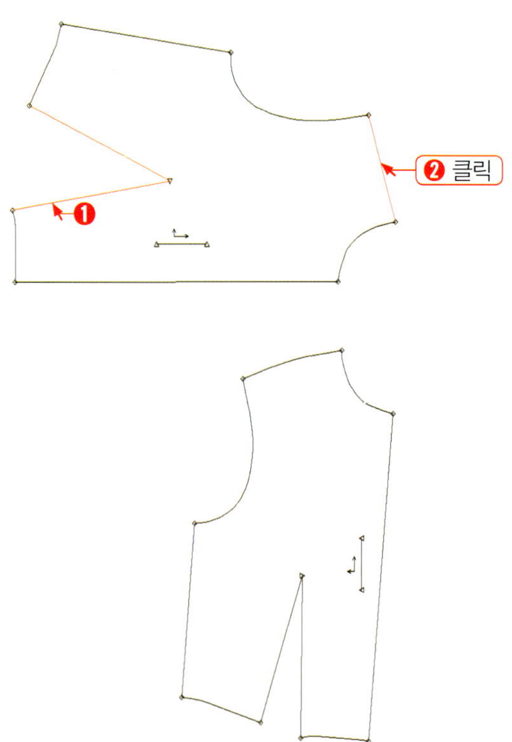

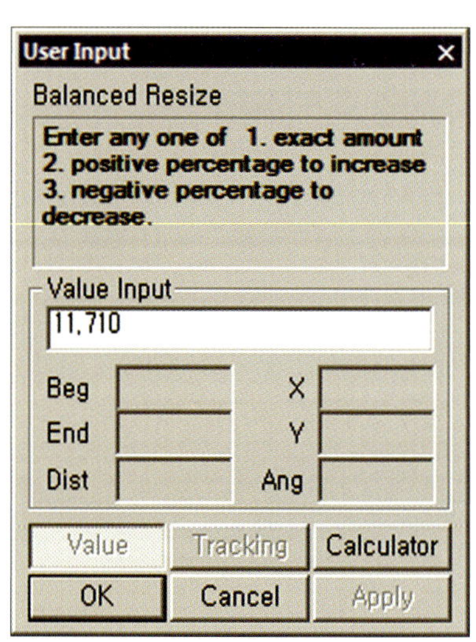

다트 지우기

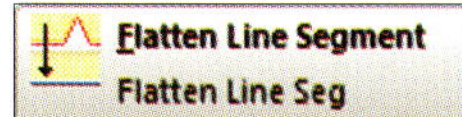

Piece – Darts – Flatten Line Segment – ❶ 다트 클릭 – ❷ Delete Dart Point (마우스 오른쪽 – OK)

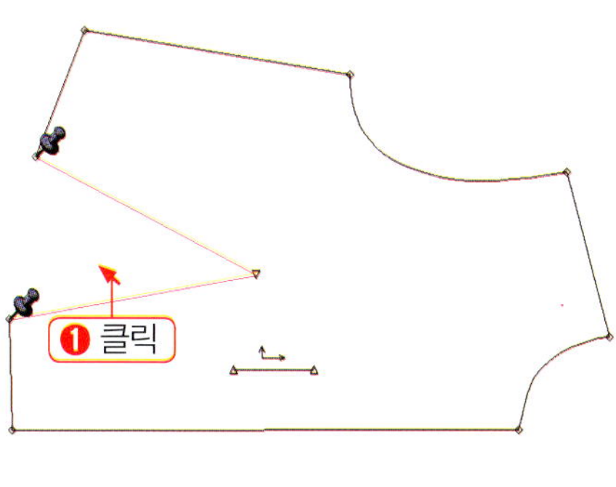

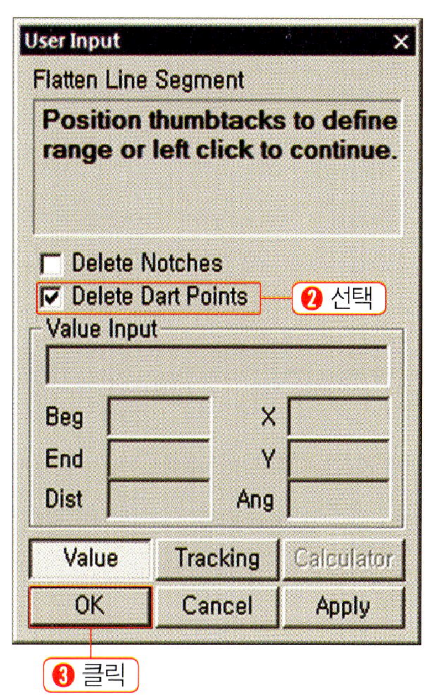

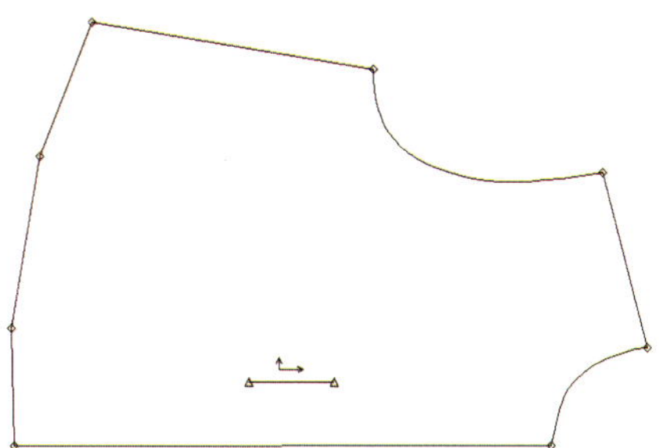

⚠ **참고**

지우기 – Point – Delete Point – 다트 포인트 클릭

스커트 & 바지 다트 만들어 넣기 / 변형시키기

스커트 & 바지 다트 만들어 넣기
연습) SIL2000 폴더에서 – 2 DARTSKIRTFRONT 불러내어 – 다트와 포인트를 삭제하고 다트를 넣을 조
건을 만든다.

다트 위치에 대한 스펙 없이 작업할 때 다트 포인트 설정
예) 앞판에 다트가 2개일 때 허리선을 1/2로 나누어 다트 포인트를 설정하고 다트가 4개일 때 허리선을
1/3로 나누어 위치를 설정한다.

다트 넣을 포인트 설정
❶ Point – Add Point – 허리선을 1/2로 나눈 위치에 포인트를 만들어 넣는다.
❷ Piece – Dart – Add Dart – 입력창에서 Value 모드로 전환 – 1/2 나눈 위치의 포인트 클릭 –
마우스에서 손을 놓고 – 다트 길이 입력 – OK – 다트 분량 입력 – OK

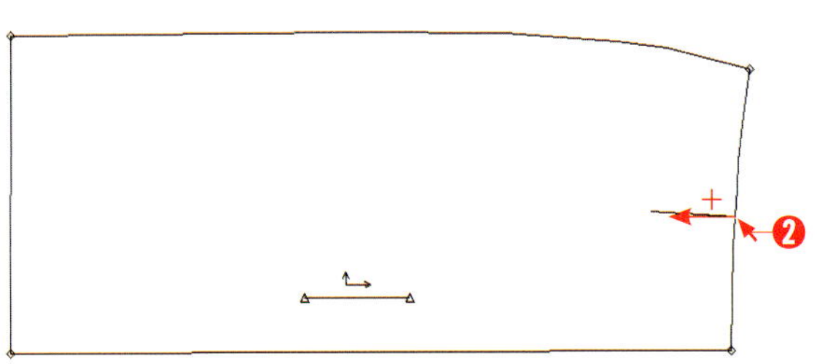

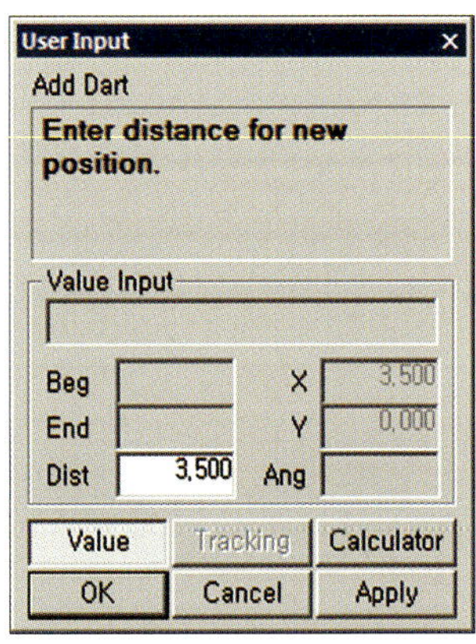

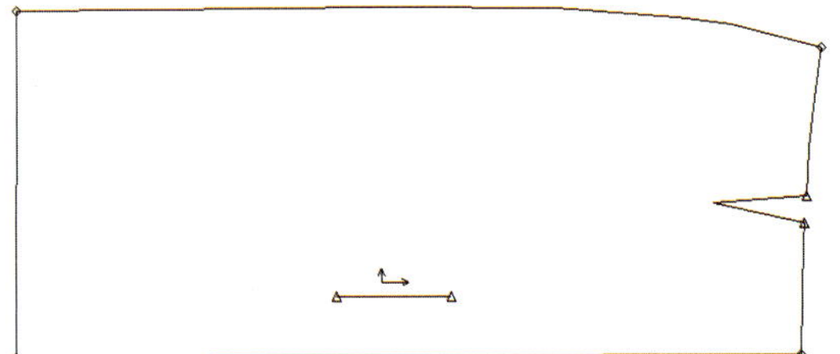

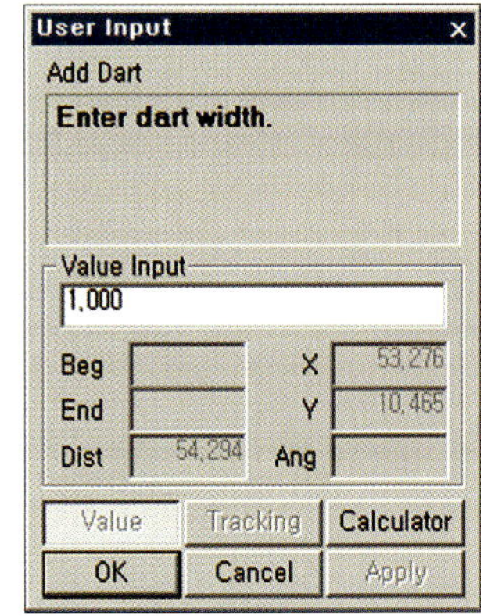

다트 합복 각도 맞추기

다트의 허리선 곡선이 각이 진 것을 유연한 곡선으로 교정해야 한다.

1) Piece – Asymm Fold – Date Fold – 다트 클릭 – 각이진 곡선을 확인한다.
2) Point – Add Point – 다트 주위를 클릭하여 포인트를 만들어 넣는다.
3) Point – Modify Points – Move Point (Alt +F2) – 포인트를 움직여 유연한 곡선을 만든다.
4) 다트 회복 – Piece – Asymm Fold – Unfold

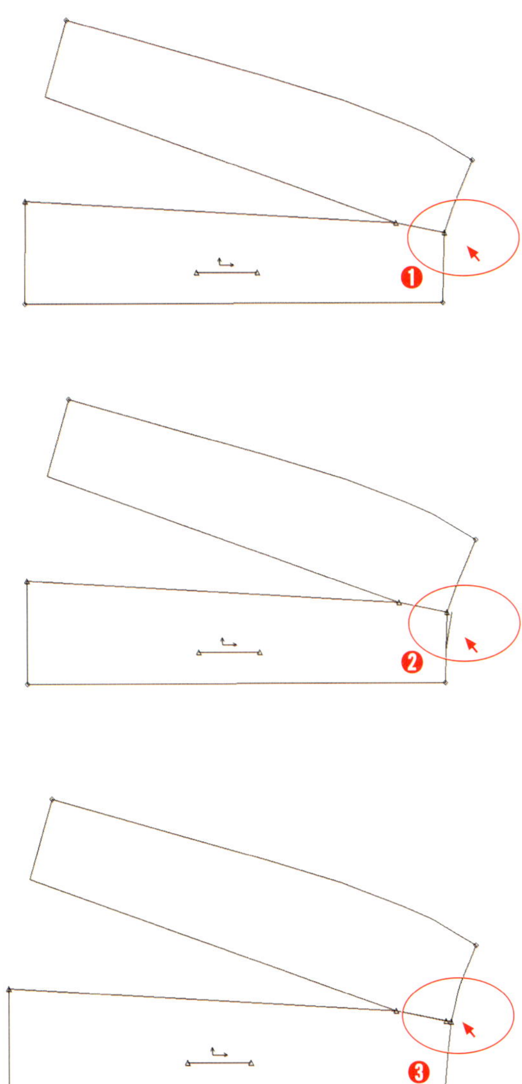

두 개의 다트를 하나로 합치기

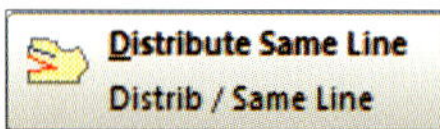

연습) SIL2000 폴더에서 – 2 DARTSKIRTFRONT

　　　Piece -- Dart – Combine Same Line – 통합하려는 다트를 마지막에 클릭한다.

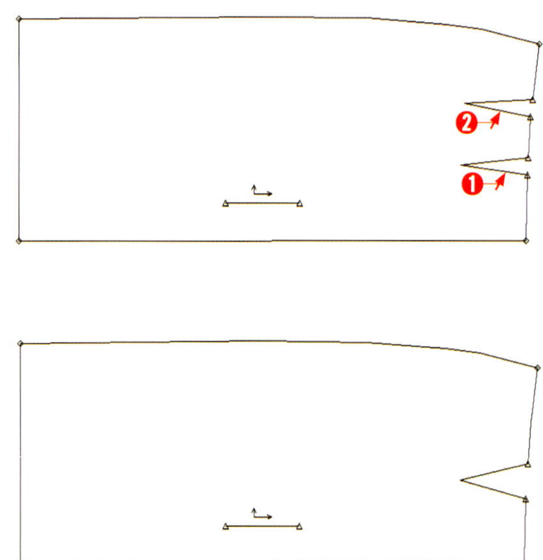

두 개의 다트를 하나로 합치기

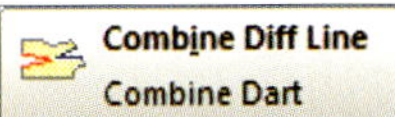

Piece - Dart - Combine Diff Line -

❶ 삭제하려는 다트를 먼저 클릭

❷ 결합하려는 다트의 끝 포인트 클릭

❸ 중심 클릭

❹ 결합하려는 다트에 커서 놓고 마우스 왼쪽 클릭 - 오른쪽 클릭 - OK

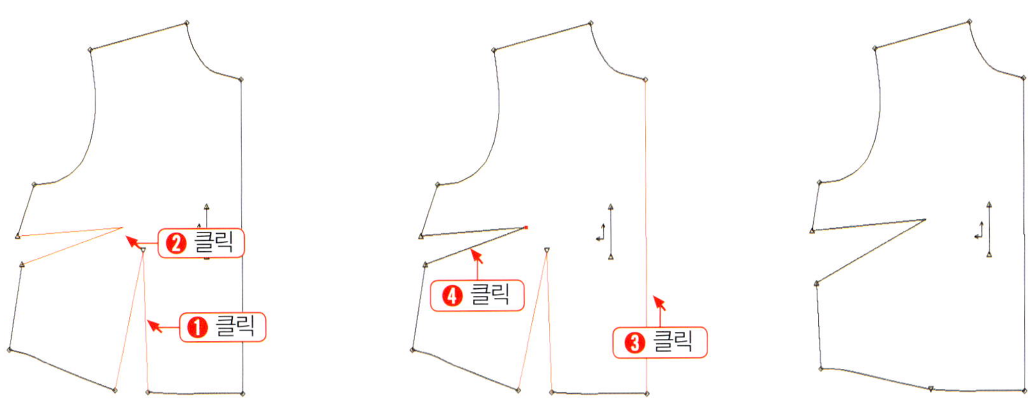

 **참고**

다트 포인트 선이 끊어져 있는 경우 실행이 안되며 Merge 아이콘을 사용하여 선을 연결하여야 한다.

피스 안에 다트 만들기 / 위치 옮기기

피스 안에 다트 만들기

Box 형태의 패턴에 다트를 만들어 넣어야 할 때 유용한 기능이다.

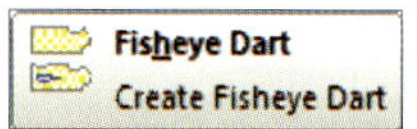

작업 화면에 격자 선을 설정하고 십자선에 허리 포인트를 맞춘다.

❶ Piece – Dart – Fisheye Dart – 길이 방향을 설정하는 Horizontal 체크한다.

❷ Top Depth : 허리선 위쪽으로 다트의 길이를 입력한다.

❸ Bottom Depth : 허리선 밑으로 다트의 길이를 입력한다.

❹ Width : 다트의 폭을 입력한다.

❺ 허리선 포인트를 정확하게 클릭한다.

삭제 – Delete Line

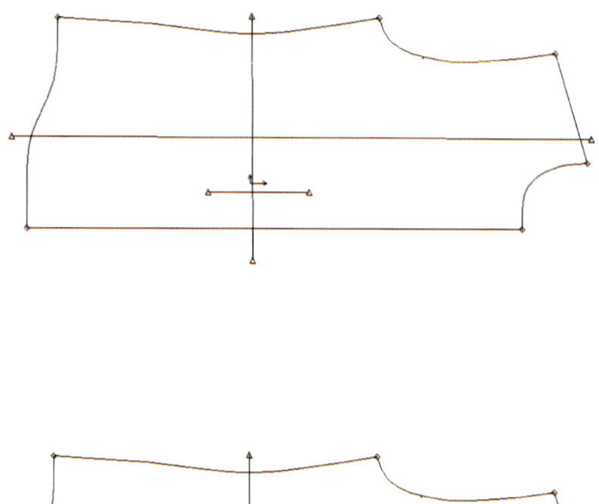

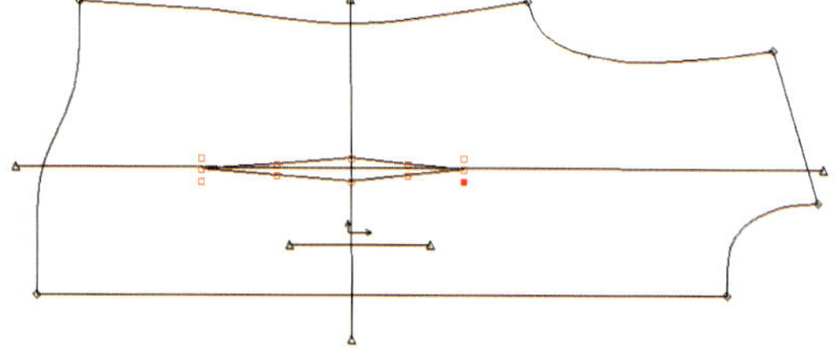

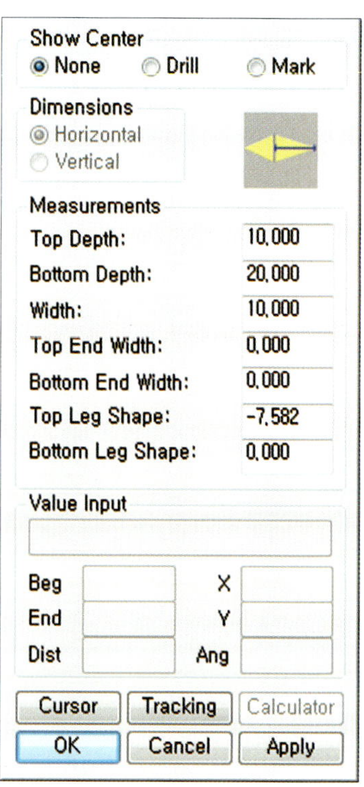

다트 위치 옮기기

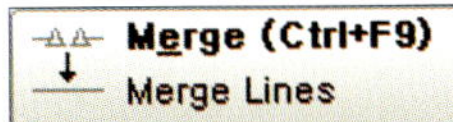
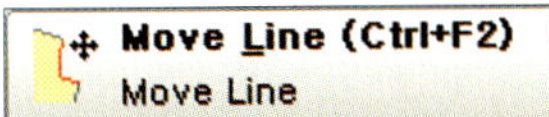

1) Combine/Merge (Ctrl+F9) – 다트선 클릭 – 절개된 선을 연결한다.
2) Line – Modify Line – Move Line – 다트 클릭 – 마우스 오른쪽 클릭 – 이동 방향 X, Y 선택
   – 이동 치수 입력 – OK

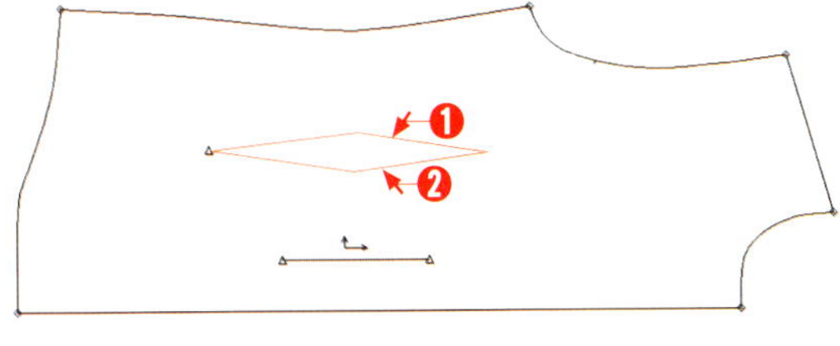

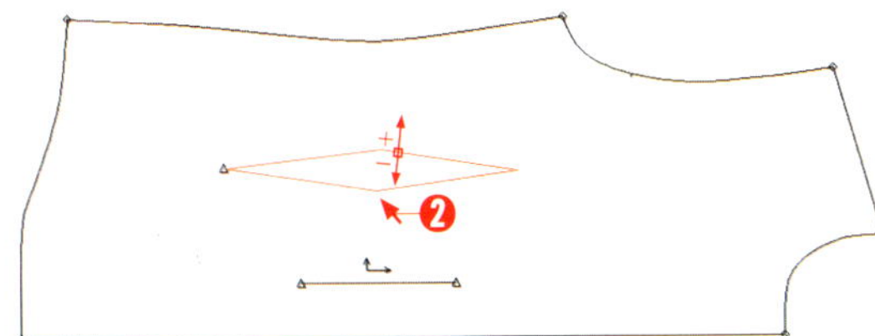

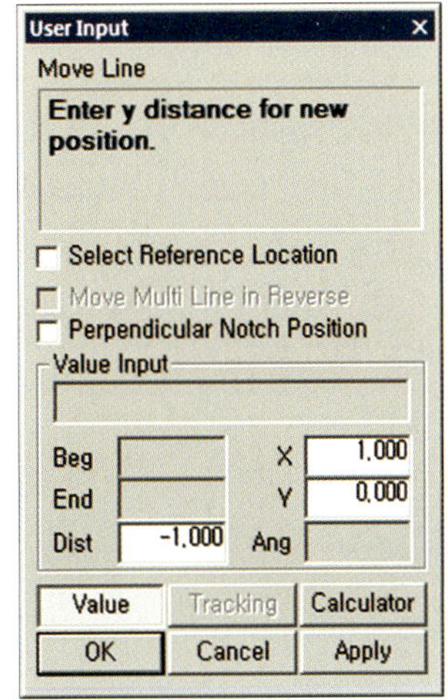

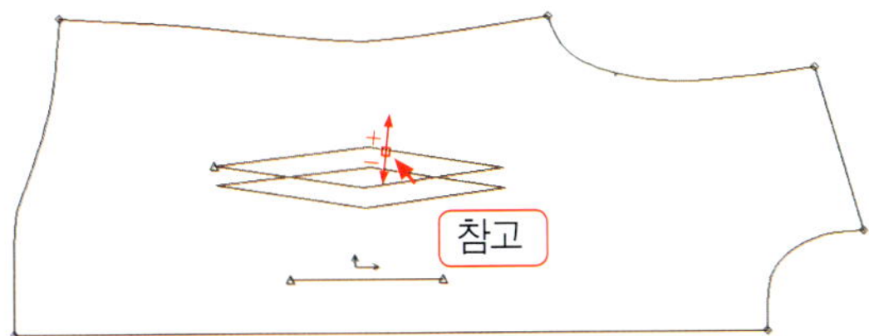

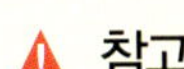

⚠ **참고**

Cursor에서 대략의 다트 이동 방향을 설정하고 마우스 왼쪽과 오른쪽을 동시에 클릭 입력모드 Value에서 입력한다.

시임선 만들어 넣기 / 지우기

시임선 만들어 넣기

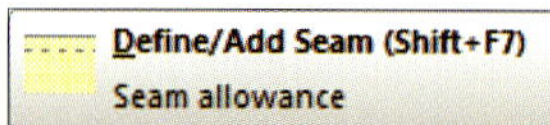

Piece – Seam – Define / Add Seam – 커서를 시접을 넣을 선에 놓고 마우스 왼쪽 클릭 – 마우스 움직이지 않은 상태로 오른쪽 클릭 – 시접 넓이 입력 – OK

시접 넓이가 같은 부위를 한 번에 넣기
Add Seam – 같은 넓이의 시접 부위를 모두 클릭 – 시접 넓이 입력 (−0.5) – OK
같은 피스에서 시접 넓이가 다른 부위는 따로 넣어야 한다.

시접을 피스선 안으로 넣으려면 (−) 밖으로 넣으려면 (숫자만) 입력한다.

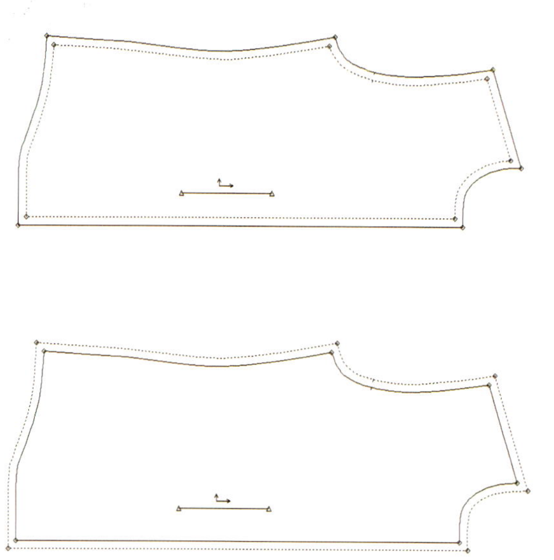

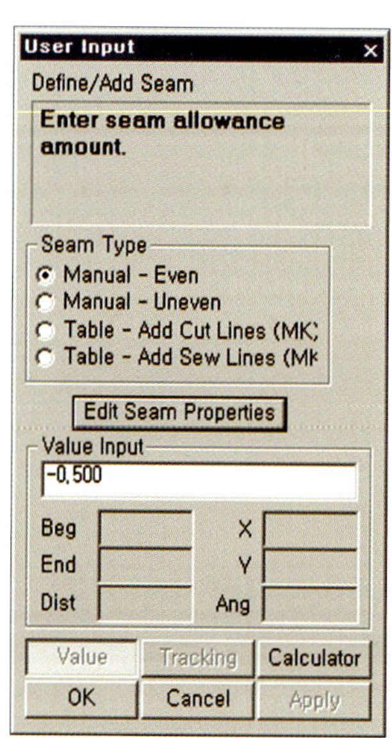

시접선 전체 지우기

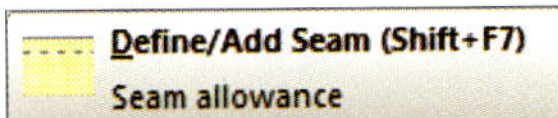

❶ 피스를 작업 화면에 모두 불러놓는다.
❷ Piece – Seam – Define / Add Seam – 드래그 사각 안에 모두 넣고 마우스 왼쪽 클릭 – 오른쪽 클릭 – 입력창에서 O 확인 – OK – 저장

선택적으로 지우기

Add Seam – 위치에 커서 놓고 마우스 왼쪽 오른쪽 클릭 – 입력창에서 O 확인 – OK

한 개의 피스에서 시임 모두 지우기.

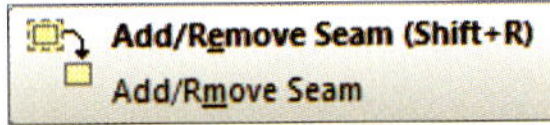

Add Remove Seam – 피스에 커서 놓고 마우스 왼쪽 – 오른쪽 클릭 – OK

시임선 변환

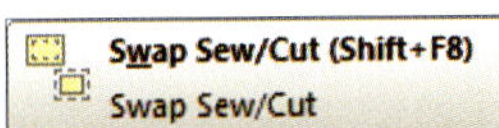

Piece – Seam – Swap Sew/Cut – 피스 드래그 – OK – 밖에 있는 시접선이 내선으로 변환된다. 시임선을 밖으로 변환하려면 같은 방법으로 실행

패턴을 수정하였을 때 안에 있는 시임선이 함께 움직이지 않을 때 유용한 기능이다.

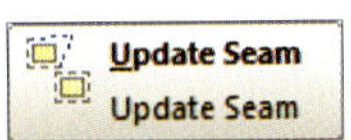

Piece – Seam – Update Seam을 선택하고 패턴 클릭 – OK – 안에 있는 선이 넓이에 맞게 교정된다.

합복 코너 시임 각도 맞추기

안감이 있는 경우 코너의 시임을 시임 넓이에 맞게 자른다.

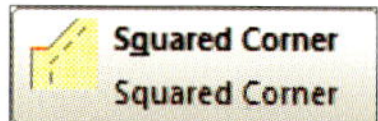 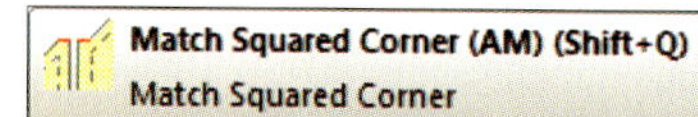

– 코너 실행을 위해서 먼저 시임을 넣어야 한다.
– 코너의 선이 끊어져 있어야 하므로 Split로 절개한다.

❶ Squared Comer – ❷ 마우스 왼쪽을 누르고 드래그 포인트 활성화 확인 – ❸ 합복 라인에 커서 놓고 클릭
시임 넓이로 각도가 설정된다.
Top Sleeve와 Under Sleeve에서 반드시 시임 각도를 맞춘다.

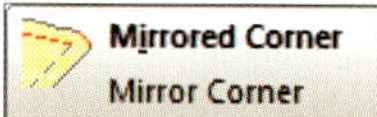

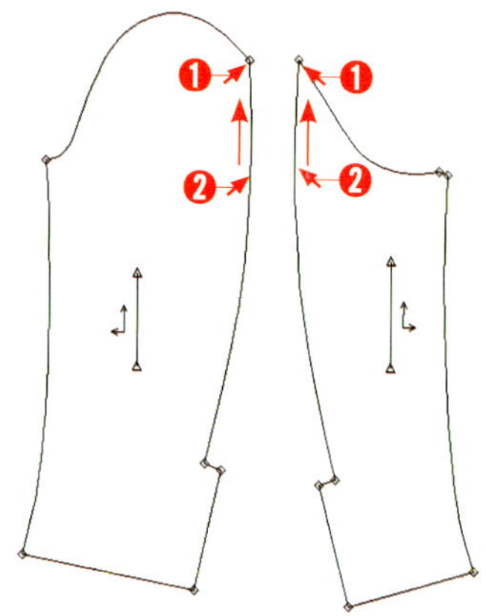

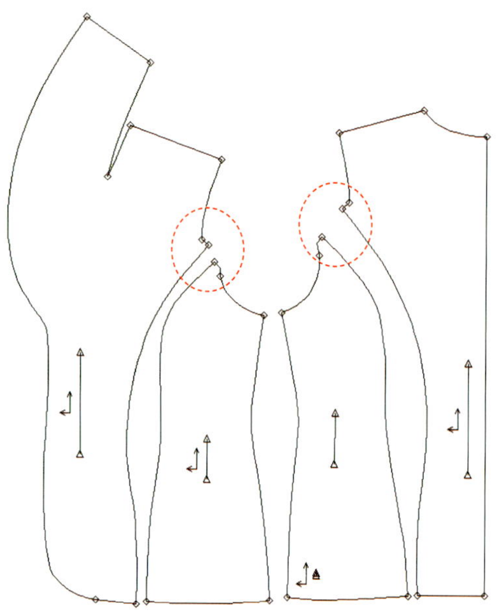

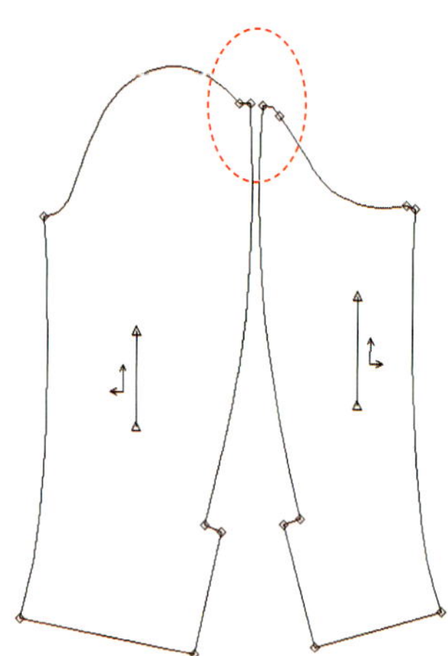

안감이 없는 경우 코너 매칭 각도 실행

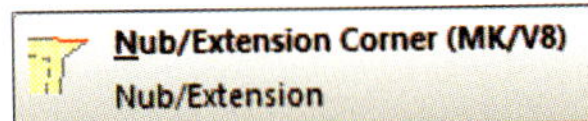

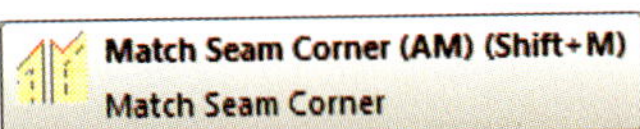

❶ Nub/Extension Corner – 마우스 왼쪽을 누르고 드래그 포인트 활성화 확인 – ❷ 마우스 왼쪽을 누르고 라인 클릭 – ❸ Value 클릭 – ❹ 마우스만 움직여 대강의 위치를 설정한 다음 – 마우스 왼쪽과 오른쪽을 동시에 클릭 – OK – 또는 입력란에 수정 치수 입력 – OK

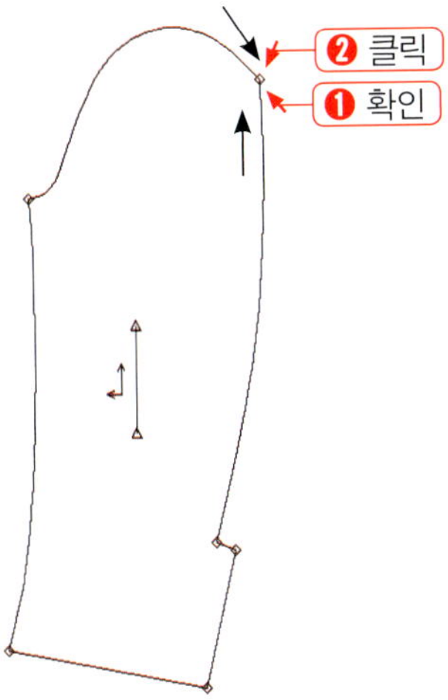

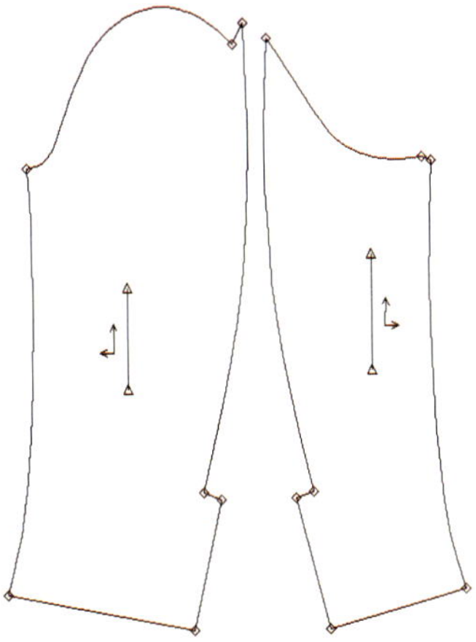

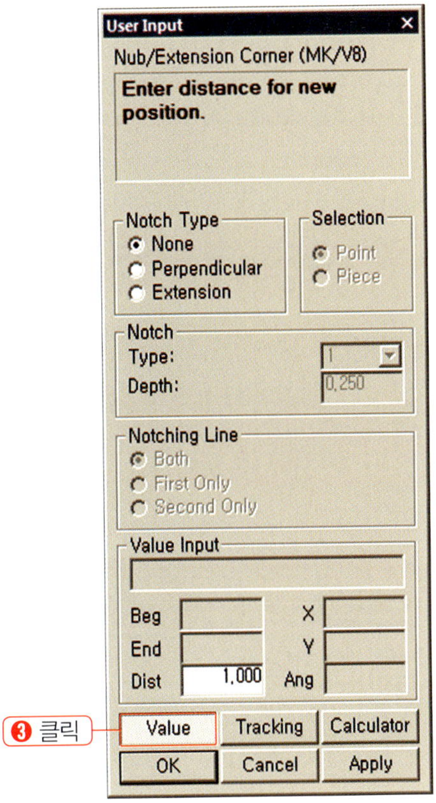

⚠ **참고**
    합복 과정에서 시접이 빠지지 않게 필요한 부위만 조정할 수 있는 방법이다.

시임 각도 맞추기

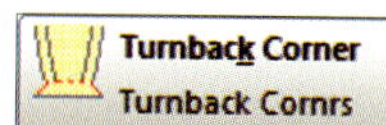 

바지 밑단 / 자켓 / 소매단 / 어깨 / 암홀 등 시접의 각도를 맞추는 데 유용한 방법이다.
❶ Piece − ❷ Seam − ❸ Turnback Corner − ❹ 밑단선 클릭

− 코너의 선이 절개되어 있어야 한다.
− 시임을 넣어야 한다.

시임의 각도를 실행한 후에는 combine/Merge가 실행이 안 되며 재실행이 필요할 경우
Piece − seam − copy Piece no seam − 피스에 커서 놓고 마우스 왼쪽 클릭 − 복사된 것을 옮
겨놓고 왼쪽 클릭 − 마우스 움직이지 않고 오른쪽 클릭 − OK − Delete Piece from Work Area −
원본 삭제 − 복사본 저장 − 재실행한다.

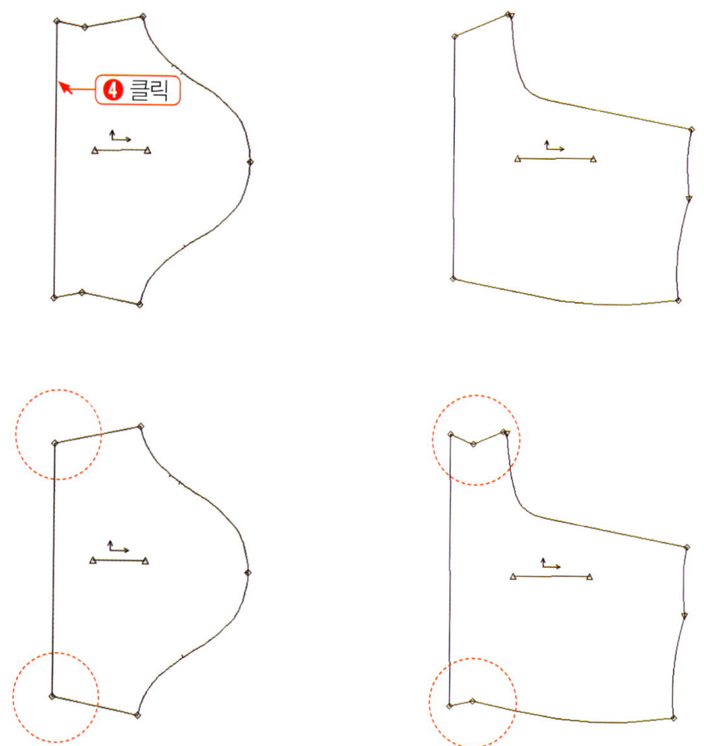

코너 시접 자르기

코너 시접 자르기

소매의 트임이 있고 오픈 형인 경우 시접 정리 방법

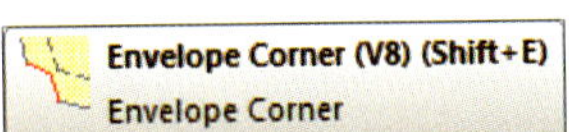

Piece – Seam – Envelope Corner (V8) – 코너에 커서를 놓고 마우스 왼쪽을 클릭 – Value에서 바로 입력하고 Cursor에서 마우스 왼쪽과 오른쪽 동시에 클릭 – 입력창에서 2.5를 입력 – OK (0.25 는 안쪽 코너에서 떨어지는 시접 넓이이다.)

Mirrored Corner 코너 복원

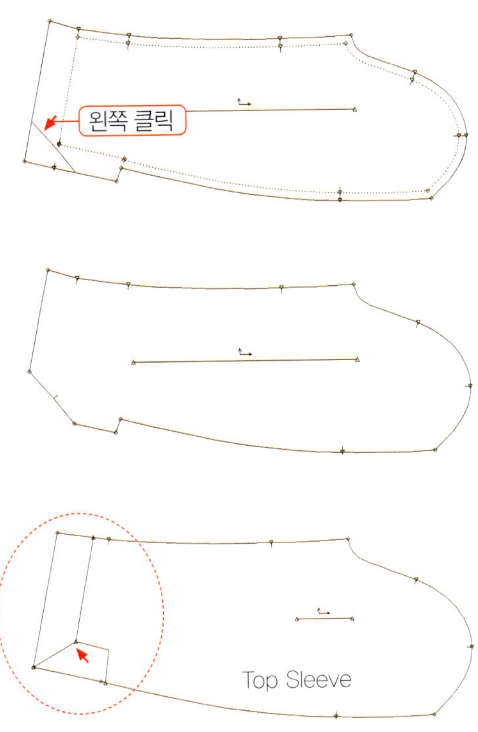

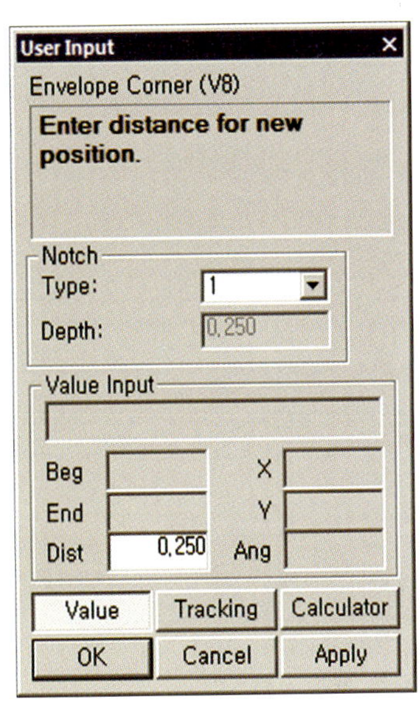

⚠ **참고**

코너 자르기 실행이 안 될 때 확인사항
– 시임을 넣지 않았다.
– 코너의 선이 절개되어 있지 않다.

삼각 코너를 잘라낸다

Mitered Corner 코너 자르기 자유설정

Piece – Seam – Mitered Comer – 코너 클릭 포인트 활성화 확인 – Cursor에서 마우스를 움직여 커트할 위치 설정 마우스 왼쪽과 오른쪽을 동시에 클릭 – 입력창 자르기 치수 입력 – OK (시접의 넓이가 0.5 이면 0.5를 넘지 않는다.)

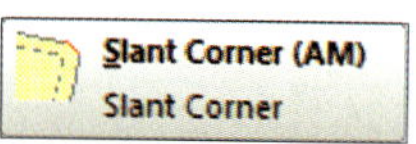
Slant Corner (AM) 코너 자동 자르기

Slant Corner (AM) 코너 자동 자르기 – 코너 클릭 – 자동으로 시접의 넓이만큼 잘라낸다.

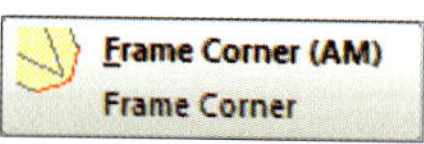
Piece – Seam – Frame Corner (AM) – 코너 클릭

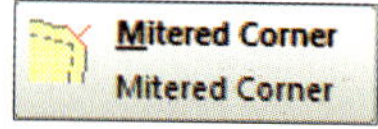
Mirrored Corner – 코너 클릭 – 원래의 모습으로 복원시킨다.

Value에서 Cursor로 교체하고 마우스를 움직여 자르는 위치를 확인한다.

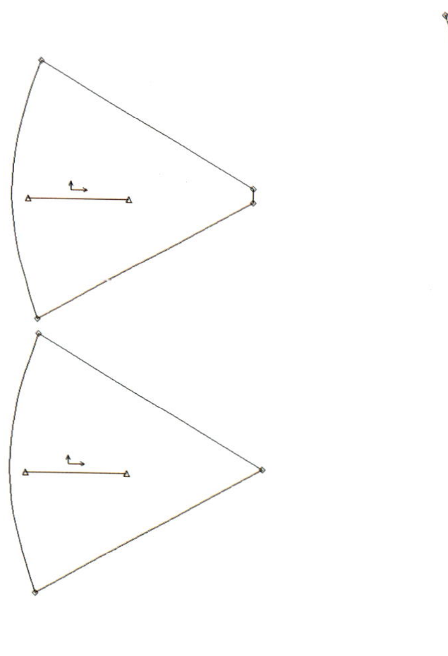

90° 각도에서 코너를 신속하게 잘라내는 방법

– 두꺼운 원단의 허릿단 등 시접의 두께에 의해서 품질에 영향을 미치는 부위가 있을 때 코너를 잘
  라낸다.

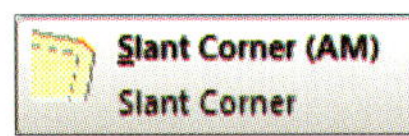

Piece – Seam – Slant Corner (AM) – 코너 클릭
시임의 넓이에 의해서 잘리는 각도가 달라지며 시임이 클릭 한번으로 실행된다.

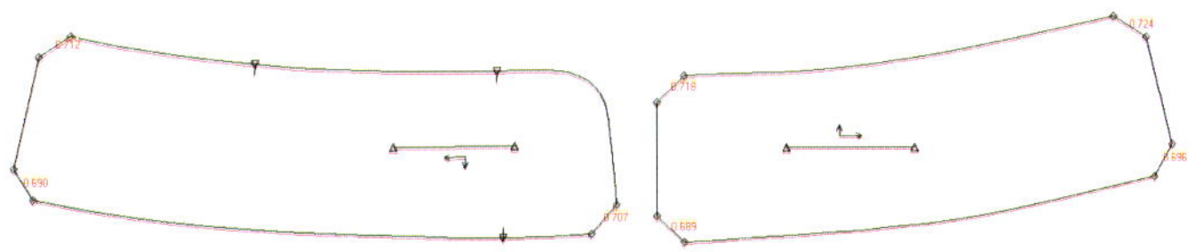

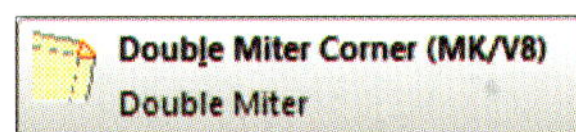

Piece – Seam – Double Miter Corner(AM/V8) – 마우스 왼쪽을 누르고 드래그 코너 포인트 활
성화 확인 마우스에서 손을 놓는다 – 입력창에서 처음 드래그한 면의 커트 수치 입력 – OK – 다음
면의 커트 수치 입력 – OK

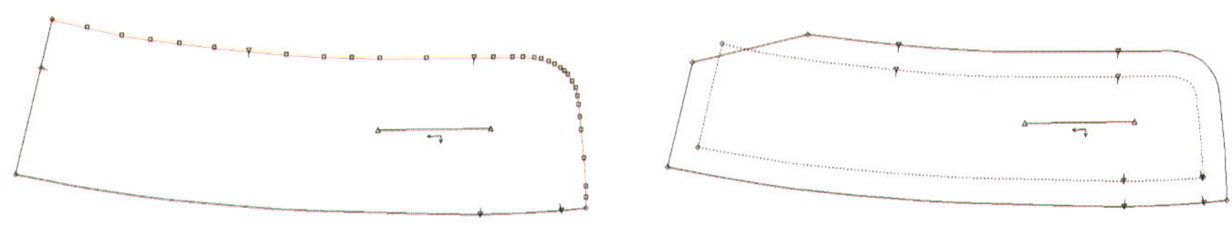

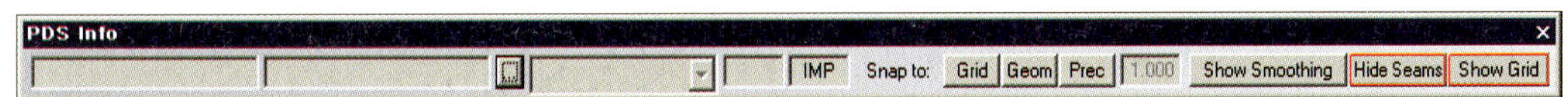

 **참고**

시임선이 들어가 있어야 하며 하단 Hide Seams / Show Grid 을 클릭하여 선을 보이게 할수도
있고 보이지 않게 한다.

코너 자르기 실행이 안 될 때 확인

❶ 코너의 선이 절개되어 있지 않다.

❷ 시임을 넣지 않았다.

❸ 코너와 연결이 되어 있는 선에서 가까운 곳에 선이 절개되어 있다. Combine/Merg로 클릭하여 문제 부위를 찾는다.

❹ 패턴선이 꼬여있는 상태일 수 있다.

❺ 원인을 발견할 수 없을 때 패턴을 복사하여 저장하고 원본을 삭제한다.

Piece – Seam – Copy Piece no seam – 패턴에 커서 놓고 마우스 왼쪽 클릭 – 복사된 패턴을 옮겨놓고 마우스 왼쪽 클릭 마우스 움직이지 않고 오른쪽 클릭 – OK – 시임선을 지우고 다시 넣는다.

❻ 저장이 안 될 경우

View – Preferences/Options – General

– V8(Enable V8 Functionality)

V7(Disable V8 Functionality) 설정 변경

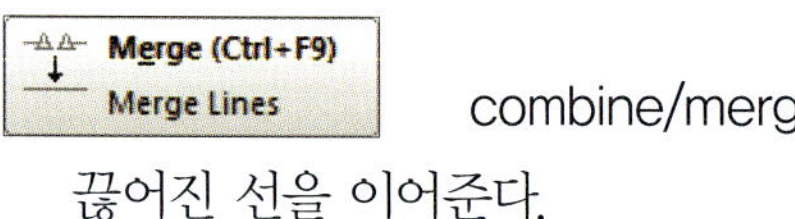

combine/merg

끊어진 선을 이어준다.

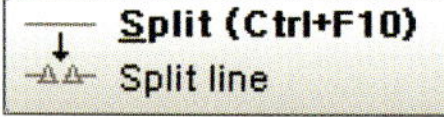

Split

선을 절개한다.

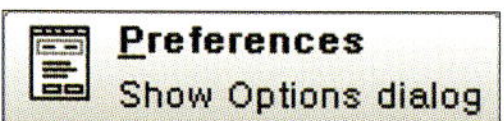

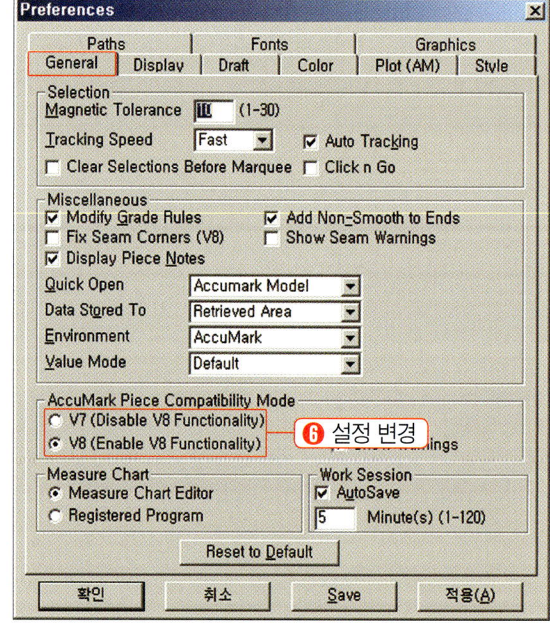

⚠ **참고**

- 선이 연결되어 있어야 실행되는 경우가 있고 선이 끊어져 있을 때 실행되는 경우가 있으므로 선을 검색하여 끊어주고 이어주는 방법을 반복적으로 실시한다.

- 육안으로는 보이지 않으나 확대하면 선이 겹쳐 있는 경우가 있다.

- 가능한 모든 방법으로 교정해도 실행이 안 되는 경우 패턴을 복사하여 저장하고 원본을 삭제한 다음 재실행한다.

맞 트임과 겹 트임의 차이 및 시임 넣기

맞 트임 – 바지 / 스커트 / 블리우스에 적용

겹 트임 – 코트 / 자켓 / 스커트에 적용되며 트임의 모양은 달라도 제도 방법은 같다.

겹 트임 시임 넣기

겹 트임은 코트 / 자켓 / 소매 / 스커트 뒤 트임에 적용된다.

예) 부위별 시접 넓이

옆 솔기 0.5″

밑단 1.5∼ 2″

겹 트임 시임 넓이 1.5∼ 2″

밑단과 트임 시임 넓이는 같아야 한다.

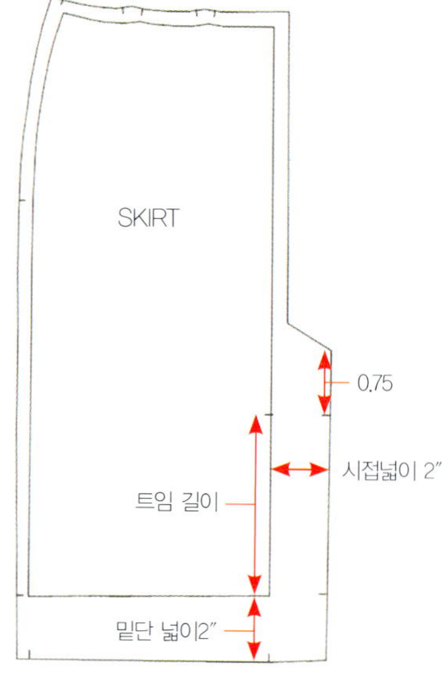

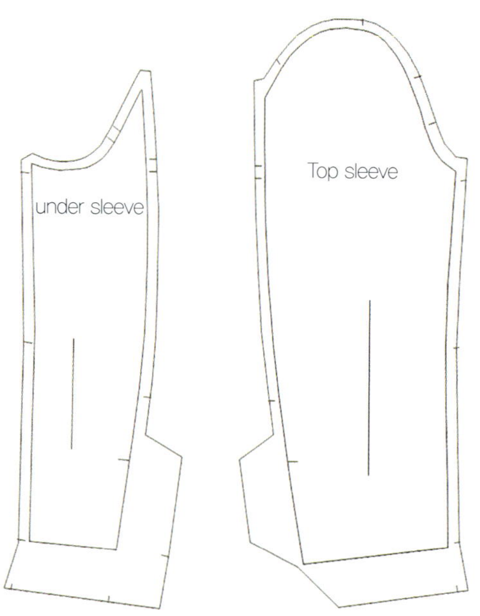

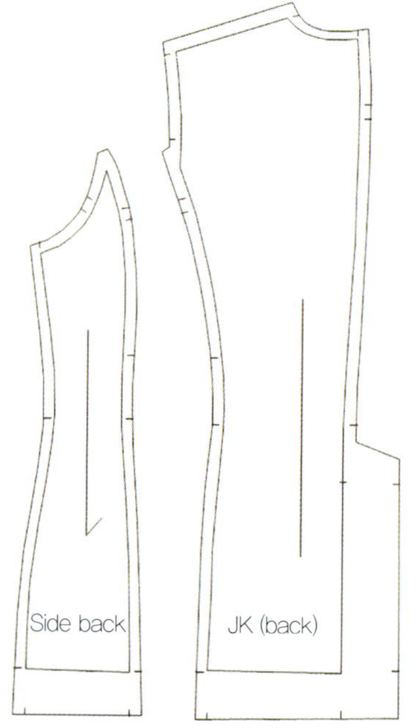

겹트임 시임 넣기 Vent Over Lap

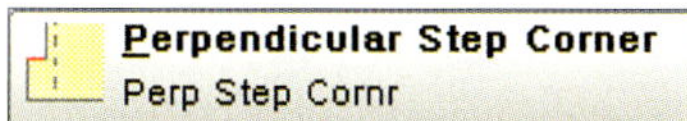

연습) DATA70 폴더에서 9020 뒤판을 불러낸다.

시임을 넣고 트임 길이를 설정한 다음 트임 포인트를 Split로 절개한다.

❶ Piece − ❷ Seam − ❸ Perpendicular Step Corner − ❹ 마우스 왼쪽을 누르고 밑단에서 위로
드래그 포인트 활성화 확인 − ❺ 트임 포인트 연속 클릭 − ❻ Over Lap 넓이 2″입력 − ❼ OK

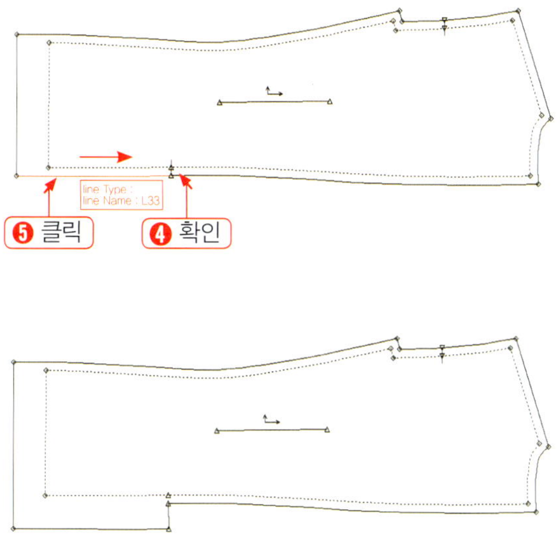

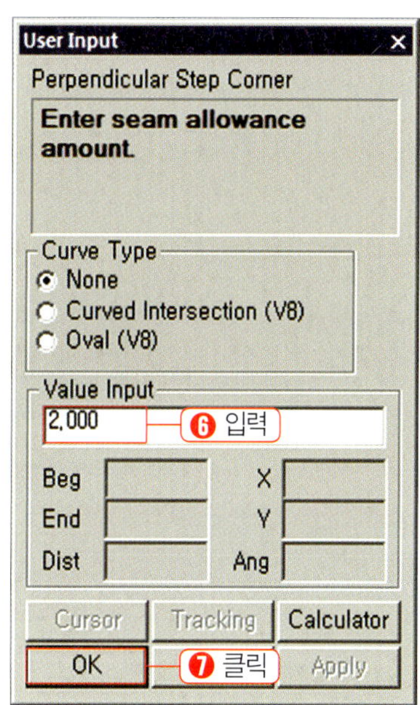

⚠ **참고**

- 화살표 방향에서 드래그한다.
- 트임의 겹치는 분량을 만들어 넣을 위치에서 먼저 드래그한다.

Vent Over Lap 트임 사선 각도로 설정하기

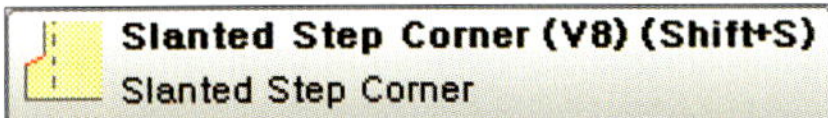

시임을 넣고 트임 길이를 설정한 다음 트임 포인트를 Split로 절개한다.

❶ Piece – ❷ Seam – ❸ Slanted Step Corner – ❹ 마우스 왼쪽을 누르고 밑단에서 위로 드래그 포인트 활성화 확인 – ❺ 트임선 클릭 – ❻ Over Lap 넓이 2″입력 – ❼ OK – 마우스만 움직여 대강의 사선 각도를 확인하고 마우스 왼쪽과 오른쪽을 동시에 클릭 입력 모드로 전환 – 사선 각도 입력 – OK

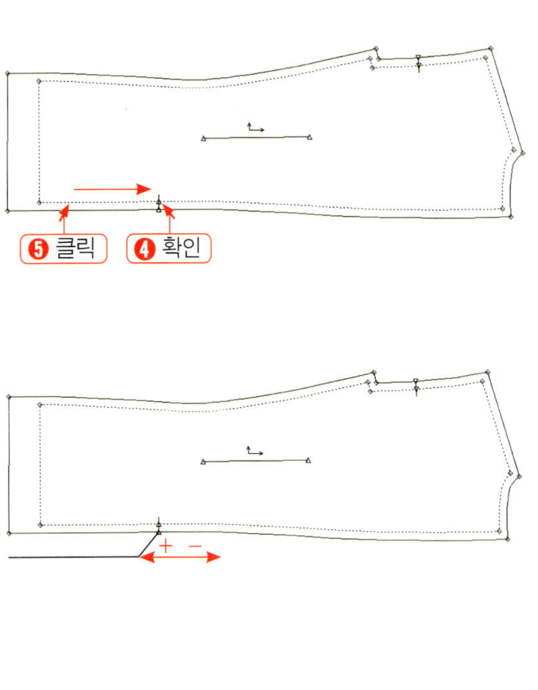

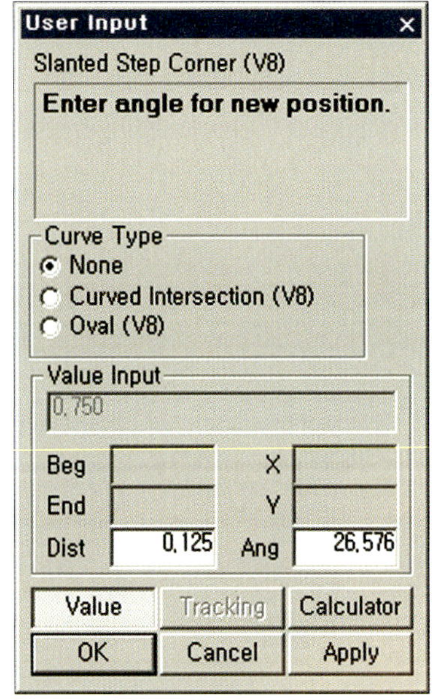

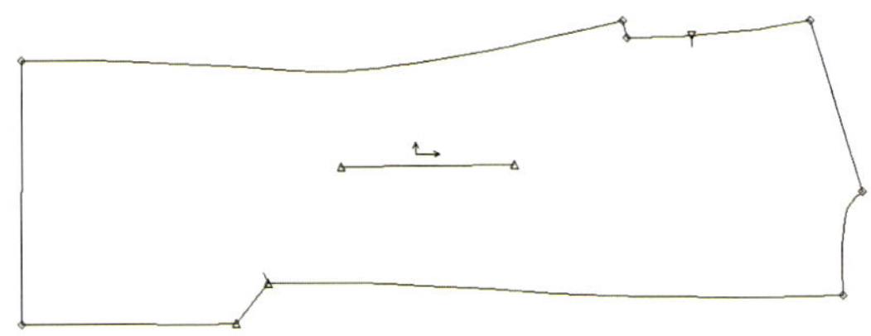

⚠ **참고**

정확한 각도가 필요한 경우 수치를 입력하여 설정한다.

단추 포인트 설정하기 / 단추 모양 입력

단추 포인트 설정하기

❶ 앞 중심 낸단선에 시임선을 넣는다.

❷ Point – Add Multiple – Add Drills

❸ 마우스 왼쪽을 누른 상태에서 선을 드래그 클릭 – 마우스 움직이지 않은 상태에서 오른쪽 클릭

❹ 입력창 Beg 란에 목선에서 예) 시접분 0.375 + 간격 0.75 = 1.125 입력

❺ OK

❻ 밑단에서 올라가는 단추위치

예) 6″ 하단 중심선에 커서 놓고 마우스 왼쪽을 누른 상태에서 선을 드래그
    클릭 – 마우스 움직이지 않은 상태에서 오른쪽 클릭. End 란에 밑단 시
    접 0.5 + 간격 = 6.5 입력 – OK

None 시작과 끝 포인트를 제외
Both   시작과 끝 포인트를 포함 – 단추가 6개일 때 4를 입력
First   시작위치 포인트만 포함
Last   끝 위치 포인트만 포함

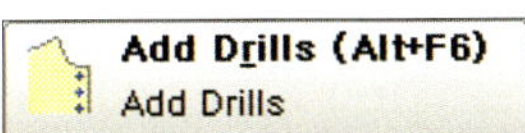

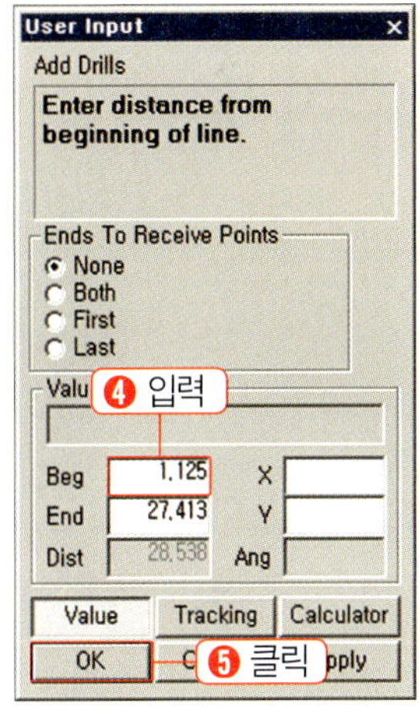

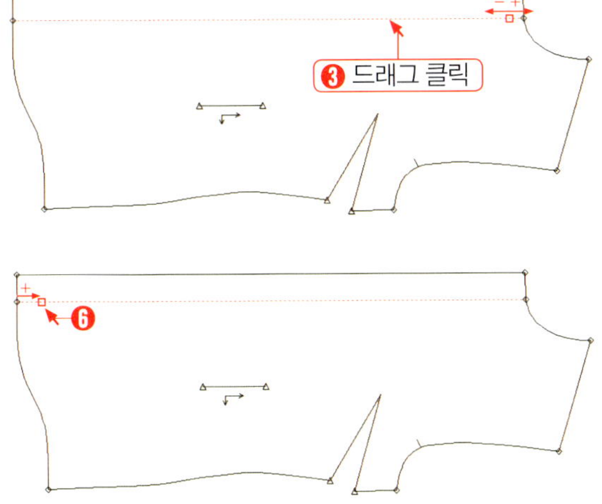

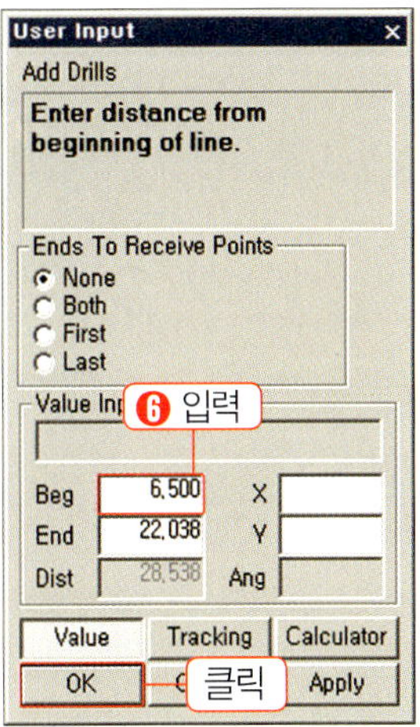

⚠ **참고**
    입력 동작은 연속해서 이어져야 한다.

❼ Both 선택한다면 Both는 시작과 끝 포인트를 포함하므로 단추가 6개일 때 4를 입력한다.

❽ OK

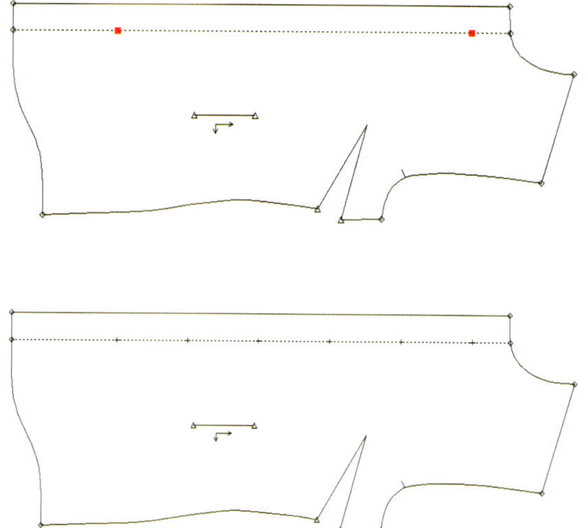

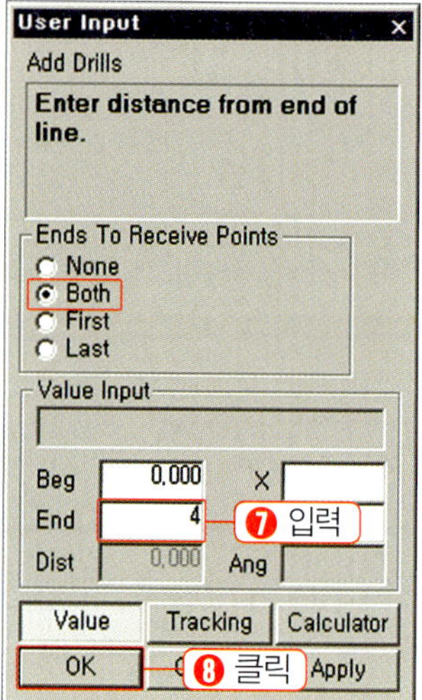

시임선을 제거한 상태의 단추 포인트

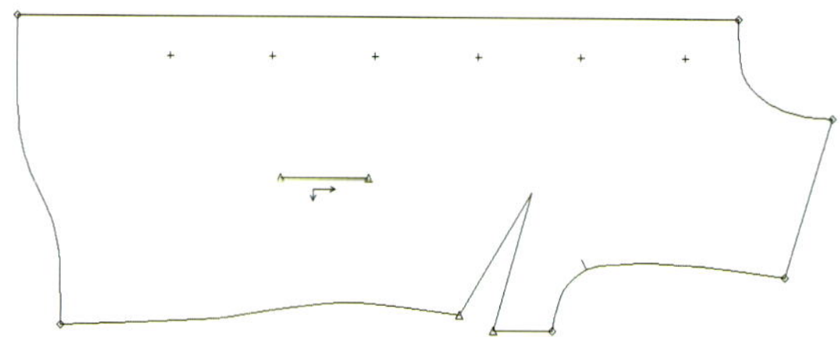

단추 구멍을 뚫는 포인트 설정

BUTTON HOLE 설정은 단추 포인트에서 단추의 직경을 추가한다.

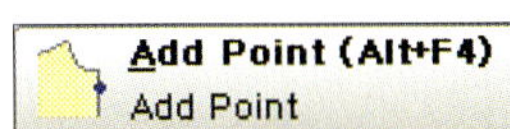

❶ Point – Add Point – 커서를 정확하게 포인트에 놓고 마우스 왼쪽과 오른쪽을 동시에 누르고 포인트 클릭

❷ 입력창 Y란에 커서를 놓고 클릭 단추 직경 입력 예) 0.75

❸ OK

❹ Add Point – 커서를 정확하게 포인트에 놓고 마우스 왼쪽 오른쪽 차례로 클릭 입력창 Y란에 커서를 놓고 클릭 단추 직경 입력 예) 0.75

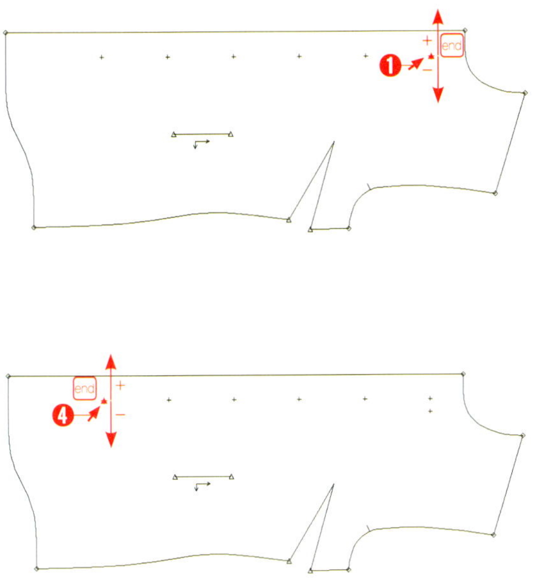

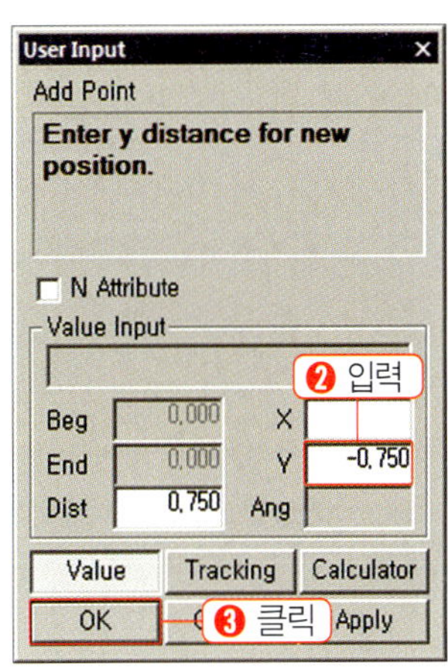

⚠ 참고
(−) (+)를 확인하고 입력한다.

❺ Point − Add Multiple − Add Drills − 상 포인트 클릭

❻ 하 포인트 클릭

❼ 입력창에서 4를 입력 − OK

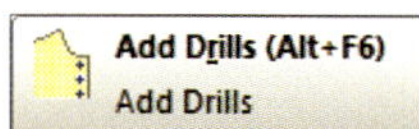

None 시작과 끝 포인트를 제외

Both   시작과 끝 포인트를 포함

First   시작위치 포인트만 포함

Last   끝 위치 포인트만 포함

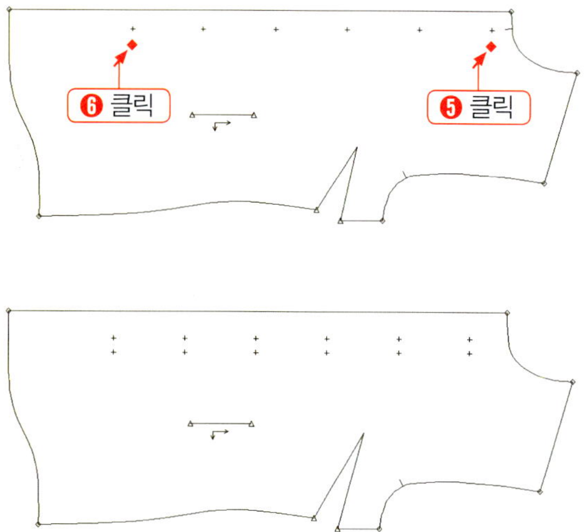

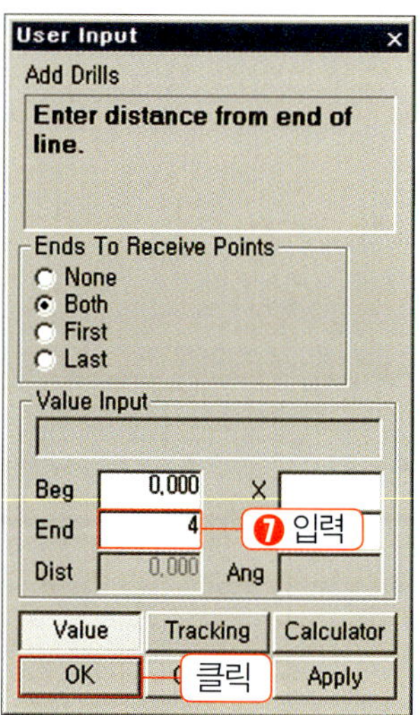

단추 모양 입력

❶ Line – Conics – Oval Orient

❷ 대화상자에서 None 체크아웃

❸ 마우스 왼쪽을 누르고 포인트에 접근 포인트 활성화 확인 마우스에서 손을 놓는다.

❹ 입력창 Dist 란에 가로 직경 사이즈 예) 0.75 입력 OK

❺ 입력창 Dist 란에 세로 직경 사이즈 예) 0.75 입력 OK

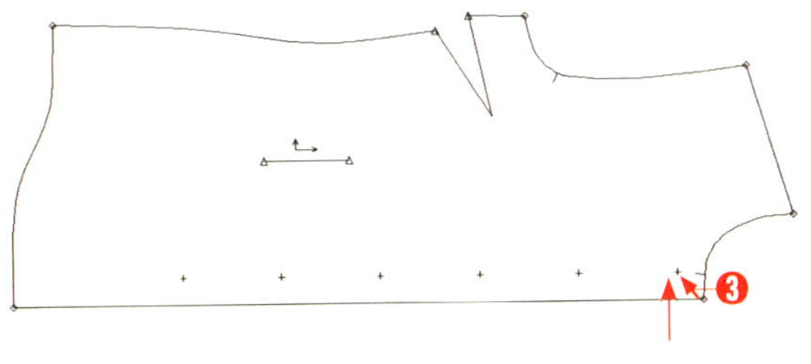

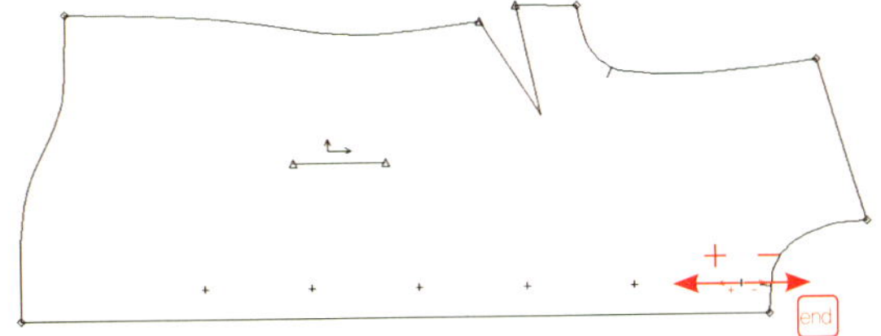

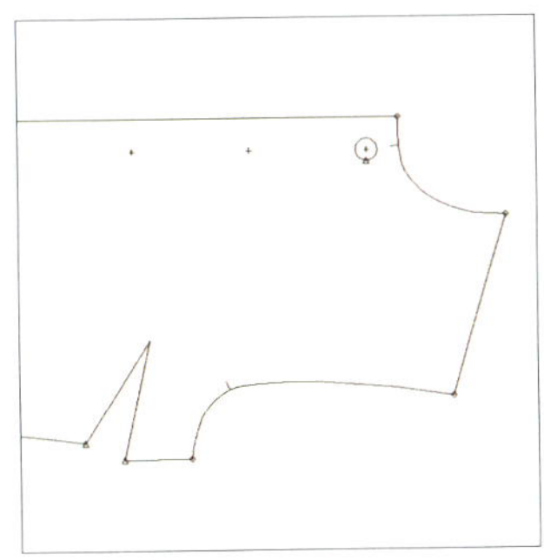

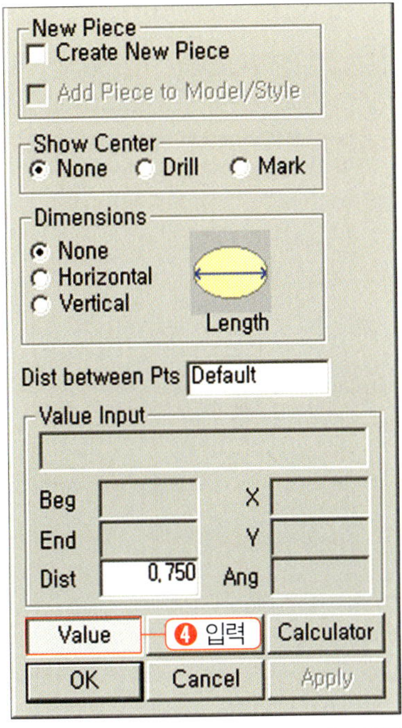

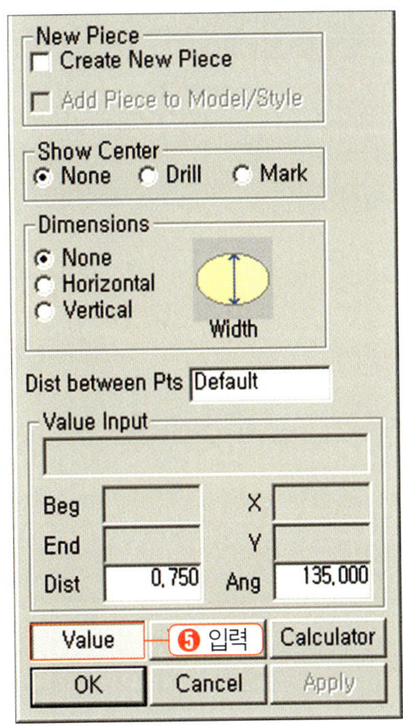

단추 모양 입력

Line – Conics – Oval Orient – 대화상자에서 None / Horizontal / Vertical 설정한다.

1 – None – 가로 세로 단추 직경이 원형

2 – Horizontal –가로 가로 방향

3 – Vertical – 수직 세로 방향

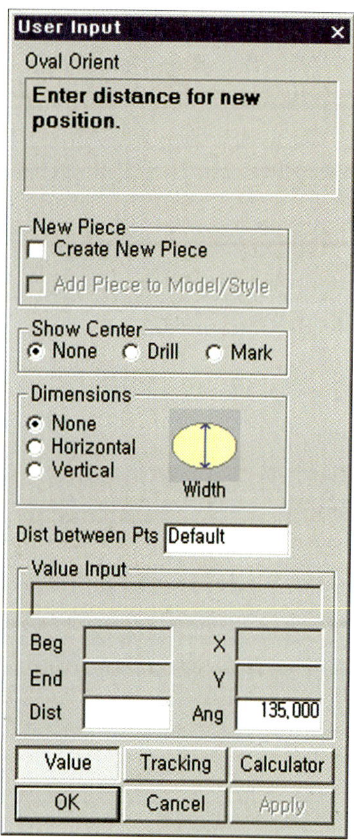

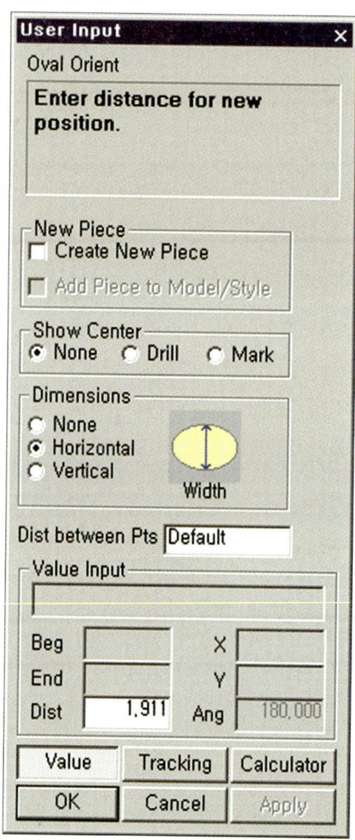

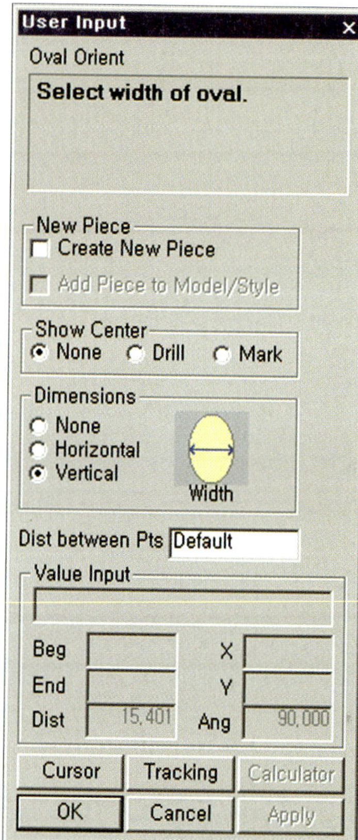

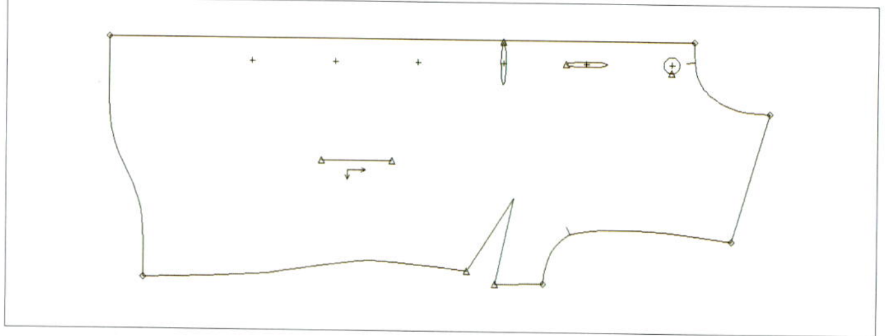

핀으로 포인트 설정하기

곡선 사선에 모두 적용 가능한 포인트 설정 방법

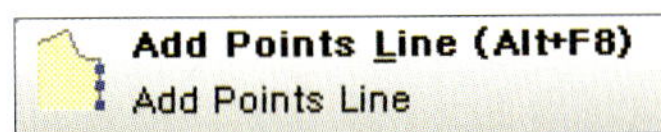

Point – Add Multiple – Add Point Line – 암홀 클릭 핀 생성 – 다시 암홀 클릭 입력 모드 – 필요한 포인트 개수 입력 – OK

None 시작과 끝 포인트를 제외
Both　 시작과 끝 포인트를 포함
First　시작위치 포인트만 포함
Last　끝 위치 포인트만 포함

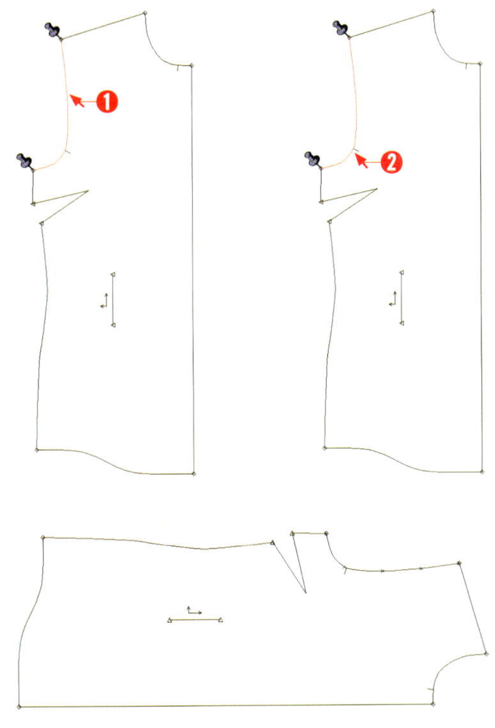

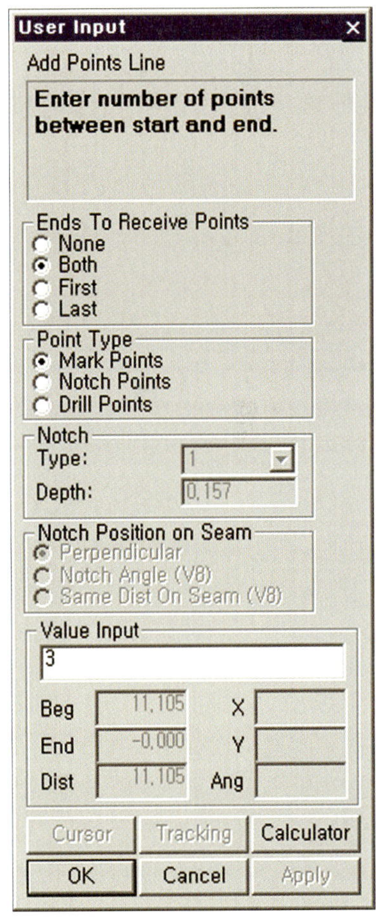

⚠ **그림 참고**

암홀 라인이 절개되어 있지 않을 경우 그림과 같이 핀이 암홀 밑에 설정되면 마우스 왼쪽을 누르고 커서로 집어서 암홀 시접 표시선으로 이동시킨다.

축율 넣기

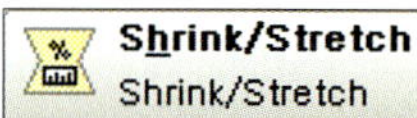

Piece → Shrink/Stretch – 드래그 & 클릭– 입력창에서 – 축율 입력 – OK

– 피스를 모두 불러내어 한번에 축율을 넣는다.
– 피스 별로 축율을 넣는다.

예) Y 폭 방향 3.3%
  X 길이 방향 6.67%

축율을 넣기 전 사이즈와 축율을 적용한 후의 사이즈 비교

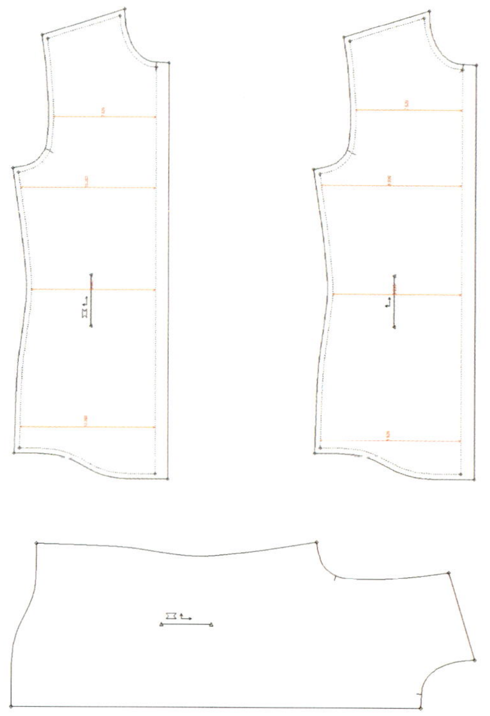

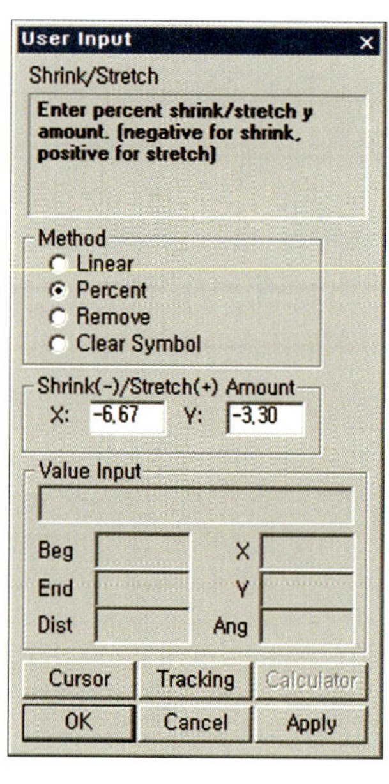

⚠ 참고

(– +)을 반대로 입력   줄이기(0.1)
            키우기(–0.1)

피스의 중심선 만들어 넣기

바지제도 자켓등 중심을 확인하고 설정하는 데 필요한 기능이다.

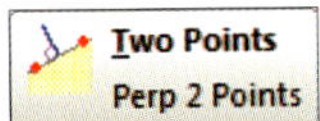

Line – Perp Line – Perp 2 Points – ❶ ❷ 밑단 양쪽을 차례로 클릭 – ❸ 마우스에서 손을 놓고
마우스만 움직여 선의 길이를 설정

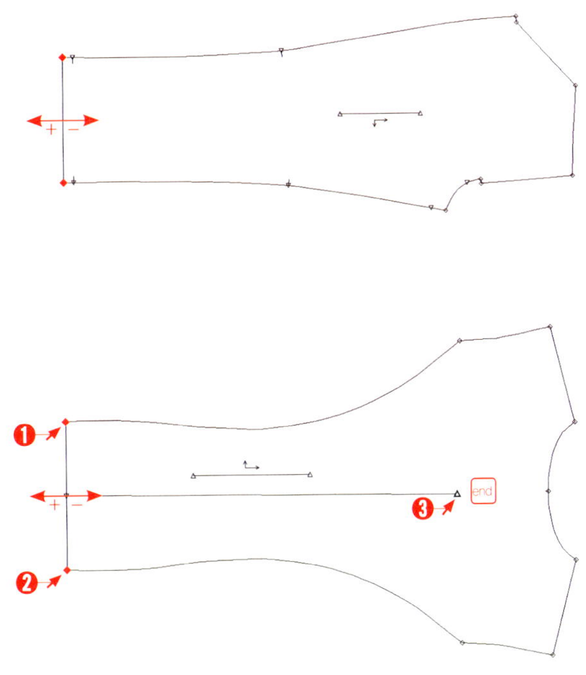

⚠ **참고**

- 입력모드 Value에서 중심선의 길이를 입력할 수 있고 Cursor에서 마우스로 선을 자유롭게 조
  정할 수 있다.
- 밑단선이 끊어져 있을 경우 combine/merg 아이콘 클릭 양쪽 클릭하여 선을 이어주어야 한다.

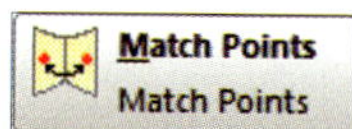

포인트 & 포인트 중심 접기

Piece – Asymm Fold – Match Points 마우스 왼쪽을 누르고 밑단 양쪽을 차례로 클릭
중심선을 남기면서 펼치려면 – Piece – Asymm Fold – Unfold Keep
복원 – Piece – Asymm Fold – Unfold – 피스 클릭 – 접었던 중심선이 남지 않는다.

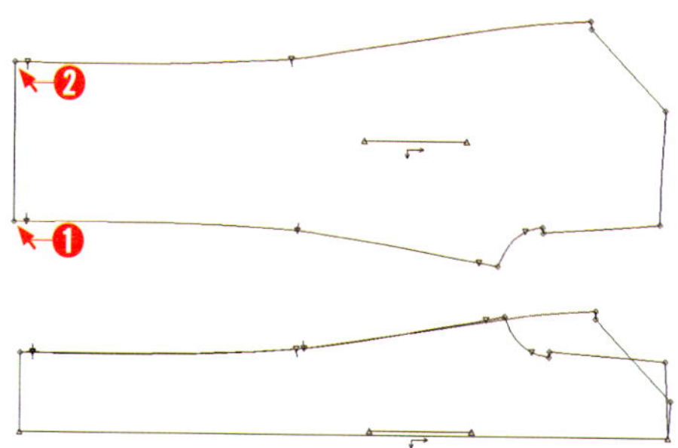

피스의 가운데 접기

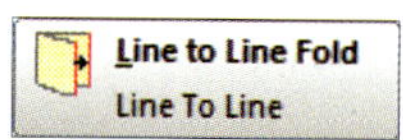

Piece – Asymm Fold – Line to Line Fold – 패턴의 양쪽을 차례로 클릭 – 위쪽을 접으려면 위쪽
을 클릭하고 밑으로 접으려면 3번처럼 밑단에서 하단을 클릭한다.
복원 – Piece – Asymm Fold – Unfold – 피스 클릭 – 접었던 중심선이 남지 않는다.

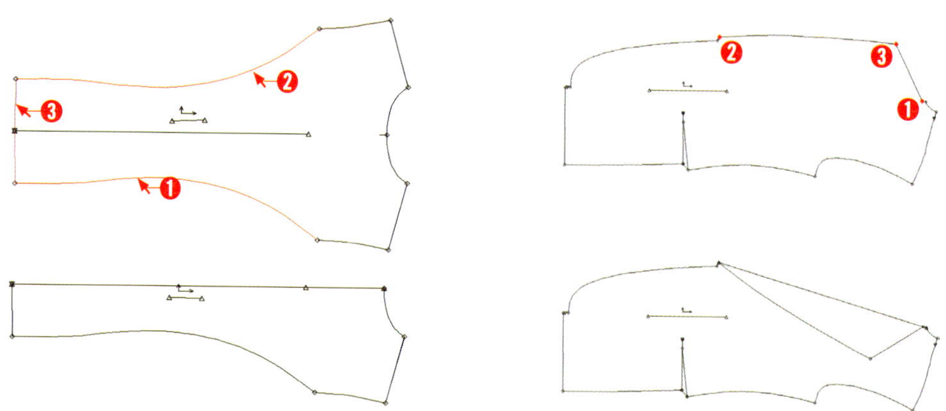

라펠접기 / 펼치기

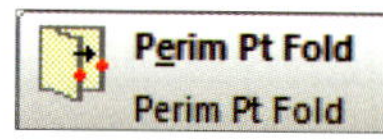

Piece – Asymm Fold – Perim Pt Fold – 1번 2번 3번 클릭 라펠이 접힌다.
Piece – Asymm Fold – Unfold – 라펠 클릭 접혔던 라펠이 회복된다.
Piece – Asymm Fold – Unfold Keep – 라펠 클릭 라펠의 꺽임선이 생성되며 펼쳐진다.

사선과 곡선을 함께 넣어서 안단 & 심지 떠내기

하나의 라인에 직선 / 곡선 /이 연계되어 있는 경우 Line과 Curve를 교체 클릭하며 선을 그려 넣고 복사해 낼 수 있는 기능이다.

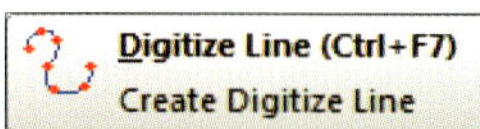

Line – Create Line – Split on Digitized Line – 마우스 왼쪽을 클릭하며 위치 설정 커브에서 각이 지게 선을 넣으려면 – 마우스 오른쪽 클릭 Line과 Curve를 교체 클릭하며 선을 그려 넣는다.

곡선 수정하기

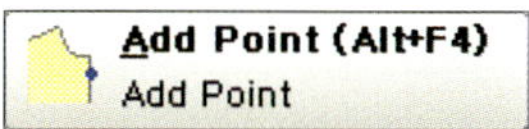

1) Add Point – 필요한 위치 클릭 포인트 설정한다.
2) Point – Modify Points – Move Point (Alt +F2) – 포인트 클릭 – 오른쪽 클릭 – OK – 마우스 만 움직여서 선의 균형을 잡는다.

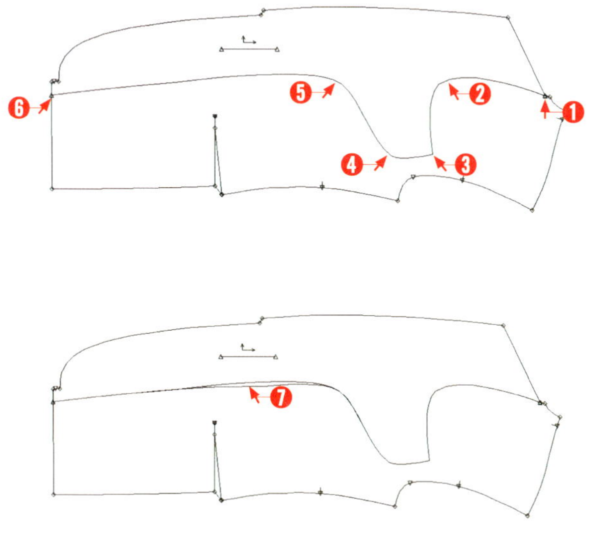

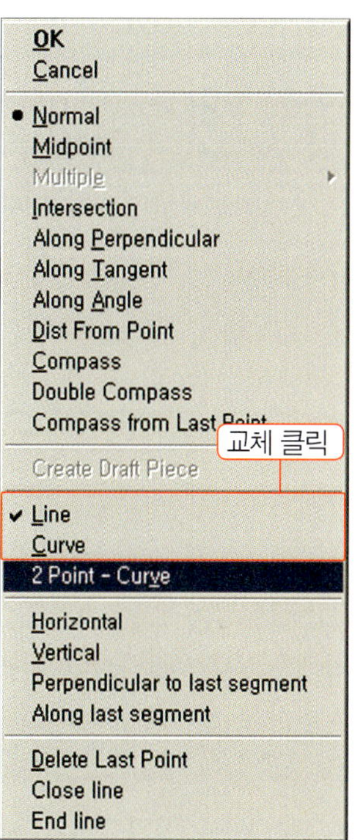

부속 복사하기 / 떠내기

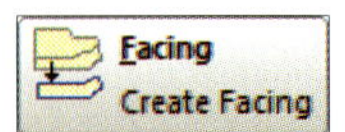

❶ Piece – ❷ Create Piece – ❸ Facing – ❹ 안단선 클릭 – ❺ 안단선에서 안쪽 클릭

– 새로운 조각명을 입력하지 않으려면 마우스 왼쪽 클릭 – 오른쪽 클릭 – OK
– 새로운 조각명의 고유 번호가 자동으로 생성되므로 새로운 명이 필요할 때 입력한다.

결선이 피스 밖으로 나와 있을 경우
Line – Modify Line – Move Line – 결선을 클릭하여 안을 옮긴다.

결선의 길이를 줄여야 할때
Point – Modify Point – Move Point (Alt +F2) – 왼쪽을 누르고 포인트 클릭 – 오른쪽 클릭 – OK
– 길이를 줄이거나 옮긴다.

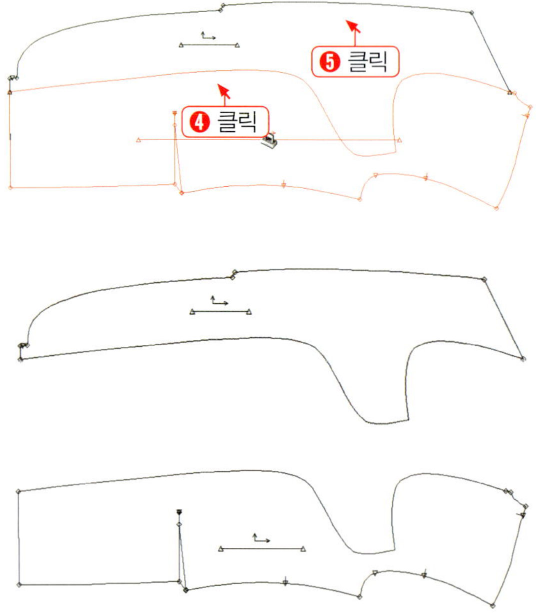

> ⚠ **참고**
> - 안단선을 복사할 때 Create Piece – Facing
> - 안단선을 잘라낼 때 Split Piece – Split on Line

암홀 & 심지 떠내기

심지, 배색을 넣을 때 필요한 부위를 일정한 넓이로 절개 복사하는 유용한 기능이다.

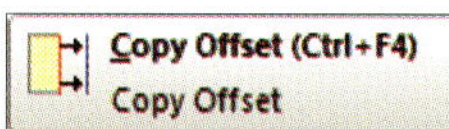

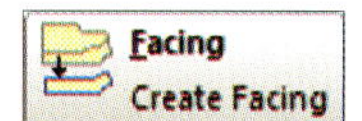

절개할 넓이 설정

❶ Line − Create line − Offset Even − 앞단에 커서 놓고 마우스 왼쪽 클릭 − 마우스 오른쪽 클릭 − OK − 입력창에서 넓이 입력 예 (−) 1″ − OK

❷ Piece − Create Piece − Facing − 안단선에 커서 놓고 마우스 왼쪽 클릭 − 복사하려는 위치 클릭

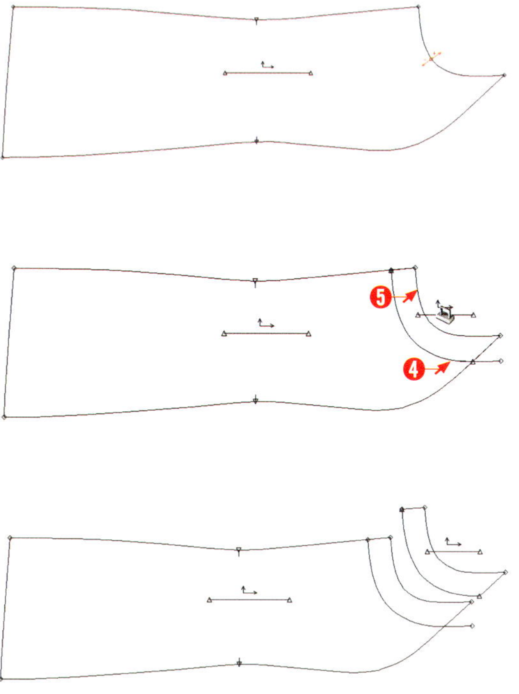

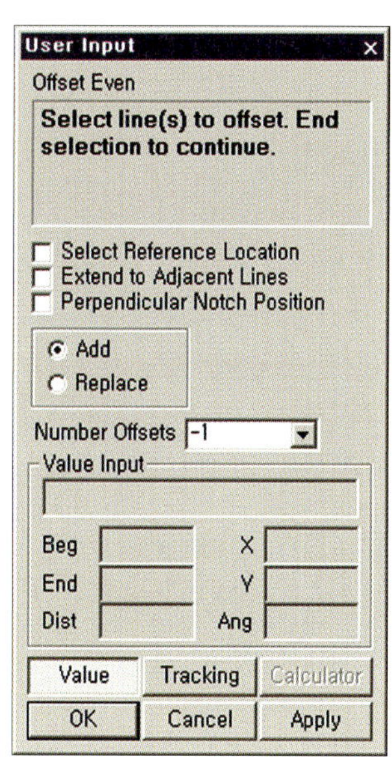

⚠ **참고**

Offset Even 대화 상자에서 Add와 Value를 체크 한다.

겹 트임 심지 떠내기 / 코트 / 자켓 /소매 / 스커트

트임 각도가 있는 부위를 떠내기 위해서 먼저 Offset Even으로 심지의 넓이를 설정하고 Digitized
로 그려 넣는다.

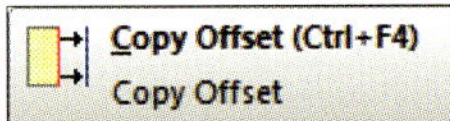 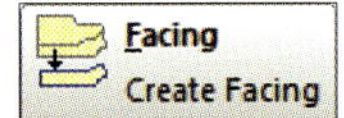

❶ Line − Create line − Offset Even − 뒤 중심에 커서 놓고 마우스 왼쪽 클릭 − 오른쪽 클릭 −
 OK − 트임 넓이 2+0.5=2.5 입력 − OK

❷ Line − Create line − Offset Even − 밑단에 커서 놓고 마우스 왼쪽 클릭 − 오른쪽 클릭 − OK
 − 밑단 넓이 2+0.5=2.5 입력 − OK

❸ Line − Create line − Digitized − 설정한 선에 맞추어 선을 그려 넣는다.

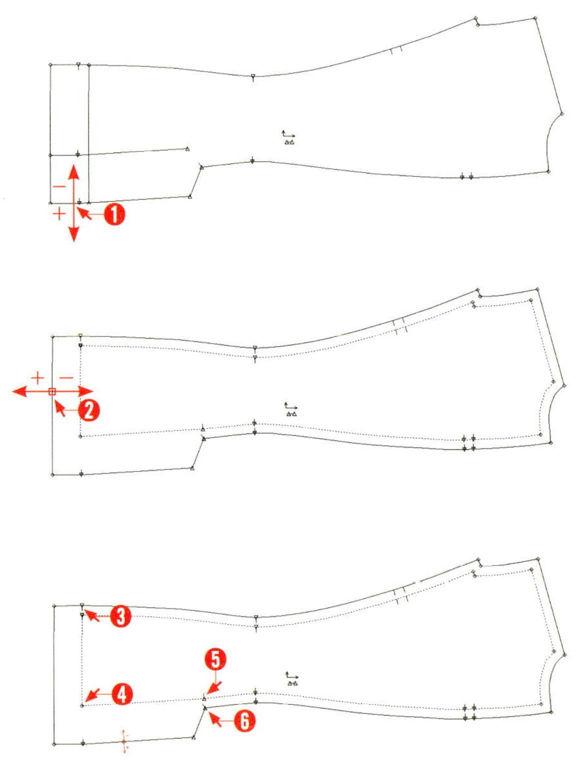

⚠ 참고

　　Digitized 그려 넣은 선을 확대하여 정확하게 위치에 놓이지 않았을 경우 Move Point (Alt +F2)를
　　이용하여 정확한 위치에 연결한다.

❹ Offset Even으로 설정한 2개의 가로 세로선을 Delete Line으로 지운다.

❺ Piece – Create Piece – Facing – 그려 넣은 선에 정확하게 커서 놓고 마우스 왼쪽 클릭

❻ 복사할 부위 클릭 – 복사된 피스를 화면에 놓고 왼쪽 클릭 – 피스명 입력 – OK – 저장

- 자동으로 생성되는 결선을 옮겨 놓아야 한다.
- Delete Line으로 몸판 안에 있는 선을 지운다.

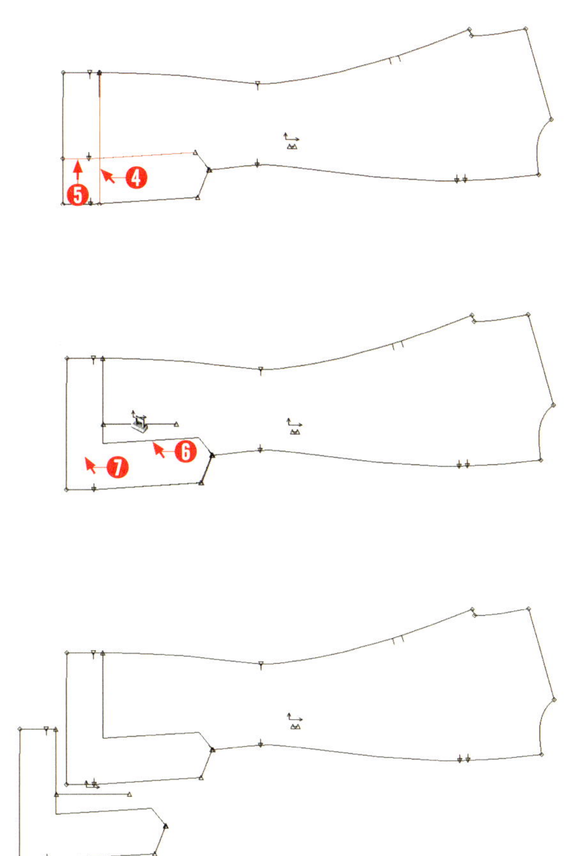

수직 수평으로 절개하기(뒤 요크 절개) 절개하기

Split Vertical 수직 절개 – 작업 화면에 놓여 있는 피스에 대하여 수직으로 절개되는 기능이다.
Split Horizontal 수평 절개

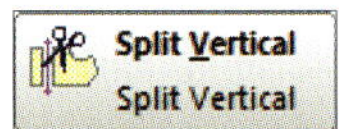 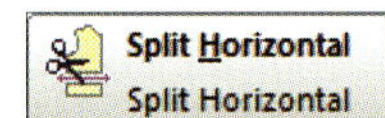

❶ Piece – ❷ Split Piece – ❸ Split Vertical – ❹ 마우스 왼쪽을 누르고 약간 드래그 – ❺ 마우스 움직이지 않은 상태에서 오른쪽 클릭 – ❻ 입력모드에서 – ❼ 필요한 넓이 입력 – ❽ 입력 – ❾ OK – ❿ 입력 – ⓫ OK

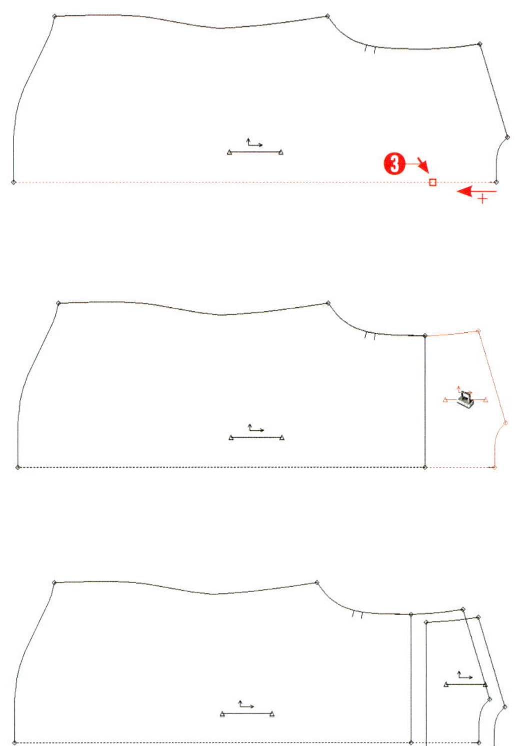

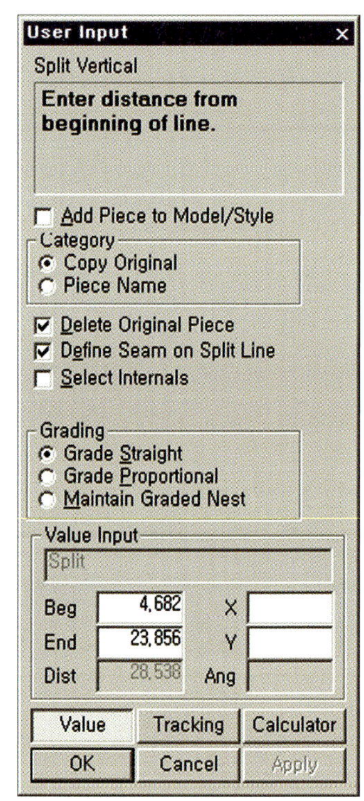

> ⚠ **참고**
>
> - 대화상자에서 Add Piece to Model/Style를 클릭하면 Enter New Model/Style Name. 창에서 새로운 파일명을 부여하고 저장 파일을 선택하여 저장할 수 있게 된다.
> - 대화상자에서 Delete Original Piece를 클릭하면 원본이 절개되고 클릭을 해제하면 원본이 남아있게 된다.

45° 각도로 왼쪽에서 오른쪽으로 절개하기

Split Diagonal Right   왼쪽에서 오른쪽으로 절개
Split Diagonal Left   오른쪽에서 왼쪽으로 절개

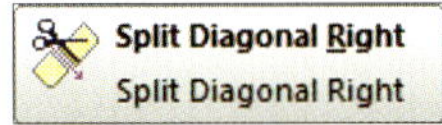
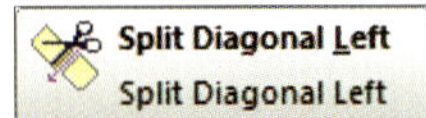

❶ Piece – ❷ Split Piece – ❸ Split Diagonal Right – ❹ 마우스 왼쪽 누르고 암홀라인 드래그
마우스 오른쪽 클릭 입력모드에서 – ❺ 절개위치 입력 – ❻ OK – ❼ OK

Split Diagonal Right – 작업 화면에서 절개할 대상에 대하여 왼쪽에서 오른쪽으로만 절개된다.

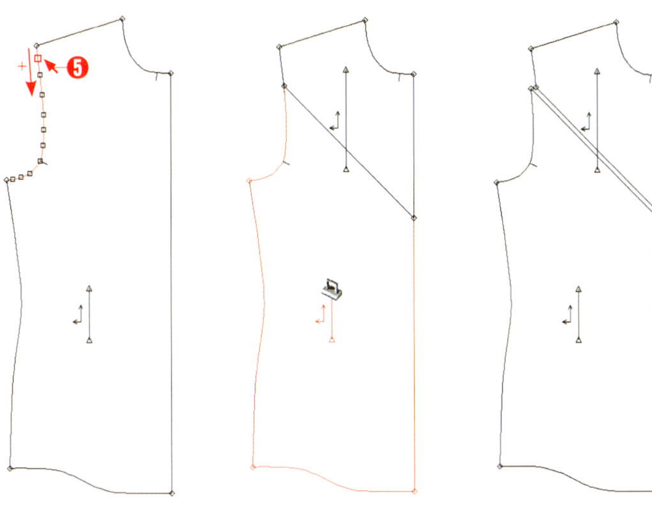

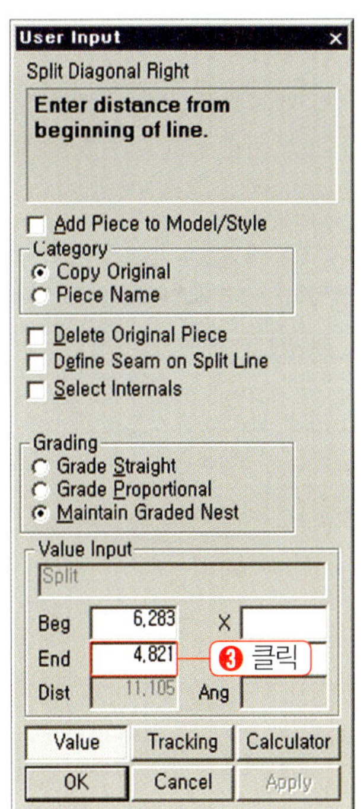

곬 선으로 붙이기

두 개의 피스를 붙여서 곬선으로 만드는 유용한 기능이다.

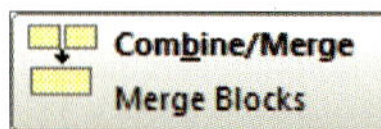

❶ Piece – Combine/Merge

❷ 붙일 면을 차례로 클릭

❸ 새로운 피스명 입력 – OK – 새로운 피스명 입력

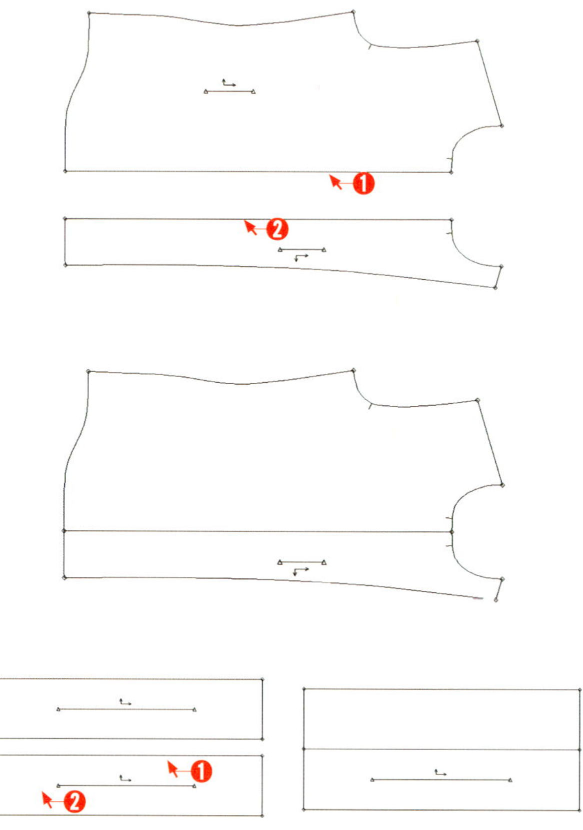

⚠ 참고

- 붙일 면을 서로 마주 보게 정리한다.
- 붙일면의 길이가 같아야하며 시임선이 있을 경우 시임선을 지운다.

원하는 부위를 곬선으로 붙이면서 복사하기

원하는 부위를 붙여서 곬선을 만들고 새로운 피스명으로 저장하는 유용한 방법이다.

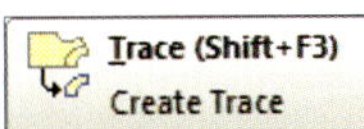

Piece – Create Piece – Trace –

❶ 붙일 면을 먼저 클릭 – ❷ 시계방향으로 밑단 클릭 – ❸ 옆 솔기 – ❹ 암홀 – ❺ 어깨 – ❻ 목둘레 클릭 마우스 움직이지 않은 상태에서 오른쪽 클릭 – ❼ OK – ❽ 앞 중심선 정확하게 클릭 – ❾ 마우스 오른쪽 클릭 – ❿ OK – 앞 중심이 붙은 상태로 복사된다.

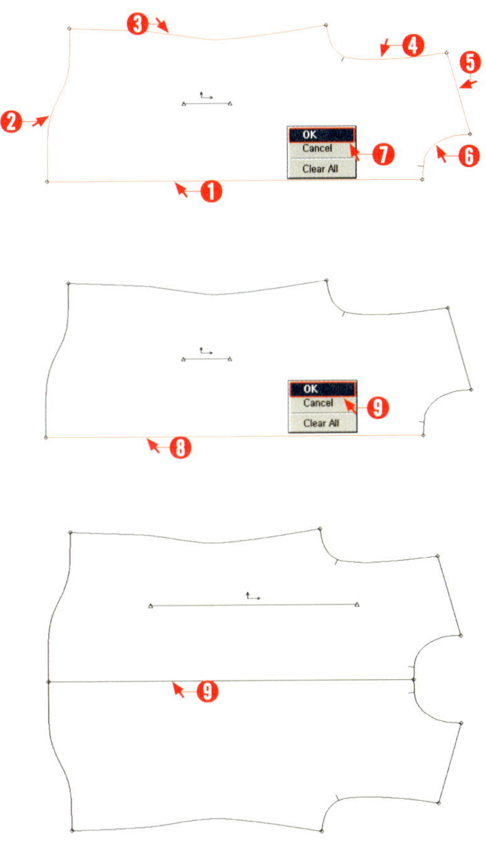

⚠ **참고**

- Trace 입력창 – Trace Type 밑에 – Mirror 클릭 되어 있어야 한다.
- 곬 선으로 만드는 것이므로 시임은 삭제한다.

곬 선 만들기 / 없애기 / 펼치기

점선으로 표시되어있는 경우가 곬선이며 패턴제도 과정에서 곬선으로 변경하거나 곬선을 없애는 작업이 반복되는 경우 유용한 기능이다.

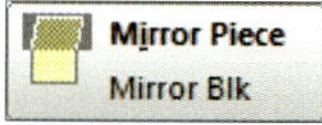
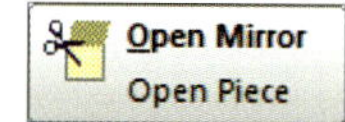

Piece – Mirror Piece – 곬 선으로 만들려는 선을 클릭 – 마우스 오른쪽 – OK – 점선으로 곬 선이 표시된다.

Piece – Open Mirror – 곬 선을 없애려는 피스의 결선 클릭 – 마우스 오른쪽 – OK – 점선이 없어진다.

곬선 펼치기 – Piece – Unfold Mirror – 곬선에 커서 놓고 클릭 – 한 장으로 펼쳐진다.

곬선 접기 – Piece – Fold Mirror – 중심에 커서 놓고 클릭 – 접힌다.

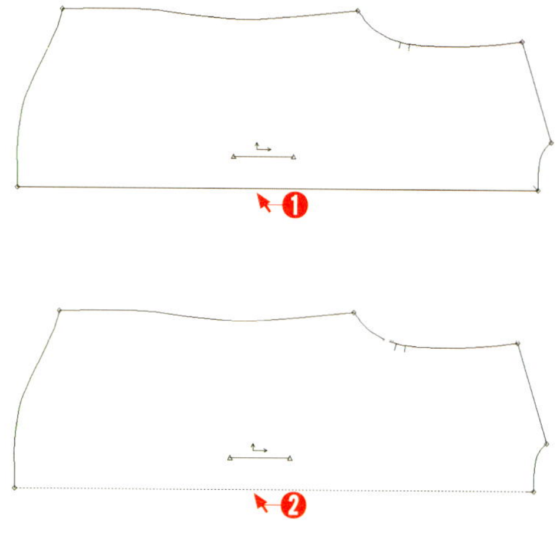

> ⚠ **참고**
> 대화상자에서 Fold after Mirror 체크되어 있어야 한다.

대칭으로 복사 이미지 만들기

제도 과정에서 양쪽의 바란스를 맞추기 위해 유용한 기능이다.

Line – Create Line – Mirror –

❶ 시계 방향으로 밑단 클릭 – ❷ 옆솔기 – ❸ 암홀 – ❹ 어깨 – ❺ 목둘레 클릭 마우스 움직이지 않은 상태에서 오른쪽 클릭 – ❻ OK – ❼ 앞 중심 클릭

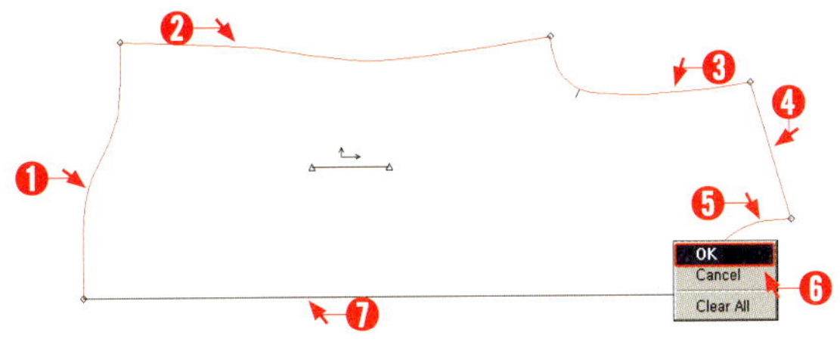

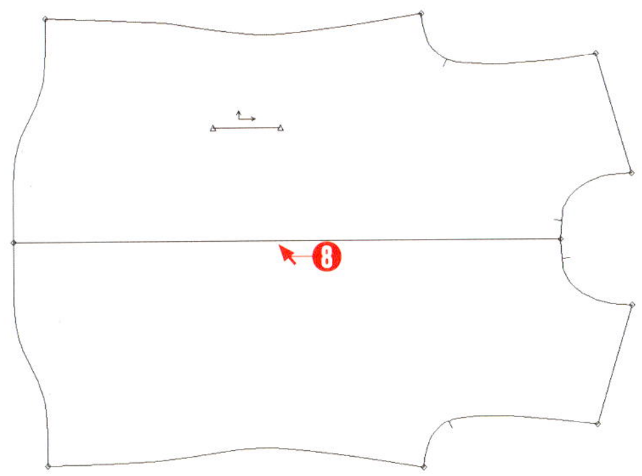

피스 중심에서 조각 떠내기

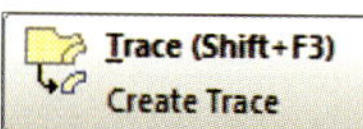

1) Piece − Create line − ❸ Trace 클릭 − ❹ 복사하려는 내부선을 차례로 시계 방향으로 클릭 −
   ❺ 마우스 오른쪽 − ❻ OK −반복해서 마우스 오른쪽 OK

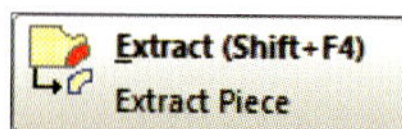

2) Piece − Create line − Extract − 복사할 내부 조각이 있는 중심에 커서 놓고 마우스 왼쪽 클릭
   − 오른쪽 클릭 − OK − 반복해서 왼쪽 오른쪽 클릭 − OK − 새로운 피스명 입력 − OK − OK
   Extract의 경우 피스의 안에서 떠내는 경우 안에 있는 선이 서로 정확하게 맞닿아 있어야 실행이
   되므로 선이 만나는 지점을 확대하여 떨어져 있으면 Move Point (Alt+F2)로 떨어져 있는 선을
   연결시켜야 한다.

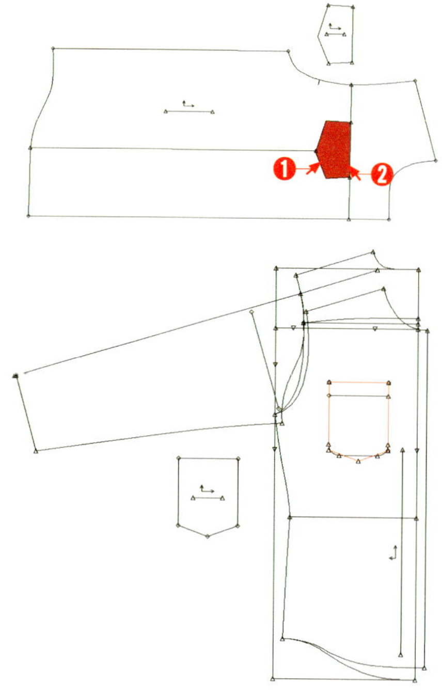

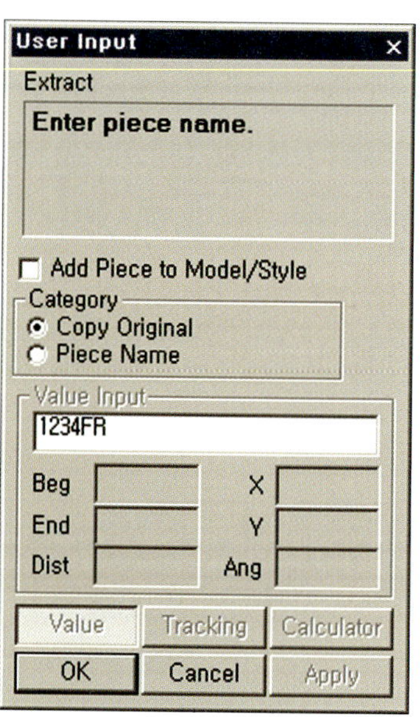

> ⚠ **참고**
>
> 대화 상자에서 Cursor 일 경우 Value 로 체크한다.

90° 각도로 선 그려 넣기

조각이 많은 제도에서 안전하게 90° 각도로 라인을 그려 넣을 수 있는 유용한 방법이다.

Line – Perp Line
1) Perp On Line – 원하는 위치에 커서 놓고 마우스 왼쪽 클릭하고 맞은편을 클릭한다.
2) Perp OFF Line – 선을 넣을 위치를 양쪽에서 클릭한다.
3) Perp 2 Point – 시작 포인트 클릭 같은 포인트를 다시 클릭한다.

대화상자에서 Half와 Whole을 필요에 따라 설정을 바꾼다.
Cursor에서 마우스 왼쪽과 오른쪽을 동시에 클릭 입력모드 Value로 전환한다.

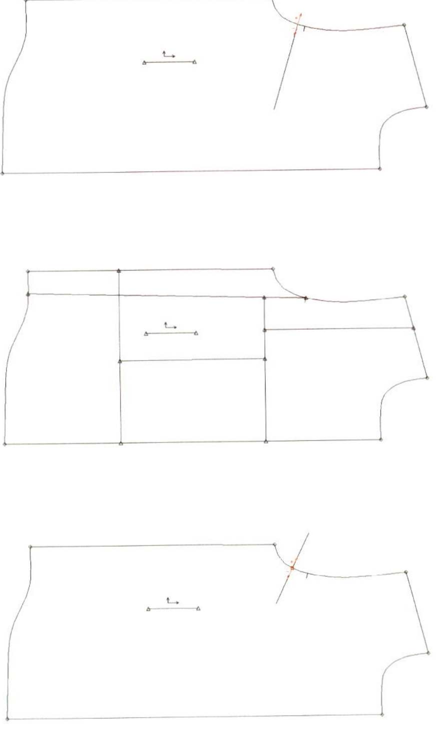

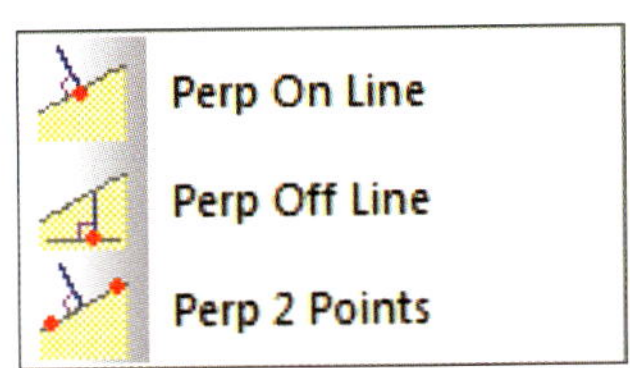

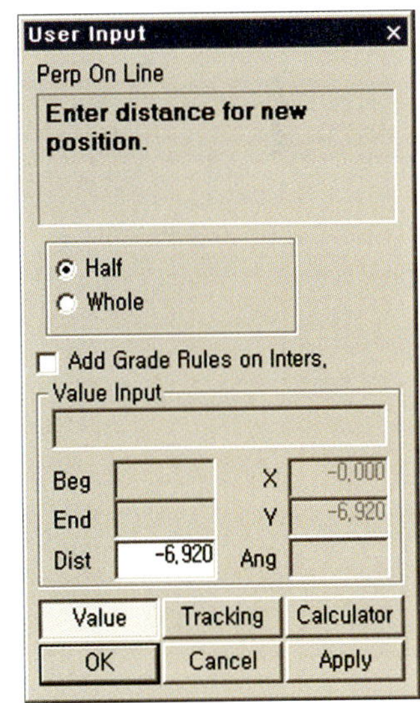

주머니 암홀 합복 각도 맞추어 보기

TOP POCKET과 UNDER POCKET의 합복 각도를 맞추어 볼 때 유용한 기능이다.

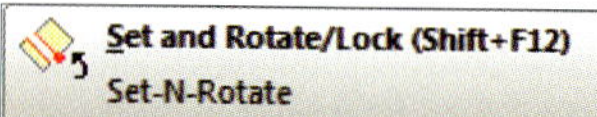

Piece − Modify Piece − Set and Rotate / Lock
❶ 몸판 합복 위치 상단 클릭 − ❷ 몸판 합복 위치 하단클릭 − ❸ 주머니 상단 클릭 − ❹ 주머니 하단 클릭하는 순간 도킹 된다.
마우스만 움직여서 피스를 회전시킨다.

맞지 않는 각도에 대하여 Move Point (Alt + F2)로 교정한다.

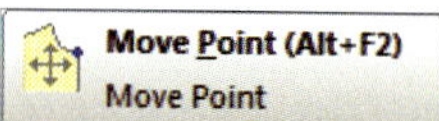

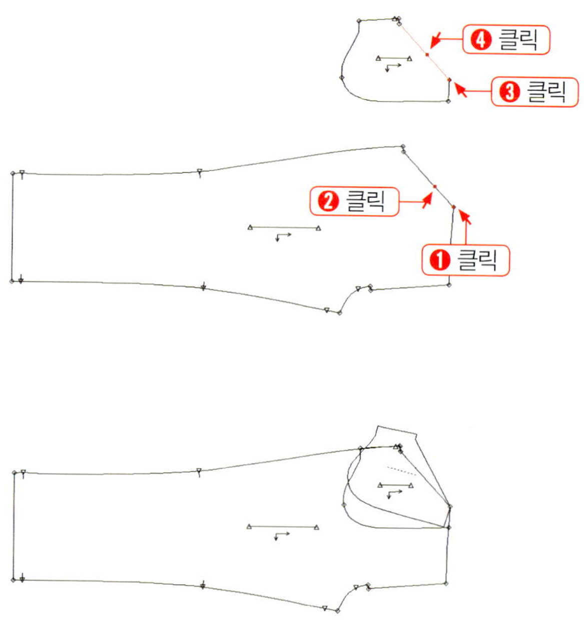

합복 암홀 맞추기

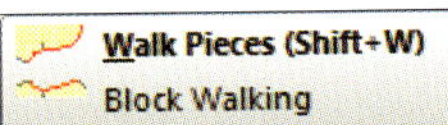

Piece – Modify Piece – Walk Pieces –
❶ 암홀에 커서 놓고 마우스 왼쪽 클릭 –오른쪽 클릭 – OK – ❷ 소매 라인에 커서 놓고 마우스 왼쪽 클릭 – ❸ 오른쪽 클릭 – ❹ OK – ❺ 몸판의 어깨 포인트 클릭. 또는 암홀 라인을 따라 마우스를 움직인다.

❷ 번째 소매 라인에 커서 놓고 마우스 왼쪽 클릭 했을 때 화살표가 뒤판에 설정될 경우 소매의 뒤판과 앞판의 암홀 라인이 마주보게 놓지 않는 경우로서 – 마우스 오른쪽 클릭 – Change Direction 클릭 – 마우스 오른쪽 클릭 – OK – 화살표 방향이 같은 합복 위치로 바뀐다.

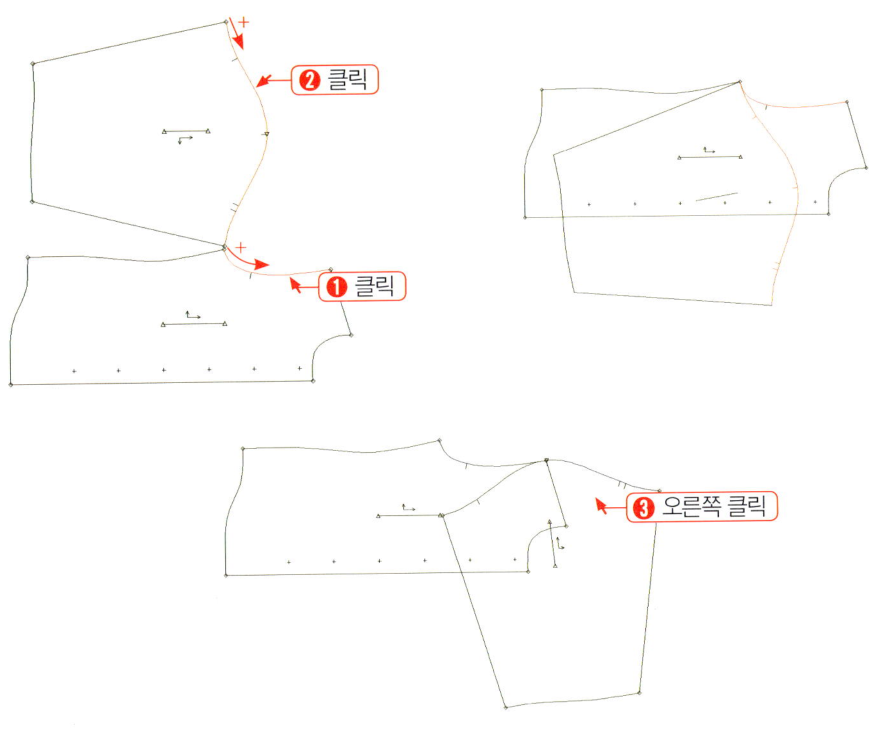

⚠ 참고
파일이 들어있는 폴더를 알 수 없을 때 스타일 넘버를 입력한 다음 폴더를 차례로 클릭한다.

피스 절개 접기·펴기 / Tapered Fullness

허릿단 / 바지 밑길이 수정 / 후레아 스커트 / 샤링 넣기 / 등 사용 범위가 넓은 기능이다.

- 위쪽을 절개하여 펼친다.
- 아래쪽을 절개하여 펼친다.
- 절개하여 왼쪽으로 펼친다.
- 절개하여 오른쪽으로 펼친다.
- 절개하여 왼쪽과 오른쪽으로 펼친다.
- 하단을 절개하려면 상단을 먼저 클릭한다.
- 상단을 절개하려면 하단을 먼저 클릭한다.

양쪽을 균등하게 상단 펼치기

Piece – Fullness – Parallel Fullness

❶ Parallel Fullness – 우측 대화상자 하단에서 Cursor로 설정 ❷ 하단 중심을 클릭 – ❸ 수직으로 상단 클릭 – ❹ 마우스 오른쪽 클릭 – ❺ OK – ❻ 보기와 같이 양쪽으로 균등하게 펼칠 것이므로 **상단 클릭 지점을 정확하게 다시 클릭** – 마우스 움직이지 않은 상태에서 오른쪽 클릭 – OK – ❼ 마우스만 움직여 펼치는 각도를 확인하고 마우스 왼쪽과 오른쪽을 동시에 클릭 입력모드 설정 – ❽ 수치 입력 – OK

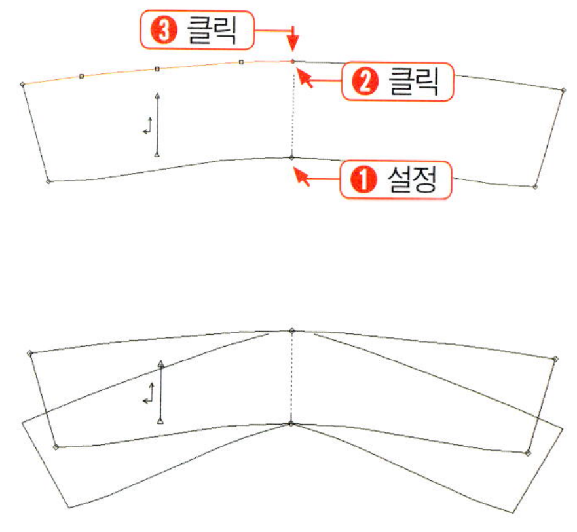

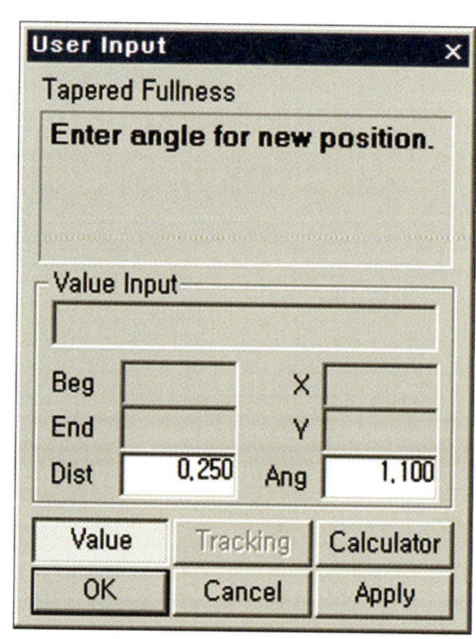

⚠ **참고**

양쪽으로 균등하게 펼칠 것이므로 2번째 클릭한 위치를 정확하게 다시 클릭해야 한다.

오른쪽으로 하단 펼치기

Piece – Fullness – Parallel Fullness

❶ Parallel Fullness – 우측 대화상자 하단에서 Cursor로 설정

❷ 펼치려는 대강의 위치 클릭

❸ 수직으로 하단 클릭

❹ 마우스 오른쪽 클릭

❺ OK

❻ 보기와 같이 오른쪽으로 펼칠 것이므로 **하단 클릭 지점에서 왼쪽 클릭** – 마우스 움직이지 않은 상태에서 오른쪽 클릭 – OK

❼ 마우스만 움직여 펼치는 각도를 확인하고 마우스 왼쪽과 오른쪽을 동시에 클릭 입력모드 설정

❽ 수치 입력 – OK

- 수평으로 펼치려면 수직으로 클릭한다.
- 균등하게 펼치려면 클릭 지점을 정확하게 다시 클릭한다.
- 오른쪽으로 펼치려면 클릭 지점에서 왼쪽을 클릭한다.
- 왼쪽으로 펼치려면 클릭 지점에서 오른쪽을 클릭한다.

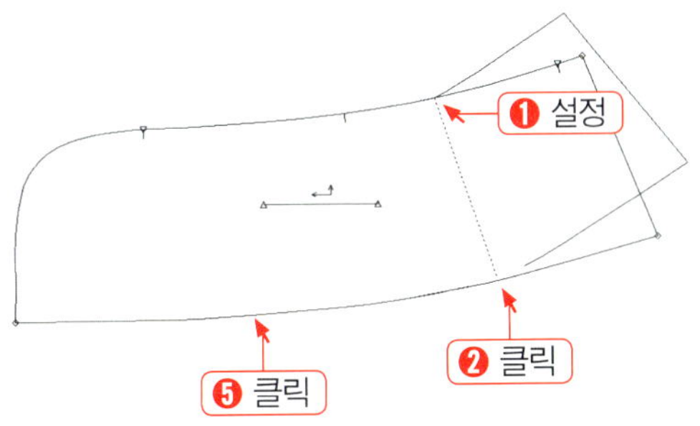

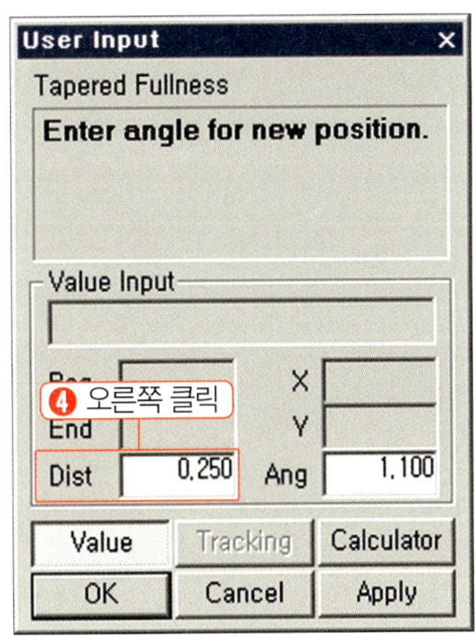

⚠ **참고**

Cursor에서 마우스을 움직여 각도를 확인하고 입력하기 위해 Value로 전환하려면 마우스 왼쪽과 오른쪽을 동시에 클릭한다.

수평으로 균등하게 펼치기

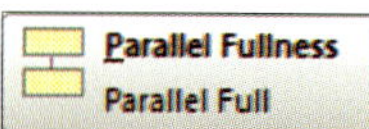

Piece – Fullness – Parallel Fullness

❶ Parallel Fullness – 우측 대화상자 하단에서 Cursor로 설정 ❷ 펼치려는 대강의 위치 클릭 – ❸ 수평으로 맞은편 클릭 – ❹ 마우스 오른쪽 클릭 – ❺ OK – ❻ 보기와 같이 수평으로 균등하게 펼칠 것이므로 2번 클릭 지점을 정확하게 다시 클릭 – 마우스 움직이지 않은 상태에서 오른쪽 클릭 – OK – ❼ 마우스만 움직여 펼치는 각도를 확인하고 마우스 왼쪽과 오른쪽을 동시에 클릭 입력모드 설정 – ❽ 수치 입력 – OK

❶ 왼쪽 클릭 마우스에서 손을 놓고 마우스만 움직여 오른쪽으로 이동 클릭

❷ 마우스 오른쪽 클릭 – OK

❸ 균등하게 펼칠 것이므로 2번을 다시 클릭 – 마우스 오른쪽 클릭 – OK

❹ 입력창 Value 모드에서 필요한 수치 예) 0.5 입력 – OK

• 위아래로 균등하게 펼치려면 클릭 지점을 정확하게 다시 클릭한다.
• 위쪽으로 펼치려면 클릭 지점에서 아래쪽을 클릭한다.
• 아래쪽으로 펼치려면 클릭 지점에서 위쪽을 클릭한다.

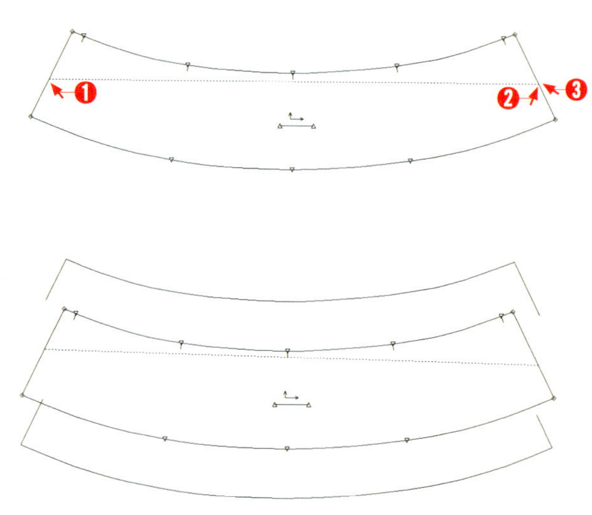

커브 곡선 만들기 / 앞길 / 목선 / 옆 솔기 / 둥글게 굴리기

커브 곡선 만들기

주머니 / 카라 / 앞단 / 과 아웃 포켓의 끝을 둥글게 만들 때 유용한 기능이다.

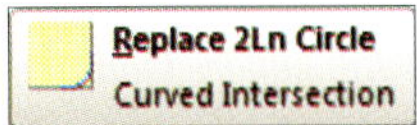

❶ Line – ❷ Conics – ❸ Curved Intersection– ❹ 포인트 클릭 – ❺ 마우스만 움직여 곡선 각도를 확인 – ❻ 마우스 왼쪽과 오른쪽을 동시에 클릭 – ❼ 곡선 각도 입력 – ❽ OK

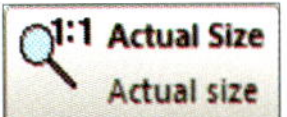

실물 크기로 확대하여 굴림 각도를 확인한다.

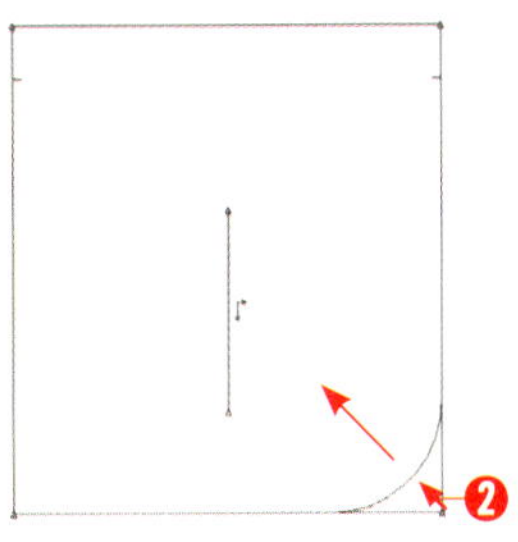

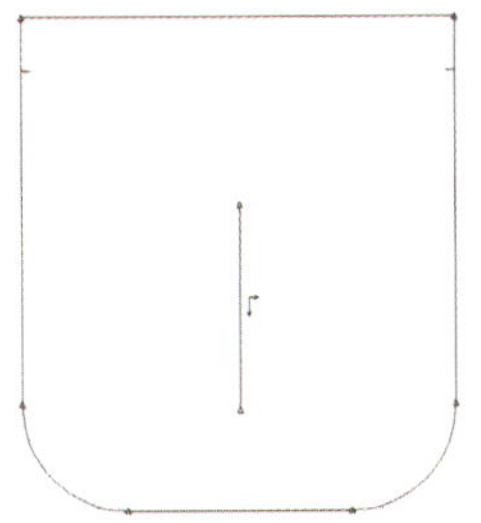

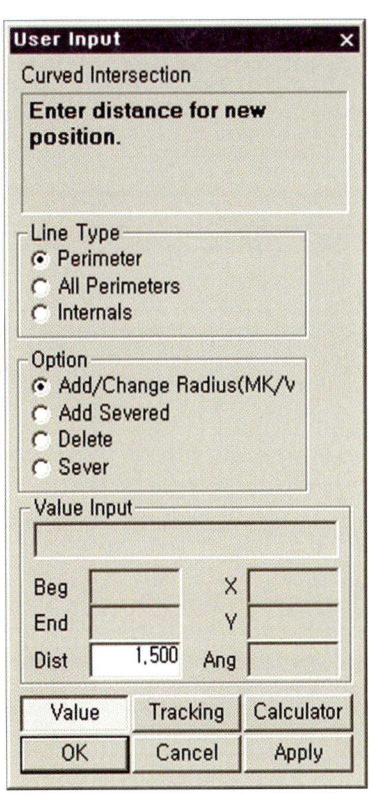

앞길 / 목선 / 옆 솔기 / 둥글게 굴리기

곡선 각도가 예시

예) 2.5 되어 있는 경우에 유용한 기능이다.

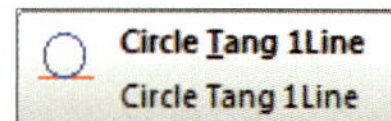 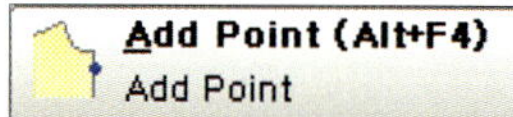

❶ Point – Add Point – 위치 포인트를 만들어 넣는다.

❷ Line – Conics – Circle Tang 1 Line – 만들어 놓은 포인트 클릭 – 마우스만 움직여 원을 정확하게 라인에 맞추고 마우스 왼쪽 클릭한다.

❸ Line – Conics – Curved Intersection – 사가 코너 클릭 마우스만 움직여 곡선에 정확하게 선을 맞추고 왼쪽을 클릭한다.

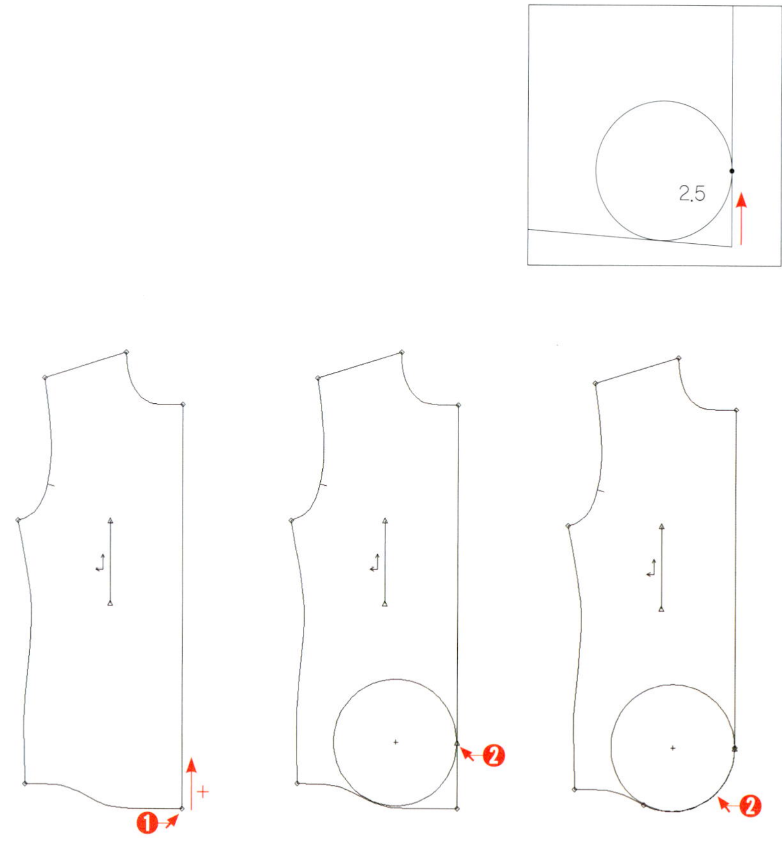

주머니 맞주름 넣기

예) 가로 X 세로 6″ 아웃 포켓 중심에 맞주름이 필요하다.

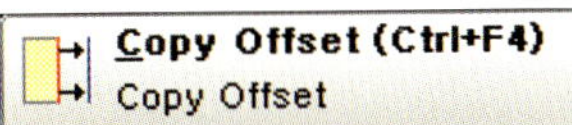

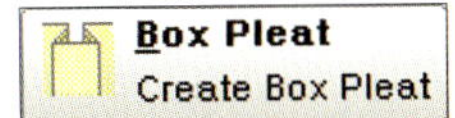

첫 주름선 설정

❶ Offset Even – User Input 입력창에서 Add 클릭한다.

❷ 주머니 옆선 클릭 – 마우스 오른쪽 클릭 – OK

❸ 맞주름 위치 설정 입력 예) 주머니 폭이 6″이며 중심이라면 3″을 입력한다.

❹ Piece – Pleats – Box Pleat – 만들어 놓은 주름선을 클릭한다.

❺ 주름 접히는 분량 예) 1″입력 – OK

❻ 주름 개수 1입력 – OK – OK

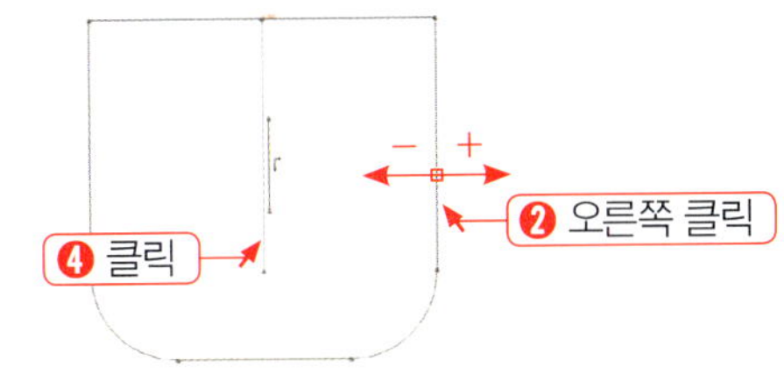

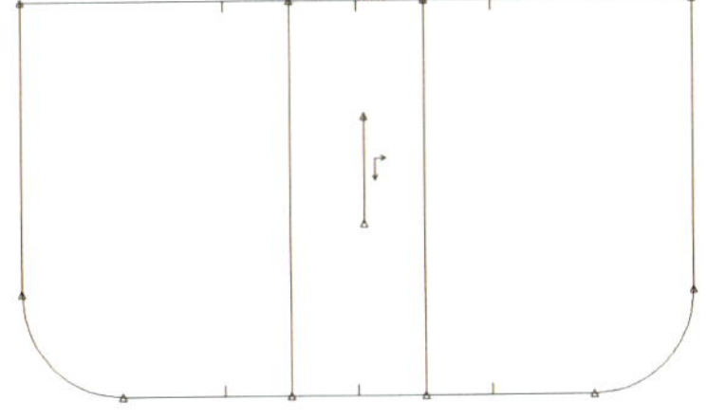

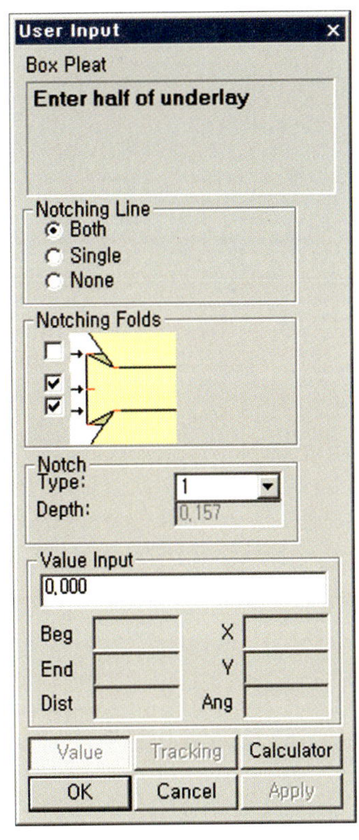

⚠ **참고**

주름의 접히는 분량이 1″일 경우 주름 한 개의 총 분량은 4″가 된다.

맞주름 상하 접는 분량 다르게 만들기

주름을 접는 분량이 위와 아래가 다른 경우에 필요한 유용한 기능이다.

Piece – Pleats – Variable Pleat

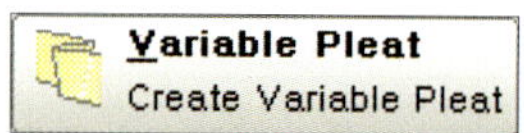

- 위에서부터 선을 설정하면 하단이 많이 벌어진다.
- 밑에서부터 선을 설정하면 상단이 많이 벌어진다.
- 우측으로 주름을 펼치려면 처음 포인트에서 좌측을 클릭한다.
- 좌측으로 주름을 펼치려면 처음 포인트에서 우측을 클릭한다.

❶ 주름 넣을 위치 설정

Point – Add Point – 위쪽 선 드래그 마우스 왼쪽과 오른쪽을 동시에 클릭 입력모드 설정 – 주름을 넣을 위치 입력 – OK

❷ 같은 방법으로 아래쪽 포인트 설정

포인트가 보이지는 않으나 도킹을 시도하면 활성화된다.

포인트를 보이게 하려면 노치를 넣는 것도 방법일 수 있다.

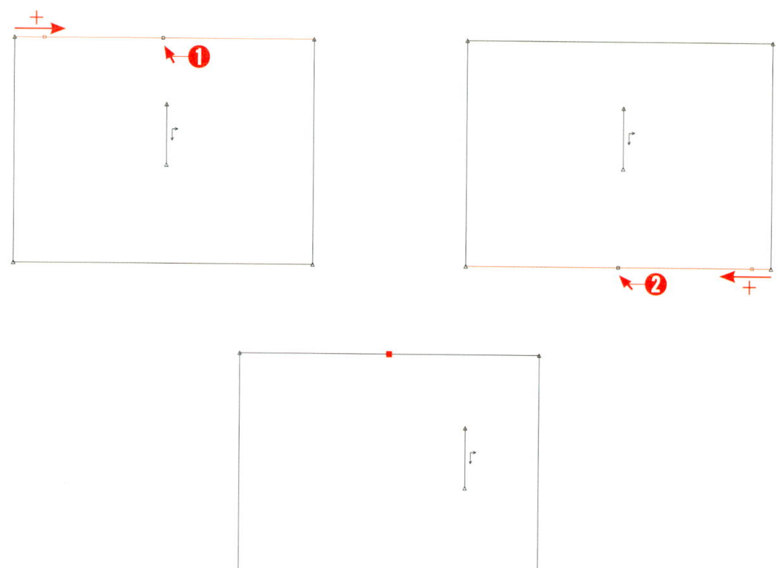

❸ Piece – Pleats – Variable Pleat – 마우스 왼쪽을 누르고 상단을 드래그 포인트와 도킹시킨다.

❹ 마우스만 움직여 하단 포인트에 접근 마우스 왼쪽을 누르고 하단 포인트에 도킹 – 마우스 오른쪽 클릭 – OK

❺ 마우스 왼쪽을 누르고 드래그 정확하게 포인트에 도킹 – 마우스 오른쪽 클릭 – OK

❻ 입력창 Dist 란에 위쪽 주름 분량 예) 2″입력 – OK

❼ 입력창 Dist 란에 아래쪽 주름 분량 예) 4″입력 – OK

❽ Box Pleats 클릭 – 대화상자 하단에서 OK 클릭

상단 – 맞주름의 접히는 분량이 4개이며 2″ 입력하므로 접히는 분량은 한 개에 0.5가 된다.

하단 – 맞주름의 접히는 분량이 4개이며 4″ 입력하므로 접히는 분량은 한 개에 1″이 된다.

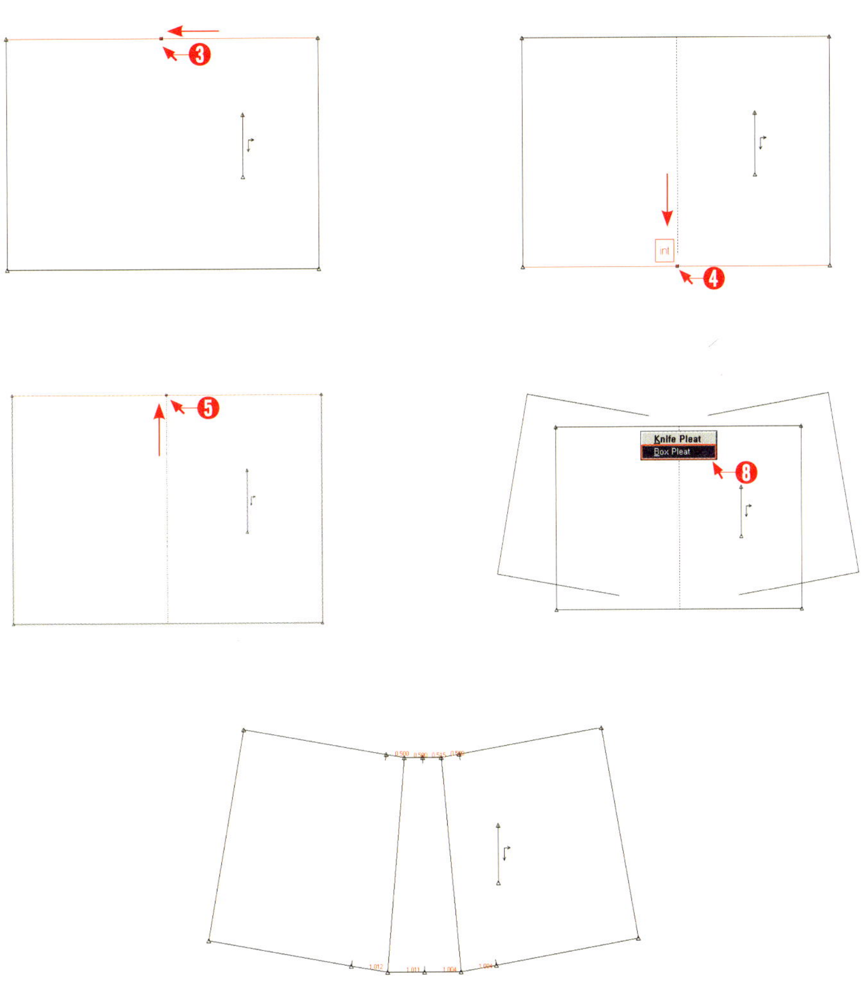

주름의 펼치는 방향 설정

주름을 왼쪽 방향 또는 오른쪽으로 펼치는 것은 5번에서부터 달라진다.

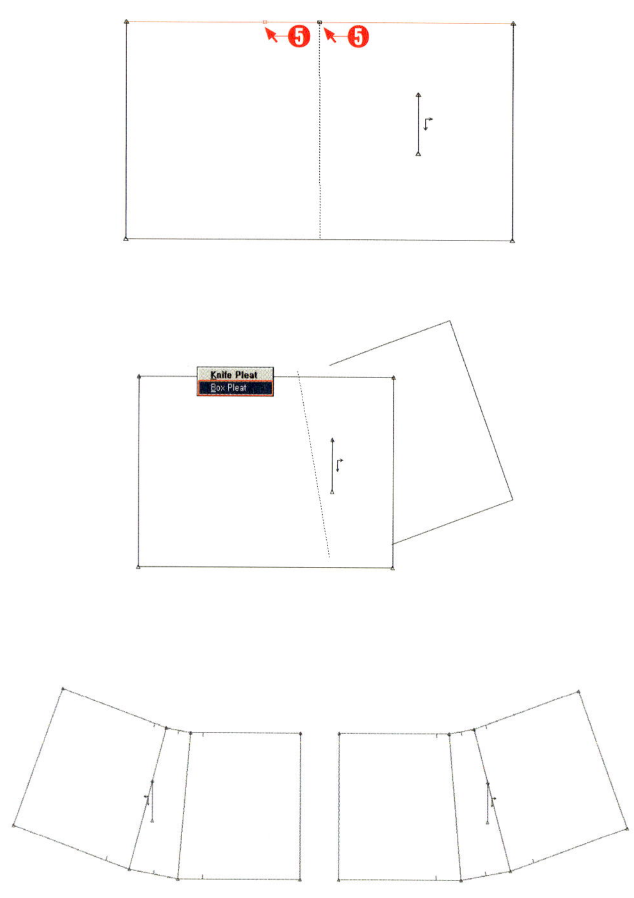

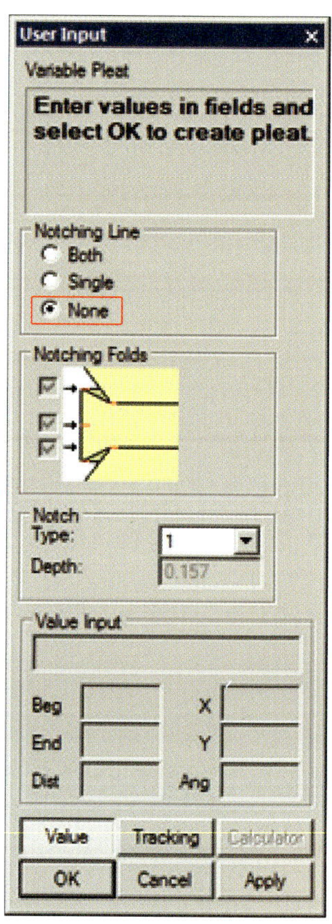

⚠ **참고**

- 절개 접기 펴기. Tapered Fullness

- 1) – ❺ 번째에서 중심을 클릭하면 양쪽으로 균일하게 주름이 생성된다.

  2) – ❺ 번째에서 왼쪽을 클릭하면 오른쪽으로 주름이 생성된다.

  3) – ❺ 번째에서 오른쪽을 클릭하면 왼쪽으로 주름이 생성된다.

외주름 상하 접는 분량 다르게 만들기

주름을 접는 분량이 위와 아래가 다른 경우에 필요한 유용한 기능이다.

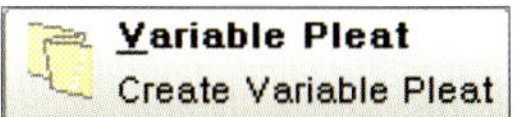

Piece – Pleats – Variable Pleat
- 위쪽을 펼치려면 하단을 먼저 클릭한다.
- 아래쪽을 펼치려면 위쪽을 먼저 클릭한다.
- 우측으로 주름을 펼치려면 처음 포인트에서 좌측을 클릭한다.
- 좌측으로 주름을 펼치려면 처음 포인트에서 우측을 클릭한다.

❶ 주름 넣을 위치 설정
   Point – Add Point – 위쪽 선 드래그 마우스 왼쪽과 오른쪽을 동시에 클릭 입력모드 설정 – 주름을 넣을 위치 입력 – OK
❷ 같은 방법으로 아래쪽 포인트 설정
   포인트가 보이지는 않으나 도킹을 시도하면 활성화된다.

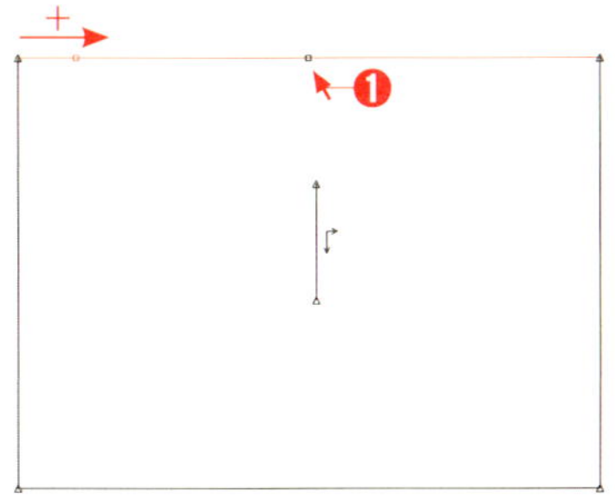

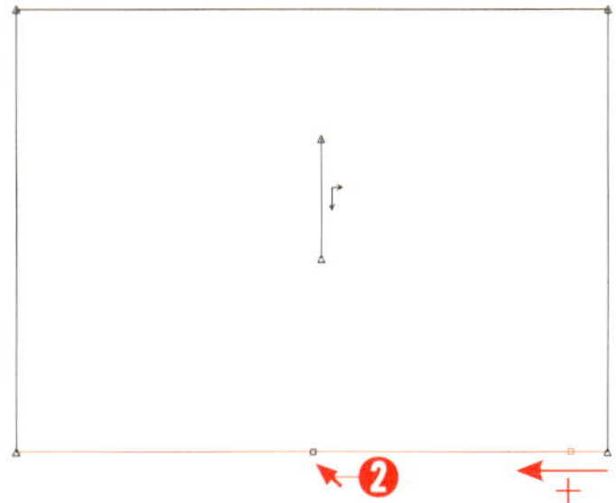

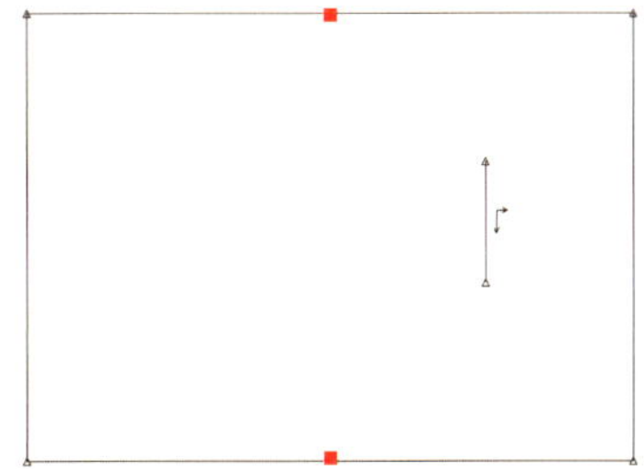

❸ Piece – Pleats – Variable Pleat – 마우스 왼쪽을 누르고 상단을 드래그 포인트와 도킹시킨다.

❹ 마우스만 움직여 하단 포인트에 접근 마우스 왼쪽을 누르고 하단 포인트에 도킹

❺ 마우스 오른쪽 클릭 – OK

❻ 입력창 Dist 란에 위쪽 주름 분량 예) 2″입력 – OK

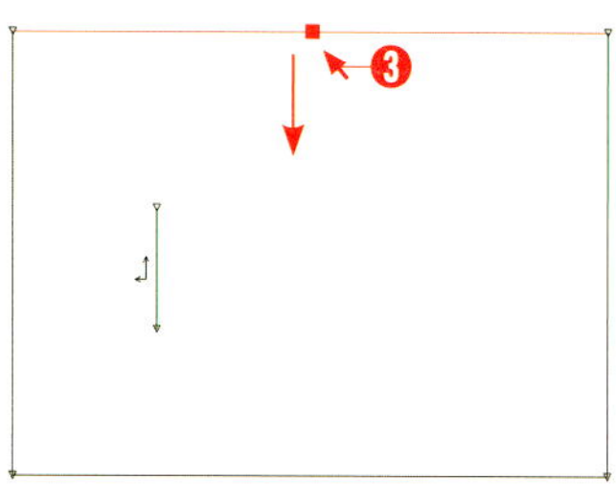

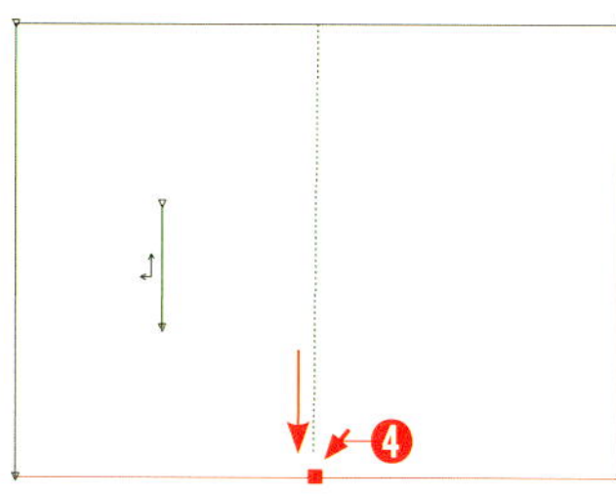

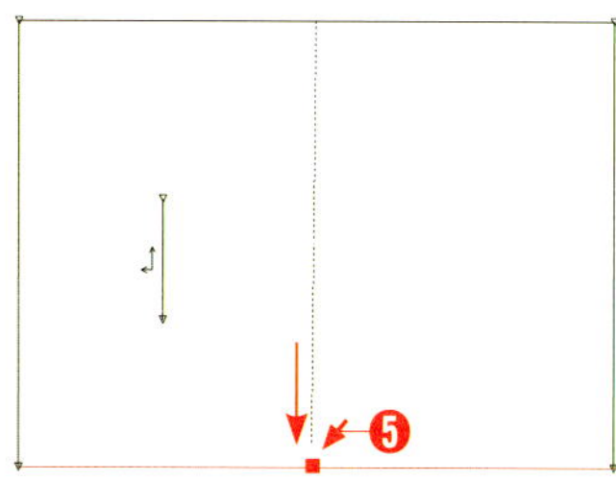

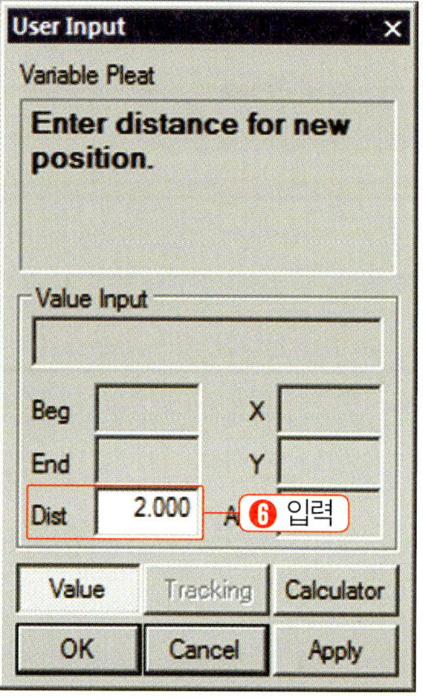

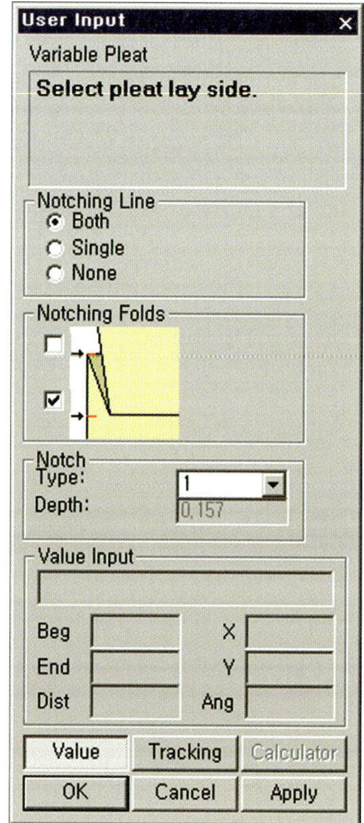

❼ 입력창 Dist 란에 아래쪽 주름 분량 예) 4″입력 – OK

❽ Box pleat 클릭

❾ None 클릭 – OK – OK

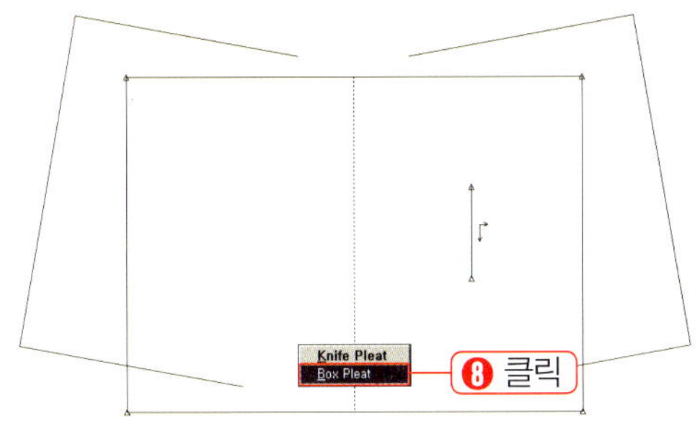

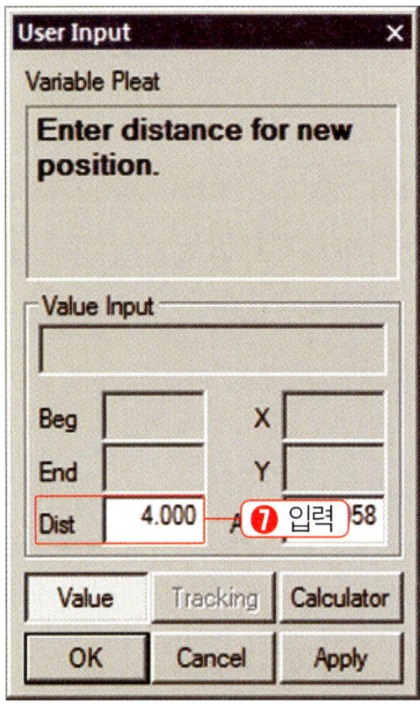

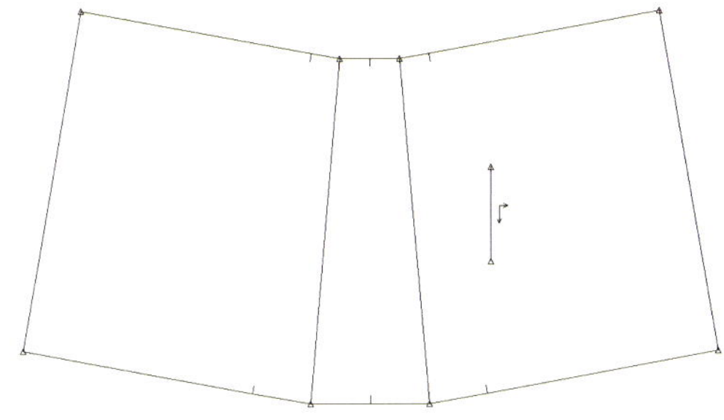

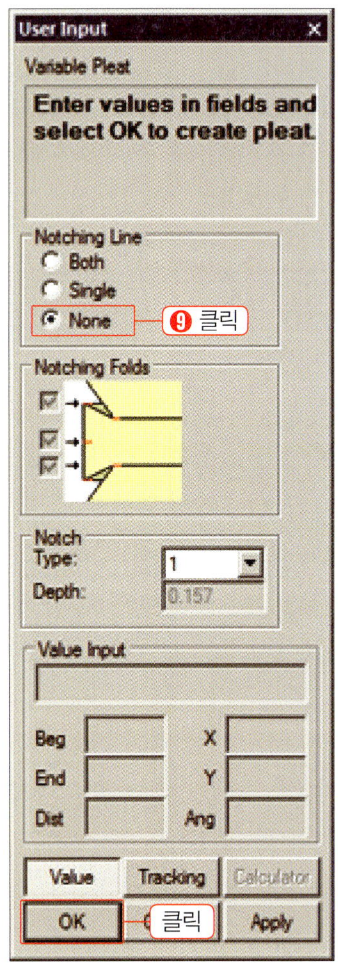

주머니 가운데 주름 넣기

주머니 가운데 주름 넣기

소매 / 주머니 / 등 가운데 맞주름이나 외주름 또는 샤링 처리할 때 유용한 기능이다.

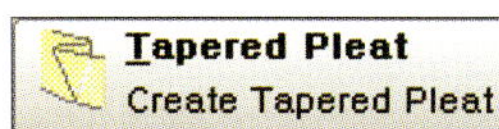

❶ Piece – Pleats – Taper Pleat 클릭 – 하단 중심에 커서 놓고 마우스 왼쪽 클릭

❷ 마우스만 움직여 상단 절개할 부위로 이동 선에 커서 놓고 마우스 왼쪽 클릭 – 오른쪽 클릭 – OK

❸ 마우스 왼쪽을 누르고 절개선 드래그 정확하게 포인트 도킹 – 마우스 오른쪽 클릭 – OK

❹ 우측으로 펼칠 것이므로 설정된 포인트에서 좌측을 클릭 – 마우스 오른쪽 클릭 – OK

– 위쪽을 펼치려면 하단을 먼저 클릭한다.
– 아래쪽을 펼치려면 위쪽을 먼저 클릭한다.
– 우측으로 주름을 펼치려면 처음 포인트에서 좌측을 클릭한다.
– 좌측으로 주름을 펼치려면 처음 포인트에서 우측을 클릭한다.

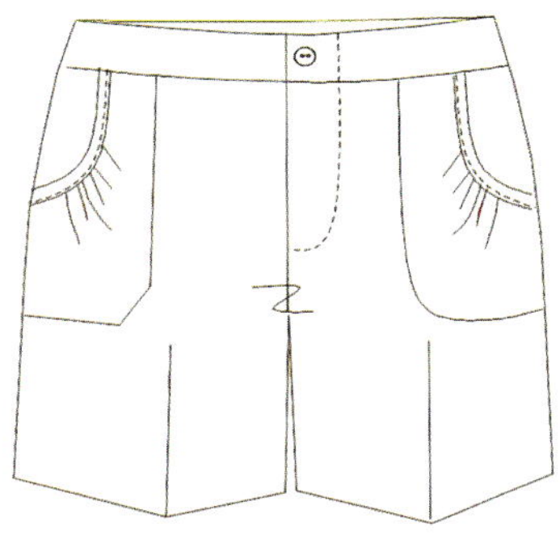
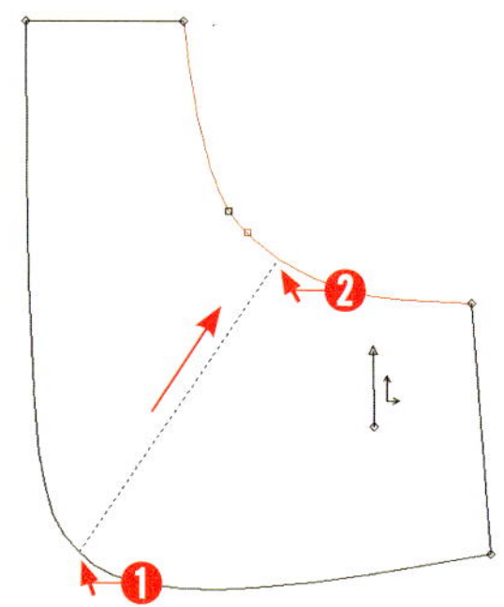
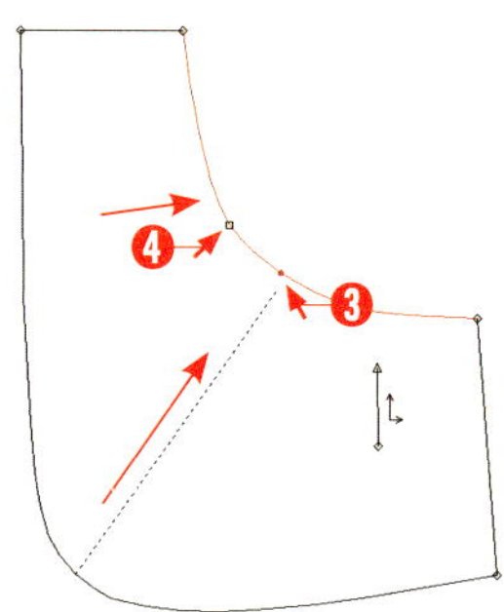

⚠ **참고**
　 Cursor에서 마우스로 움직여서 벌어지는 분량을 확인하고 Valued에서 입력한다.

❺ 입력창에서 절개할 수치를 입력 예) 1.5″ – OK

❻ Box Pleats를 클릭하면 맞주름이며 Knife Pleats를 클릭하면 외주름이 형성된다.

❼ Line – Delete Line – 점선을 삭제한다.

❽ Point – Delete Point – 돌출된 부위를 삭제하여 선을 유연하게 만든다.

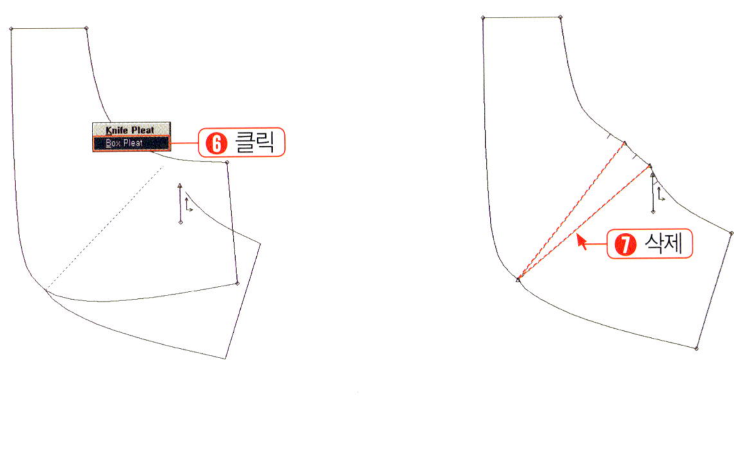

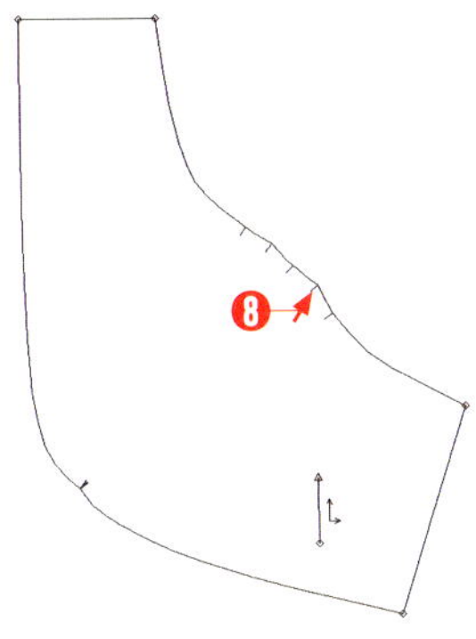

⚠ **참고**

- 샤링(Shirring)이 들어가는 패턴은 원본 패턴을 복사하여 만들고 원본은 작업 현장에서 Shirring을 넣을 때 얼마나 넣어야 하는지 패턴에 얹어놓고 확인해야 하므로 보관한다.

- 주름을 펼치는 방향을 오른쪽으로 설정한 것은 주머니의 앞 중심은 결선에 맞추어야 하기 때문이다.

맞주름 & 외주름을 다트를 넣는 형태와 같은 주름으로 소매 / 어깨 / 포켓트 등에 주름을 넣어야 할 때 특히 외 주름과 맞주름을 함께 넣는 디자인에서 대단히 유용한 기능이며 Tapered Fullness와 방법에서 같으나 노치표시가 있는 것이 다르다.

포켓트 중심에 맞주름 넣기

예제) 아웃 포켓트 중심에서 상단에 맞주름 & 샤링 넣기. 총 맞주름 분량 예) 2″

중심 포인트를 만들어 넣어야 한다

❶ Point – Add Point – 상단 라인 클릭 마우스 왼쪽과 오른쪽을 동시에 클릭 – 입력창 Beg 란에 넓이가 예) 6″ 이므로 3″ 입력 – OK

❷ 하단 중심에도 같은 방법으로 포인트를 만들어 넣는다.

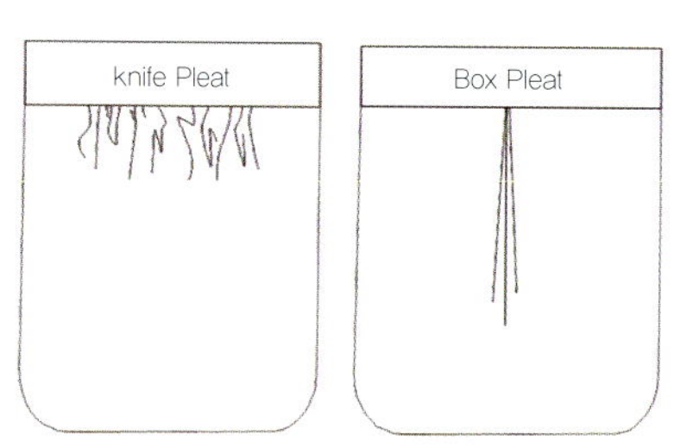

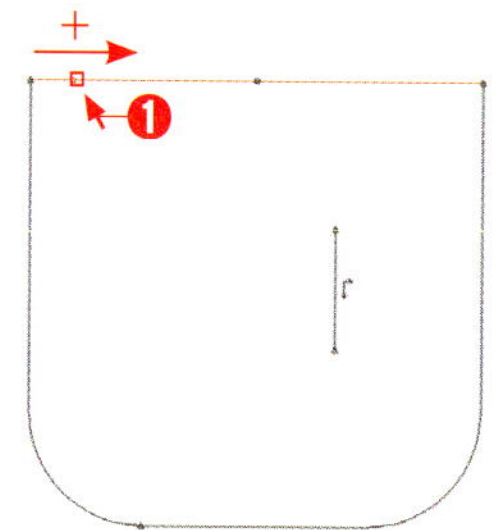

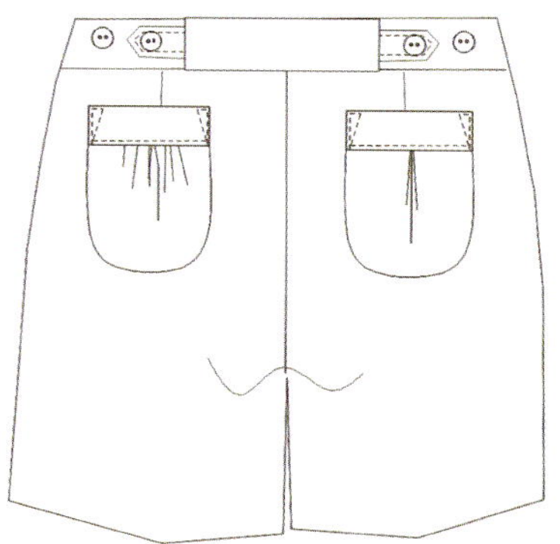

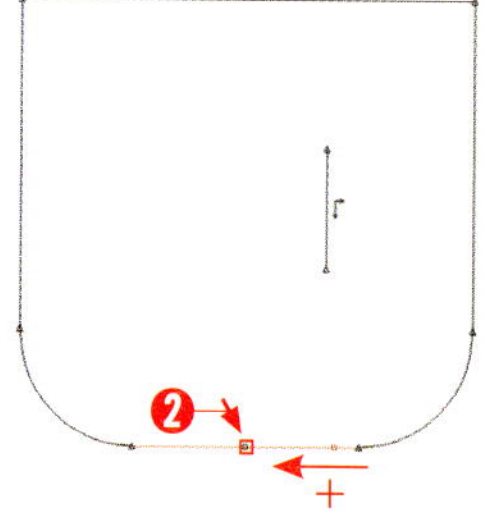

❸ Piece – Pleats – Taper Pleat – 대화상자 하단 Cursor를 Value로 교체

❹ 위쪽을 펼칠 것이므로 마우스 왼쪽을 누르고 설정해 놓은 하단 포인트 클릭

마우스에서 손을 놓고 마우스만 움직여 상단 포인트 도킹 –마우스 오른쪽 클릭 – OK

❺ 마우스 왼쪽을 누르고 다시 상단 포인트 클릭 – 마우스 오른쪽 클릭 – OK – 입력창이 활성화

된다.

❻ 입력창 Dist 란에 – 총 맞주름 분량 예) 2″입력 – OK

❼ Box Pleat 클릭 – OK

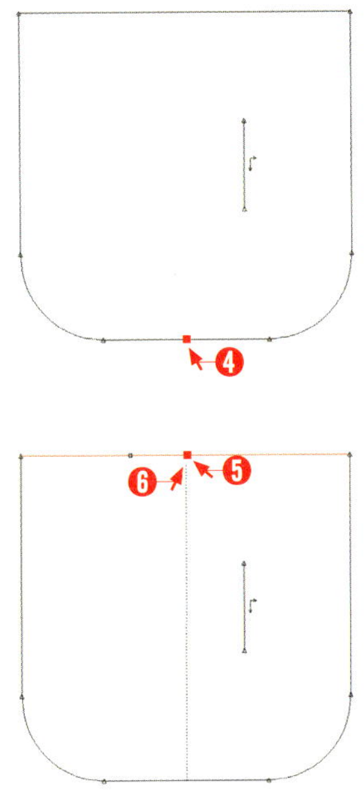

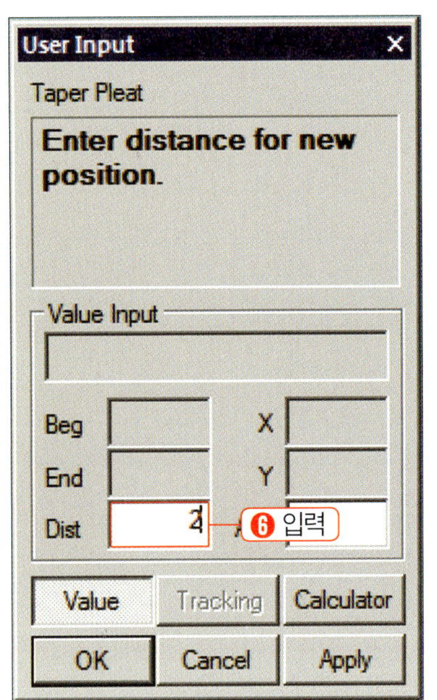

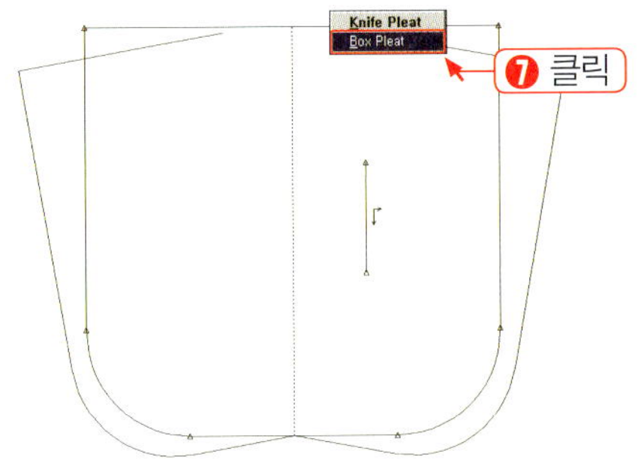

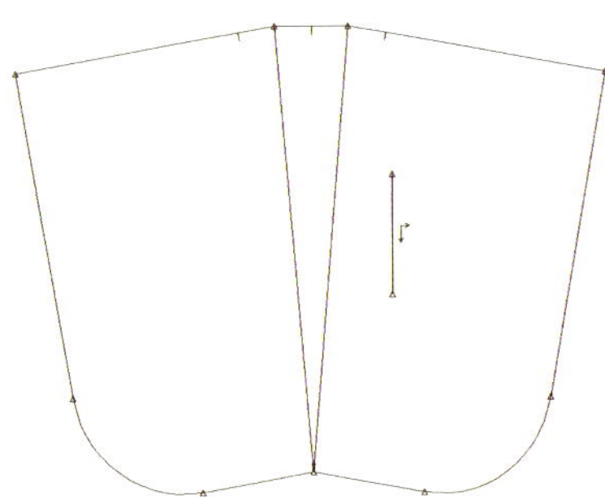

외주름과 맞주름 공통사항

- 위쪽을 펼치려면 하단을 먼저 클릭한다.
- 아래쪽을 펼치려면 위쪽을 먼저 클릭한다.
- 우측으로 주름을 펼치려면 처음 포인트에서 좌측을 클릭한다.
- 좌측으로 주름을 펼치려면 처음 포인트에서 우측을 클릭한다.

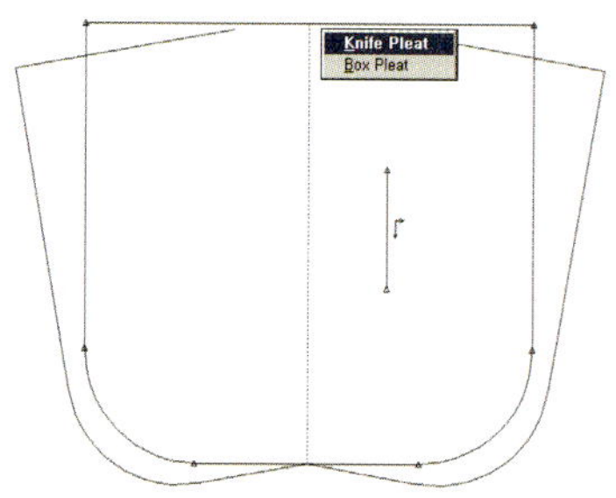

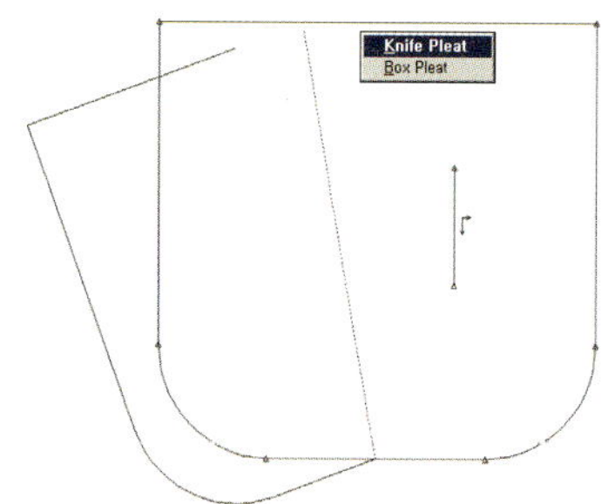

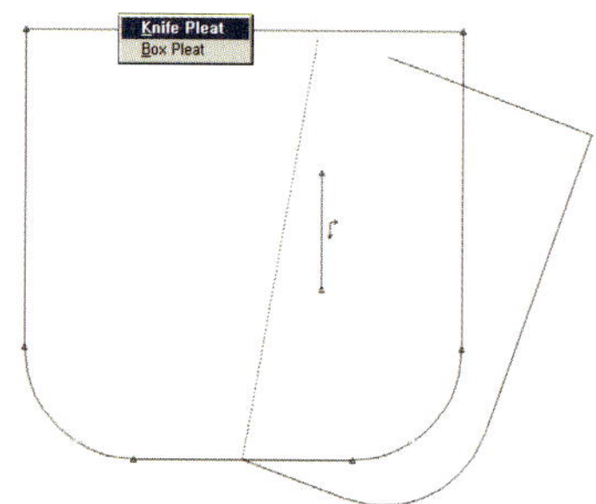

소매 맞주름과 외주름을 함께 넣기

틀립 모양의 소매로 중심에 주름이나 샤링을 넣어서 풍성한 볼륨을 주는 형식으로 중심에 맞주름 양쪽에 외주름을 넣어서 제도하는 유용한 기능이다.

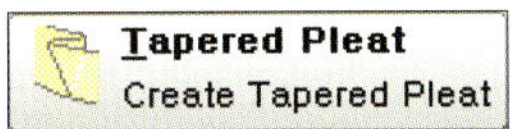

설정) 중심 맞주름 한 개 맞주름 총 분량 전체 2″외주름 전체 1″

주름을 넣을 위치 포인트가 설정되어 있어야 한다.

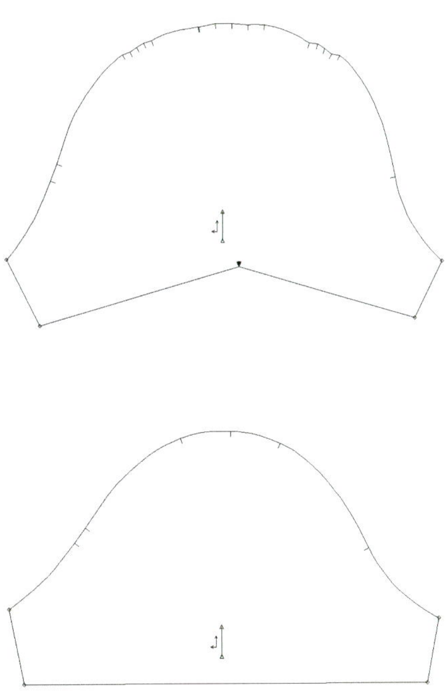

❶ Piece – Pleats – Taper Pleat – 대화상자 하단 Cursor를 Value로 교체

❷ 위쪽을 펼칠 것이므로 마우스 왼쪽을 누르고 설정해 놓은 하단 포인트 클릭

　마우스에서 손을 놓고 마우스만 움직여 상단 포인트 도킹 – 마우스 오른쪽 클릭 – OK

❸ 마우스 왼쪽을 누르고 다시 상단 포인트 클릭 – 마우스 오른쪽 클릭 – OK – 입력창이 활성화

　된다.

❹ 입력창 Dist 란에 – 총 맞주름 분량 예) 2″입력 – OK

　(포인트에 재접근할 때 정확하게 설정된 포인트를 클릭해야 한다.)

❺ Box Pleat 클릭 – OK

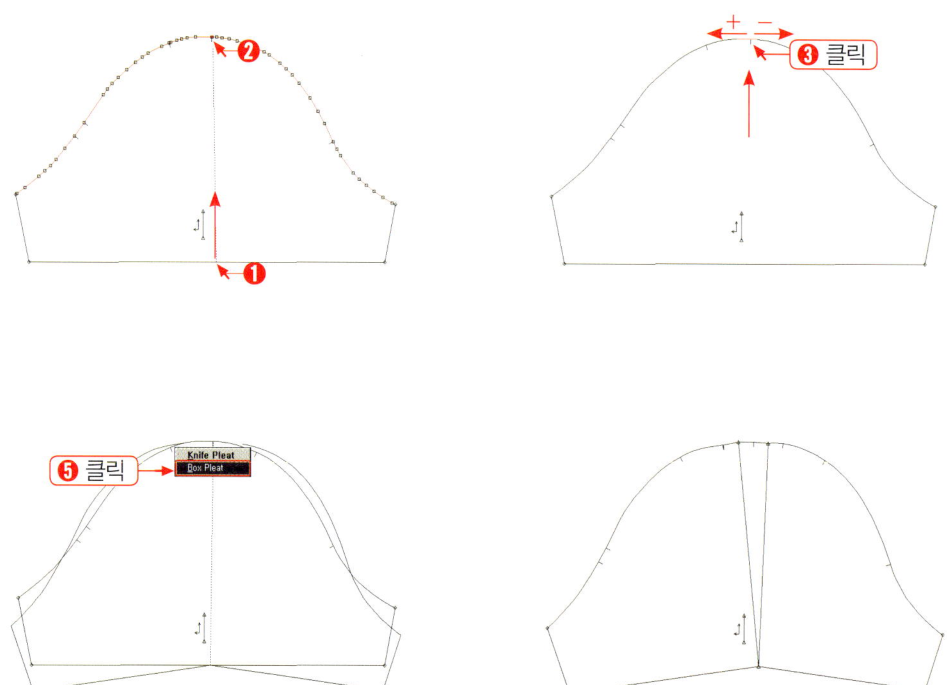

소매 외주름 만들기

맞주름을 중심에 놓고 양쪽으로 외주름을 만들어 넣는다. 전체 주름 넓이 1″

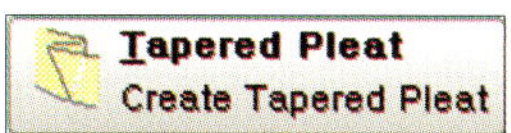

❶ Piece – Pleats – Tapered Pleat – 대화상자 하단 Cursor를 Value로 교체

❷ 하단 중심에 커서 놓고 마우스 왼쪽 클릭 손을 놓고 마우스만 움직여 상단으로 접근

❸ 마우스 왼쪽을 다시 클릭 설정한 중심 포인트에 근접시키면 포인트 활성화된다 – 마우스에서 손을 놓으면 선이 자동으로 연결된다 – 마우스 오른쪽 클릭 – OK

❹ 마우스 왼쪽을 누르고 상단 포인트에 재접근 포인트 활성화 확인 – 마우스 오른쪽 클릭 – OK – (포인트에 재접근할 때 정확하게 설정된 포인트를 다시 클릭한다.)

❺ 입력창 Dist 란에 – 총 외주름 분량 예) 1″ 입력 – OK

❻ Knife Pleat 클릭 – OK – 왼쪽 외 주름이 형성되었다.

❼ 오른쪽 외주름 같은 방법으로 실시한다.

　※ 밑단의 곡선을 유연하게 교정한다.

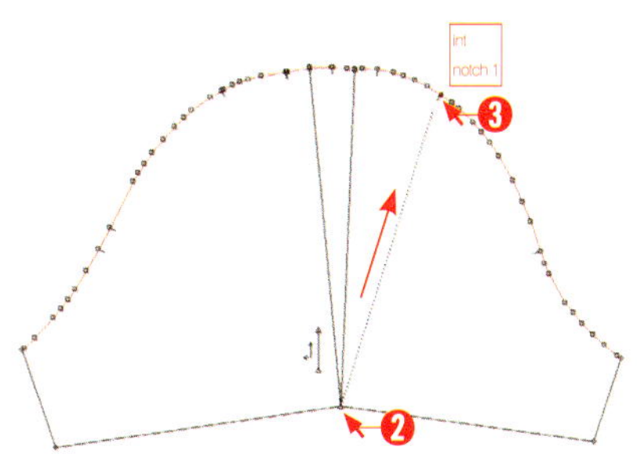

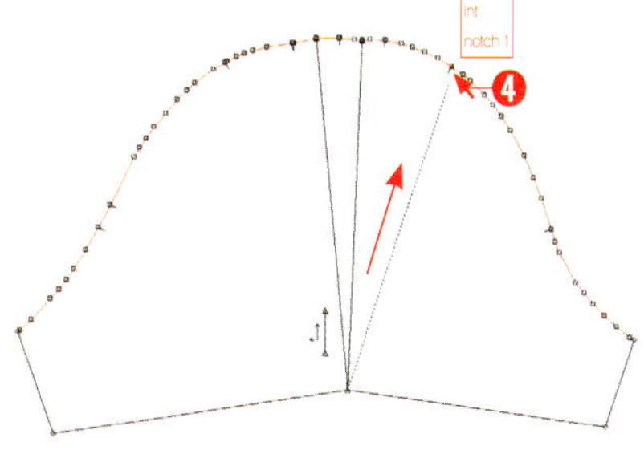

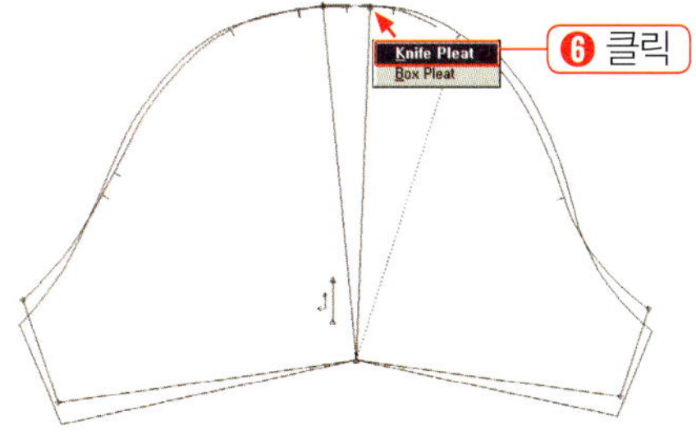

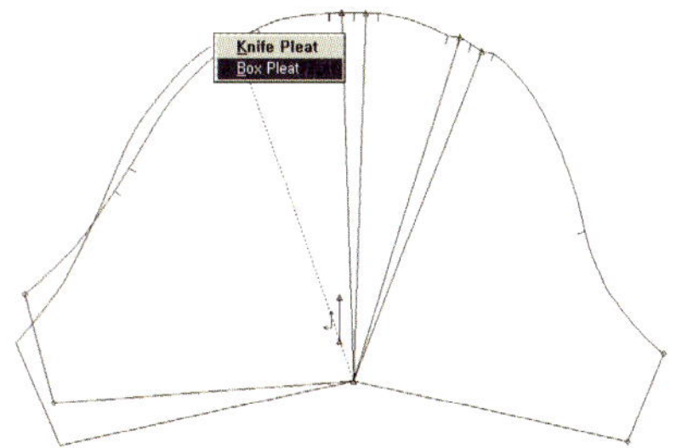

앞 몸판 외주름 만들어 넣기

설정) 앞 중심에서 들어간 주름의 개수는 3″개이며 왼쪽 3개 오른쪽 3개의 외주름으로 구성되었고 주름의 접는 분량이 0.5 주름과 주름의 간격 0.5로 구성되었다.

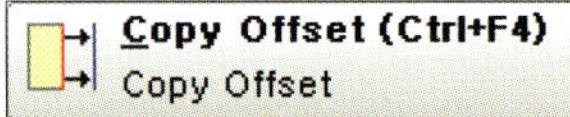

1) 첫 주름선 설정

Line – Create Line – Offset Even – 대화상자 Add 클릭 – Value 설정되어있다면 Cursor로 변경 설정한다.

❶ 앞 중심선에 커서 놓고 마우스 왼쪽 – 오른쪽 클릭 – OK

❷ 앞 중심에서부터 주름이 설정되는 위치 예) –5″를 입력한다.

⚠ **참고**

시임이 들어 있다면 시임 넓이를 포함해야 한다.

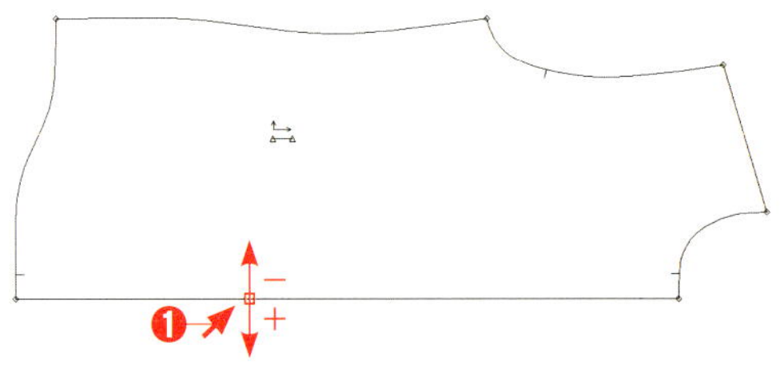

⚠ **참고**

주름선이 외곽선에 닿게 수정한다.

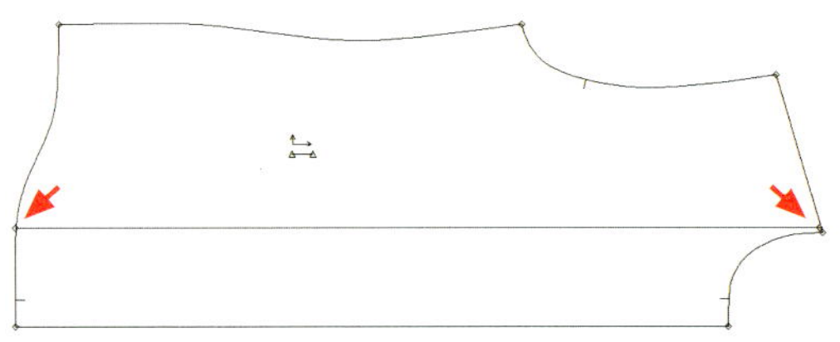

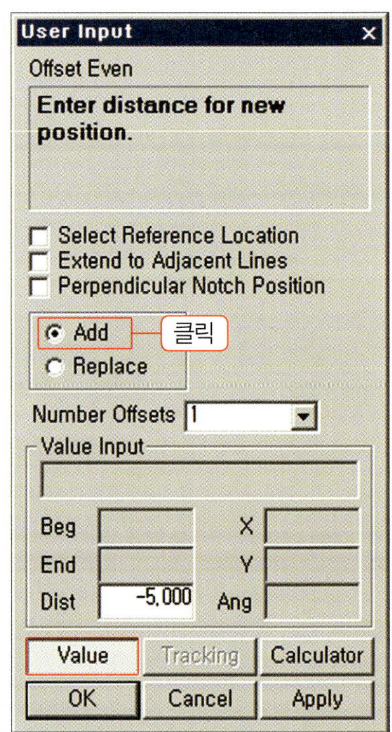

3) 주름 넣기

❶ Piece – Pleats – Knife Pleat – 첫 주름선 클릭 – 입력창 주름 넓이 0.5″ 입력 – OK

❷ 주름 개수 3입력 – OK

❸ 주름의 접히는 분량의 절반 0.5″ 입력 – OK

❹ 주름을 보낼 방향에 커서 놓고 마우스 왼쪽 클릭 – 마우스 움직이지 않은 상태에서 왼쪽을 다시 더블 클릭한다.

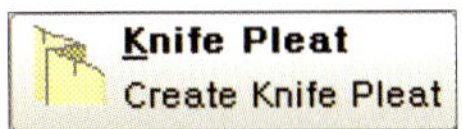

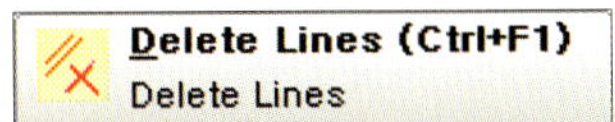

필요하지 않은 선은 Line – Delete Line – 으로 지운다.

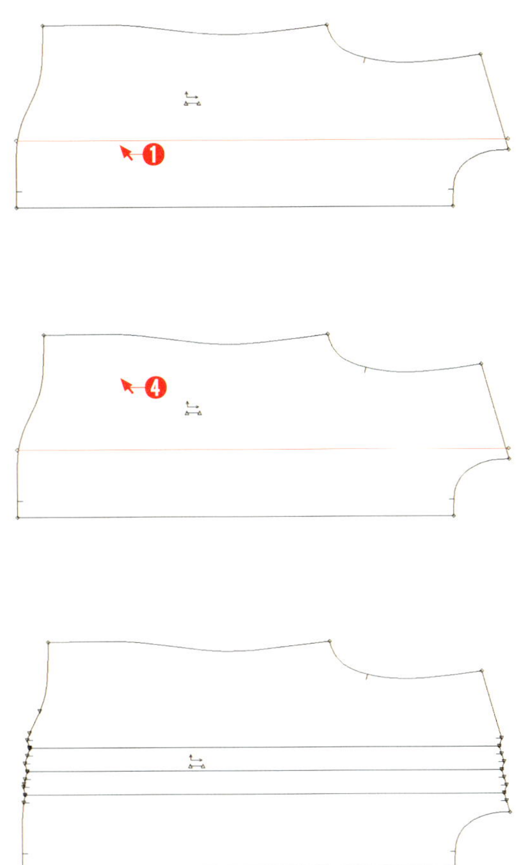

외주름 스커트 제도

Offset Even / 2 Point / Digitized 주름 위치를 그려 넣는다.

예) 앞에 4개의 주름이 있고 앞 중심에서 간격이 2.75″ 주름과 주름의 간격 1.5 밑단 중심에서 주름의 간격이 4″ 주름과 주름의 간격 1.5″ 주름의 접힘 분량 2″

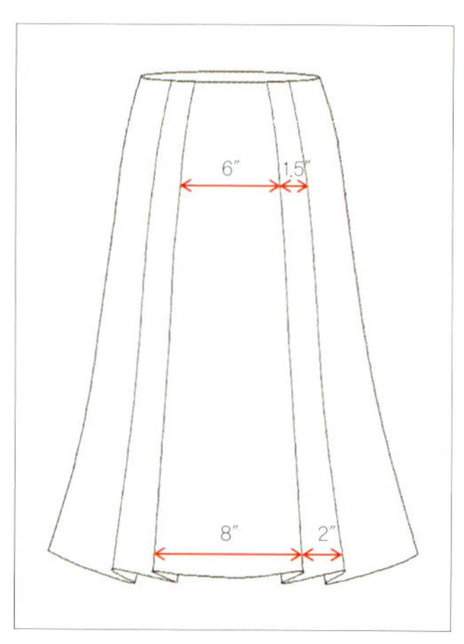

첫 주름선 설정

양쪽으로 외주름이 있는 경우 주름 넣는 방법.

GTBASICS 폴더에서 – A1 – LADIES–SKIRT를 불러낸다.

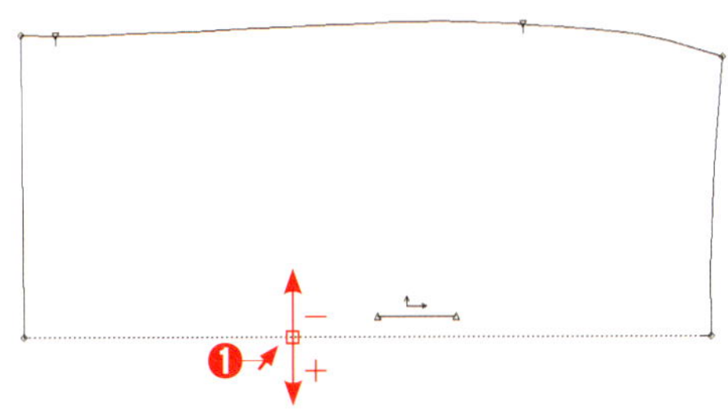

❶ Line – ❷ Create Line – ❸ Offset Even 클릭 – ❹ 대화상자 Add 클릭 – ❺ 대화상자 Cursor에서 Value로 전환 – ❻ 앞 중심 클릭 – ❼ 마우스 오른쪽 클릭 – ❽ OK – ❾ 앞 중심에서 떨어지는 주름간격 Dist 란에 (예–3″)입력 – ❿ OK 첫 번째 주름선 설정

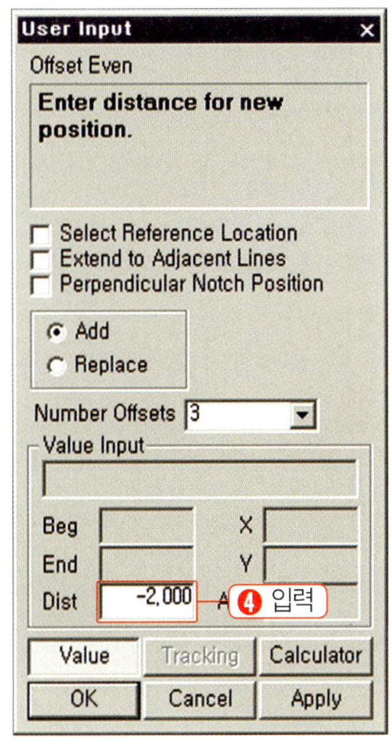

두 번째 주름선 설정

❶ 주름선 클릭 – ❷ 마우스 오른쪽 클릭 – ❸ OK – ❹ 주름 넓이(예–2″) 입력 – ❺ OK

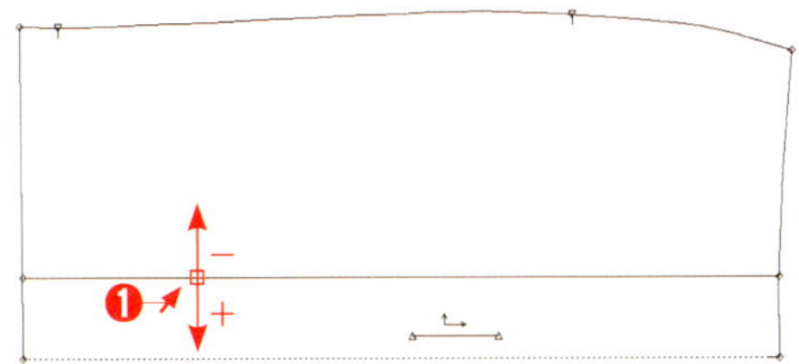

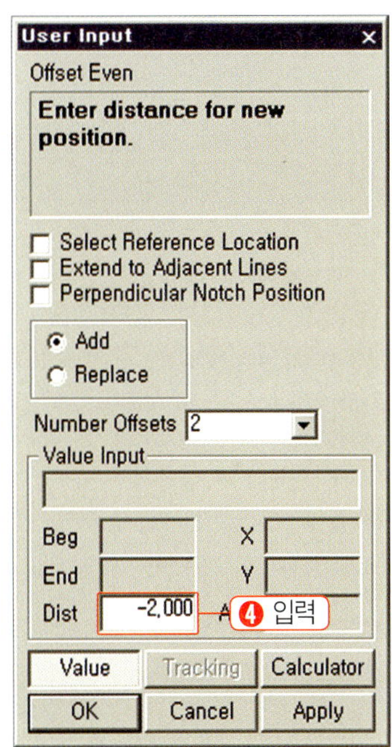

밑단 주름 간격 설정

앞 중심과 밑단의 주름 간격 (예 1″)에 대한 편차를 밑단에서 넓힌다.

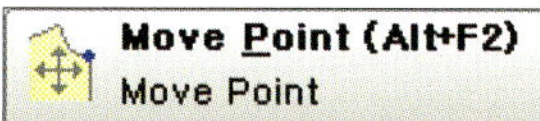

밑단 첫 주름선 설정

❶ Point – ❷ Modify Point – ❸ Move Point – ❹ 첫 번째 주름선에 커서 놓고 마우스 왼쪽 클릭
– ❺ 오른쪽 클릭 – ❻ OK – ❼ 입력창에서 Y란 클릭 주름 편차 1″ 입력 – ❽ OK

밑단 두 번째 주름선 설정

❷ Point – Modify Point – Move Point 클릭 – 두 번째 주름선에 커서 놓고 마우스 왼쪽 클릭 –
오른쪽 클릭 – OK – 입력창에서 Y란 클릭 주름 편차 1″ 입력 – OK

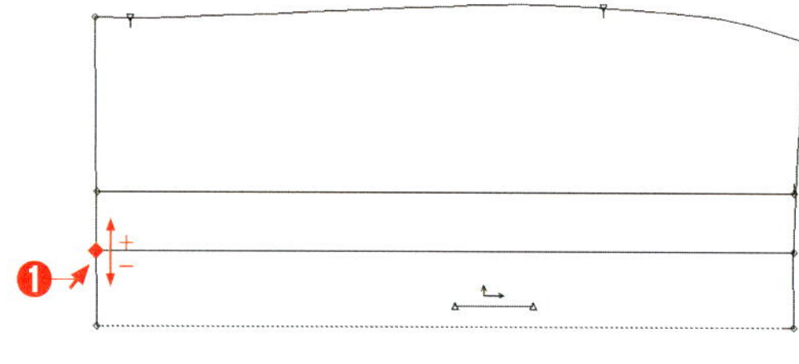

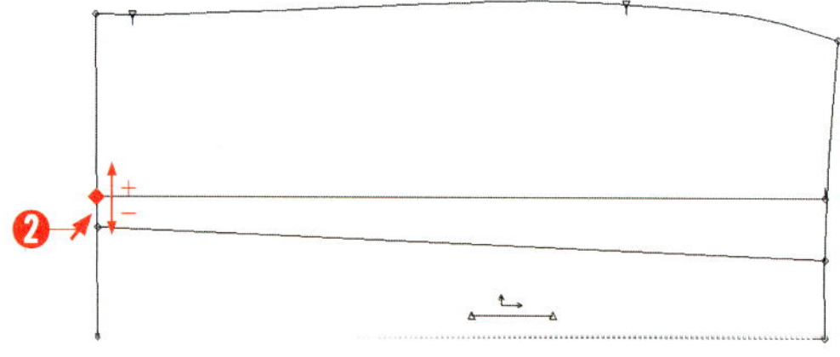

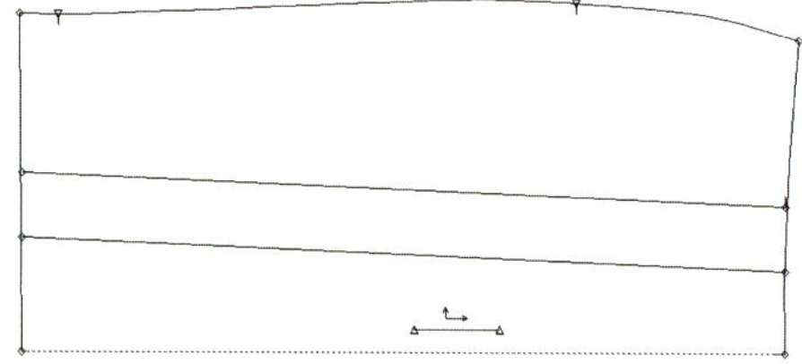

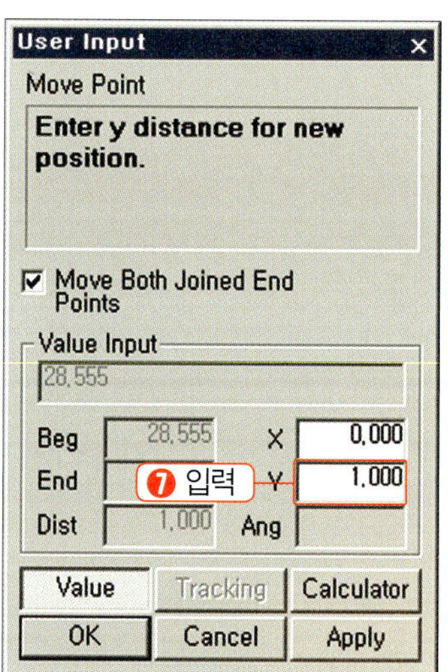

외주름 열기

외주름 총 분량이 4이고 접히는 분량이 2″ 라고 했을 때

❶ Piece − Pleats − Knife Pleat − 첫 주름선 클릭 − 주름 접힘 분량 2″ 입력 − OK − 주름 개수 1″ 입력 − OK − 주름선 밖으로 커서 놓고 마우스 왼쪽 클릭 − 다시 왼쪽 클릭 − 오른쪽클릭 − OK − 외주름분 생성

❷ 두 번째 주름선 클릭 − 주름 분량 Over Lap 2″ 입력 − OK − 주름 개수 1″ − OK − 피스안에서 주름선 밖으로 커서 놓고 마우스 왼쪽 클릭 − 다시 왼쪽 클릭 − 오른쪽 클릭 − OK − 외주름분이 생성된다.

❸ 필요하지 않은 선은 Line − Delete Line − 지운다.

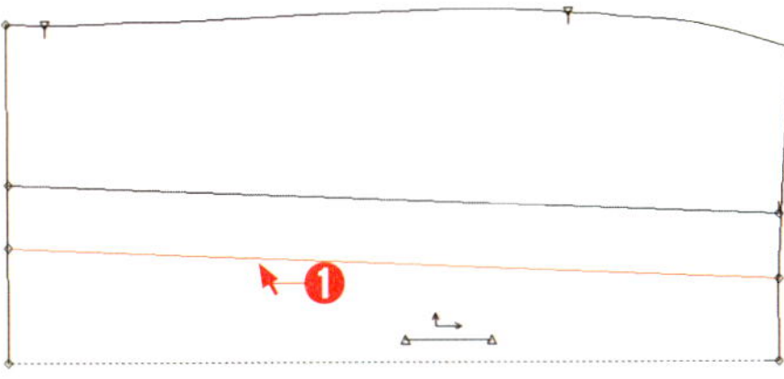

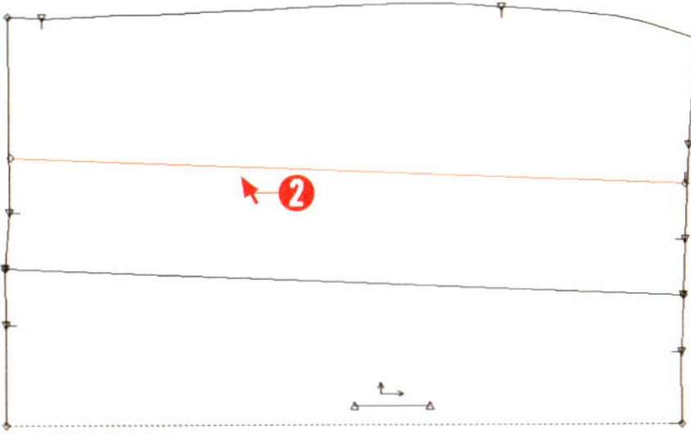

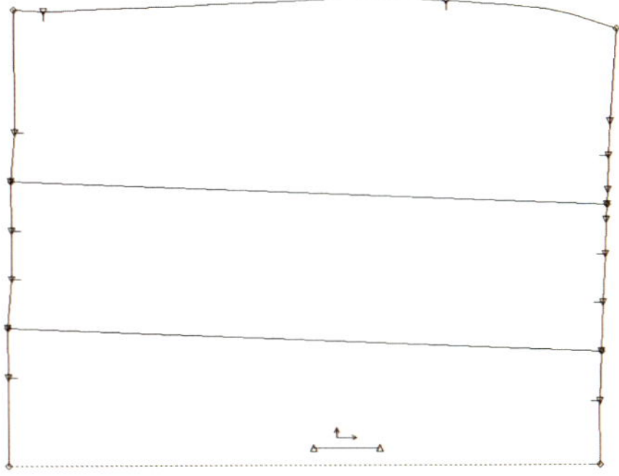

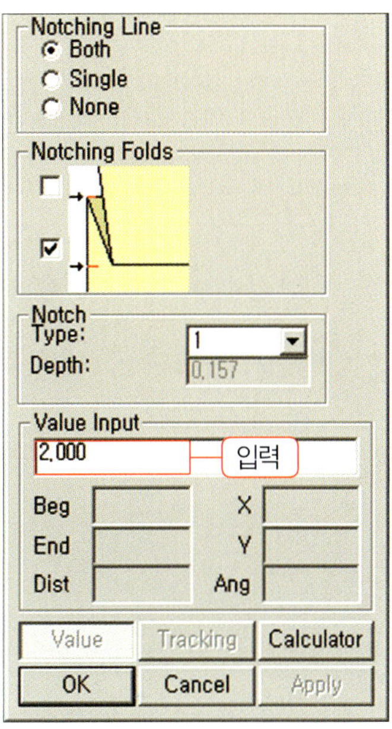

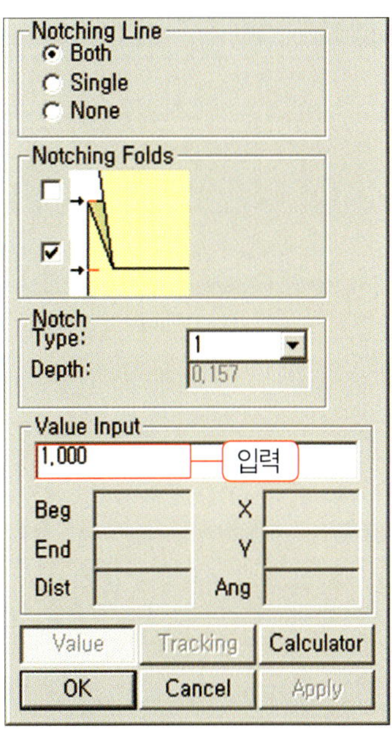

접히는 주름선 넣기

Offset Even 클릭 – 선에 커서 놓고 마우스 왼쪽 클릭 – 오른쪽 클릭 – 입력창에 주름넓이 예 2″
를 – + 입력하여 주름의 접히는 선을 모두 만들어 넣는다.

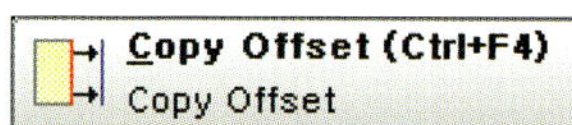

❶ Line – ❷ Create Line – ❸ Offset Even – ❹ 대화상자 Add 클릭 – ❺ 대화상자 Cursor 에서
Value로 전환 – ❻ 주름선 클릭 – ❼ 마우스 왼쪽 클릭 – ❽ 오른쪽 클릭 – ❾ OK – 앞 중심에서
떨어지는 주름간격 Dist 란에 (예 – 2″)입력 – ❿ OK 첫 번째 주름선 설정

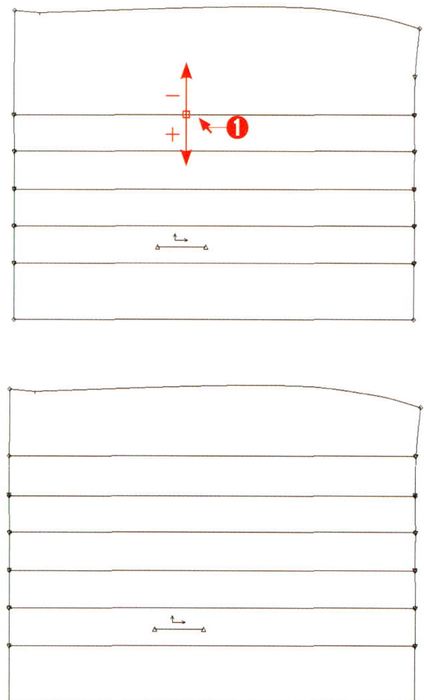

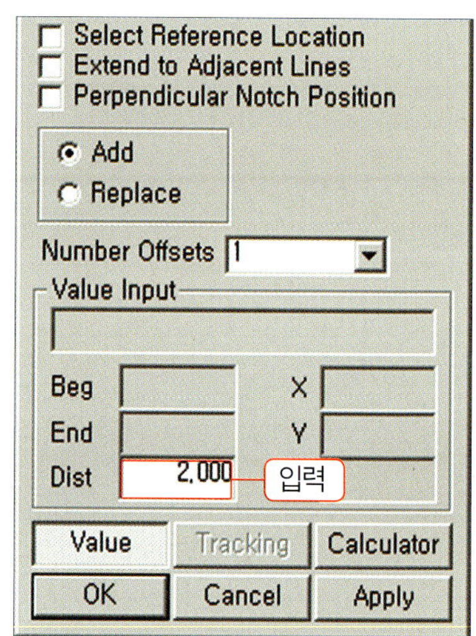

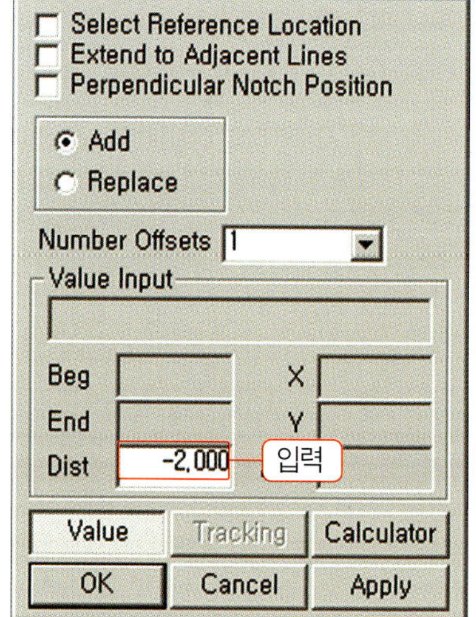

⚠ **참고**

대화상자 Cursor에서 Value를 교체하며 입력과 실행을 원하는 대로 설정한다.

하동선 설정

❶ Point − ❷ Add Point − ❸ 마우스 왼쪽을 누르고 아래로 드래그 − ❹ 오른쪽 클릭 − ❺ 입력창 End 란에 하동 위치 예) 7.5 입력 − ❻ OK (포인트 설정으로 선을 고정시킨다)

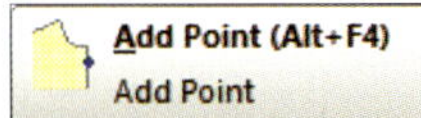

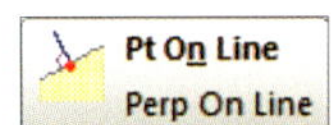

❼ Line − ❽ Perp Line − ❾ Perp On Line − ❿ 마우스 왼쪽을 누르고 포인트에 접근하면 포인트가 활성화된다 − ⓫ 마우스에서 손을 놓고 마우스만 움직여 수직으로 옆 솔기에 연결한다(마우스만 움직이려면 대화상자 Cursor에서 Value로 클릭 되어 있어야 한다).

포인트 만들어 넣기

❶ Point − ❷ Add Point − ❸ 하동선과 주름선이 교차하는 십자 포인트를 모두 클릭한다.

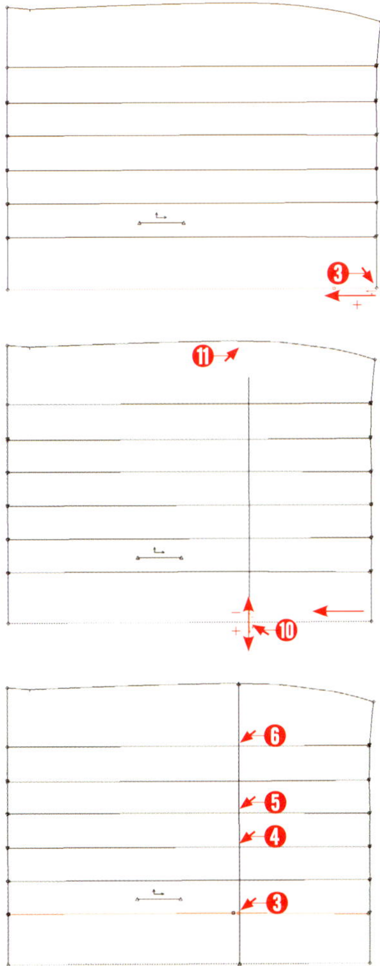

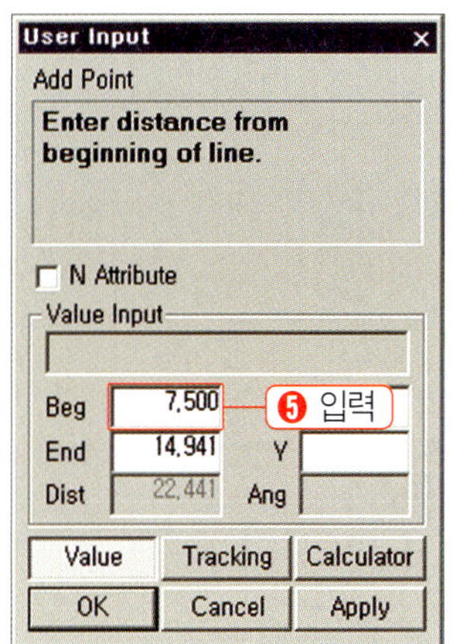

허리선에 1개의 다트 분량이 1″가 있고 주름은 2개이므로 주름 선에서 1/4로 나누어 0.25″ 씩 양쪽으로 분산시켜 이동한다.

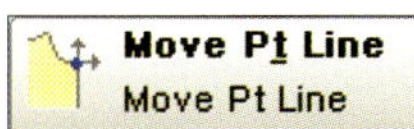 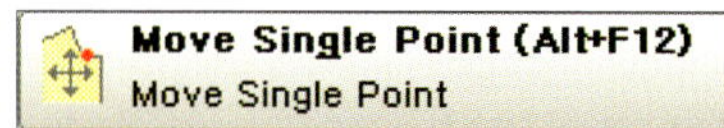

❶ Point – Modify Point – Move Pt Line/Slide 주름선에 커서 놓고 드래그 – 포인트 활성화 확인한 다음 마우스 왼쪽 클릭

❷ 입력창에서 Y 란에 커서를 넣고 이동 방향을 확인 – 이동 치수 예) 0.25 입력 – OK – 이동 치수를 입력할 때 (–) (+) 에 따라 좌우 이동을 확인하고 입력한다.

❸ Point – Add Point – 중하동과 하동의 설정한 포인트를 클릭 노치 표시를 설정한다.

허리선과 같은 방법으로 중하동 사이즈를 맞춘다

Line – Delete Line – 불필요한 선을 지운다.

Point – Delete Point – 불필요한 포인트를 지운다.

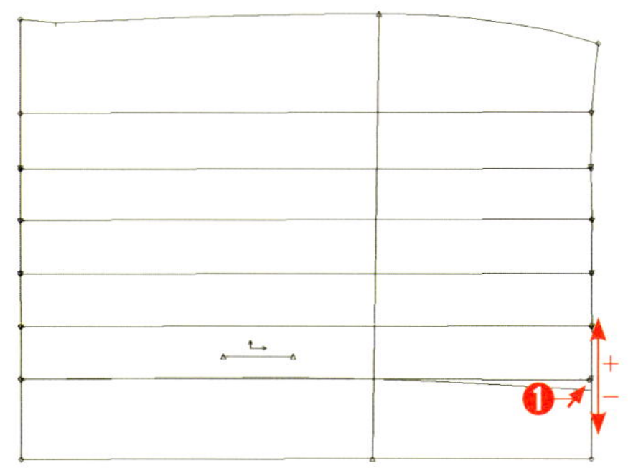
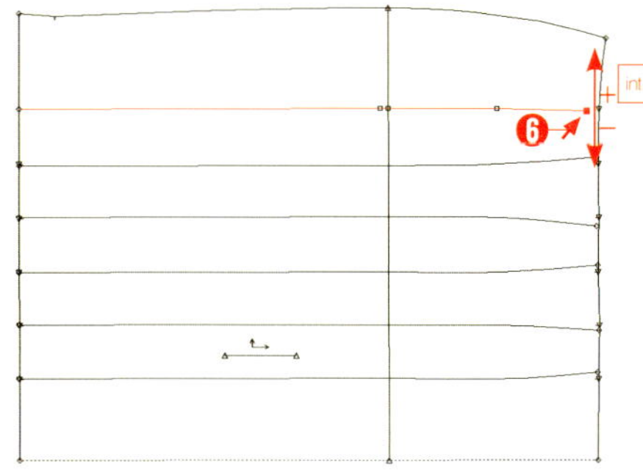
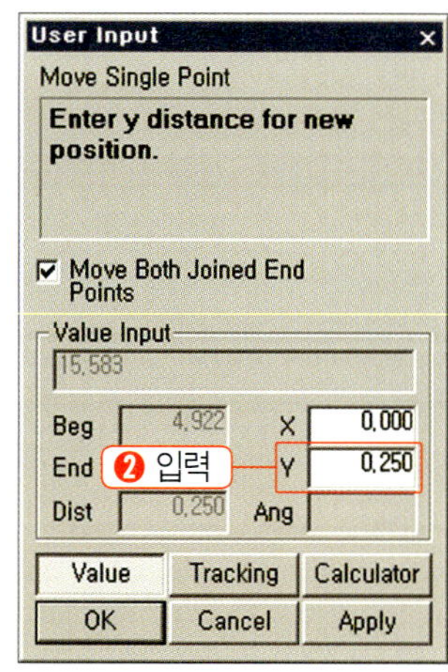

⚠ **참고**

다트선 이동 수정후에 (각이진 곳이 뭉그러졌을 때 조치방법 참고) 를 반드시 실행해야 하며 이것은 주름선이 휘여지는 현상이 있기 때문에 바로 잡아주는 역할을 한다.

Edit – Edit Point info – 사각 안에 피스가 모두 들어가게 드래그 – 마우스 왼쪽을 클릭 – Attributes에서 n을 입력 – OK

언바런스 외주름 만들기

연습) GTBASICS 폴더에서 – A1 – LADIES – SKIRT 앞판을 불러낸다.

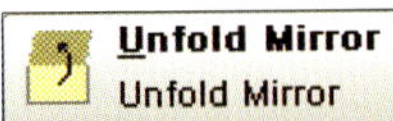

❶ Piece – Unfold Mirror – ❷ 피스 안에 커서 놓고 마우스 왼쪽 클릭 오른쪽 클릭 접혀있는 피스를 펼친다 – ❸ Offset Even – ❹ 대화상자 Add 클릭 Cursor 에서 Value로 전환 – ❺ 앞 중심선 클릭 ❻ 마우스 오른쪽 왼쪽 클릭 OK – ❼ 앞 중심에서 떨어지는 간격 예) 3″ 입력 OK – ❽ Offset Even – ❾ 생성된 선 클릭 마우스 오른쪽 왼쪽 클릭 OK – ❿ 주름 넓이 2″ 입력 – ⓫ OK

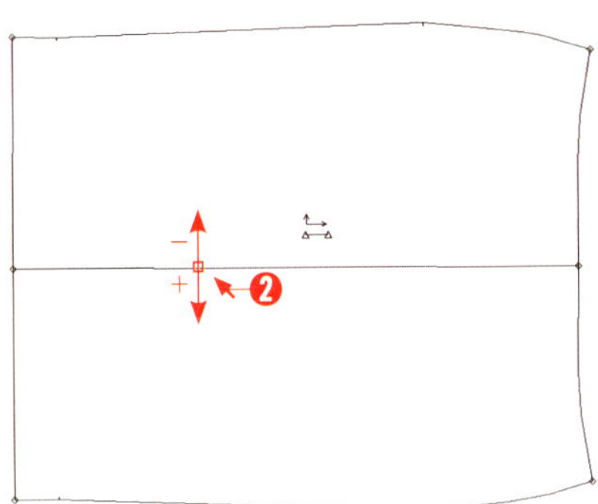

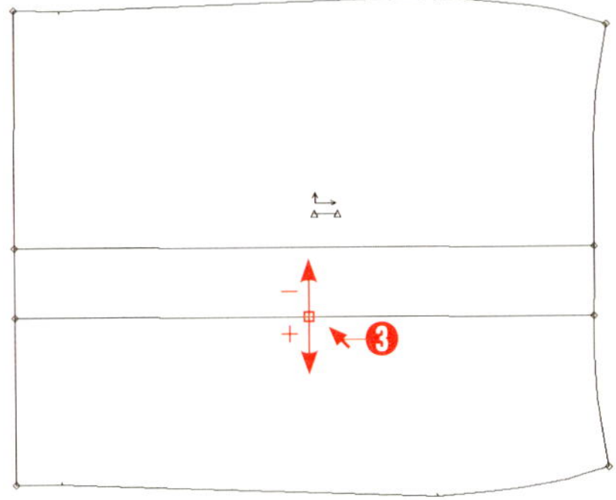

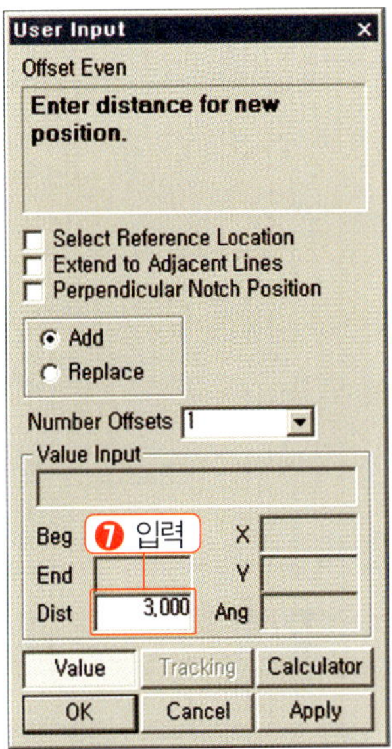

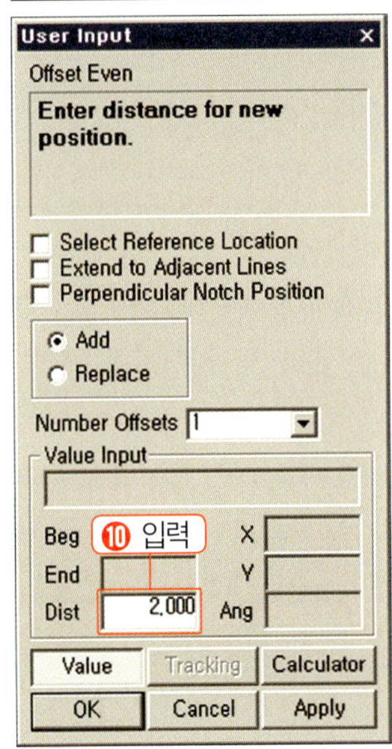

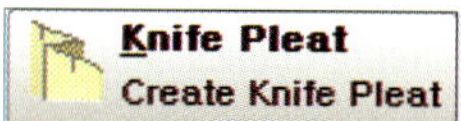

외주름 열기

외주름 총 분량이 4이고 접히는 분량이 2″라고 했을 때

❶ Piece – ❷ Pleats – ❸ Knife Pleat – ❹ 첫 주름선 클릭 – ❺ 주름 접힘 분량 2″입력 – OK – ❻ 주름 개수 1″ 입력 – OK – ❼ 주름을 펼칠 방향에서 피스 안에 커서 놓고 마우스 왼쪽 클릭– ❽ 오른쪽 클릭 – ❾ 주름분 생성된다.

❶ 두 번째 주름선 클릭 – ❷ 주름 분량 Over lap 2″ 입력 – ❸ OK – ❹ 주름 개수 1″ – ❺ OK– ❻ 주름을 펼칠 방향의 피스 안에 커서 놓고 마우스 왼쪽 클릭 – ❼ 오른쪽 클릭 – ❽ OK – ❾ 주름선 이동과 허리선 중하동 하동의 사이즈를 맞춘다.

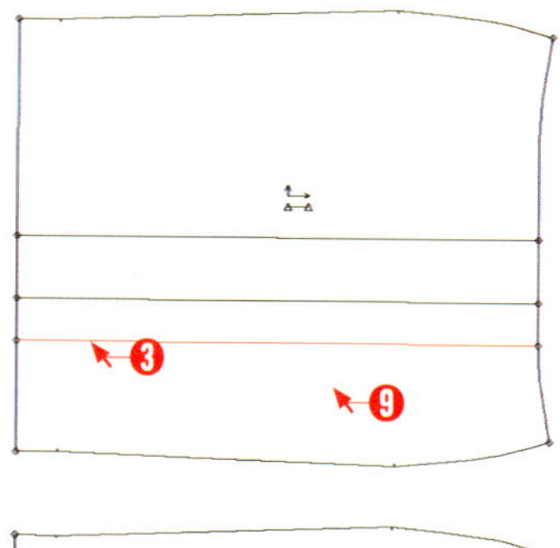

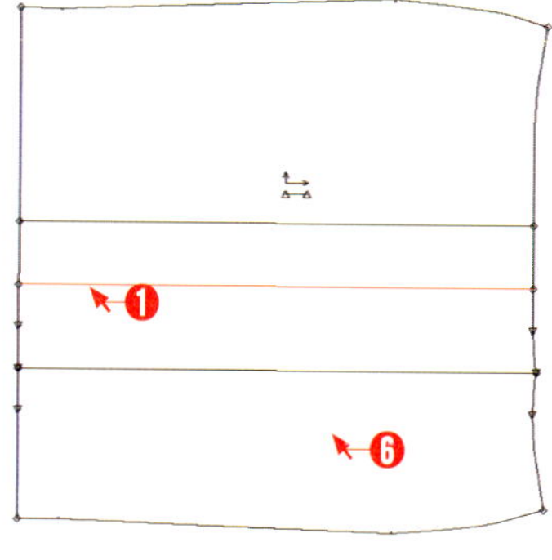

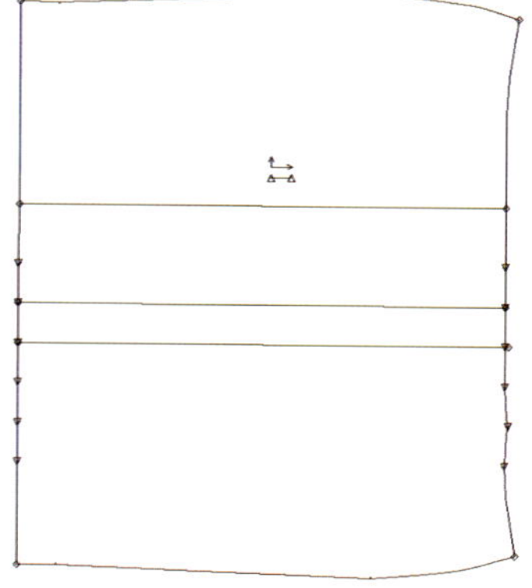

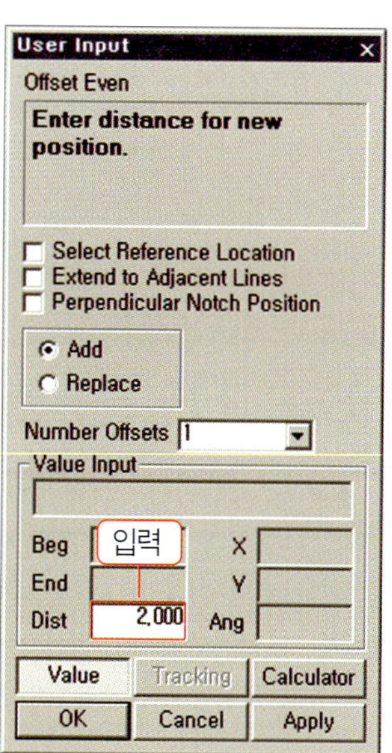

언바런스 외주름 만들기 응용

주름을 넣지 않은 앞판과 주름을 넣은 앞판의 중심을 절개 또는 곬선을 없애고 중심을 붙이는 방법
이다. 점선은 곬선이라는 표시이므로 이것을 없애고 두 개를 하나로 붙인다.

피스의 곬선 없애기

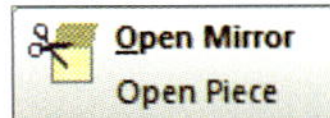
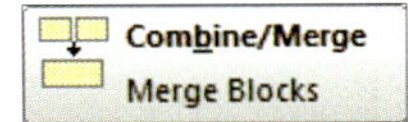

Piece – Open Mirror – 피스 안에 커서 놓고 마우스 왼쪽 클릭 – 오른쪽 클릭 – OK – 점선이 없
어진다. 즉 곬선이 없어지는 것

두 개의 피스를 붙이기

Piece – Combine/Merge – 붙일 면을 차례로 클릭 – 새로운 피스명 입력 – OK

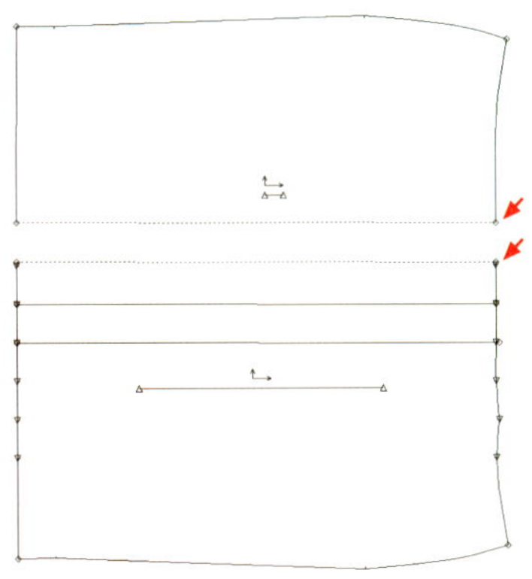
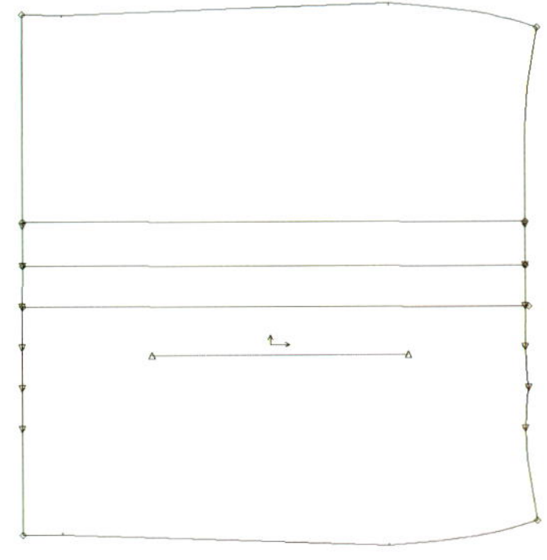

⚠ 참고

주름의 위치 방향에 주의한다.
- 원단에 마커를 올려놓을 때 선이 그려진 면이 겉면이 된다.
- 주름은 옷을 입었을 때 왼쪽이 된다.

전체 외주름 스커트 제도

예) 외주름 스커트 하동 사이즈 48.5″ 주름 넓이 1.5 주름 깊이 1.5 길이 20″

주름 스커트의 제도는 힙 사이즈가 기준이 되므로 하동 사이즈 48.5″을 1.5로 나누었을 때 필요한 주름의 개수는 32.3개가 필요하다

하나의 폭으로 주름 전체를 만들 수 없으므로 하동 사이즈에 맞추어 주름을 넣어야 하고 이음선이 필요하게 된다.

- 주름 스커트에 기본적으로 두 개의 주름을 추가한다.
- 한개의 이음선에 2개의 주름이 추가 되어야한다.
- 지퍼가 있을 경우 2개의 주름이 추가 된다.

주름 개수에 따른 폭 계산

주름 깊이가 1.5 일 때 서로 겹치게 접어야 하므로 주름 넓이와 깊이를 곱해야 한다.

예) 주름 개수 32.4+6x3=115 의 폭 또는 길이가 필요하다.

예) 원단의 폭이 44″ 라고 가정할 때 발생하는 이음선은 3개이며 6개의 주름이 추가되고 3폭이 필요하게 된다.

1) 피스 만들어 넣기

❶ Piece – create Piece – Rectangle – 입력창 하단에서 Cursor를 Value로 설정

❷ 화면에 커서 놓고 마우스 왼쪽 클릭 – 입력창 X 란에 길이 20″입력

❸ Y 란에 폭 예) 105″ 입력 – OK

❹ 대화상자에서 피스 이름 입력 – 저장할 폴더 설정 – OK

2) 첫 주름선 설정

❶ Offset Even 클릭 – 대화상자 Add 클릭 – Cursor에서 Value로 설정

❷ 좌측에서 선에 커서 놓고 마우스 왼쪽 – 오른쪽 클릭 – OK

❸ Dist 란에 주름간의 간격 (–) 1.5″ 입력 – OK

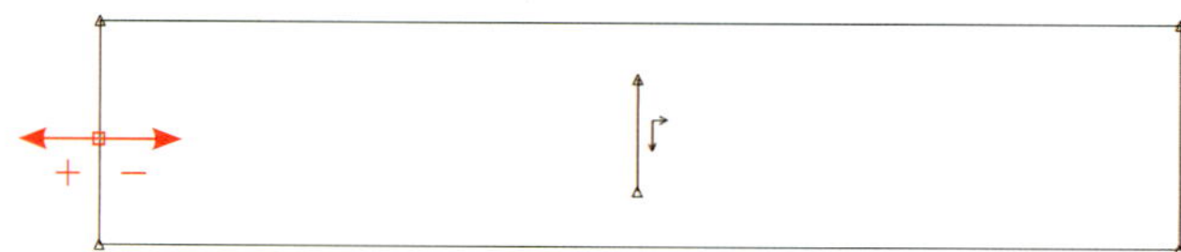

3) 주름 간격 / 개수 / 넓이 입력

❶ Piece – Pleats – Knife Pleat – 첫 주름선 클릭 – 입력창 주름 넓이 1.5″입력 – OK

❷ 주름 개수 38 입력 – OK

❸ 주름의 접히는 총 분량의 절반 1.5″입력 – OK

❹ 주름을 보낼 방향에 커서 놓고 마우스 왼쪽 클릭 마우스 움직이지 않은 상태에서 왼쪽을 더블 클릭한다.

❺ Offset Even – 마우스 오른쪽 – OK – 노치 표시에 정확하게 놓는다.

❻ 옆 솔기 / 허리선 / 밑단/ 밖으로 시임 넓이를 넣고 Piece – Seam – Swap sew/cut – 안으로 시임선을 변환시킨다. (시임 넣기 참고)

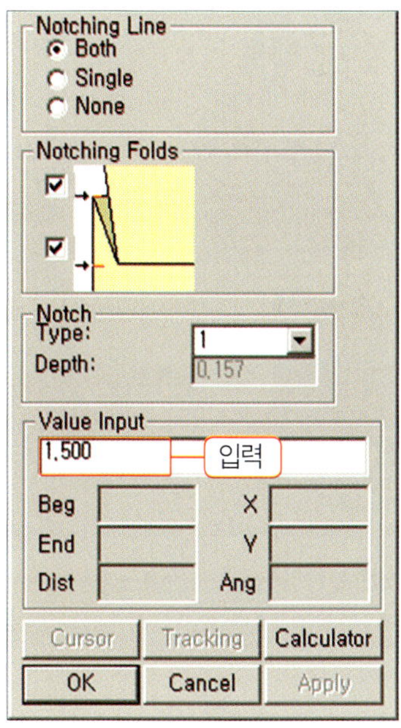
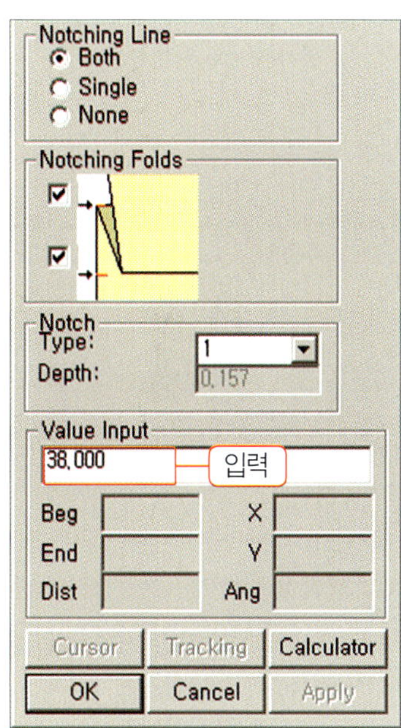
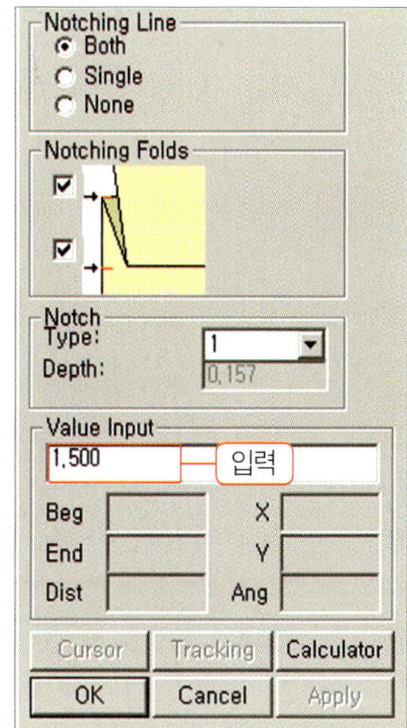

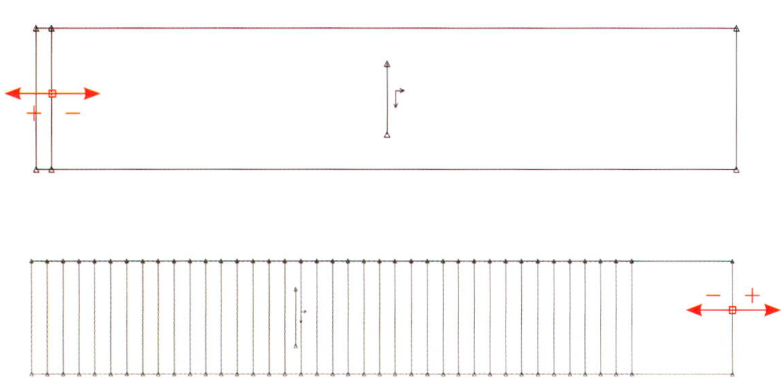

맞주름 만들기

맞주름 만들기 주름선 설정

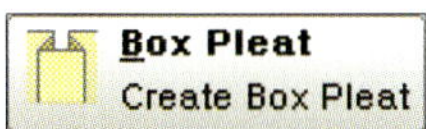

1) 첫 주름선 설정

❶ Offset Even 클릭 – 대화상자 Add 클릭 – Cursor에서 Value로 설정

❷ 중심선에 커서 놓고 마우스 왼쪽 – 오른쪽 클릭 – OK

❸ 중심선에 커서 놓고 마우스 왼쪽 클릭 – OK – 입력창에서 주름 위치 입력 예) 3″ – OK

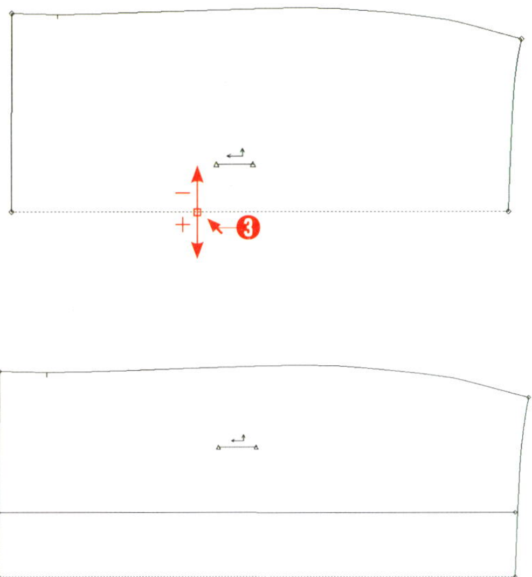

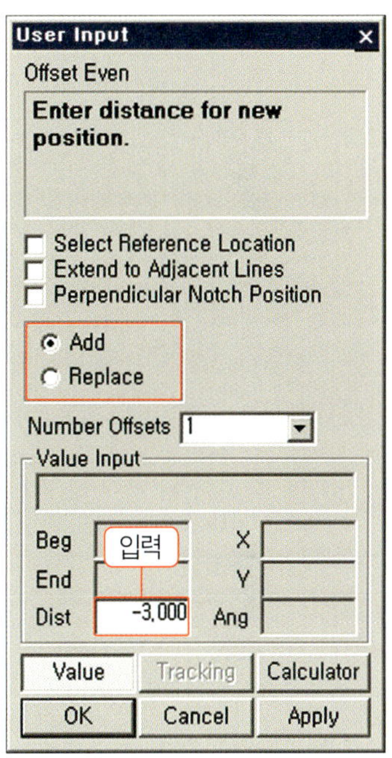

⚠ **참고**

Add － 안쪽으로 또는 밖으로 선을 설정한다.

Replace － 줄임과 늘임으로 설정된다.

2) 맞주름 펼치기 / 주름 개수 / 넓이 입력

맞주름의 총넓이가 8이면 1/4로 나누어서 2″를 입력한다.

❶ Piece – Pleats – Box Pleat – 주름선 클릭 – 주름 접히는 분량 예) 2″ 입력 – OK

❷ 주름 개수 1 입력 – OK

❸ 주름을 보낼 방향에 커서 놓고 마우스 왼쪽 클릭 마우스 움직이지 않은 상태에서 오른쪽 클릭 – OK – 주름분 생성된다.

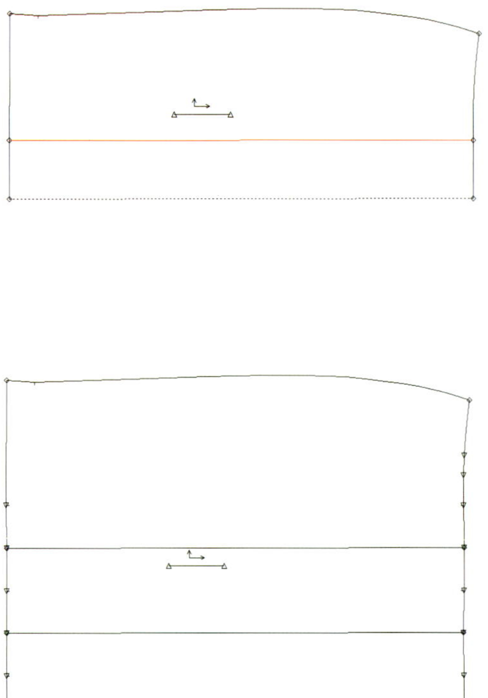

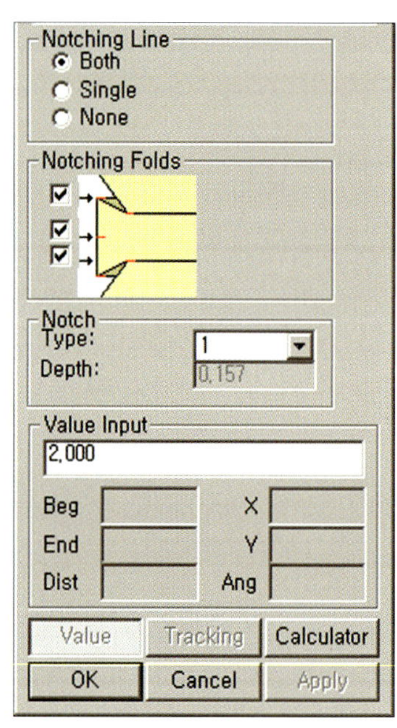

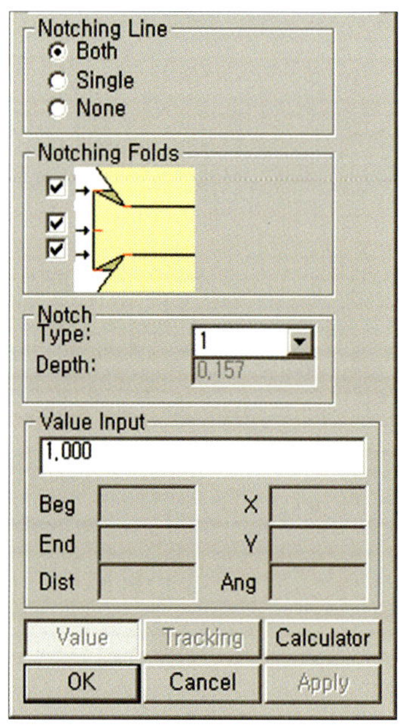

맞주름의 다트 처리

허리선에서 다트 분량을 곡선으로 처리한다.

하동선 설정(외주름 설정 방법과 동일)

❶ Point – ❷ Add Point – ❸ 마우스 왼쪽을 누르고 아래로 드래그 – ❹ 오른쪽 클릭 – ❺ 입력창 End 란에 하동 위치 예) 7.5 입력 – ❻ OK (포인트 설정으로 선을 고정시킨다.) – ❼ Line – ❽ Perp Line – ❾ Perp On Line – ❿ 마우스 왼쪽을 누르고 포인트에 접근하면 포인트가 활성화된다. – ⓫ 마우스에서 손을 놓고 마우스만 움직여 수직으로 옆 솔기에 연결한다.

포인트 만들어 넣기 – Point – Add Point – 하동선과 주름선이 교차하는 십자 포인트를 모두 클릭한다.

다트 분량이동 – Point – Modify Point – Move Point (Alt +F2) 다트 포인트 클릭–오른쪽 클릭 – OK – 다트 분량을 1/2로 나누어 앞 중심과 옆 솔기 쪽으로 이동한다.
(입력창에서 –+커서를 넣어 방향을 찾는다.)

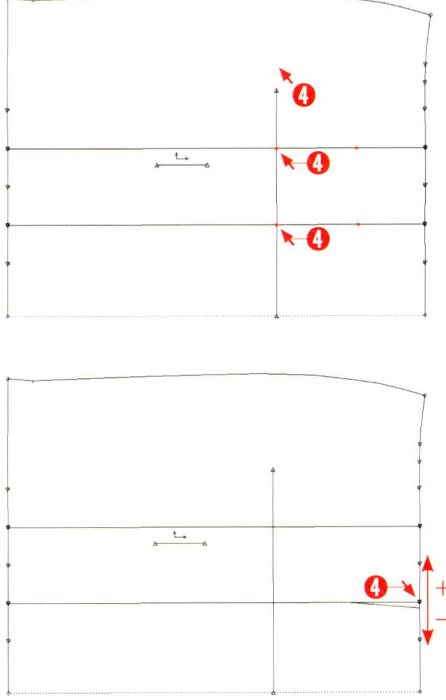

⚠ 참고

다트선 이동 수정후에 (각이진 곳이 뭉그러졌을 때 조치방법 참고) 를 반드시 실행해야 하며 이것은 주름선이 휘여지는 현상이 있기 때문에 바로 잡아주는 역할을 한다.
Edit – Edit Point info – 사각 안에 피스가 모두 들어가게 드래그 – 마우스 왼쪽을 클릭 – Attributes에서 n 입력 – OK

주름선을 만들어 놓고 한 개씩 3회 실시한다.

Line – Delete Line – 라인 삭제

❶ Offset Even 클릭 – 대화상자 Add 클릭 – Cursor에서 Value로 설정

❷ 중심선에 커서 놓고 마우스 왼쪽 – 오른쪽 클릭 – OK – 주름 간격 3.5 입력 – OK

❸ Piece – Pleats – Box Pleat – 주름선 클릭 – 주름 접히는 분량 예) 2″ 입력 – OK

❹ 주름 개수 1개 입력 – OK

❺ 주름 접는 분량 2″ 입력 – OK – 주름 간격 3.5″ 입력 – OK – 주름 개수 3 입력 – OK

❻ 피스안에 커서 놓고 마우스 왼쪽 클릭 – 오른쪽 클릭 – OK – 주름분 생성

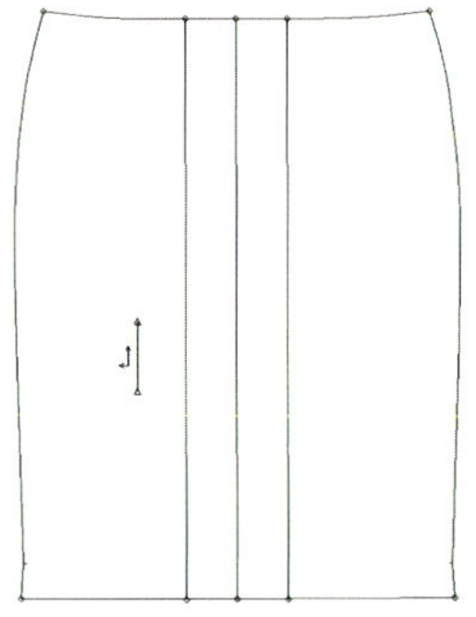

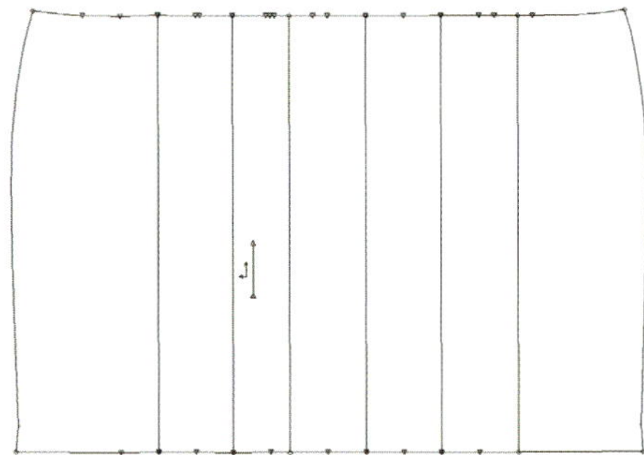

⚠ **참고**

선이 끊어져 있으면 맞주름 실행이 안되므로 Merge 를 이용하여 끊어진 선을 연결한다.

180도 플레어 스커트 제도

Waist 30 / Length 23
Piece – Create Piece – Skirt – 허리 60″이라고 입력 – 길이 23 입력 – OK – Save As 클릭 –
저장 폴더 설정 – 파일 이름 설정 – Save

허리를 60″으로 입력한 것은 허리 사이즈를 1/4로 인식을 하기 때문이다.
180° 플레어 스커트를 4쪽으로 제도할 수도 있으며 앞판과 뒤판 각 2장으로 60을 입력하였다.
앞과 뒤 중심에 라인이 있고 4쪽이라면 30″을 입력한다.

허리 사이즈를 측정한 결과 15이며 앞뒤 두 장이므로 허리는 30″이 된다.

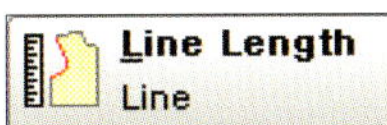

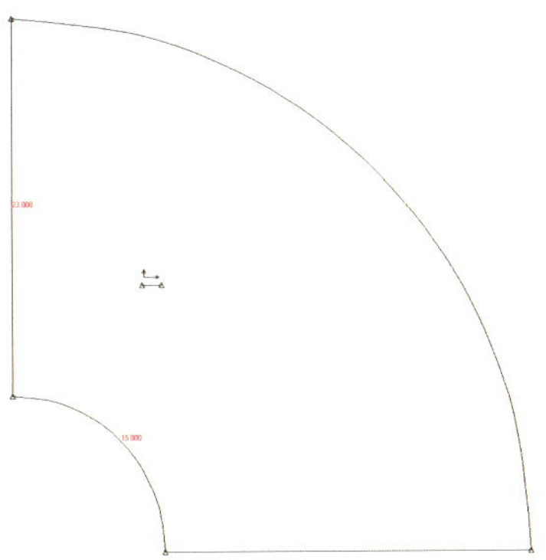

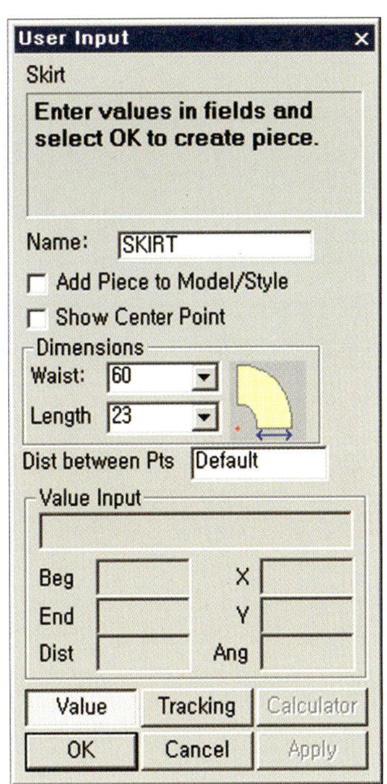

180도 플레어 스커트 제도 시접 주기

제도된 패턴은 시접이 없으므로 시접을 넣어서 완성한다.

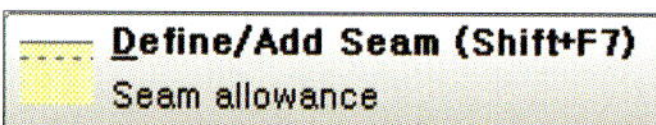

- 기본 시접 넓이
- 허리 합복 부분 0.375
- 옆 솔기 0.5
- 밑단 1.5
- 허릿단 완성 넓이 1″

1) 제도선이 박음질 선이므로 시접은 밖으로 주어야 한다.

   Piece – Seam – Define / Add Seam

2) 시접선이 밖으로 되어있는 것을 내부선으로 교환한다.

   Piece – Seam – suap sew/cut – 패턴 드래그 – OK

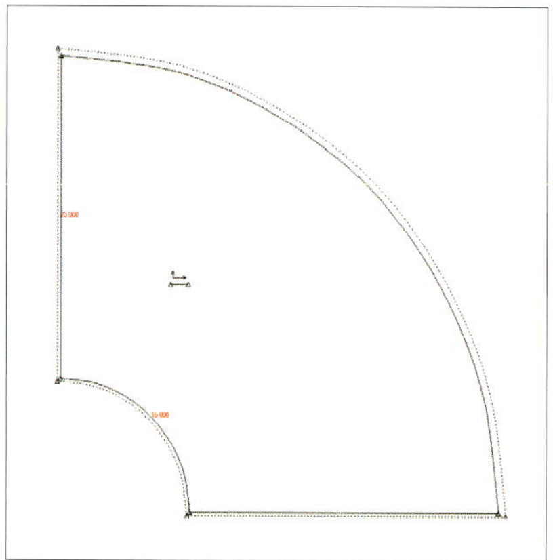 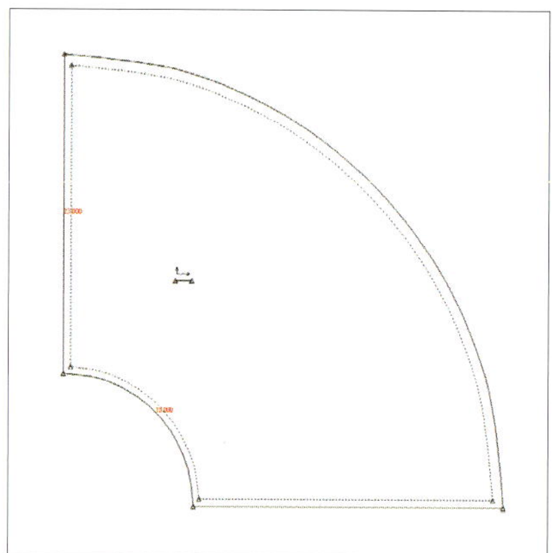

⚠ **참고**

시접이 밖으로 형성되어 있으면 패턴 수정이 되지 않는다.

허릿단 제도.

설정) 허리 사이즈 Waist 30˝ 넓이1˝

– Piece – Create Piece – Rectangle – 화면에 커서 놓고 마우스 왼쪽 클릭

– 대화상자 X란 클릭 – 허리 30+여유 2=32 입력

– 대화상자 Y란 클릭 – 허릿단 넓이 2 입력 ok

– 피스명 입력 – 저장

– 시접은 전체 0.5로 설정

– 노치 표시를 넣어 완성

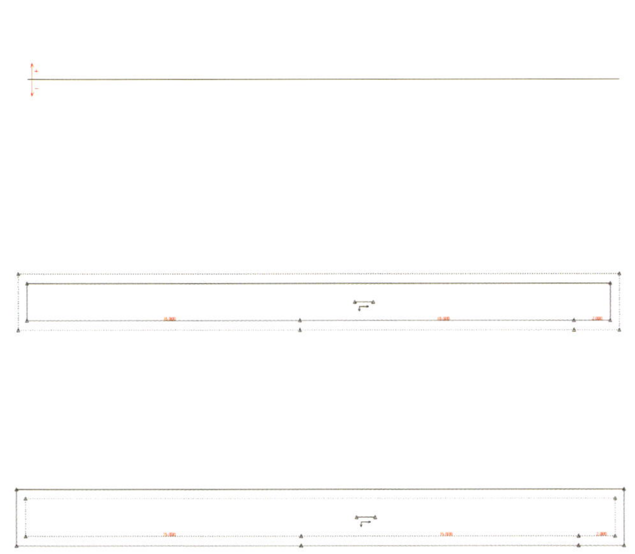

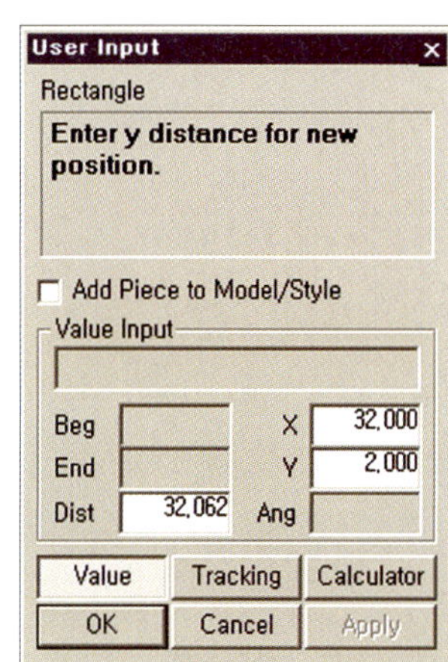

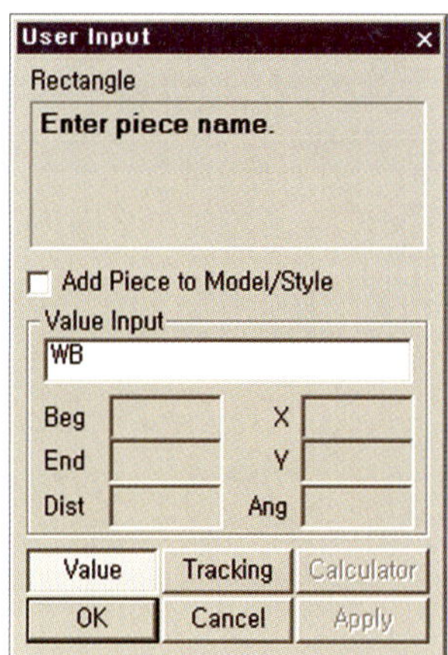

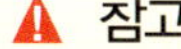 **참고**

허릿단 완성 넓이가 1˝이며 반을 접어야 하므로 2˝를 입력한다.

PART
03

마 커

마커란 무엇인가 / 마커 넣기 준비

마커란?

아래 보기와 같이 원단의 폭에 맞게 사이즈별 피스를 빈틈없이 배열하여 재단할 수 있도록 피스를 배치하는 것으로 혼합 마커 / 일 방향 마커/ 양방향 마커 / 블록 마커 / 페이스 투 페이스 / 근접 마커 /등이 있다.

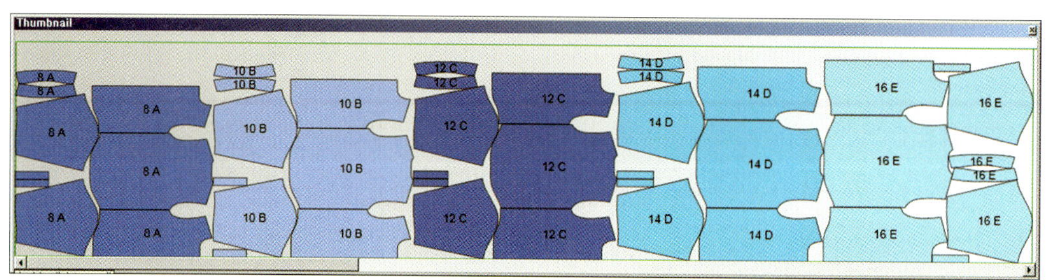

마킹 작업을 위한 사전 확인사항

– 원단의 양쪽 식서 넓이를 공제한 사용 가능한 넓이를 확인해야 한다.

– 원단의 이색에 대한 검증이 있어야 한다.

– 원단이 기모가 있는 것인지 확인해야 한다.

– 무늬가 일 방향 또는 양방향 배열인지 확인해야 한다.

– 원단의 축율을 확인해야 한다.

– 첵크 무늬를 확인한다.

– 줄 무늬를 확인한다.

– 블럭 마킹이 필요한 것인지 확인한다.

– 수량을 확인한다.

나열된 상기 문제들에 대한 확인 후에 마킹 방법을 결정한다.

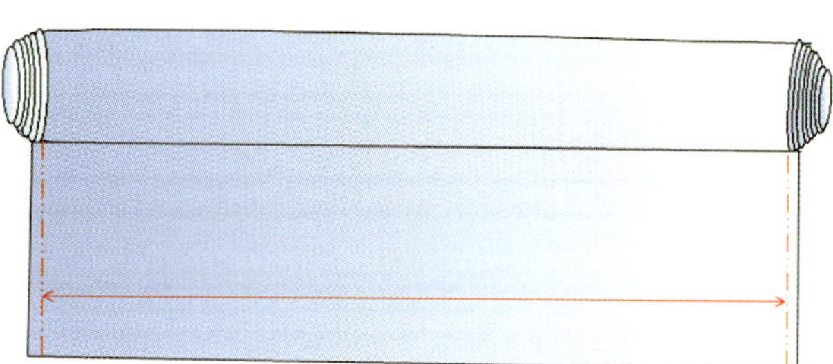

Model 작성 / Order 작성

마커를 생성시키기 위해서는 반드시 Model과 Order를 작성해야 한다.

1) – Model

피스의 개수와 왼쪽과 오른쪽을 구분하고 겉감/ 안감/ 심지/ 배색/ 등을 구분하며 한 스타일에 1개의 Model 리스트만 작성한다.

Model 작성은 위험도가 높은 고난도 작업으로 실수가 용납되지 않는다.

2) – Order

원단의 재단할 수 있는 넓이 지정 / 사이즈별 마커 수량 / 사이즈별 일 방향 또는 양방향 배열을 지정한다.

원단 / 안감 / 심지 / 배색 등을 모두 작성하는 것이 Model과 다르다.

1) Model 작성

Accu Mark Explorer – ❶ 파일이 있는 폴더 클릭 – ❷ 우측 공간에 커서 놓고 마우스 오른쪽 클릭 – New – ❸ Model 클릭

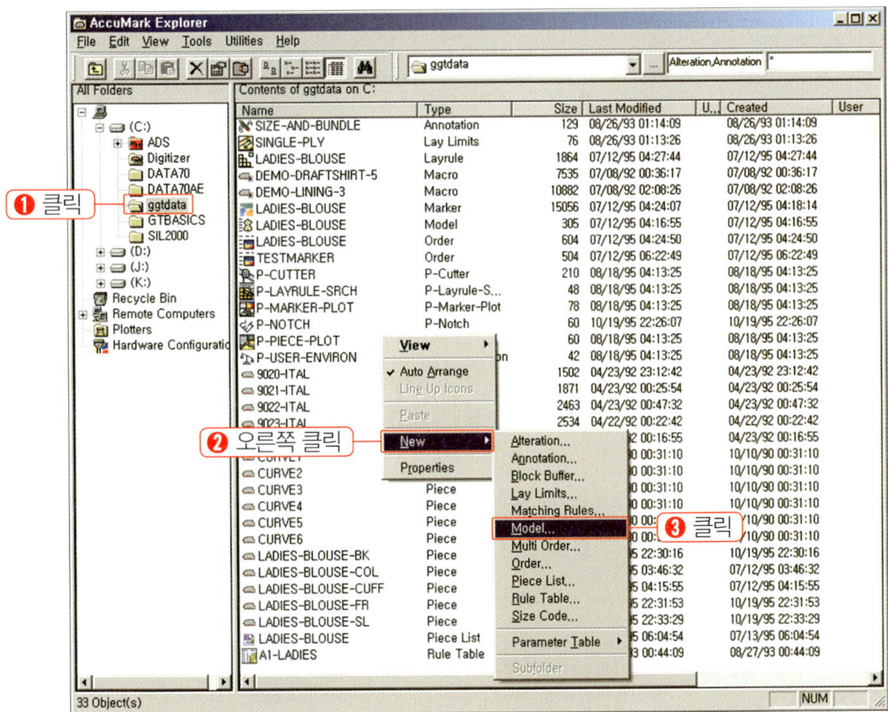

❹ 스타일 넘버 입력 – ❺ Piece Name 란에 커서 놓고 클릭 – ❻ 모서리 점선 툴바를 클릭 – ❼ 저
장 폴더 검색 – ❽ 저장 폴더 클릭– ❾ 스타일 넘버 입력 – ❿ Open

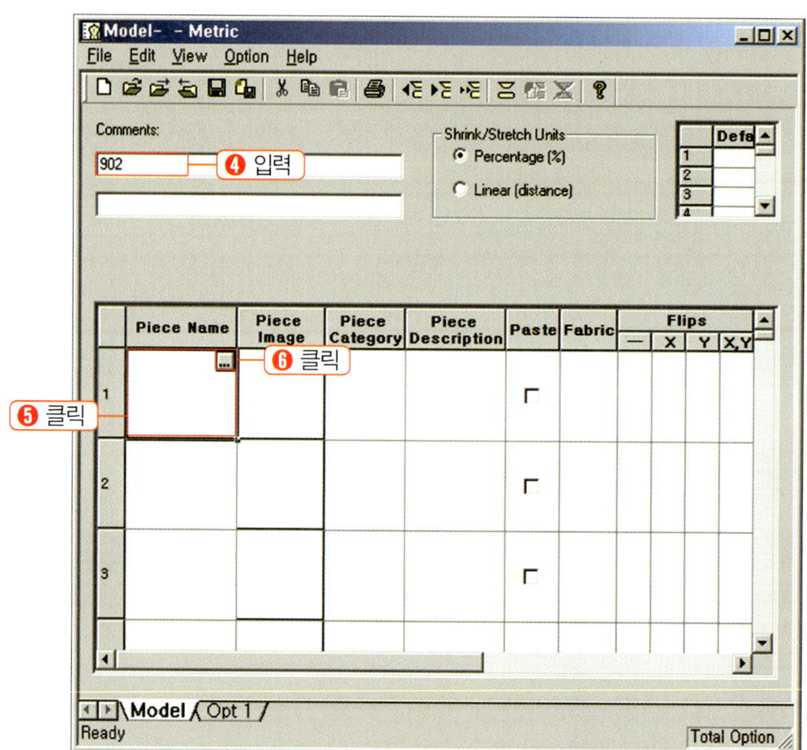

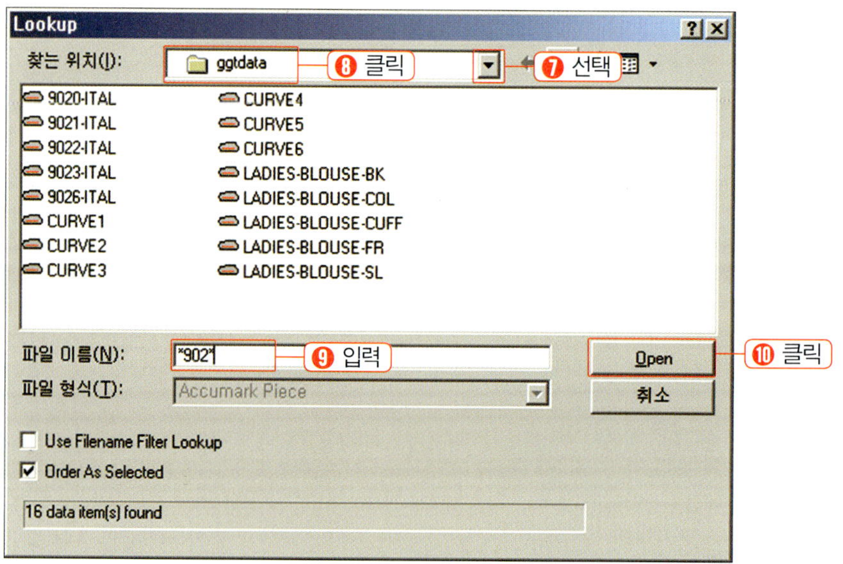

❾ Ctrl 키를 누르고 피스를 하나씩 클릭 또는 한 번에 드래그 – ❿ Open 클릭 – Model Metric 대화상자에서 Fabric 밑에 란에 원단은 S /심지 F / 안감 L / 을 입력한다.– ⓫ 저장 – ⓬ save – F5 단추를 연타 저장된 Model을 확인한다.

5번에 SF라고 입력한 것은 겉감이며 심지도 함께 필요하다는 뜻이 된다.
– X 란에 1은 왼쪽이 한 개 오른쪽이 1개로서 모두 2개라는 뜻이며 한 개만 필요한 경우
– 란에 1을 입력하고 X 란은 입력하지 않는다.

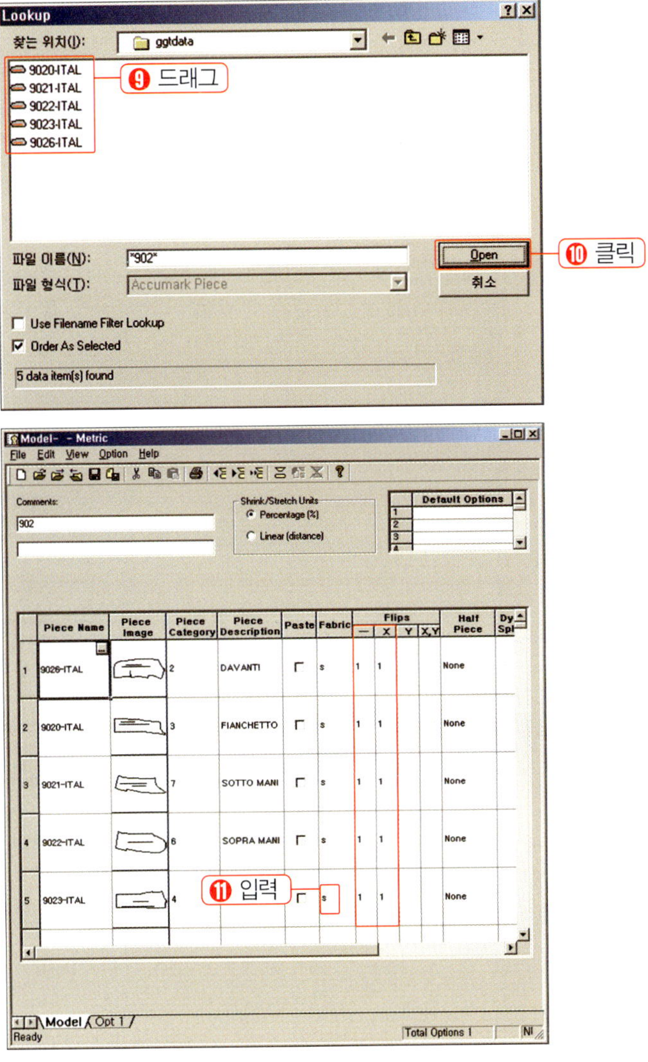

⚠ 참고

피스가 1개 또는 두 개라는 것은 대단히 중요한 사항으로 반드시 샘플을 확인하며 조각을 확인한다. 두 개가 필요한 것을 1개만 입력하면 사고로 이어진다.

Order 작성

Accu Mark Explorer – ❶ 파일이 있는 폴더 클릭 – ❷ 우측 공간에 커서 놓고 마우스 – ❸ 오른쪽 클릭 – ❹ New – ❺ Order 클릭

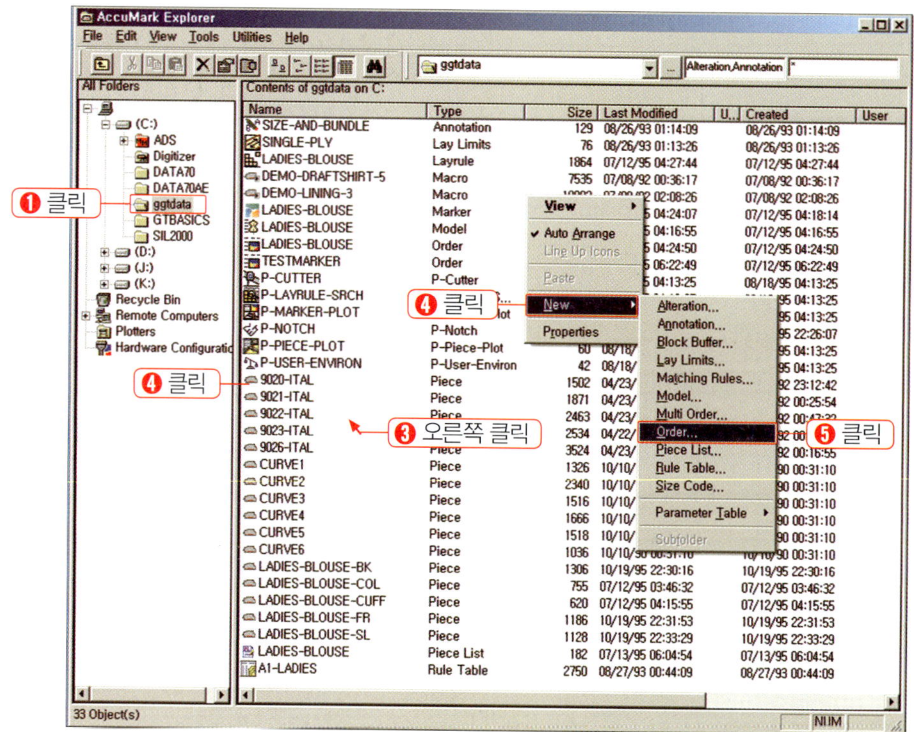

Order Untitled Imperial 작성

❶ 스타일 넘버 입력 – ❷ Lay Limits 코너 클릭 – ❸ SINGLE-PLY 선택 – ❹ Open – ❺ Annotation 코너 클릭 – ❻ SIZE-AND-BUNDLE 선택 – ❼ Open – ❽ Fabric Width 원단 넓이 입력 – ❾ 하단에서 Moder 클릭 다음 단계로 넘어간다.

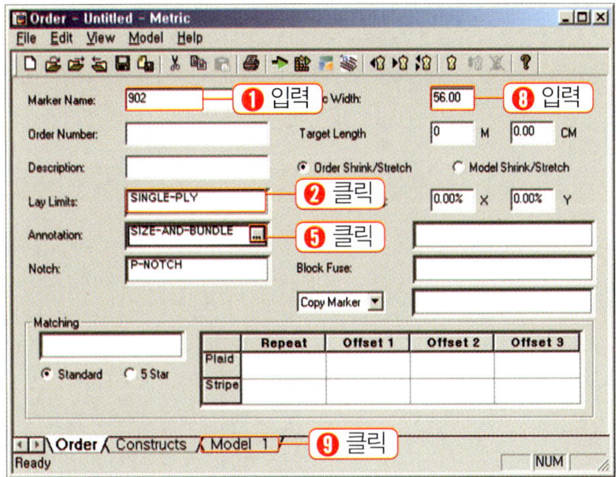

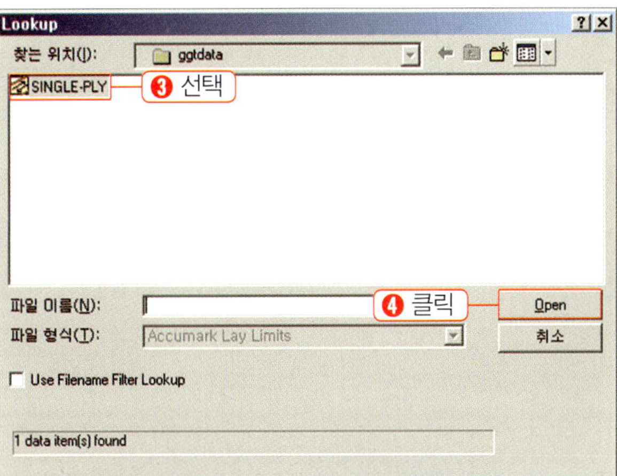

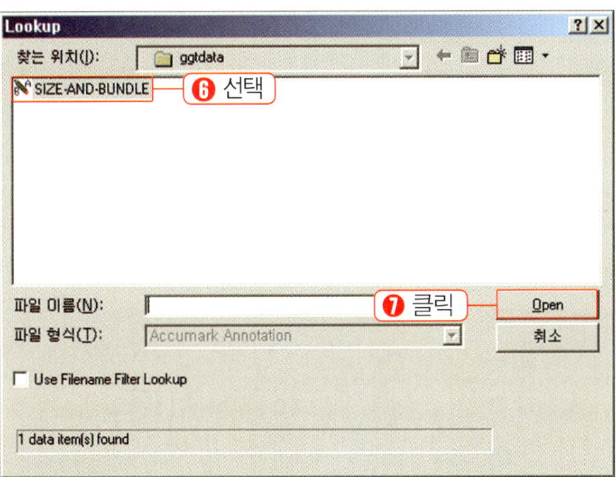

❶ Model Name 란의 오른쪽 모서리 클릭 – ❷ Lookup 상자에서 작성한 Order 스타일 넘버를 찾아서 클릭 – ❸ Open – ❹ Fabric Type 모서리 클릭 – ❺ 원단 S. 심지 마커 F. 안감 마커이면 L. 를 선택 – ❻ OK – ❼ Size란 모서리 클릭 – ❽ 마커를 생성시킬 사이즈 선택 – ❾ OK – ❿ Quantity 란에 사이즈별 필요한 마커 수량 입력 – ⓫ Direction 모서리 클릭 – ⓬ 사이즈별 배치 방향 설정 – ⓭ 저장 아이콘 클릭 – ⓮ 화살표 클릭 확인 – F5 단추를 연타 – ⓯ 생성된 마커를 확인할 수 있으며 비로소 마킹을 할 수 있는 조건이 되었다.

※ 화살표 클릭하였으나 에러 표시가 뜰 때 다음 사항을 체크 하여야 한다.

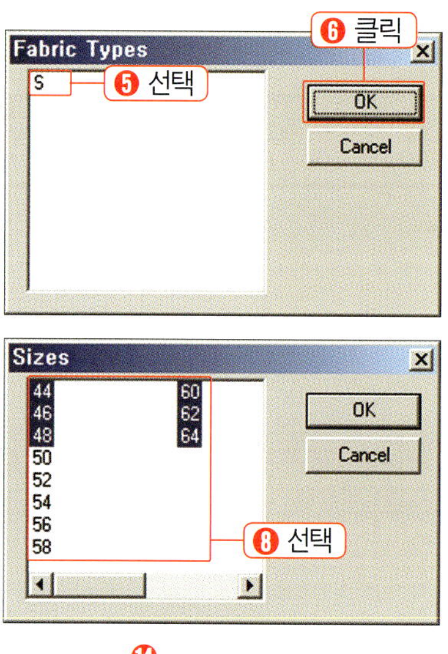

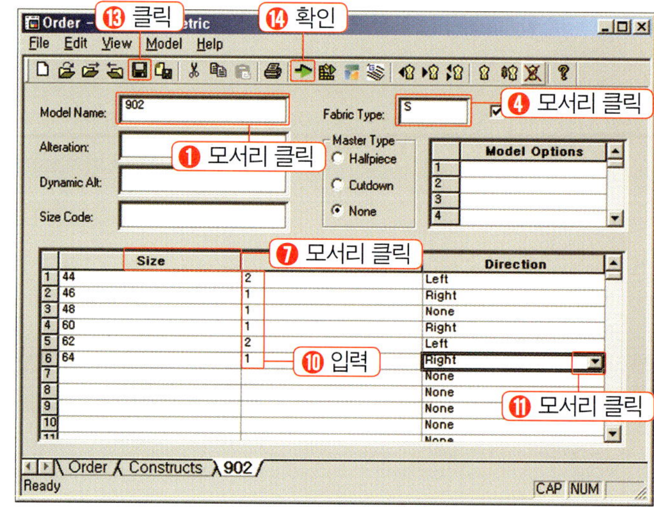

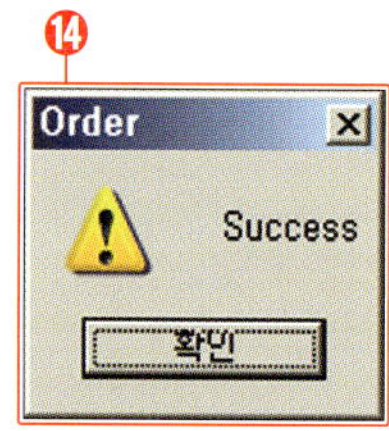

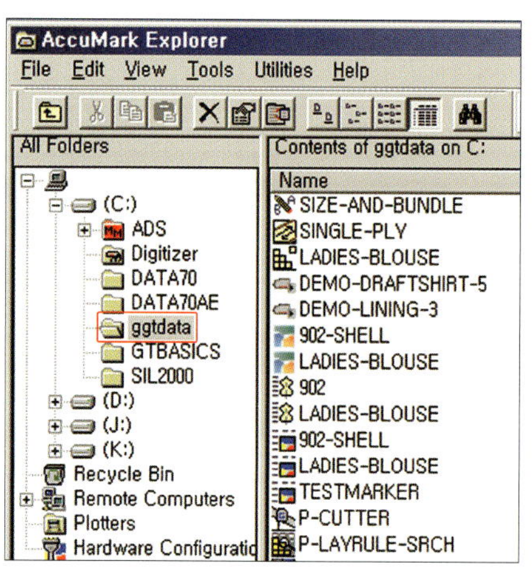

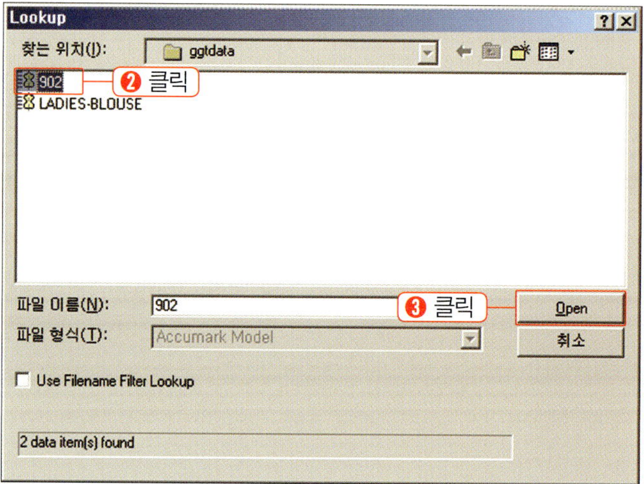

Process Order에서 저장이 안 되며 Error가 발생할 때

1) 디지타이저에서 마우스를 이용하여 처음에 부여한 이름을 AccuMark Explorer에서 수정하거나 피스를 복사하여 넣은 경우이다.
2) 룰 테이블에서 작성한 스텝과 Order에 입력한 사이즈 스텝이 맞지 않은 경우이다.
3) 룰 테이블은 적용되었으나 그레이딩이 안된 사이즈를 설정한 경우이다.
4) 피스의 선이 끊어져 있고 엉켜 있는 경우이다.

1 – 카테고리 검사

Name과 Category 란의 피스 이름이 다른 것이 한 개라도 있으면 저장이 되지 않는다.

조치방법

아래 그림과 같이 Name과 Category 란의 내용이 다른 경우 Category 란을 Name과 같이 수정해야 한다.

1 – AccuMark Explorer에서 이름을 고친 경우에 수정하는 방법

❶ Pattern Design에서 피스를 불러낸 다음 – ❷ Edit – ❸ Edit Piece Info – ❹ Tracking Information에서 – ❺ Track 클릭 – ❻ Piece – ❼ Track을 다시 클릭하면 자동으로 빠르게 피스 검색을 하며 멈추고 싶을 때 아래 Stop을 클릭하면 정지한다.

한 피스씩 차례로 검색하고자 할 때

검색이 진행될 때 Enable를 클릭 – 검색하고자 하는 피스 클릭 – 진행 도중 멈춘 피스를 클릭 – Name과 Category 란를 확인하고 Category 란의 숫자와 글자를 Name 란에 있는 것과 3자리 또는 2자리를 똑같이 수정 – Apply를 클릭하고 다음 피스를 클릭 수정하고 다시 Apply를 클릭하여 수정하는 것을 반복한다.

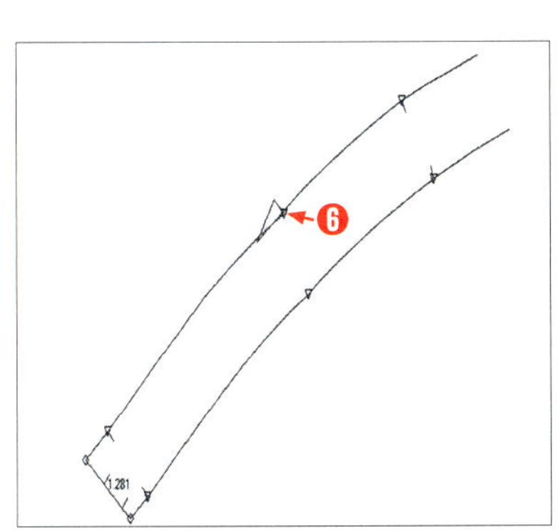

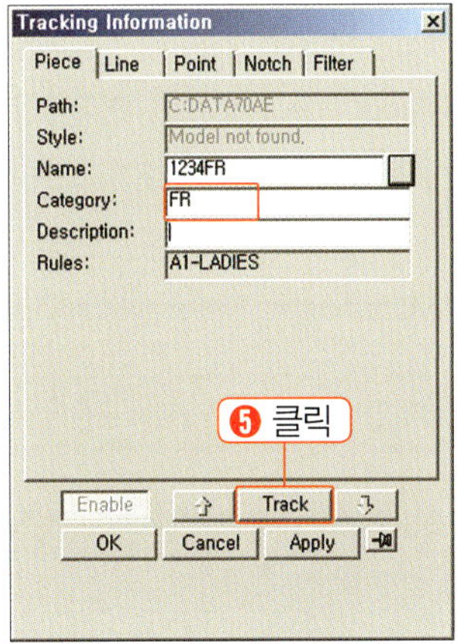

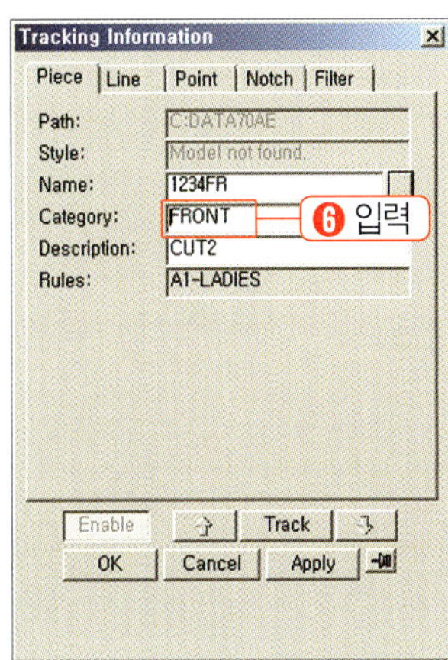

2 – 사이즈 스텝 검사

2) 룰 테이블에서 작성한 사이즈 스텝과 Model size란에 입력한 사이즈 스텝이 맞지 않은 경우로서
   룰 테이블에 없는 사이즈가 입력되었는지 검사한다.

3) 예 – 룰 테이블에는 16호가 있으나 16호가 그레이딩 되지 않은 경우이다.

3 – 피스 검사

Directions에서 피스를 모두 불러내어 선이 엉키거나 끊어져 있는 곳을 찾아 교정한다.

4) Piece category 란의 피스 이름들을 지우고 숫자를 넣어준다.

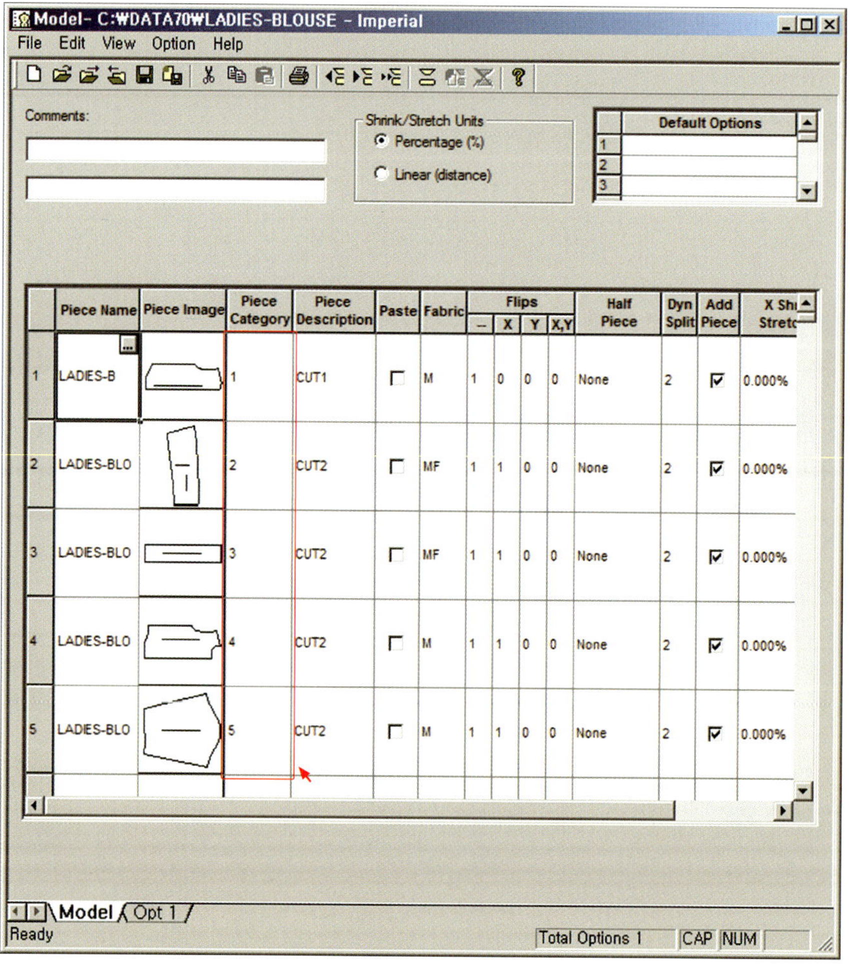

마커 종류

Mark Making – gerber의 유저들에게 익숙한 기본 마킹 프로그램
Easy Making – 새로운 마킹 프로그램으로 본 장에서는 Easy Making을 설명하나 Mark Making
으로 익숙해진 다음 사용할 것을 권장한다.

혼합마커
설정된 폭 안에서 자유롭게 마킹을 실시하는 것으로 Directions에서 사이즈별 방향을 설정하지 않
는 가장 쉬운 방법이다.

근접마커
원단의 이색으로 인한 불량을 최소화하기 위해 실시하는 방법으로 서로 합복되는 부위를 최대한 가
까이 배치하는 것을 근접 마커라고 한다.

일 방향 마커 – One Way
벨벳 코듀로이. 같은 기모가 있는 원단은 반드시 일 방향으로 마커를 넣어야 한다.
원단에 기모가 있는 경우 모든 피스를 반드시 일 방향으로 넣어야 한다.
카라의 경우 접었을 때 기모 방향에 놓여야 한다.

사이즈별 일 방향 마커 – Tow Way
원단의 결 방향에 따른 이색의 우려가 없을 때 예) 8호는 아래쪽으로 10호는 위쪽으로 방향을 설정하는
방법이다.

블록 마커
허릿단 / 카라 / 안단 / 등 심지가 들어가는 부위를 따로 모아서 배치하는 것을 블록 마커라고 한다.
블록 마커 부위는 큰 조각으로 잘라서 같은 크기로 심지를 커팅하여 붙인 다음 블록 마커를 올려놓
고 커팅한다.

홀수 마커 (Face to Face)
첵크 무늬일 때 적용하는 방법으로 연단은 원단의 속면이 서로 마주 보게 쌓아야 한다.

자동 마커 Accu Nest
수작업 마킹의 한계를 쉽게 극복하며 효율성이 높고 단시간에 완벽한 마킹을 실현할 수 있는 획기적
인 기능으로 혼합 마커에서의 효율은 최고의 수준이라고 할 수 있다.

Shade By Bunde
원단의 길이 방향에서 이색 방지를 위한 근접 마커를 위한 사이즈 배열 방법이다.

Sections By Bunde
원단의 폭 방향에 한 사이즈씩 정렬시키는 것으로 첵크 무늬 또는 커트 무늬인 경우에 실시한다.

일 방향 마커 넣기 편집 / One Way

Main에서 2번째 단추 클릭 – LayLimit Editor – Piece Options 아래 모서리 클릭 – 3번과 4번을
체크 – 저장 – 저장 명을 ONE WAY – NO FLIP이라고 입력하여 찾기 쉽게 한다.

※ Order 작성할 때 저장해 둔 ONE WAY – NO FLIP을 Lay Limits 란에 불러들인다.

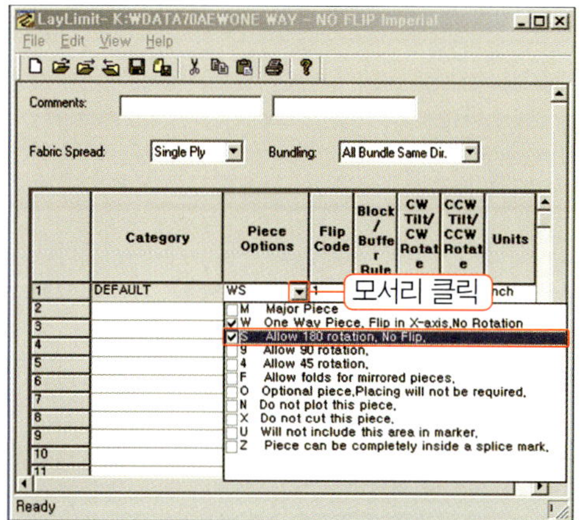

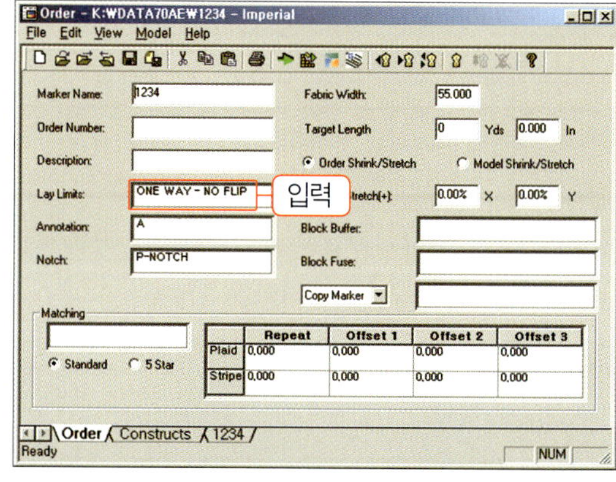

Directions에서 Left 또는 Right로 설정하여 모두 같은 방향으로 설정한다.

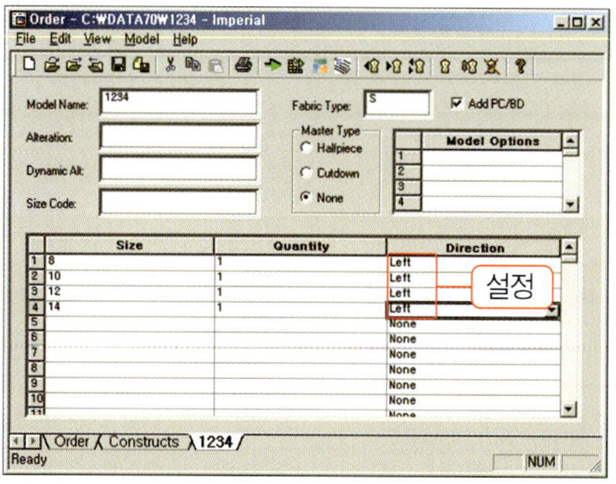

모두 같은 방향으로 피스가 배치되어 있다.

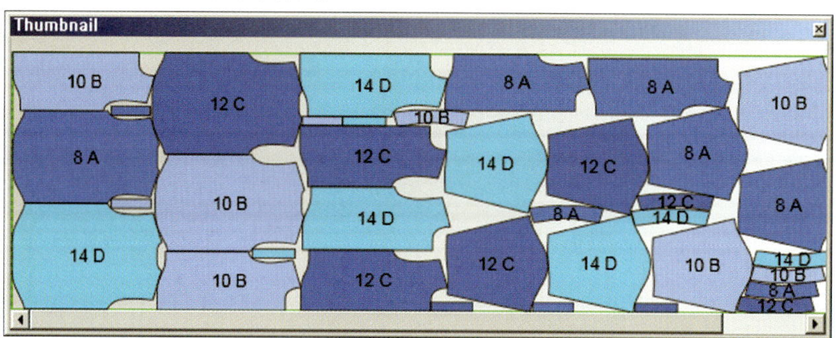

사이즈별 일 방향 / Tow Way

Directions에서 사이즈 별로 예) 8호는 Left 12호는 Right로 설정한다.

마킹 도중 임의로 방향을 회전시키지 않는다.

8-12- 오른쪽 방향으로 배치

10-14 - 왼쪽으로 배치된 것을 볼 수 있다.

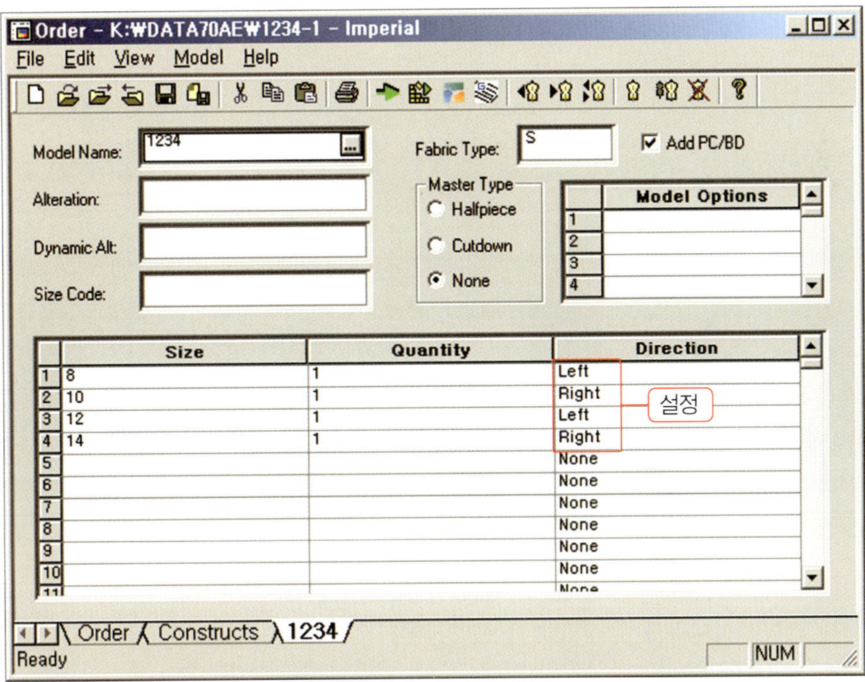

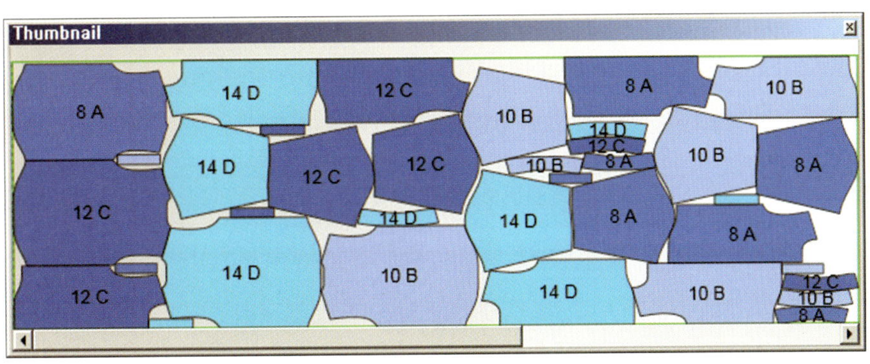

사이즈별 혼합마커

Directions에서 사이즈별 방향을 설정하지 않는다.

같은 사이즈라도 방향이 어느 한쪽으로 치우치지 않고 섞여 있다.

Order 편집창 – Direction에서 – 모두 None 설정

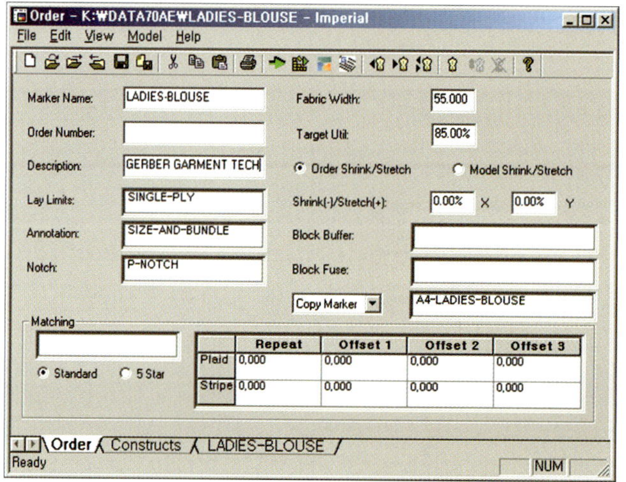

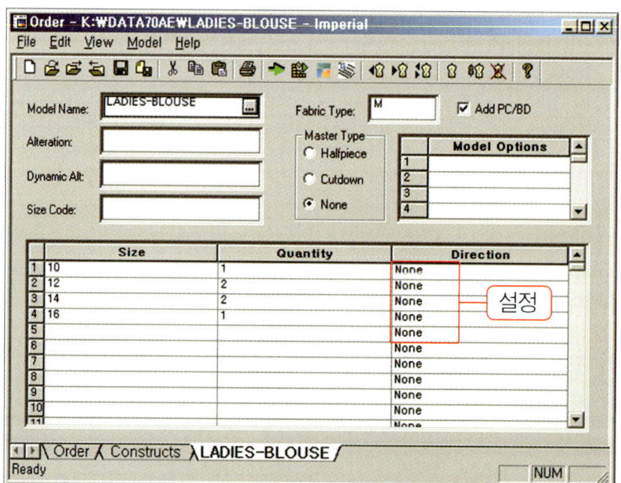

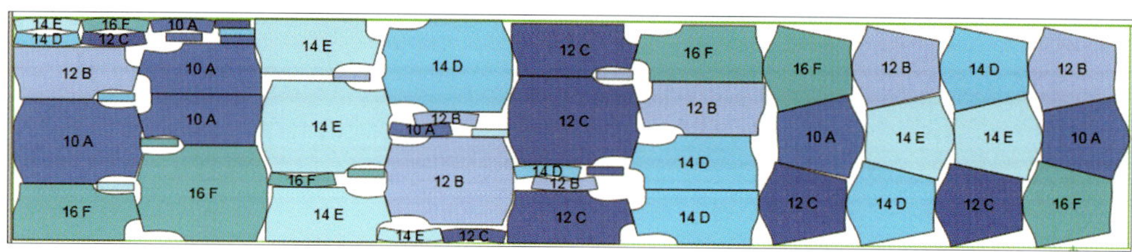

홀수 마커 (Face to Face)

체크 무늬일 때 적용하는 방법으로 연단은 원단의 속면이 서로 마주 보게 쌓아야 한다.
앞판과 소매등 2피스가 필요한 것을 1피스씩만 배치하는 것으로 1피스로 되어있는 것은 한 장이 남게 되므로 따로 넣거나 남는 것은 커팅 후에 걷어낸다.

❶ 메뉴에서 2번째 단추 클릭 – ❷ LayLimit Editor – ❸ Face to Face 설정 – ❹ Save AS – ❺ 저장명 Face to Face – ❻ Save

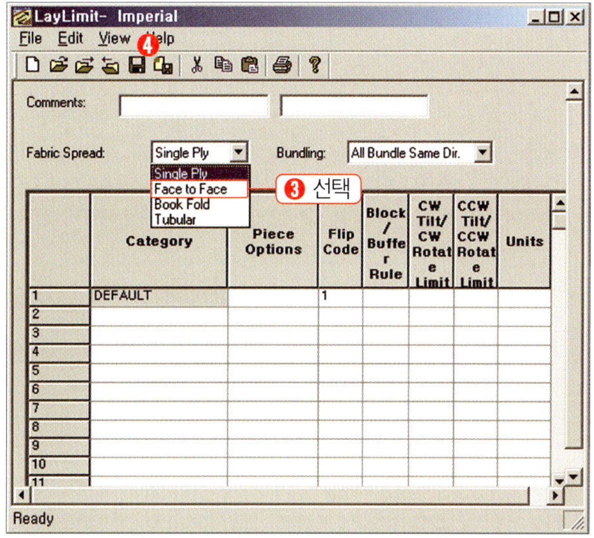

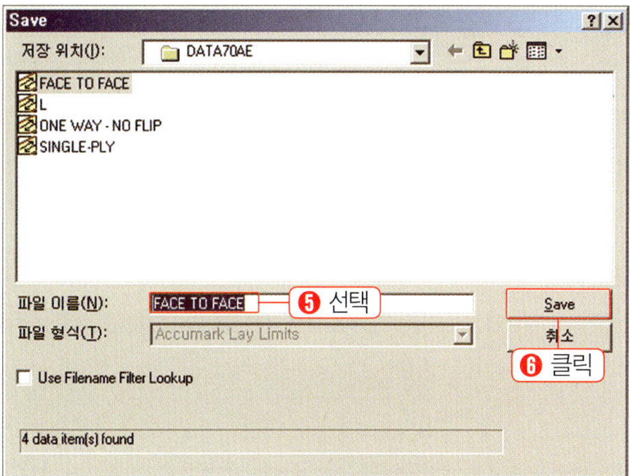

❼ order 편집에서 Lay Limit 모서리 클릭 − ❽ Face to Face 선택 − ❾ Open

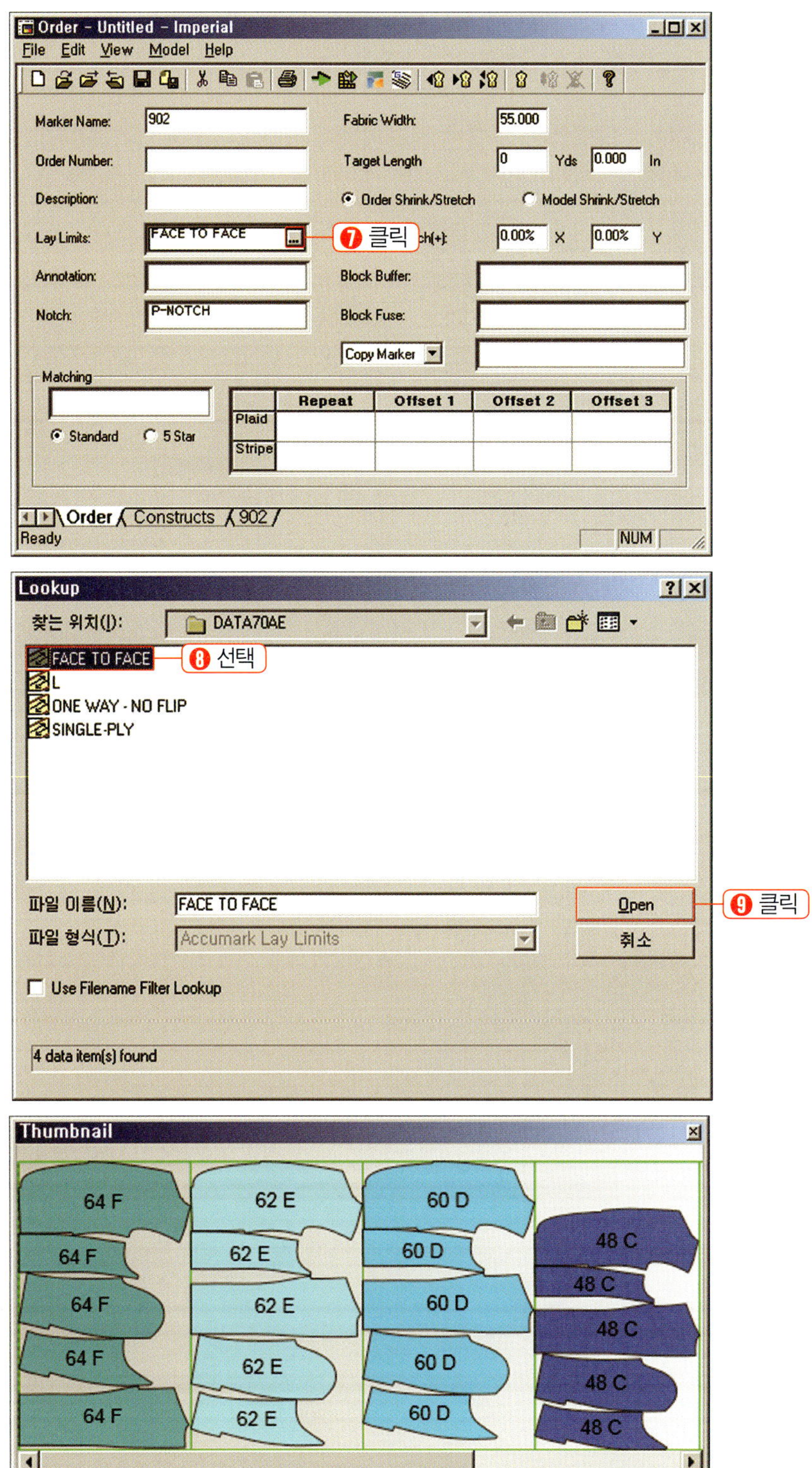

마커 열기

1-Accu Mark Explorer에서 마커 넘버에 커서 놓고 마우스 오른쪽 클릭 – Open with – Mark Making과 Easy Making 중에서 선호하는 쪽을 선택하여 클릭한다.

Mark Making – 구 버전 환경
Easy Making – 8.5 버전의 새로운 환경을 제공한다.

기본 Toolbox 툴바를 불러내는 방법 (하단의 TB 단추 클릭)
단축 아이콘을 모두 불러내는 방법 (상단에 커서 놓고 더블 클릭)

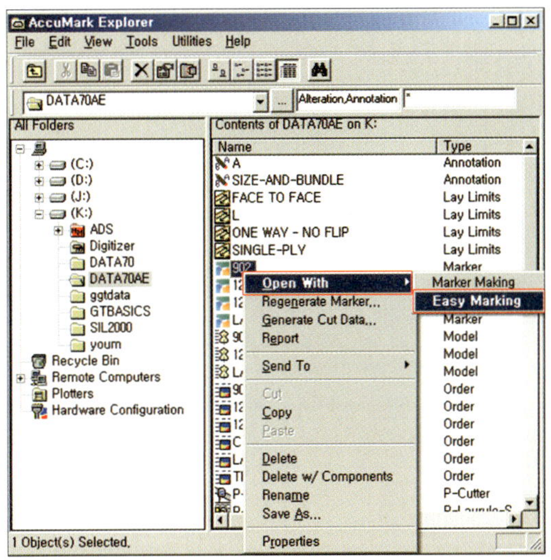

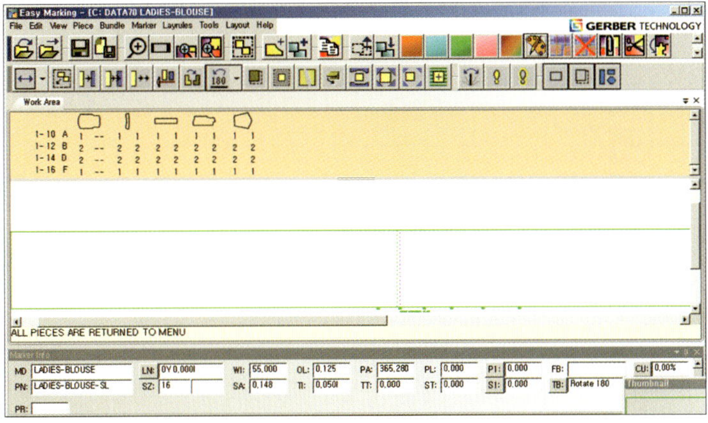

⚠ **참고**

Mark Making과 Easy Making은 사용자의 취향에 따라서 선택한다.

단축 아이콘 상단에 등록하는 방법 / 마커 색상 선택

단축 아이콘 상단에 등록하는 방법

Mark Making과 Easy Making 모두 상단 Toolbox 라인에 커서 놓고 마우스 왼쪽을 더블 클릭하면 Toolbox 도구 모음 상자가 생성된다.

Easy Making – 8.5 버전을 선택할 경우

선별하여 등록하기 – ❶ 등록하려는 아이콘 클릭 ❷ Add 클릭 상단에 등록된다.

모두 등록하기 – [Add All – 〉]

모두 지우기 – [〈 – Remove All]

Toolbox 기본 툴박스 생성 감추기 – 마커의 하단 우측 TB를 클릭한다.

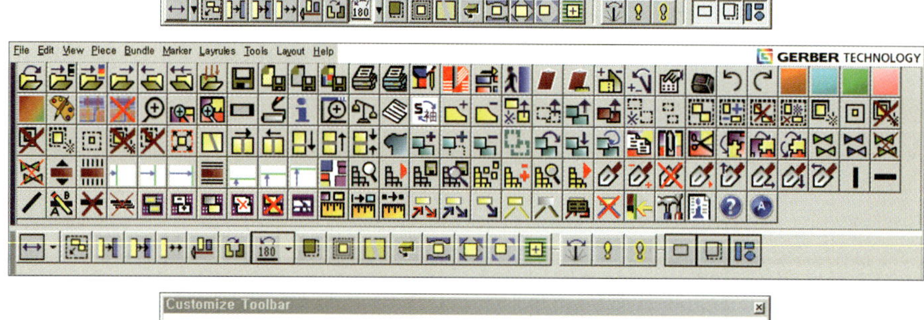

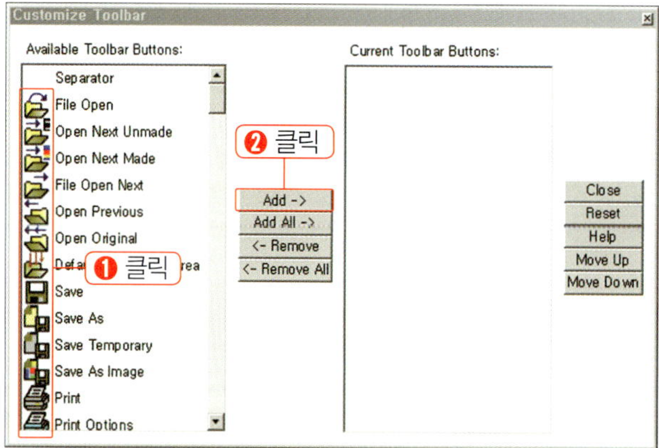

마커를 열었을 때 하단에 표시되는 정보

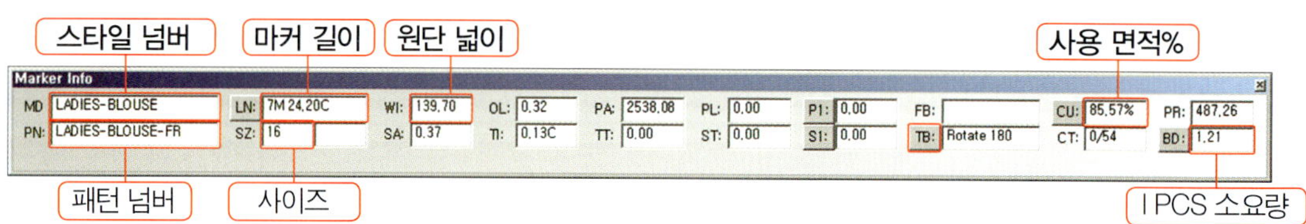

마커 색상 선택

Easy Making – 8.5 버전을 선택할 경우

ⓐ – ⓔ 5가지 색상으로 마커의 색상을 변경한다.

ⓕ – 바탕화면과 마커 색상의 농도를 설정한다.

ⓖ – 마커에 배경화면을 불러들인다.

ⓗ – 배경화면을 삭제한다.

Background Color 1 바탕화면 색 선택

Background Color 2

❶ 나비 모양 아이콘 Screen Options and Colors – ❷ Background Color – ❸ 색 선택 – ❹ 확인 – ❺ OK

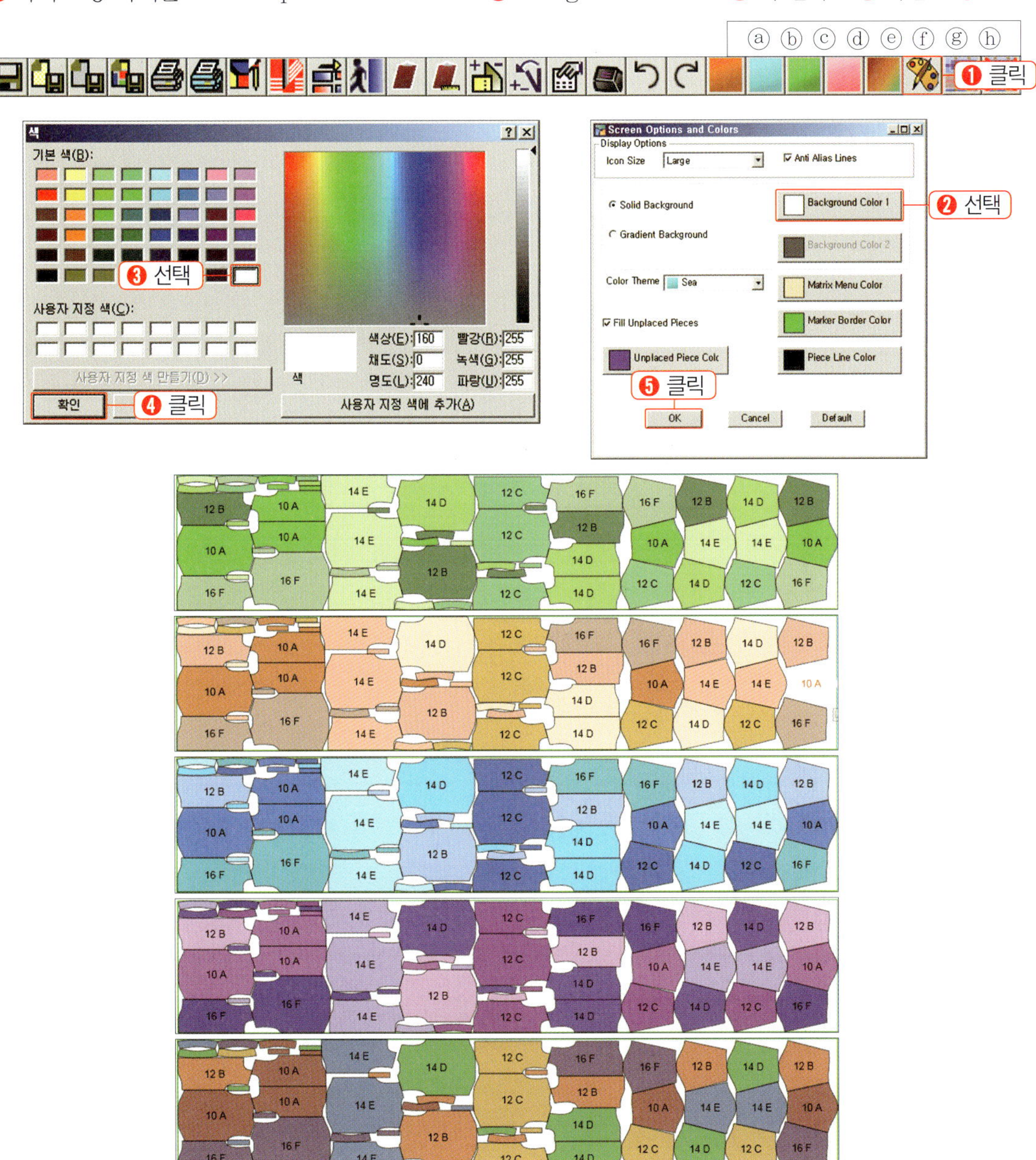

피스 회전시키기

유용한 단축 아이콘으로 45° / 90° / 180° 회전시키는 유용한 기능이다.

View - Toolbox &(하단에서 TB 클릭)
Toolbox의 기능 - 작업영역에서 피스를 회전시키는 각도 설정하는 방법.

❶ 삼각점 클릭 - ❷ Tirt CW - ❸ Override를 클릭 - ❹ 피스에 커서를 놓고 마우스 오른쪽을 클릭 1회에 0.026씩 오른쪽으로 회전한다.

Tirt CCW - 피스에 커서를 놓고 마우스 오른쪽을 클릭 1회에 0.026씩 왼쪽으로 회전한다(Override를 클릭해 놓아야 한다).

회전시킨 피스를 원상 회복시키기

Reset Tilt 클릭 - 회전시킨 피스에 커서 놓고 마우스 오른쪽 클릭 - 원상회복된다.
180 rotate 클릭 - 피스에 커서 놓고 마우스 오른쪽 클릭 - 회전시킨다.
복합마커에서 피스의 방향을 회전시키며 안착시킬 위치를 찾는 데 유용한 기능이다.

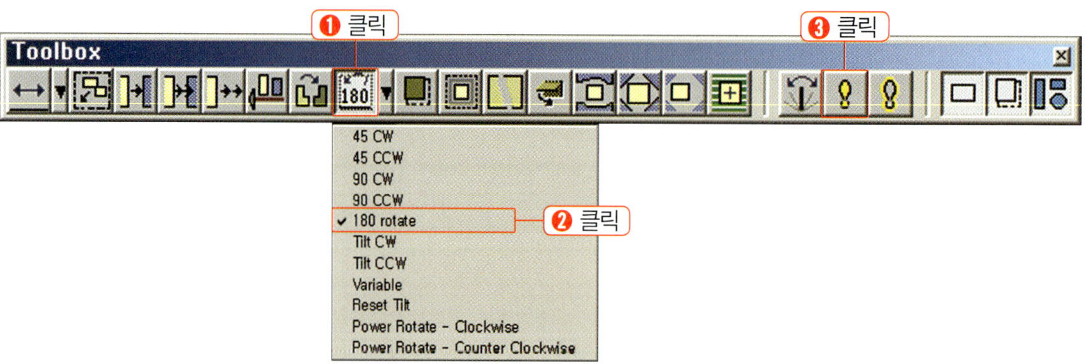

⚠ **참고 유의사항**

Tirt CCW - Tirt CCW 피스의 회전은 결선이 틀어지는 것을 의미하므로 결선이 약간 달라져도 문제가 되지 않을 피스에 대해서만 3회 이내로 클릭한다.
앞판 / 뒤판 / 카라 / 벨트 / 겉주머니 등은 실행할 수 없다.

Inch와 Cm 설정 / 유용한 단축 아이콘

inch와 cm설정
View – Preferences 클릭 – inch와 cm을 설정한다. (Metric : 미터, Imperial : 인치)

 Pret erences

하나의 사이즈 그룹 복사하기
Add Bundle – 복사할 사이즈 그룹 중에서 한 개만 클릭하면 사이즈 전체가 복사된다.

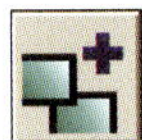 Add Bundle    Delete Bundle

한 개의 피스 복사하기
Add Piece – 필요한 피스에 커서 놓고 클릭 – 복사된다.

 Add Piece    Delete Piece

> ⚠ **참고**
> 벨트 룹의 경우 작업과정에서 불량으로 소모되는 것이 많으므로 빈 공간이 있을 때 벨트 룹 피스를 복사하여 추가로 배치할 때 대단히 유용한 기능이다.

겹친 상태에서 피스 안착시키기
Place – Global Override – 피스에 커서 놓고 마우스 오른쪽 클릭 – 겹쳐진 상태에서 색이 복원된다.

 Place    Global override

> ⚠ **참고**
> 작업 영역에서 피스가 겹치면 안착이 되지 않았다는 표시로 피스에 색이 나타나지 않는다.(겹친 상태에서도 사이즈별로 구분하는 색을 회복한다)
> 마킹이 거의 끝나는 상태에서 한 조각의 피스가 약간의 크기 문제로 안착이 되지 않을 때 사용할 수 있다.

 Flip On X Axis 클릭 – 열어놓은 마커의 위와 아래가 바뀐다.
Flip On Y Axis – 왼쪽과 오른쪽이 바뀐다.
Flip X Y Axis – 왼쪽과 오른쪽이 바뀌면서 상하가 함께 바뀐다.

Undo (move/Flip/ place)

 Redo 되돌리기 마킹하던 피스를 원래의 위치로 되돌린다.

마킹된 상태에서 한 피스 & 한 사이즈만 지우기

마킹된 상태에서 한 피스씩 지운다.

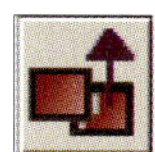

Return One Piece

❶ Return One Piece – ❷ 피스 클릭 – ❸ 한 피스만 대기모드로 설정된다.

마킹된 전 사이즈를 대기 모드로 전환시킨다.

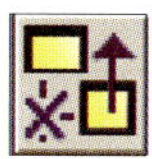

Return All

상단에 꺼내 놓았던 피스들을 대기 모드로 전환시킨다.

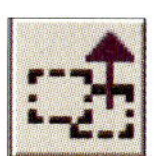

Return Unplaced

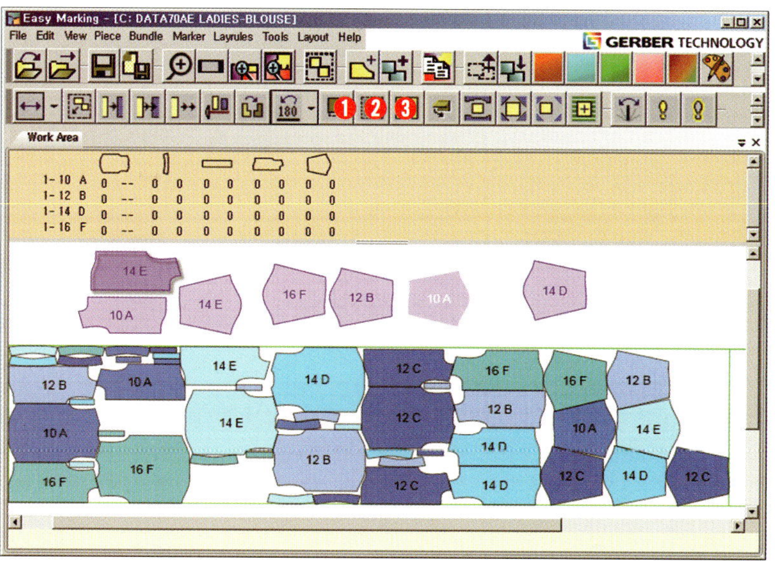

한 사이즈만 삭제하기

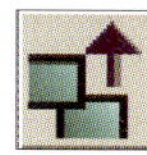

Retum Bundle

❶ Retum Bundle 아이콘 클릭 – ❷ 원하는 사이즈 그룹 중에서 한 개의 피스를 클릭한다.

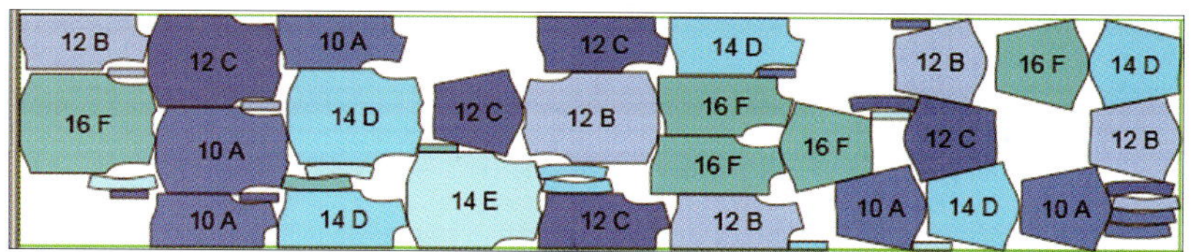

마커를 필요한 위치에서 잘라내는 기능이다.

Split Marker 클릭 – 잘라내려는 위치에서 커서를 놓고 마우스 왼쪽을 클릭한다.

 Split Marker

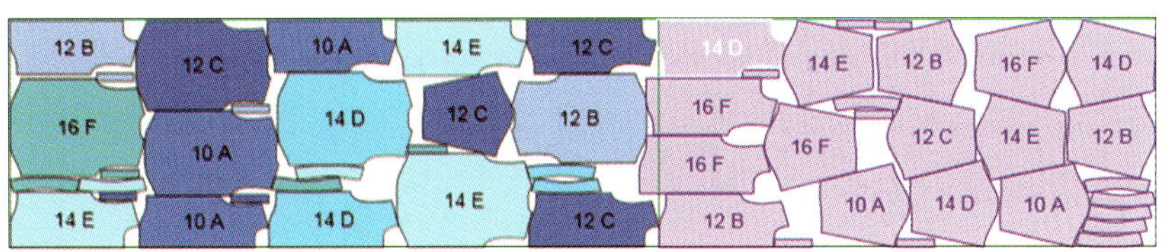

마킹이 된 상태에서 어느 한 사이즈에 대하여 방향을 바꾸려고 할 때 실행한다.
Flip Bundle – 피스 클릭 – 같은 사이즈는 모두 반대 방향으로 바뀐다.

 Flip Bundle

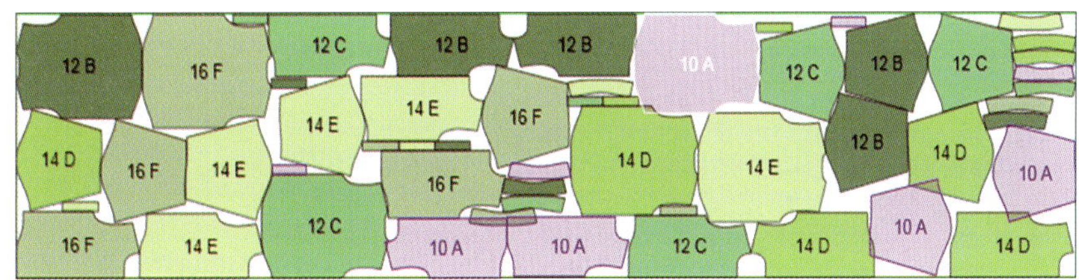

마킹을 실시하는 중에 order를 수정하지 않고 필요한 사이즈를 복사하여 넣는 방법

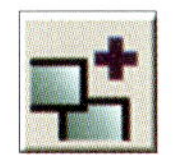 Add

Bundle – Add – 원하는 사이즈 클릭 – OK
지우기 – Bundle-Delete – 복사된 피스 클릭 – OK

한 개의 피스를 복사하여 넣기

Piece – Add Piece – 복사하려는 피스 클릭 – OK
지우기 – Delete Piece – 피스 클릭 – OK

마커 전체를 복사하여 붙혀넣기 – Mark – Duplicate Placed Piece 마커 전체가 복사된다.
복구하기 – File – Open Original

Sections과 Shade 라인을 설정하는 방법

Verical Bump Line – 세로 넓이를 입력 – OK

Verical Bump Line

보기 – 16호를 배치하고 Verical Bump Line 아이콘 클릭 – 56.590이라는 16호의 길이 확인 –
OK – 세로 선이 설정되며 다른 피스를 넣어도 선을 침범하지 않게 된다.
10호를 14호를 12호를 차례로 배치하며 Verical Bump Line 클릭한다.

Horizontal Bump Line – 세로 넓이를 입력 – OK

Horizontal Bump Line

Shade 기능은 블록 마커를 실시할 때 필요한 기능으로 넓이를 입력하여 지정한 선을 침범하지 않고
마킹 할 수 있는 기능이다.

Manual Bump Line

Manual Bump Line 클릭 – 원하는 위치에 블록선을 그어서 위치를 설정한다.

지우기 – Tool – Bump Line – Delete All

Bump Line Delete All

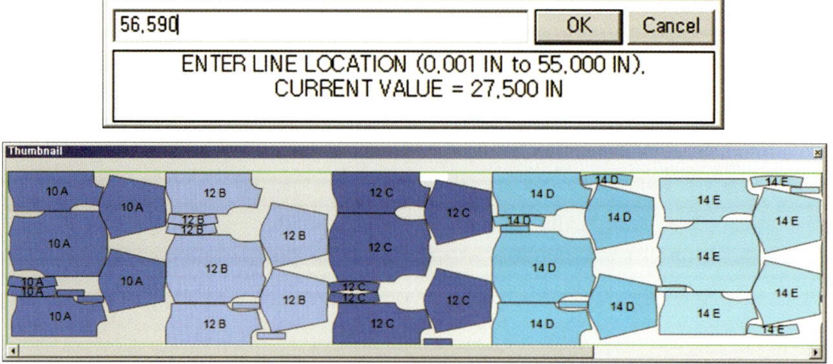

줄무늬 넣기

작업 영역에 줄무늬와 체크무늬를 설정하고 피스를 배치한다.

 Stripe

Stripes 클릭 – 간격 입력 – OK

 Plaid

Check 클릭 – 간격 입력 – OK

Delete – 해당 단축 아이콘 클릭 – 0 입력 – OK

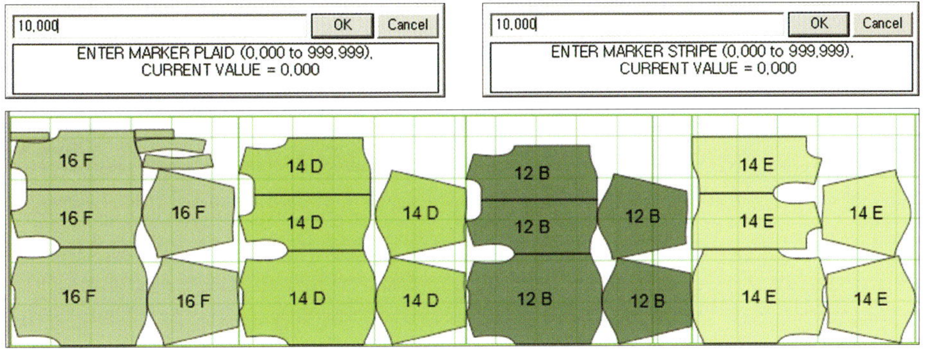

피스의 둘레에 간격을 넣는다.

Block / Buffer Override – 피스 선택 – 상·하·좌·우 / 필요한 위치에 대하여 수치 입력 – OK

All 란은 전체적으로 한번에 같은 수치를 부여한다.

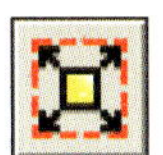 Block/Buffer Override

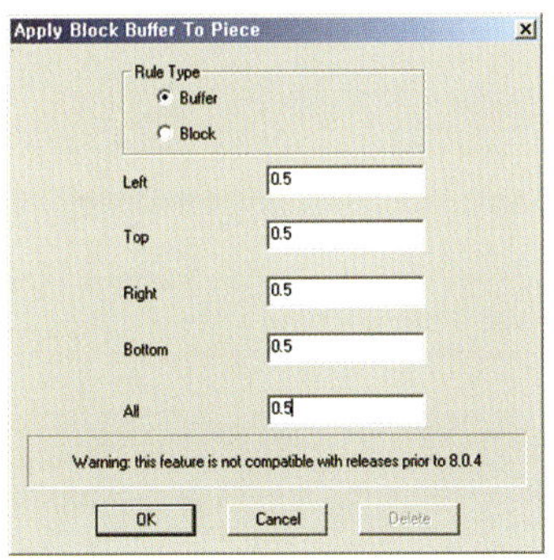

마커 체크무늬 넣기 화면에 실제 사용하는 원단 문양 넣기

줄무늬 / 꽃무늬 / 체크 무늬일 경우 원하는 위치에 마킹할 수 있는 대단히 유용한 방법이다.

❶ 사용할 원단의 사진을 찍어서 저장한다 – ❷ 생성된 마커에 커서 놓고 마우스 오른쪽 클릭 Open with –Easy Making을 클릭한다. ❸ 좌측 상단 view ❹ set Fabric Background Fabric ❺ 저장한 원단 사진을 찾아서 클릭한다. ❻ Background Fabric window 입력창에서 원단의 무늬 넓이와 길이를 입력한다. ❼ OK 클릭 마커 배경이 원단으로 설정된다. ❽ 무늬의 위치를 확인하면서 피스를 배치한다. ❾ 마킹이 끝난 다음 사진 배경을 제거한다. ❿ Remove Background Fabric 클릭 제거

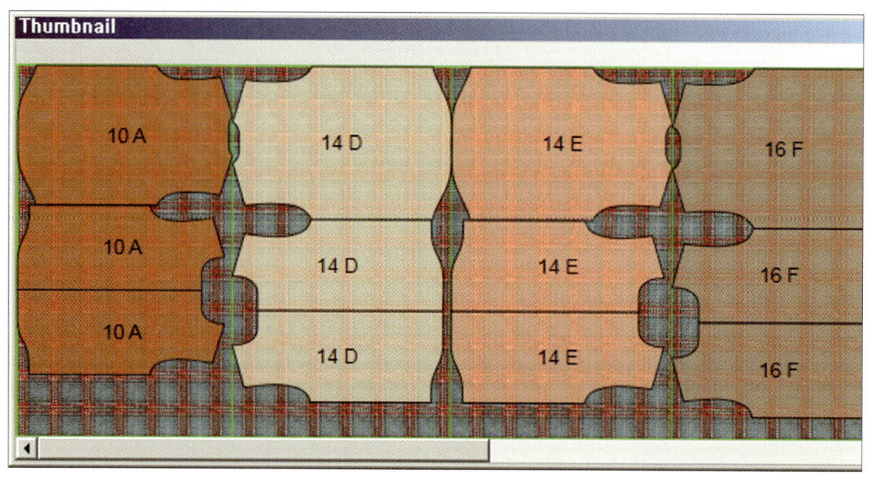

한 사이즈만 불러내기 & 같은 그룹 불러내기

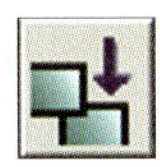 Select Bundle

Mark Making 구 버전 − ❶ Bundle − ❷ select − ❸ 원하는 사이즈 선택 ❹ OK − 선택한 사이즈 그룹만 모두 나타난다.

마우스 오른쪽을 중지로 누르고 우측에서 왼쪽으로 한 사이즈 전체를 드래그한 다음 마우스에서 중지를 놓으면 상단에 정렬된다.

같은 그룹 불러내기

❶ 마우스 오른쪽을 중지로 누르고 밑에서 위쪽으로 필요한 영역을 드래그 − ❷ 마우스에서 중지를 놓으면 상단에 정렬된다.

같은 방법으로 전체를 불러낼 수도 있고 한 사이즈만 불러내기도 하며 한 그룹만 불러내기도 한다.

Easy Making 8.5 − Select Bundle − OK − 원하는 사이즈 피스 클릭

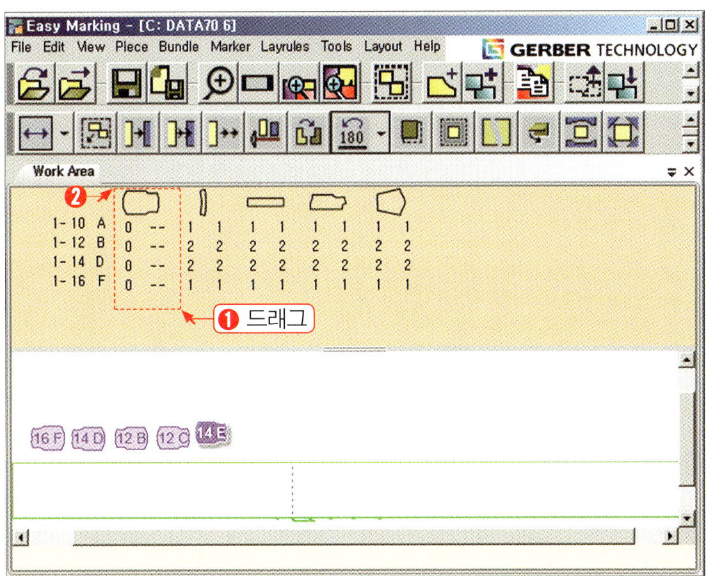

⚠ 참고

기본사이즈 만 전체 불러내어 쪽수가 맞는지 확인한다.
Model의 쪽수 입력과정에서 잘못 입력된 쪽수에 대하여 수정할 수 있는 마지막 기회로 활용하기 위해서 반드시 실시해야 하며 이 항목은 프로그램에 상관없이 CAD 작업자가 반드시 숙지해야 할 사항이다.

마커 넣기

마커 넣기 준비로 Model과 Order 작성 에러 발생 시 조치 방법과 마커를 넣는 여러 가지 방법 단축 아이콘 사용 방법 등을 설명하였다. 이제 본격적으로 마커를 넣어보자.

1) 기본 마커 복사하여 연습하기 – Acc Mark Explorer에서 – DATA70폴더 클릭 LADIES – BLOUSE 마커 클릭 – 마우스 오른쪽 – Save As – 원하는 넘버 & 이니셜 입력 – OK
2) 생성된 마커에 커서 놓고 마우스 오른쪽 – Open With – Mark Making에서 마우스 왼쪽 클릭 – Open – 상단에서 Marker – Return AII Pieces 클릭 – Yes – 기본 마커 제거
3) 마커 넣기 연습 진행하며 저장하지 않으면 원본으로 항상 되돌아갈 수 있다.

❶ 피스에 커서를 놓고 마우스 왼쪽 클릭 – ❷ 마우스에서 검지를 놓고 마우스만 움직여 집어넣을 위치에서 빈 공간에 피스를 놓고 마우스 왼쪽 클릭 – ❸ 마우스를 누른 채 약간 잡아당기면서 집어넣을 위치에서 검지를 놓는다.

큰 조각을 먼저 넣고 작은 조각을 빈 공간에 채워 넣는 방법으로 남는 공간을 최소화한다. 가장 작은 사이즈와 큰 사이즈를 함께 배치하고 중간 사이즈끼리 배치하는 방법으로 공간을 최대한 활용한다. 중간에 저장하고 필요할 때 저장되었던 위치로 되돌아가 배치를 계속한다.

 Open Original 원본 파일을 불러낸다.

File – Open Original

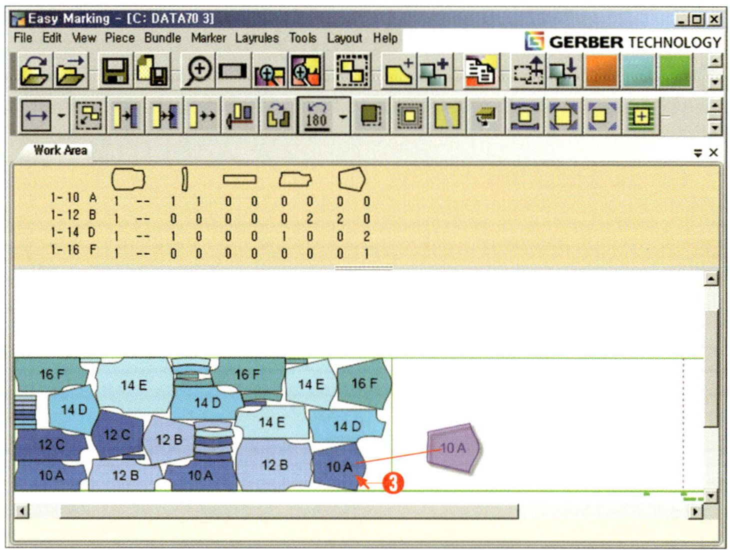

큰 조각을 모두 넣은 다음 작은 조각들은 알맞은 빈 공간에 채워 넣는다.

피스 조각들을 모두 배치하고 남아있는 피스가 있는지 반드시 확인해야 한다.

ⓐ 모두가 (0) 상태이어야 하며 이 부분에 숫자가 남아있는 것은 피스 조각이 아직 남아 있는 것으로
반드시 0(제로) 상태이어야 한다.

마킹이 끝난 다음에 압축을 시킨다.

Tools - Compact Marker - 압축된다.

 Compact Marker

마커에 프린트되는 내용을 추가 또는 삭제한다.

 Print Options

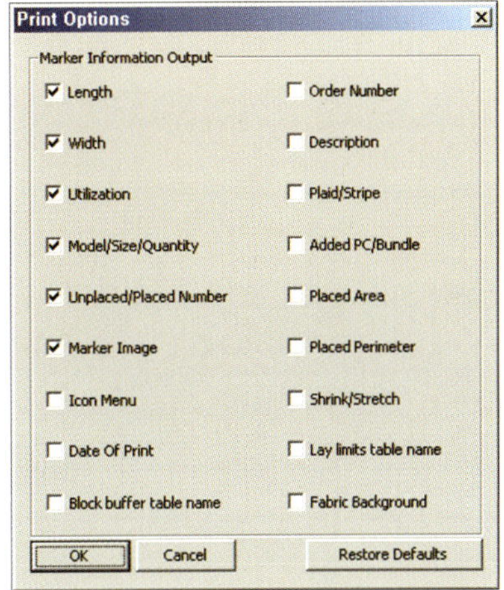

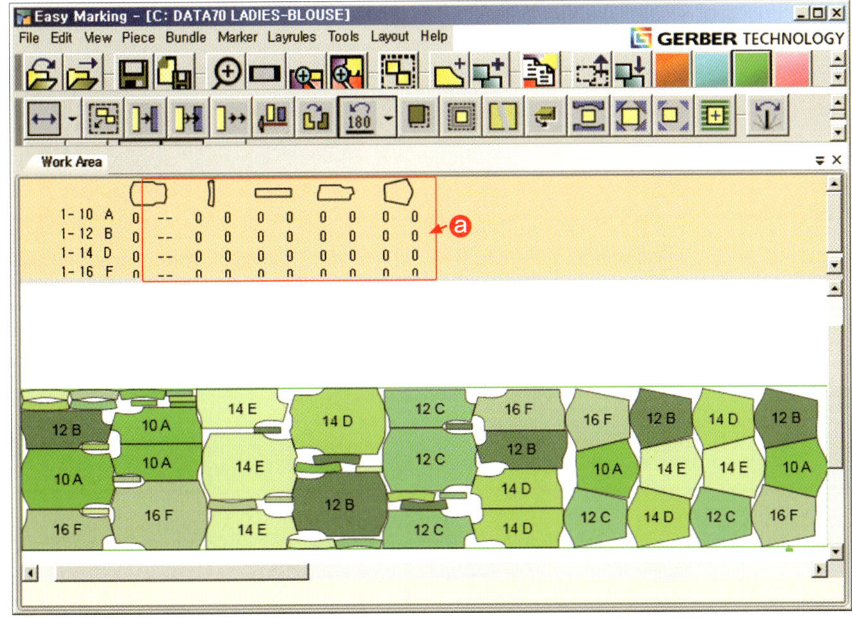

스타일 넘버가 다른 마커 합치기

1번 마커와 2번 3번 마커를 합치면 1번/ 2번 마커는 없어지고 통합된 새로운 마커만 남게 되므로 원본을 남기려면 복사하여 합친다.

 Attach Marker

예) 1번과 2번의 마커를 합치려면 1번 마커를 열고 2번을 불러내어 합친다.

❶ 마커를 열고 단축 아이콘 Attach Marker 클릭 – ❷ 합치려는 스타일 넘버 선택 – ❸ Open – ❹ 새로운 스타일 넙버 입력 – ❺ Save – ❻ (Y) 확인 – ❼ F5 연타– 마커 1번, 2번은 없어지고 새로운 5678이 생성된다. 스타일 넘버가 다른 두 개의 합쳐진 마커 확인한다.

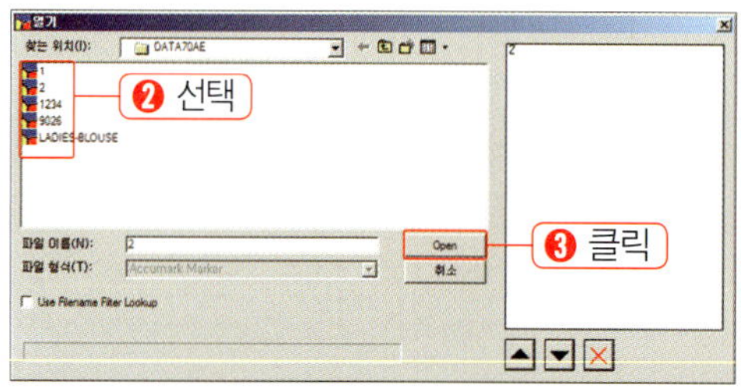

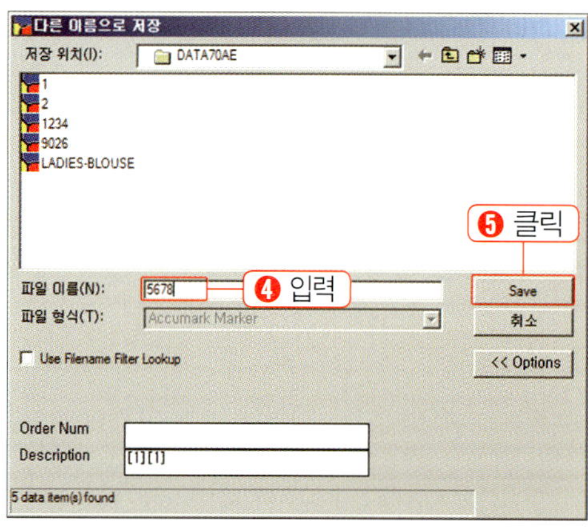

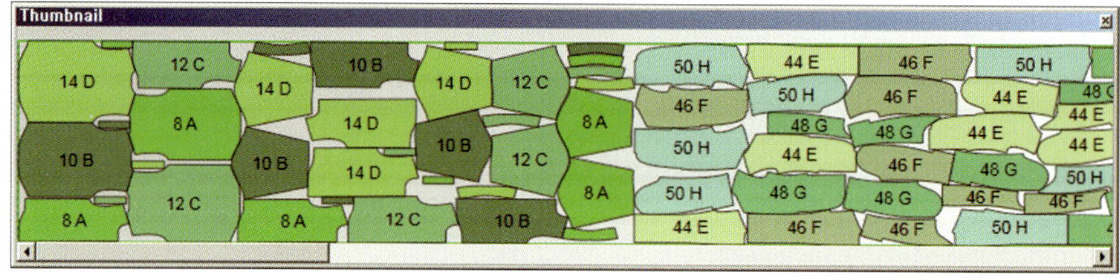

PCS당 소요량 산출

PCS당 소요량 산출.

❶ View – ❷ Maker Properties – ❸ Maker Description

 Maker Properties

10(1), 12(2), 14(2), 16(1)

10호 1마커 12호 2마커 14호 2마커 16호 1마커 모두 6마커이다.

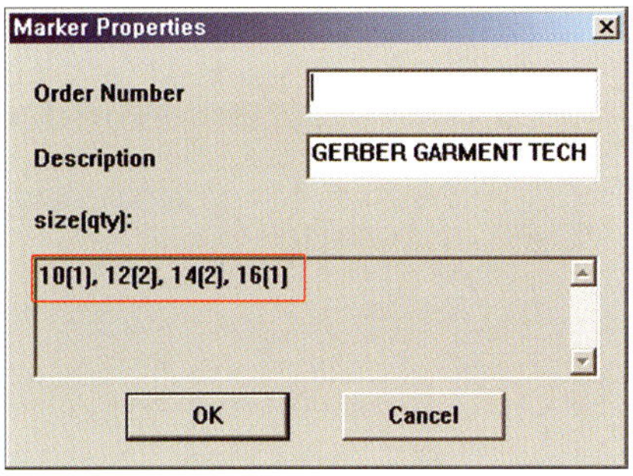

LN – 마커의 총 길이

WI – 원단 넓이

CU – 효율

BD – 1'PCS 소요량

소요량 산출 방법

마커의 총 길이 확인 7y 31.7421

7y × 36 = 252 + 31.7421 = 283.37421 / 36 = 7.881725 / 6 마커 = 1.31362 yd

loss % 은 적용되지 않은 net 소요량이다.

소요량 산출 (meter)

소요량 계산 〉 필요한 길이가 106.9975㎝이면 106.9975 ÷ 100 = 1.069975m

(1meter는 100㎝이므로 100으로 나눈다.)

소요량 산출 (inch – ydrd)

소요량 계산 〉 필요한 길이가 42″ lnch 이면 42 ÷ 36 = 1.166yd

(1yd는 36inch이므로 36으로 나눈다.)

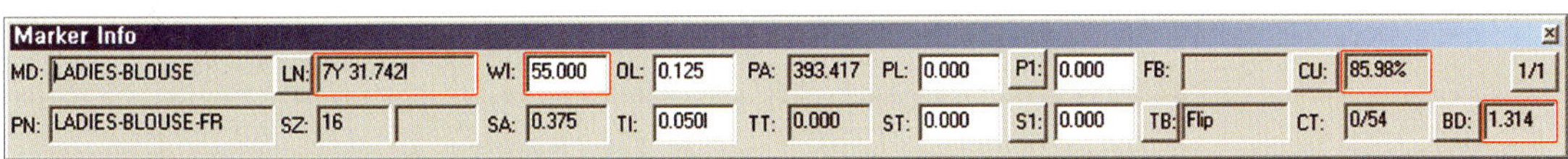

소요량을 마커에 입력하는 방법

1) – ❶ Tools – ❷ Bump Line – ❸ Manual – ❹ 마커 중심에서 (마커 폭 선에 정확하게) 커서 놓고 마우스 왼쪽 클릭 – ❺ 마우스에서 검지를 놓고 약간 내려긋는다.

2) – ❶ Tools – ❷ Bump Line – ❸ Annotate – ❹ 그어 놓은 선을 클릭 – ❺ 내용입력 1.302 – ❻ OK

지우기

❶ Tools – ❷ Bump Line – ❸ Delete – ❹ 그려놓은 선을 클릭한다.

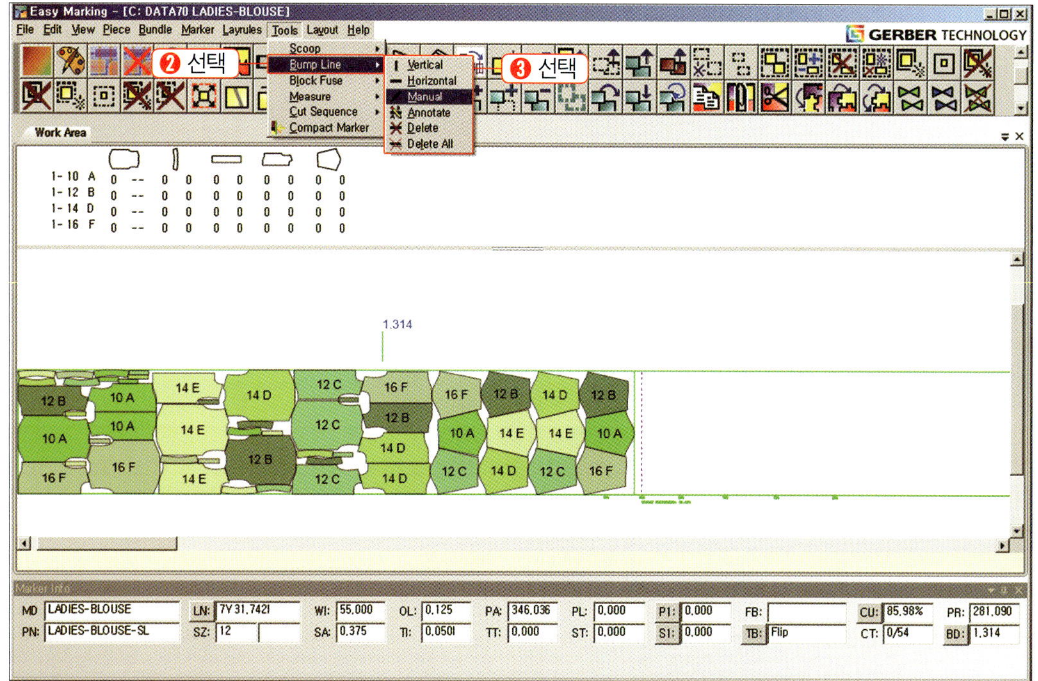

이색 방지 근접 마커 넣기

이색 방지란 합복 후에 색상이 다르게 보이는 것을 방지하는 것을 목적으로 하므로 먼저 원단의 염색 상태를 확인하는 것이 중요하다.
원단의 상태를 확인할 수 없는 경우라도 같은 합복조는 가급적 근접시켜 배치한다.

바지의 마커이며 길이에서 같은 선상에 사이즈별 피스를 배치한 경우이며 이색 방지를 위한 최적의 이색방지 조건을 충족시킨 마커이다.
같은 선상이라도 몸판과 허릿단이 멀리 떨어지는 것을 피하기 위하여 허릿단을 가운데 배치한 경우이다.

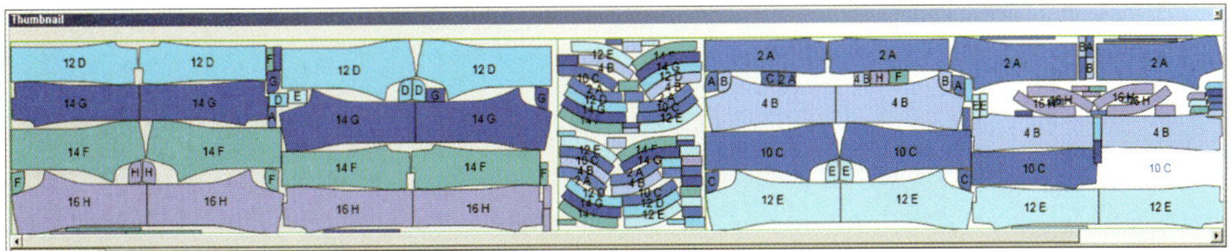

허릿단을 모두 사이드에 블록으로 모아서 배치한 경우이다.

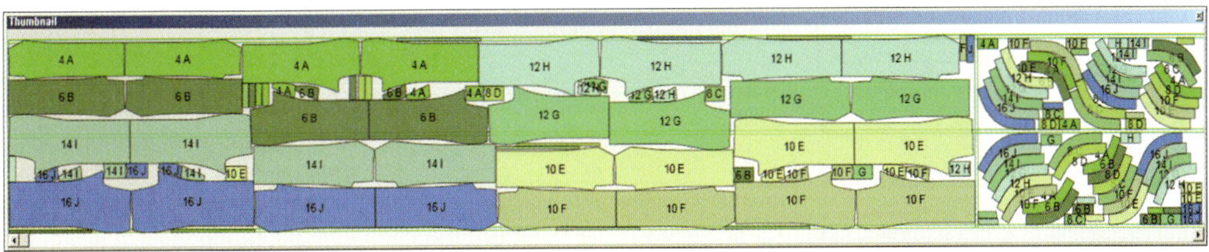

원단의 길이 방향에서 이색이 있고 폭 방향에서 이색이 없는 경우에 시도하는 방법으로 사이즈별 피스를 한 폭에 모두 넣는 방법이며 특히 커트 무늬가 있는 경우 폭 방향에서 무늬를 맞추어 피스를 배치한다.

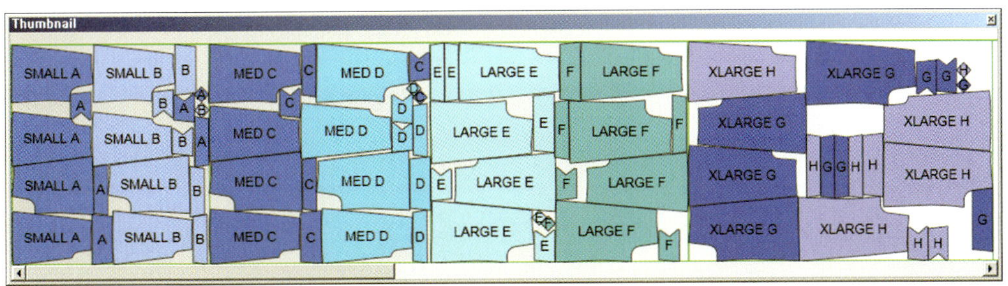

- 심지를 넣지 않는 자켓을 폭과 길이에서 서로 합복 부위를 사이즈별로 같은 선상에 근접시켜 배치한 마커이다.
- 심지가 없는 자켓으로 두 사이즈를 섞어서 길에서 근접시킨 마커이다.
- 소매까지 전체 심지가 들어가는 특이한 경우로서 자켓을 사이즈 별로 폭에서 근접시킨 마커이다.

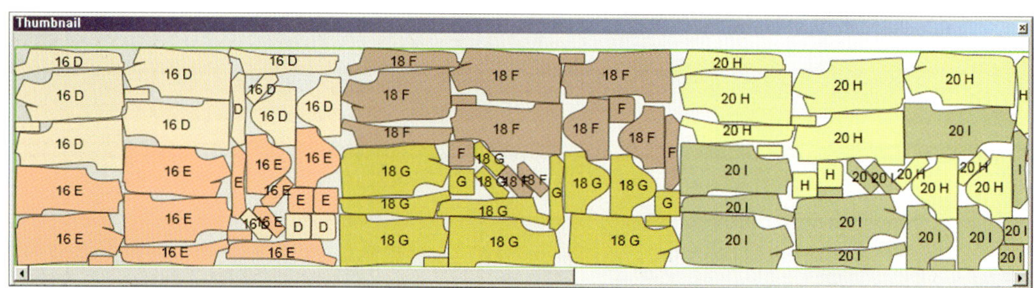

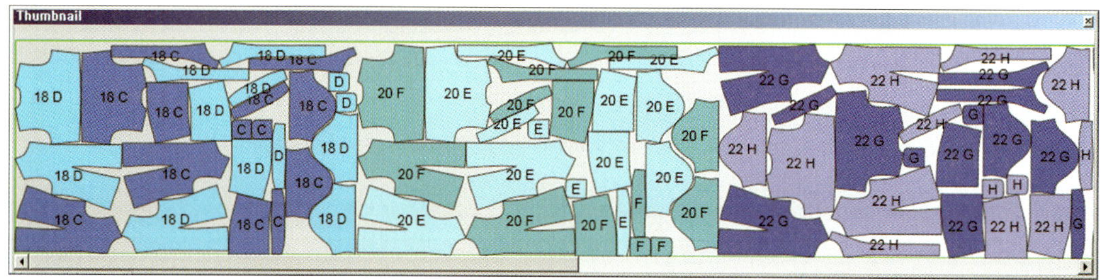

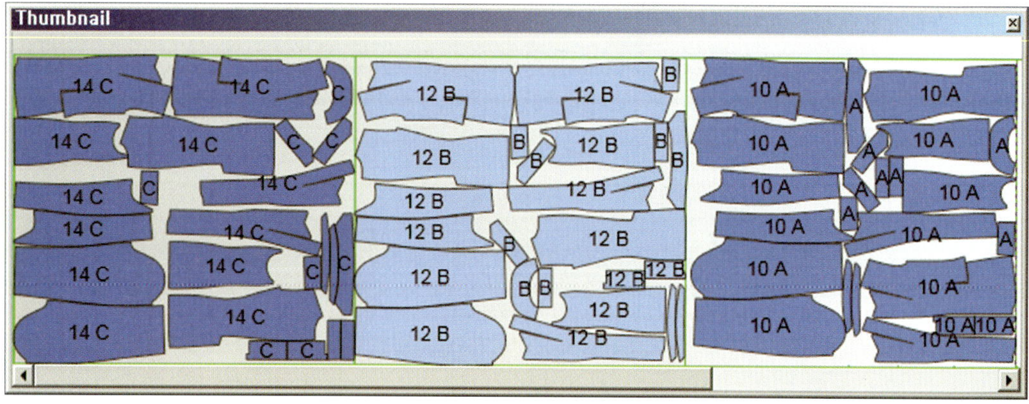

안감 이색방지 마커 넣기

자켓의 안감은 뒤판 중심이 가장 눈에 잘 띄는 관계로 뒤판을 서로 근접 시켜서 배치한다.
앞판과 옆 솔기 소매 등은 서로 떨어져 있으므로 약간의 이색에 대하여 허용이 가능하나 뒤판 중심
은 약간의 이색에도 확연히 차이가 나므로 근접하여 왼쪽과 오른쪽을 배치한다.
서로 마주 보는 형태와 같은 선상에 놓이는 것이 이색을 방지하는데 효과가 크다.

- 뒤판을 모두 같은 선상에 배치하여 이색을 방지한다.
- 폭 방향에서 사이즈별로 배치하였다.
- 스커트의 안감의 근접 마커

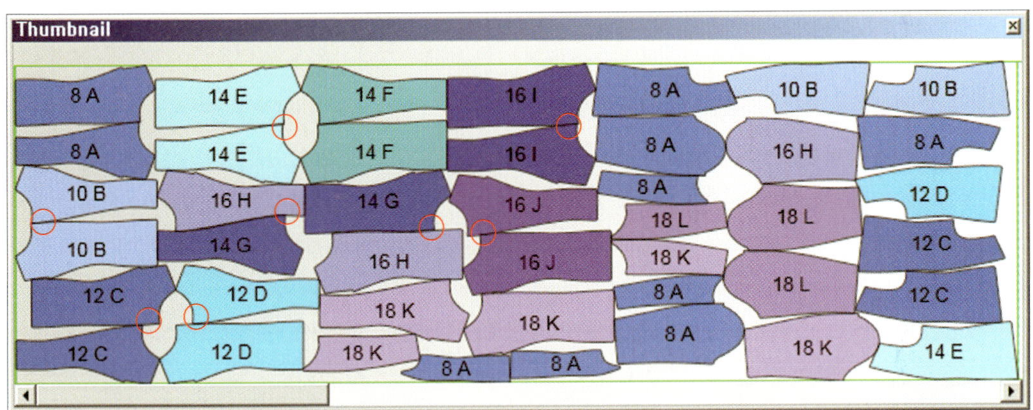

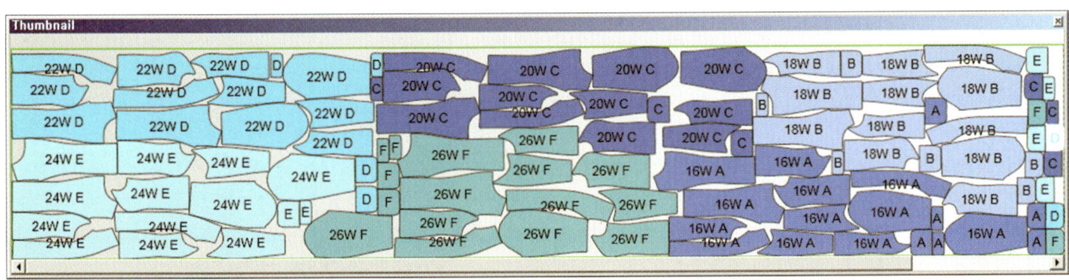

블록 마커 넣기

심지가 들어가는 부위를 한곳으로 모아 배치하고 외곽선만 잘라서 같은 크기의 심지를 붙인 다음 다시 연단하여 정밀하게 커팅하는 방법으로 한 개씩 붙이지 않으므로 작업 시간이 단축되고 형태가 유지되므로 사이즈 품질과 작업 시간이 절약되는 생산 현장에서는 선택의 여지가 없는 작업 방법이다. 따라서 소요량을 산출하는 마커와 실제 작업 마킹 시에도 심지가 들어가는 부위를 모아서 한곳으로 배치하는 노력을 해야 한다.

장점 〉 피스의 사이즈 형태가 유지되고 작업 시간이 단축된다.
단점 〉 소요량이 약간 증가한다.

블록으로 구성된 부위는 둘레에 여유를 주는 것이 중요하며 작은 조각은 1/2 큰 조각은 3/4″ 이내에서 둘레에 여유를 주어야 한다. (그림 참고)

> ⚠ **참고**
> - 작업장에서 보유하고 있는 휴징 프레스의 최대 작업 폭을 알고 있어야 한다.
> - 블록 마커의 넓이를 30인치 이내로 제한하면 대부분 기계에서 소화할 수 있다.

블록 마커는 길이에는 제한받지 않으나 폭에 대해서는 제한을 받으며 휴징프레스의 입구보다 블록 마커의 넓이가 크면 심지를 붙일 수 없게 된다.

- 자켓과 팬츠 상하의 이색 방지를 위해서 함께 마킹한 예로서 고가 의류에서 사용하는 방법이며 심지가 들어가는 부위를 모아서 블록으로 배치하고 심지가 들어가지 않는 부위는 블록 주위에 배치한다.

- 팬츠의 블록 마커로서 우측에 심지가 들어가는 부위를 모아서 블록으로 배치하였다.

- 팬츠의 블록 마커로서 양쪽에 심지가 들어가는 부위를 블록으로 배치하였다.

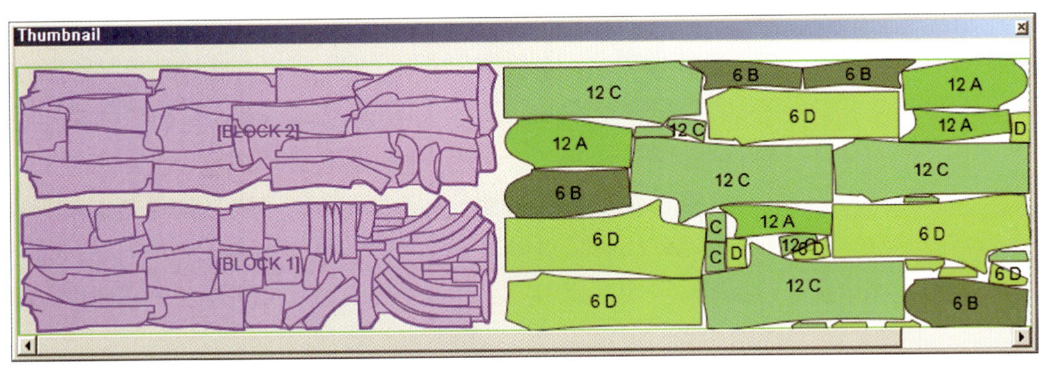

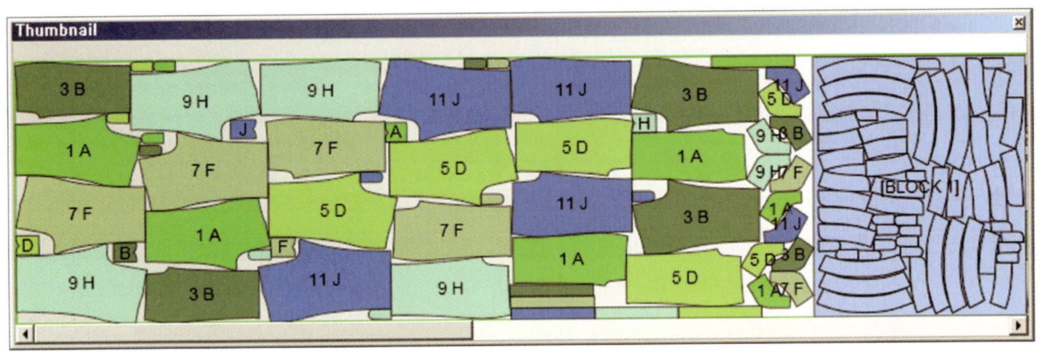

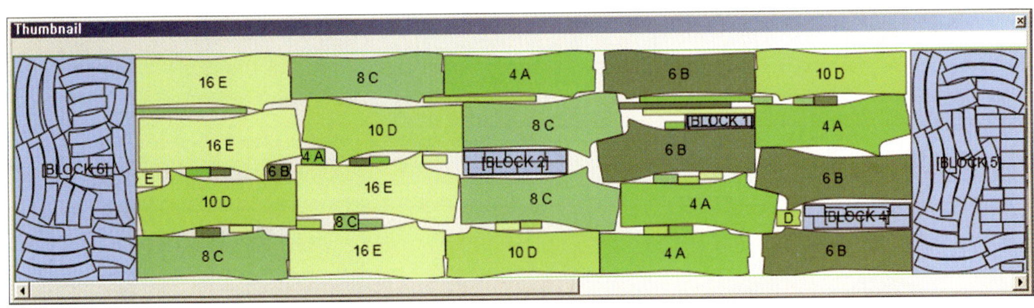

피스를 묶어서 이동하기 / 작업 도중에 묶어야 하는 경우

피스를 묶어서 이동하기

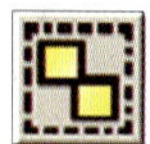 Create Marry    Delte Marry

같은 크기의 작은 피스 또는 대칭 관계에 있는 피스끼리 묶어서 함께 움직일 때 유용한 기능이다.

❶ Create Marry 클릭 – ❷ 마우스 왼쪽을 누르면서 피스를 차례로 클릭 – ❸ OK – ❹ 커서로 집어 들면 지정한 피스 조각이 함께 움직인다.

해제 – Delte Marry 클릭 – 묶어놓은 피스 클릭

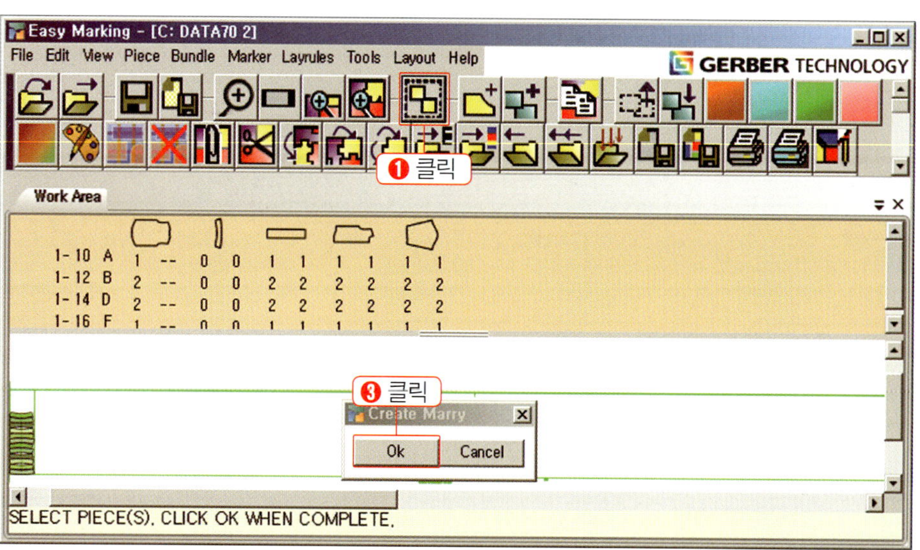

⚠ 참고

줄무늬와 첵크 무늬를 맞출 때 유용한 기능으로 보기와 같이 코너에서 묶는 작업을 실행한다.

작업 도중에 묶어야 하는 경우

사이즈별 또는 피스별로 묶어서 이동 배치하는 유용한 기능이다.

 Menual Bump Line  Delete Bump Line

❶ Menual Bump Line ❷ 하단에서 마우스 왼쪽을 누르고 선을 그어 올린다. ❸ 적당한 위치에서 멈추어 마우스 왼쪽을 클릭하여 멈춘다. ❹ 묶을 피스를 하나씩 쌓아놓는다. ❺ Create Marry ❻ 마우스 왼쪽을 누르면서 피스를 차례로 클릭 ❼ 하나로 묶인 피스를 필요한 위치로 자유롭게 이동시키며 배치한다.

해제 – Delete Bump Line 아이콘을 클릭한 다음 선을 클릭한다.

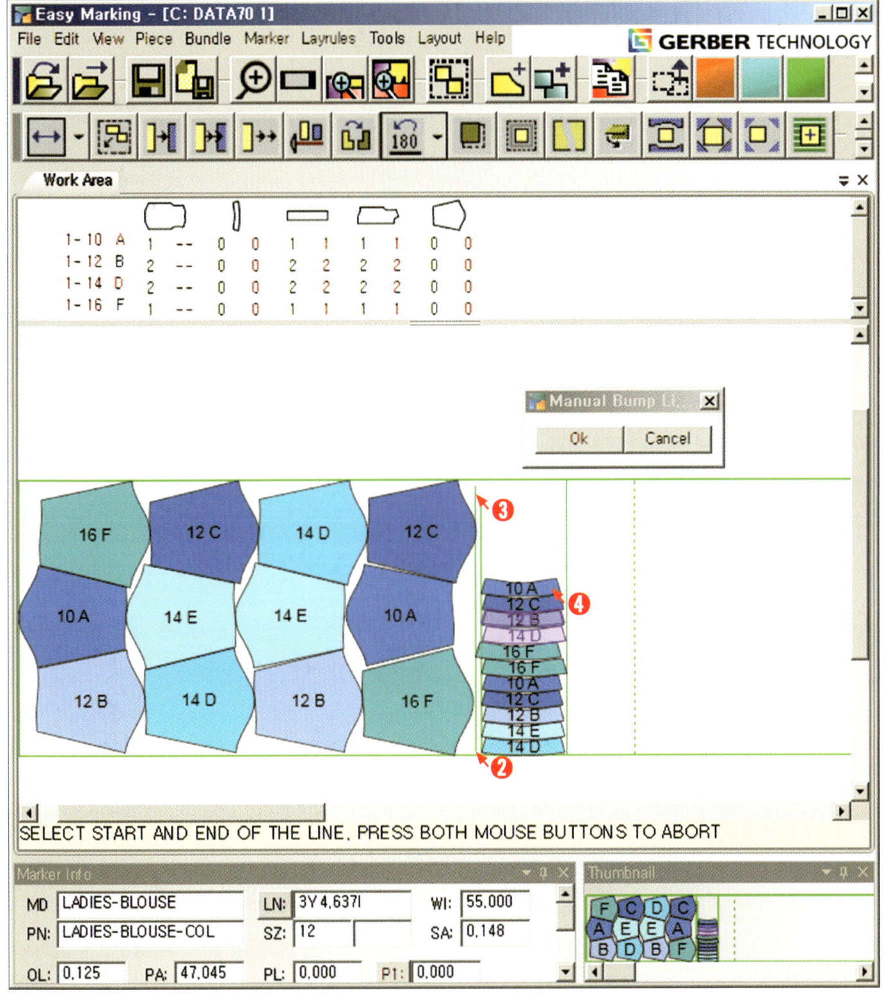

⚠ **참고**

선을 생성시키는 위치는 자유롭게 필요한 위치에서 실행할 수 있으며 필요한 피스끼리 묶은 것은 위에 올려놓고 다른 피스에 대한 묶는 작업을 반복 실행한다.

사각형과 곡선형 블록 설정

곡선형 블록은 피스의 굴곡진 형태에 따라서 블록이 형성되는 대단히 유용한 기능이다.

 Create Block Fuse   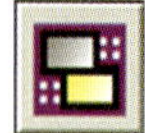 Copy Block Fuse

곡선형 블록 설정 – ❶ Create Block Fuse – ❷ 블록이 필요한 피스를 정렬시킨 다음 하나씩 클릭 – ❸ Automatic – ❹ 피스 둘레에 떨어지는 간격을 입력 예) 0.75 – ❺ OK 블록이 설정된다.

사각형 블록 설정 – ❶ Create Block Fuse – ❷ 블록이 필요한 피스를 정렬시킨 다음 하나씩 클릭 – ❸ Rectangle – ❹ 사각형의 블록이 설정된다.

블록 해제 – Tools – Block Fuse – Delete

블록 마커 복사 이중으로 넣으려면 – Tools – Block Fuse – Copy

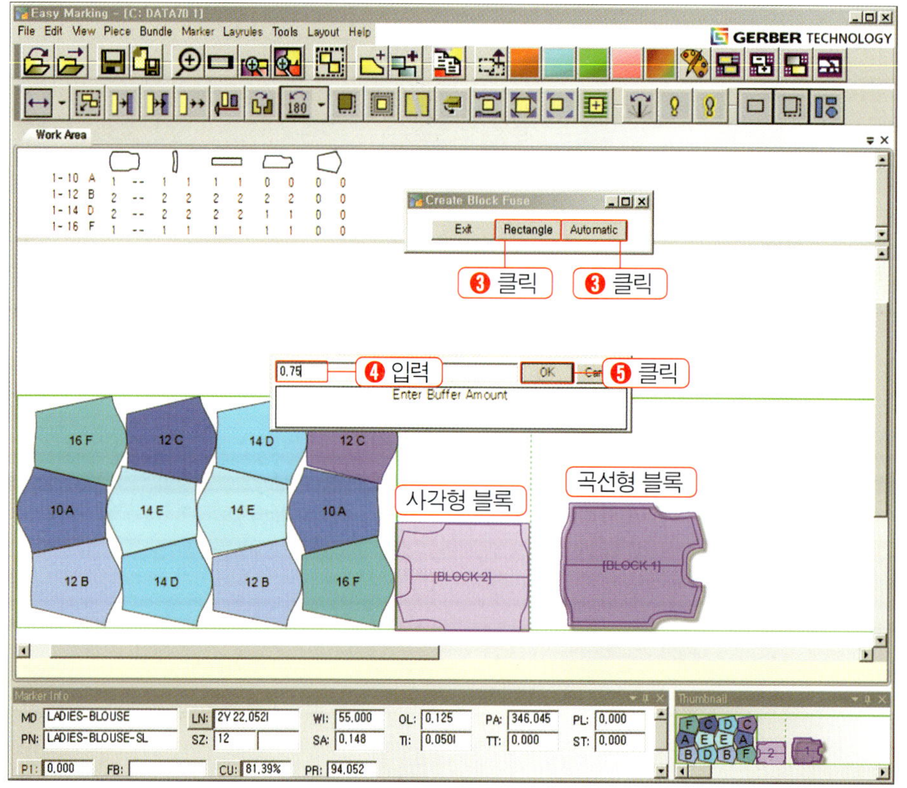

무늬 맞추는 마커 넣기 풀 매칭 & 부분 매칭

무늬 맞추는 마커 넣기 풀 매칭 & 부분 매칭
바지 줄무늬 맞추기(Stripes), 바지 체크무늬 배치(Checks)

기본적으로 맞추는 부위
앞 중심 좌우 / 주머니 안단과 몸판 / 앞판 중심 좌우 / 뒤판 좌우

부분 매칭

허릿단 앞 중심 좌우를 매칭
앞 중심 좌우 매칭
뒤 중심 좌우 매칭
옆 주머니 안단과 몸판 맞춘다.
옆 솔기와 안쪽은 맞추지 않는다.

전체를 맞추는 FULL MACHING

허릿단 앞 중심 좌우를 매칭
앞 중심 좌우 매칭
뒤 중심 좌우 매칭
옆 주머니 안단과 몸판 맞춘다.
옆 솔기와 안쪽 솔기를 모두 맞춘다.

싱글 (SINGLE) 연단

원단의 겉면을 위로 향하고 속면은 항상 밑에 놓이는 방법으로 연단 작업자는 항상 원단의 겉면을
보면서 한 장씩 쌓아가게 된다.

페이스 투 페이스 (Face to Face) 연단

첫 장은 겉면을 밑으로 향하게 놓고 속면을 위로 향하게 놓으며 두 번째는 속면을 밑으로 놓고 겉면
을 위로 향하게 놓는다. 즉 속면이 서로 마주 보는 형태이며 반드시 짝수로 연단을 끝내야 한다. 커
팅 후에 한쪽 방향으로 분리시키거나 넘버을 양쪽으로 붙인다.

줄무늬 (Stripes) 맞추기 마커 / 싱글(SINGLE)연단

줄무늬 맞추기의 기본적인 중요 포인트는 앞 허릿단의 좌우이며 뒤 중심이다.

앞 허릿단 좌우 맞추기 방법

왼쪽과 오른쪽의 허릿단 앞 중심을 서로 붙여서 배치한다.

뒤판의 왼쪽과 오른쪽을 허리선에서 서로 붙여서 배치한다.

허릿단은 앞 중심이 가로선에서 왼쪽과 오른쪽 매칭이 되어야 하므로 같은 사이즈로 같은 선상에 앞 중심을 마주 보게 배치한다.

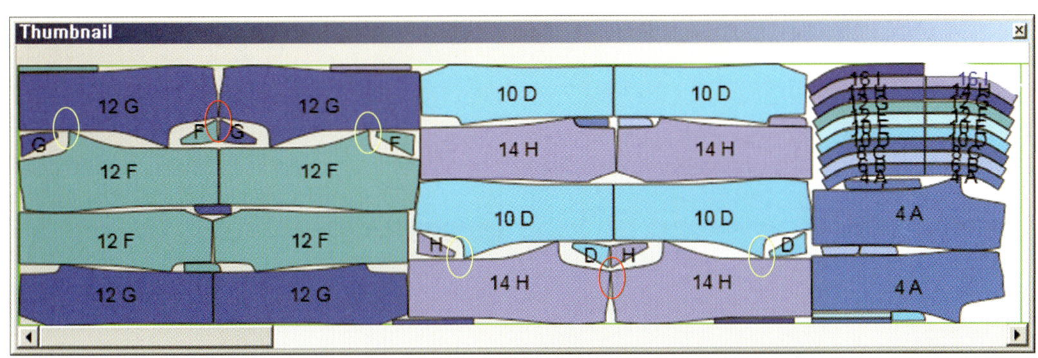

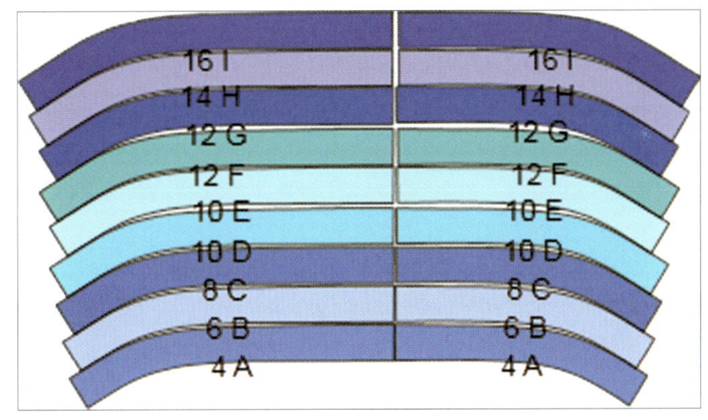

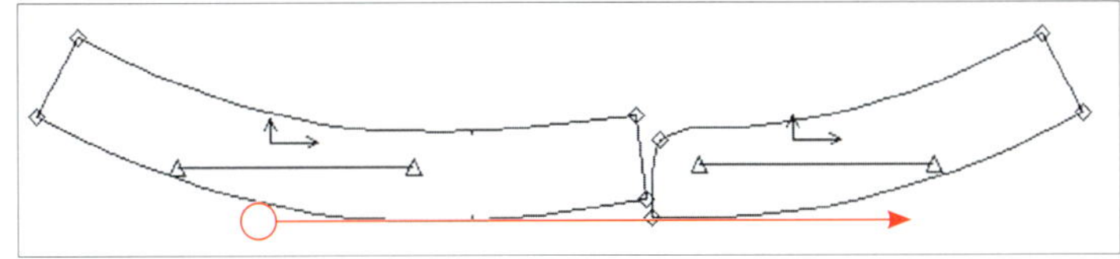

> ⚠ **참고**
>
> 허릿단의 앞 중심 TPA 길이가 긴 경우에 앞 중심 노치 포인트를 기준으로 배치한다.

피스를 묶어서 함께 움직인다.

코너를 이용하여 묶어야 할 피스를 먼저 실행하고 배치한다.

❶ 뒤판을 코너에서 매칭하고 − ❷ Create Marry 클릭 − ❸ 놓인 피스를 마우스 왼쪽을 누르면서 차례로 클릭− ❹ 클릭 − ❺ OK

Create Marry

❶ 뒤판의 뒤 중심을 위쪽으로 배치한다 − ❷ Create Marry 클릭 − ❸ ❹ 놓인 피스를 차례로 클릭 − ❺ OK

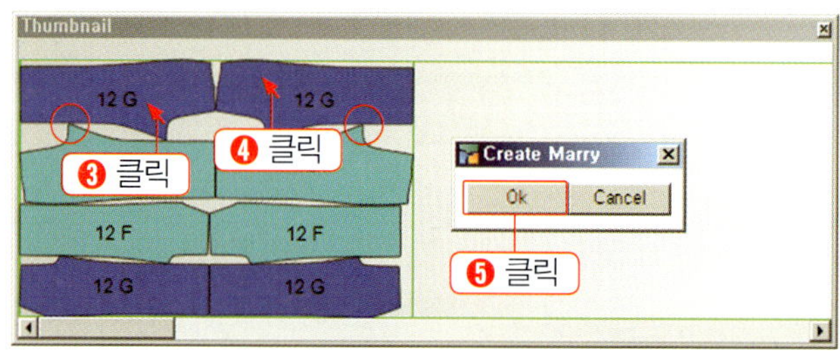

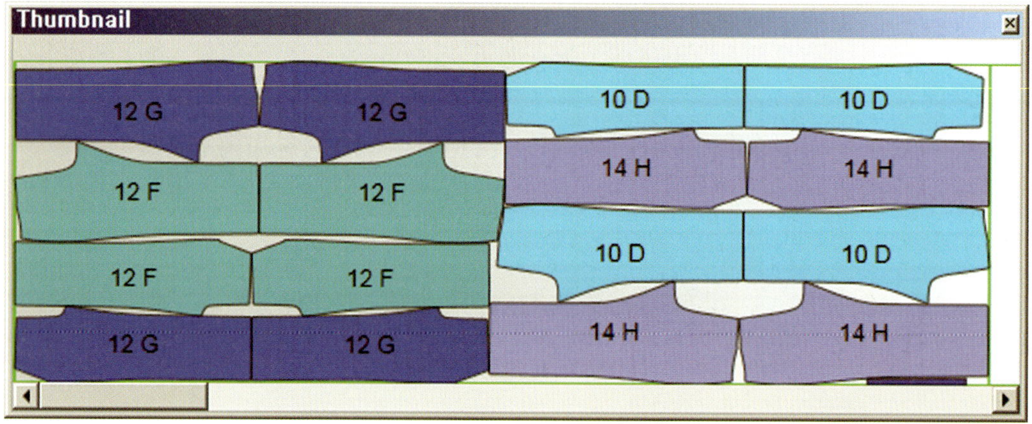

전체를 맞추는 Full Maching /
페이스 투 페이스 (Face to Face)

페이스 투 페이스 (Face to Face) 연단 방법은 마커를 홀수로 넣는다.

본 마커는 6사이즈 마커이며 몸판끼리 앞판과 뒤판의 옆 솔까지 모두 풀 매칭이다.
소매는 작은 소매와 큰 소매의 합복 위치까지 풀 매칭이며 몸판과는 맞추지 않는 방법이다.

1) Face to Face 연단의 특징은 속면이 서로 마주 보게 연단하고 반드시 짝수로 연단이 끝나야
   한다.
2) 마커에 놓이는 패턴은 앞판과 뒤판 사이드 몸판 소매 등 짝수로 필요한 피스를 모두 홀수로 넣는
   다. (Model을 작성할 때 모두 1피스라고 입력한다.)

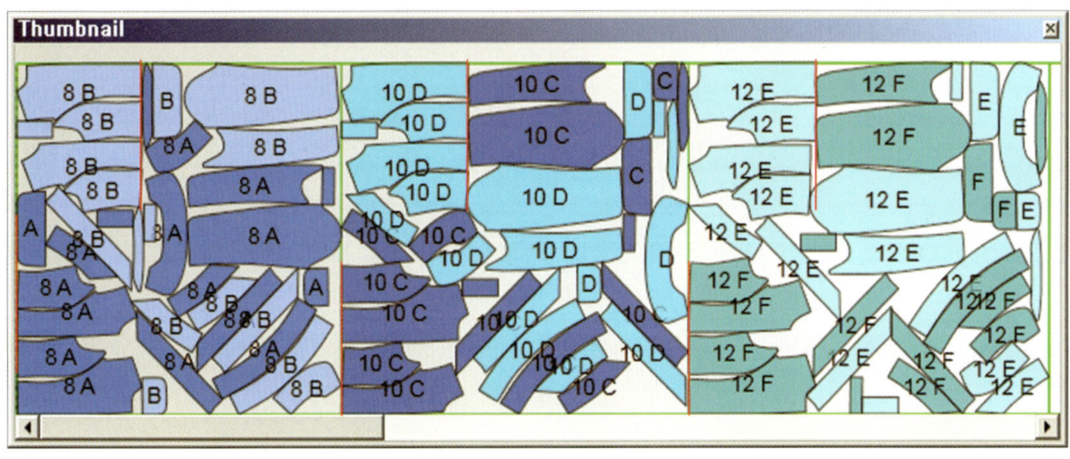

마커 파일 복사하기

Accu Mark Explorer에서 −

❶ 복사하려는 스타일의 Order에 커서 놓고 마우스 오른쪽 클릭 − ❷ Save As 클릭 − ❸ 새로운 넘버 입력 예) 1234 − OK − ❹ 새로 생성된 LADIES BLOUSE −1을 클릭 − ❺ 하단 WI; 클릭 새로운 원단 넓이 입력 − ❻ OK

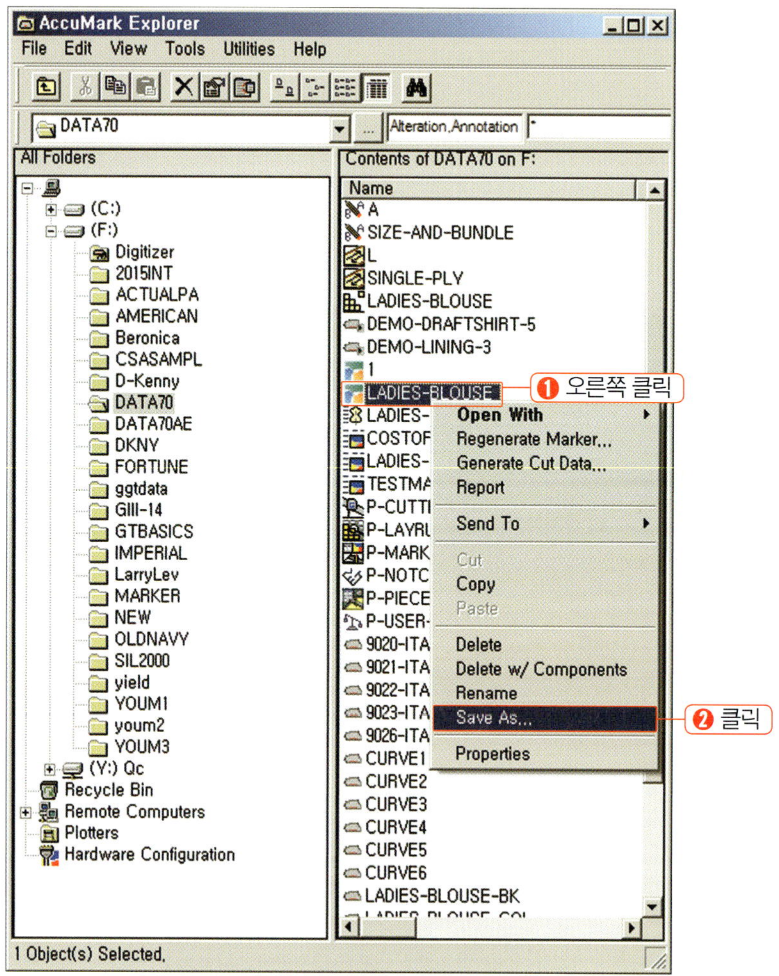

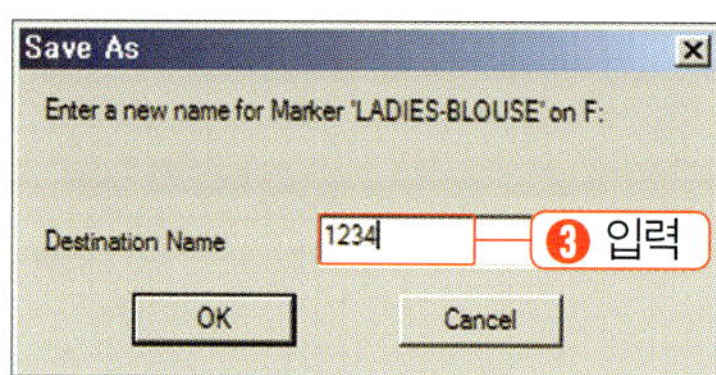

마커가 끝난 다음 패턴을 고쳤을 때 마커를 수정하는 방법

1) Acc Mark Explorer에서
❶ 스타일 넘버에 커서 놓고 마우스 왼쪽 클릭 – ❷ Regenerate Mark 클릭 – ❸ Yes 클릭 – ❹ 확인 클릭 – F5

2) Mark에서
❶ 스타일 넘버 클릭

❷ 서로 겹치는 피스는 모두 색상이 다르게 표시된다.

❸ 피스를 재배치한다.

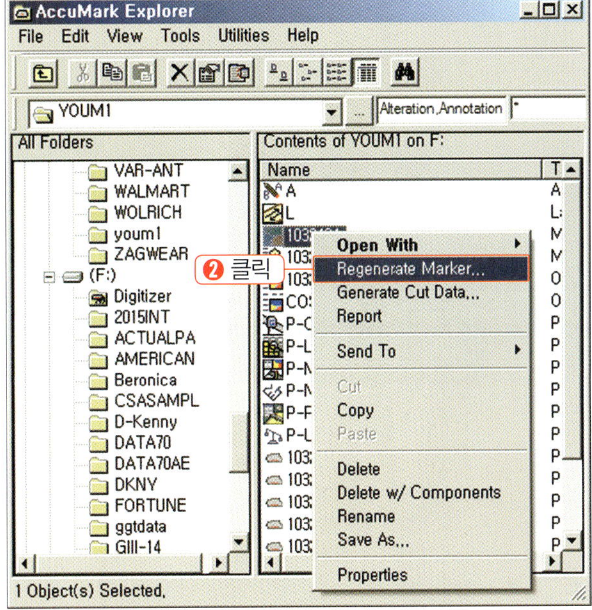

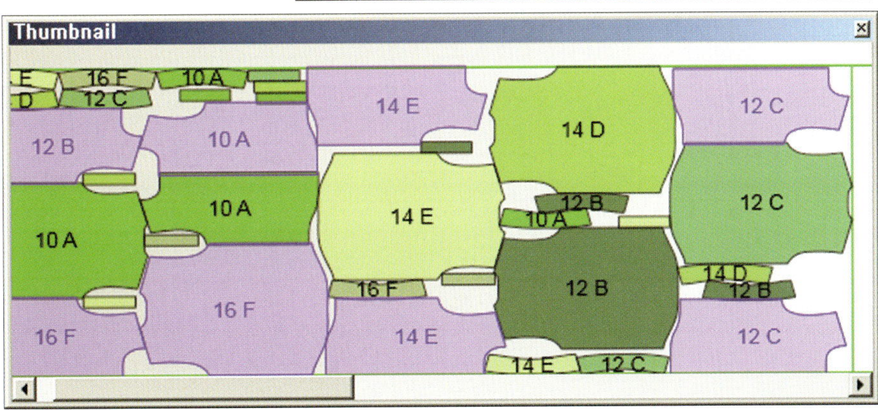

피스의 간격을 모두 띄워서 마커 넣기

전체 피스의 간격을 모두 띄워서 마커 넣기

예) 좌우 상하에서 1/4씩 떨어지게 하려면 Block Buffer에 떨어지는 간격을 입력하고 Order에 적용해야
한다.

❶ 메인에서 2번째 단추 클릭 − ❷ Block Buffer − ❸ Num 번호 1 − 2입력 − ❹ Left 란에 0.25 −
❺ Top 0.25 − ❻ Right 0.25 − ❼ Bottom 0.25 − ❽ View − ❾ inch & cm 설정 − ❿ Save 저장
파일명은 알아보기 쉽게 피스의 간격을 띄우는 숫자를 표시한다.

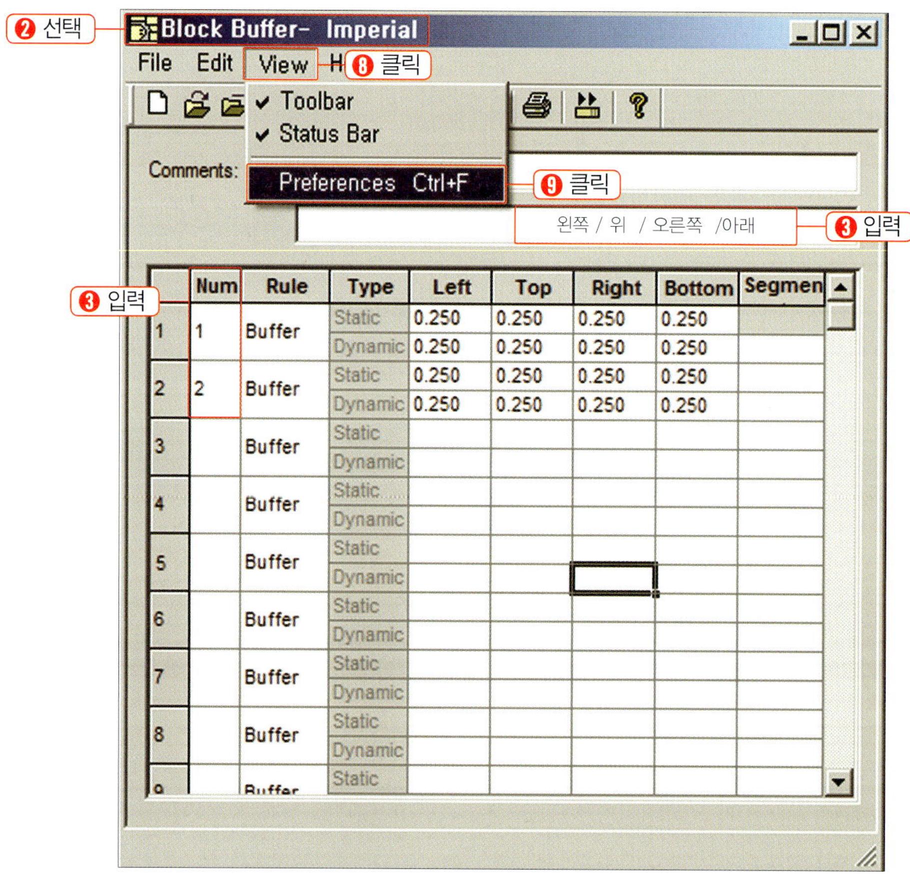

Num	Rule	Type	Left	Top	Right	Bottom	Segmen
1	1	Buffer	Static 0.250	0.250	0.250	0.250	
			Dynamic 0.250	0.250	0.250	0.250	
2	2	Buffer	Static 0.250	0.250	0.250	0.250	
			Dynamic 0.250	0.250	0.250	0.250	
3		Buffer	Static				
			Dynamic				
4		Buffer	Static				
			Dynamic				
5		Buffer	Static				
			Dynamic				
6		Buffer	Static				
			Dynamic				
7		Buffer	Static				
			Dynamic				
8		Buffer	Static				
			Dynamic				
9		Buffer	Static				

❶ Order – ❷ Lay Limits 란 우측코너 클릭 – ❸ SINGLE–PLY 설정 – ❹ Block Bufferf 우측
코너 클릭 – ❺ 저장한 Block Bufferf 0.25 선택 – ❻ OPEN – ❼ 저장 – ❽ 화살표 클릭 – 마커를
넣으면 피스의 선이 점선으로 표시된다.

※ –표 를 클릭하여 작성하는 사이즈별 마카 수량은 모두 작성되어 있어야한다.

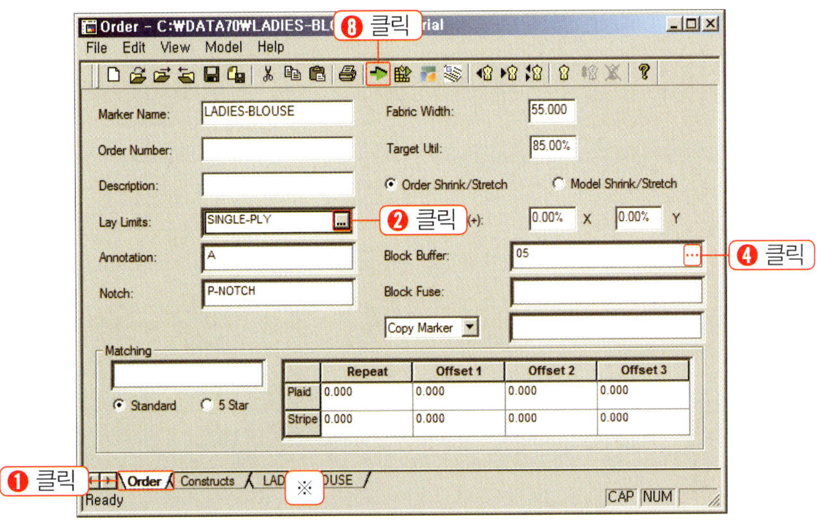

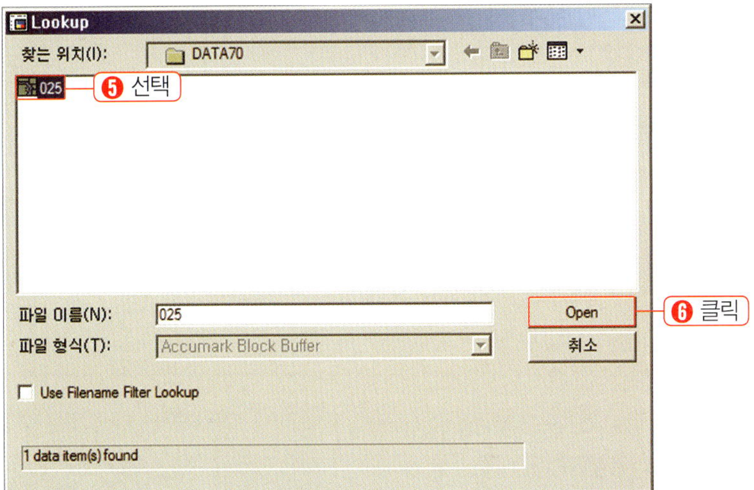

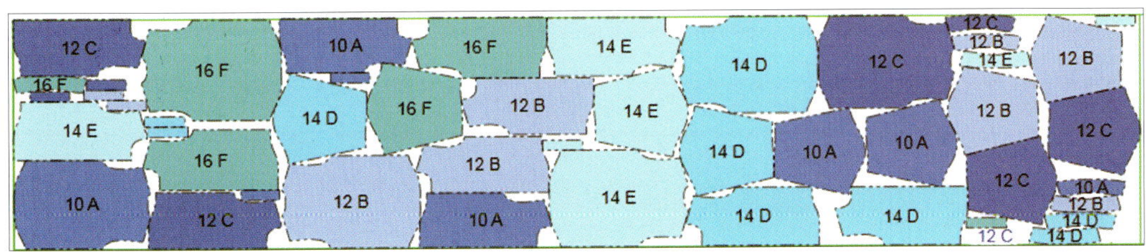

일부 피스에 대하여 간격을 떨어지게 설정하기

1)– 예) 0.5씩 떨어지게 설정하려면 lock Buffer에서 떨어지는 간격을 입력하고 Order에서 적용해야 한다.

❶ 메인에서 2번째 단추 클릭 – ❷ Block Buffer – ❸ Num 번호 1 – 2입력 – ❹ Left 란에 0.5 – ❺ Top 0.5 – ❻ Right 0.5 – ❼ Bottom 0.5 – ❽ 저장 – 저장명을 떨어지는 간격 0.5로 하여 찾기 쉽게 한다.

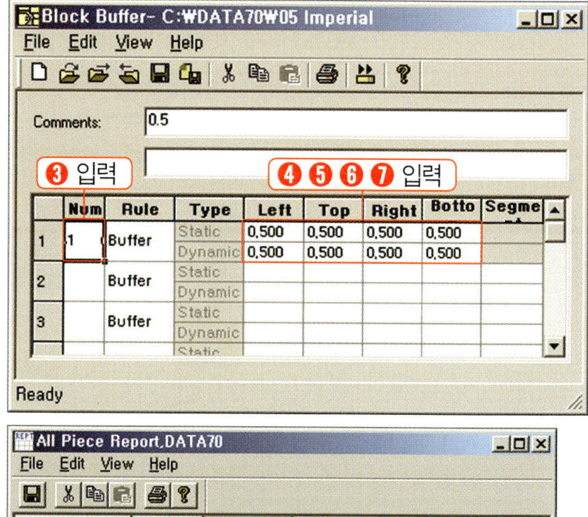

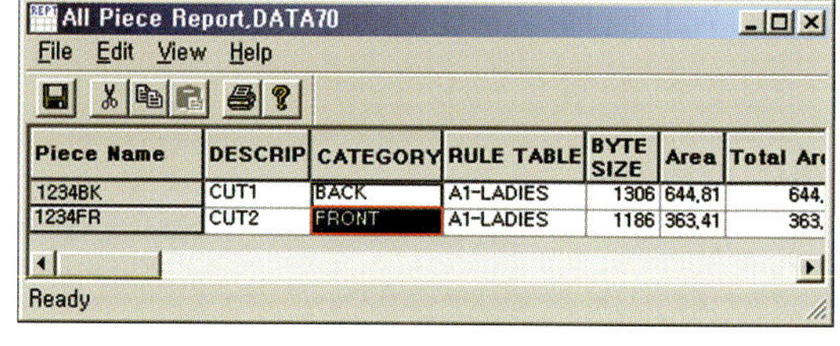

2)– Acc Mark Explorer에서

❶ 떨어지게 설정할 피스를 모두 선택 마우스 오른쪽 클릭 – ❷ Report – ❸ All Piece 클릭 – ❹ CATEGORY 란의 피스 드래그 – ❺ Edit – Copy – ❻ 메인에서 두 번째 단추 클릭 – LayLimit Editor 클릭 – CATEGORY 흰색란에 커서놓고 마우스 오른쪽 클릭 – ❼ Paste 붙여넣기 – ❽ Piece Options 밑에 란의 우측 코너 클릭 – ❾ Allow 180 rotation No Flip (S)로 모두 설정

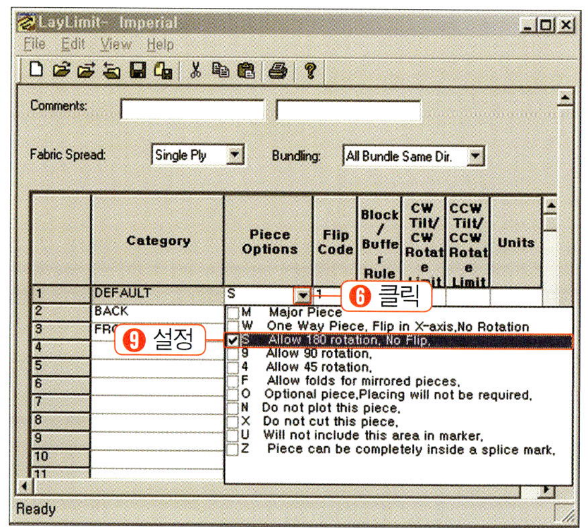

3)— ❶ Flip Code 란의 코너 클릭 모두 1번으로 설정 – ❷ Block/BufferRule란에 모두 1번 설정 –
❸ 스타일 넘버 입력 – ❹ 저장

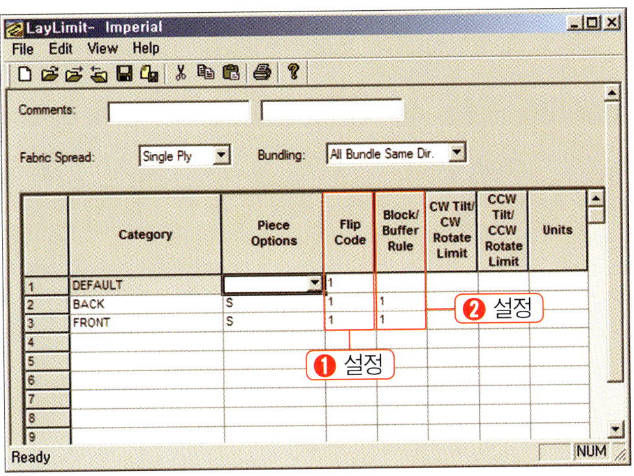

4)— ❶ Order 파일을 열어서 Lay Limits 란을 클릭 – ❷ 저장해둔 LayLimit Editor 파일을 클릭
– ❸ 저장 – ❹ 화살표 클릭 – F5 연타 새로운 마커 파일을 찾아서 마킹을 하면 지정한 피스는
점선으로 표시되고 지정하지 않은 피스는 점선이 표시되지 않는다.

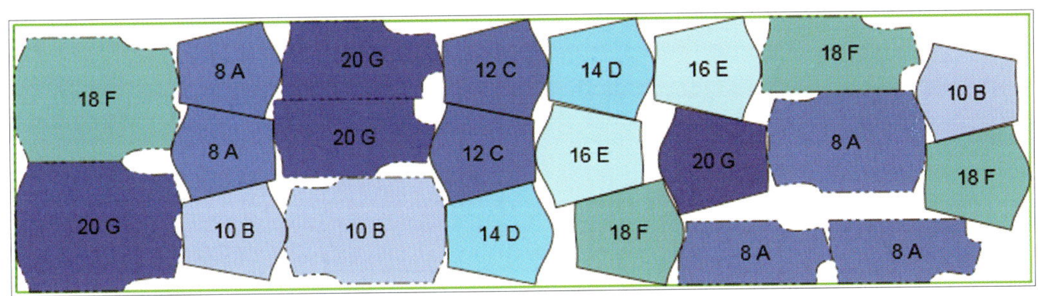

스타일 넘버가 다른 스타일을 하나의 마커로 만들기

1) 스타일 넘버가 다른 스타일을 하나의 마커로 만들기

예) 스타일 넘버 # 1234

예) 스타일 넘버 # 902

order –

❶ 합치려는 스타일 넘버를 차례로 입력 – ❷ 원단 넓이 입력 – ❸ 연단 방법 설정 – ❹ 플로트 프린팅 글자 넣는 방법 선택 – ❺ Moder 1 클릭

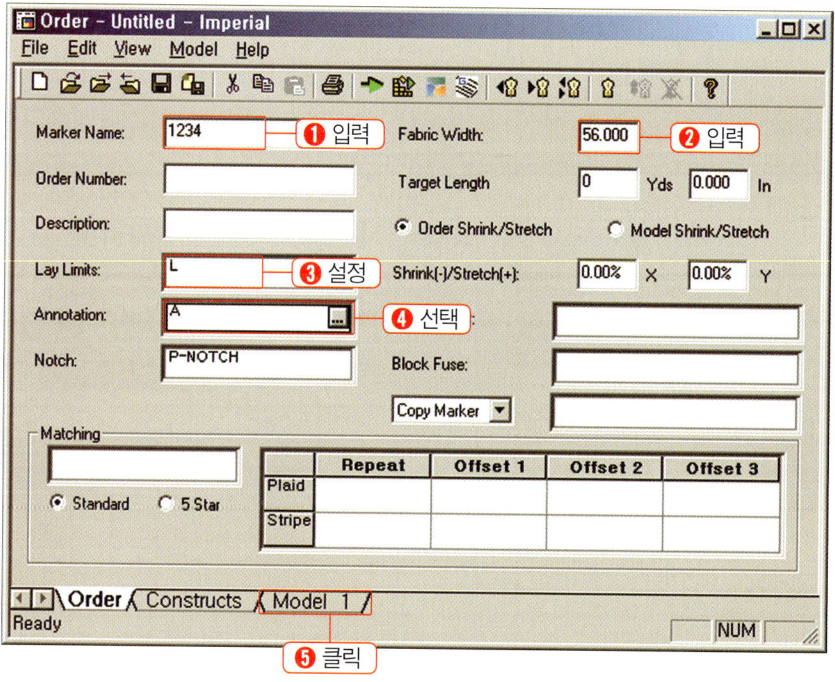

코너 클릭 – 자켓 스타일 넘버 클릭 – Open – 원단 S – 사이즈란 클릭 – 코너 단추 클릭 – 사이즈 선택 – OK – 사이즈별 마커 수량 입력 – Moder 클릭 – 다음 단계로 넘어간다.

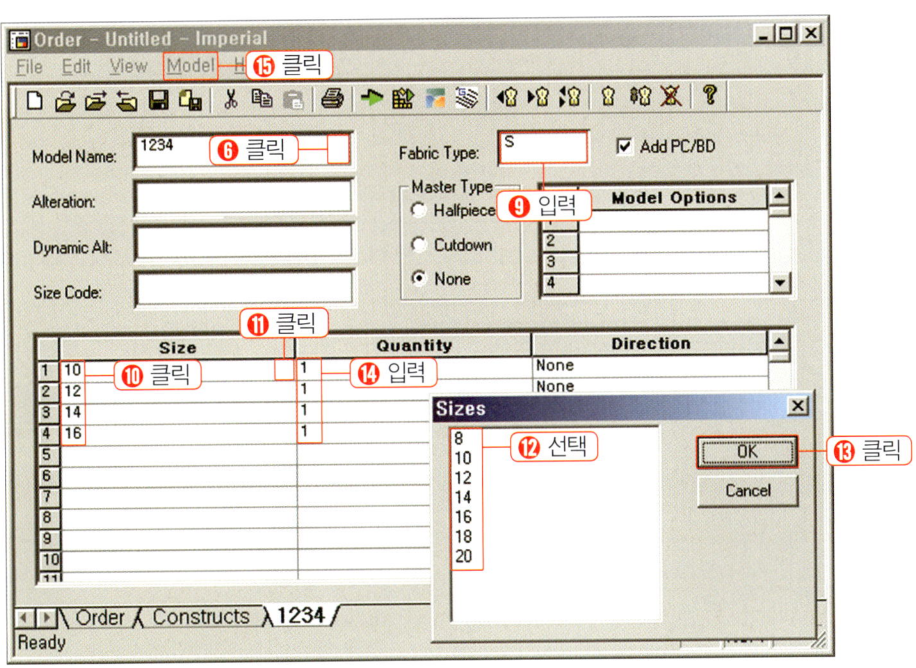

Order – Untitled – Imperial
File   Edit   View   Model   H   ⑮ 클릭
Model Name: 1234   ⑥ 클릭
Fabric Type: S
Add PC/BD
Alteration:
Master Type
Halfpiece   ⑨ 입력
Cutdown
None
Model Options
2
3
4
Dynamic Alt:
Size Code:
⑪ 클릭
Size   Quantity   Direction
⑩ 클릭   ⑭ 입력
1   10   1   None
2   12   1   None
3   14   1
4   16   1
5
6
7
8
9
10
11
Sizes
8
10   ⑫ 선택
12
14
16
18
20
OK   ⑬ 클릭
Cancel
Order   Constructs   1234
Ready

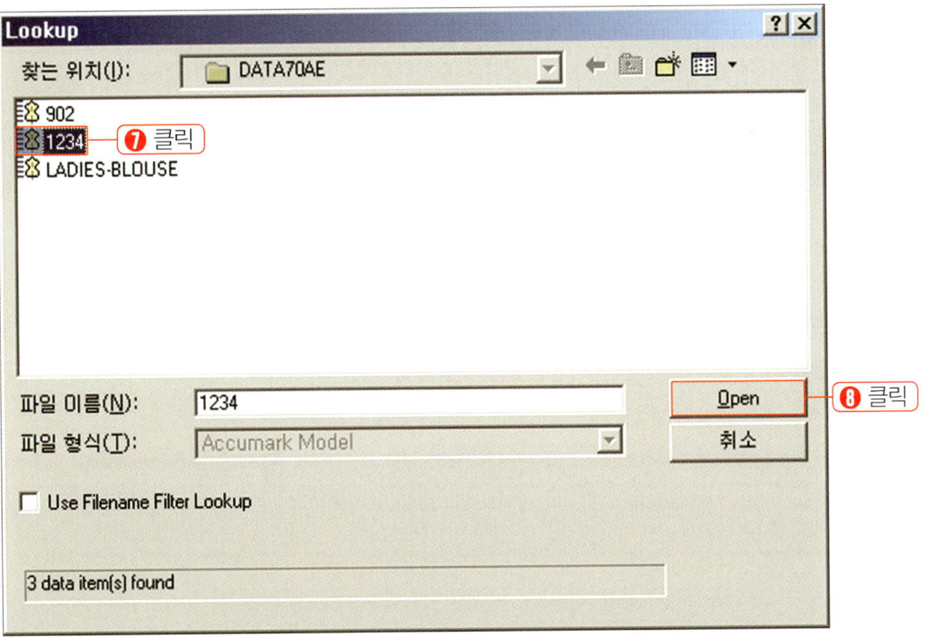

Lookup
찾는 위치(I):   DATA70AE
902
1234   ⑦ 클릭
LADIES-BLOUSE
파일 이름(N):   1234
파일 형식(T):   Accumark Model
Open   ⑧ 클릭
취소
Use Filename Filter Lookup
3 data item(s) found

❶ Moder 클릭 – ❷ New – ❸ 코너 단추 클릭 – ❹ 넘버 클릭 – ❺ 원단 S – ❻ Size란 클릭 – ❼ 코너에 생성된 단추 클릭 – ❽ 사이즈 선택 – ❾ OK – ❿ 마커 수량 입력

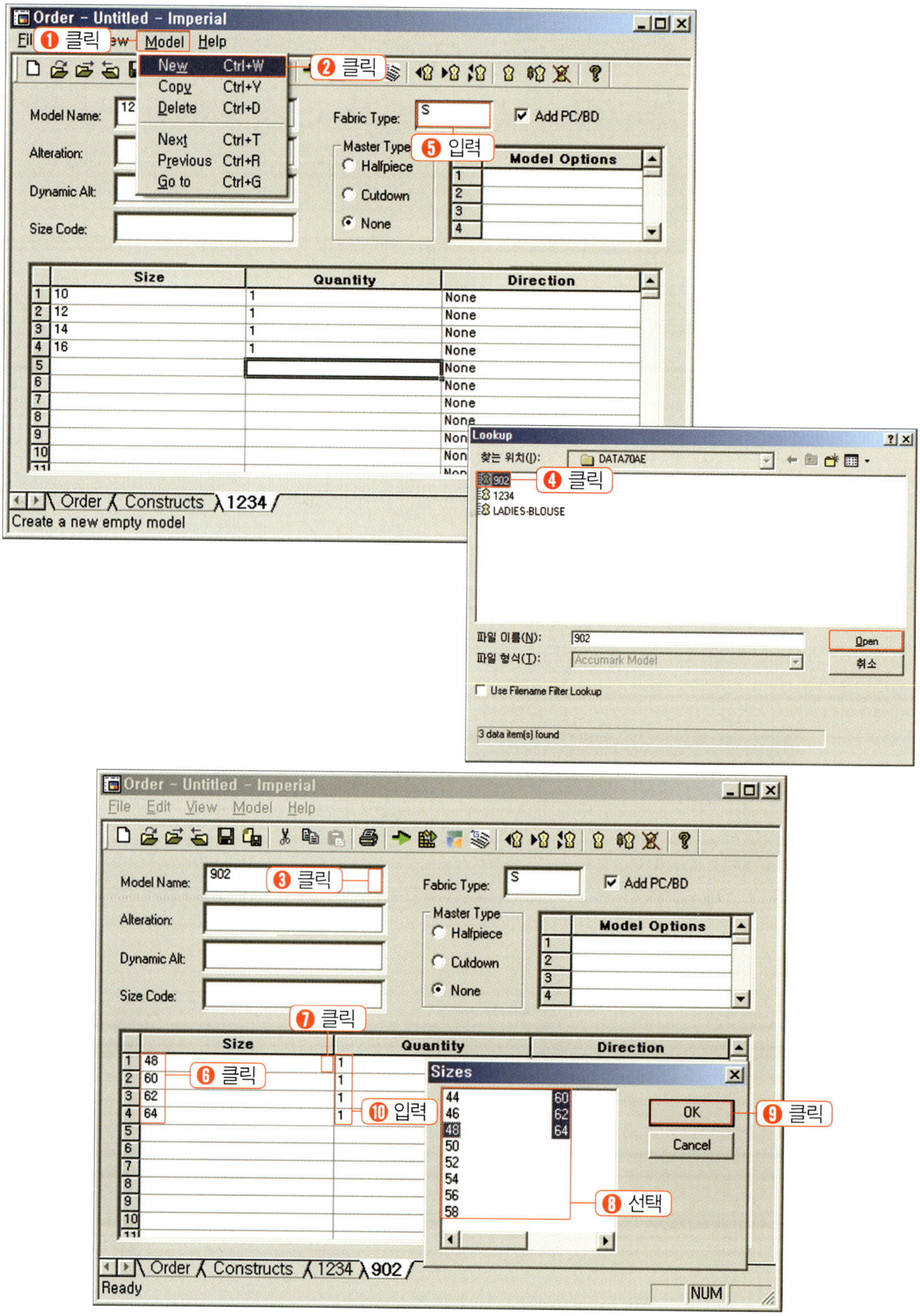

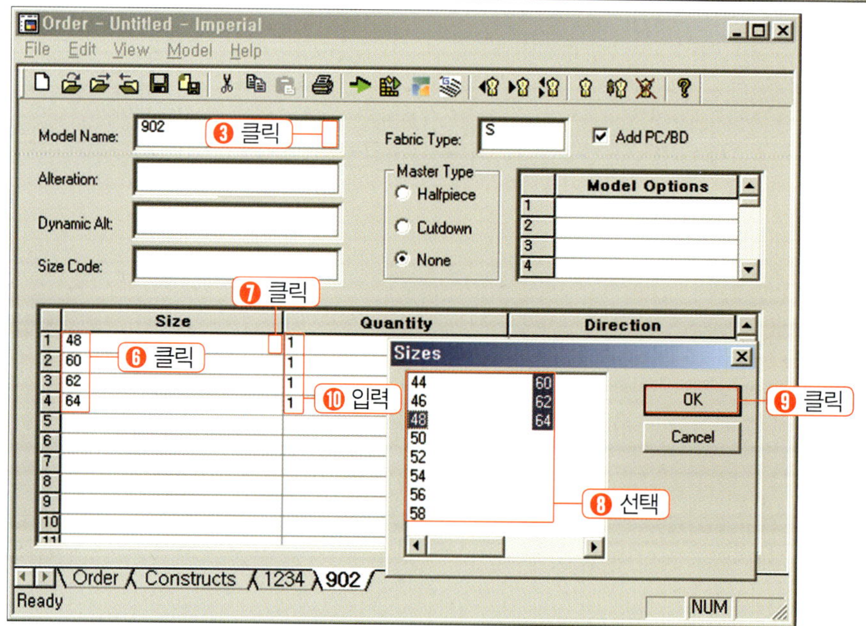

Order – Untitled – Imperial
❶ 클릭
Model Help
New   Ctrl+W   ❷ 클릭
Copy   Ctrl+Y
Delete   Ctrl+D
Next   Ctrl+T
Previous   Ctrl+R
Go to   Ctrl+G
Model Name: 12
Alteration:
Dynamic Alt:
Size Code:
Fabric Type: S
Add PC/BD
Master Type   ❺ 입력
Halfpiece
Cutdown
None
Model Options
1
2
3
4
Size   Quantity   Direction
1 10   1   None
2 12   1   None
3 14   1   None
4 16   1   None
5   None
6   None
7   None
8   None
9   Non
10   Non
11   Non
Order Constructs 1234
Create a new empty model

Lookup
찾는 위치(I):   DATA70AE
902   ❹ 클릭
1234
LADIES-BLOUSE
파일 이름(N):   902
파일 형식(T):   Accumark Model
Open
취소
Use Filename Filter Lookup
3 data item(s) found

Order – Untitled – Imperial
File Edit View Model Help
Model Name: 902   ❸ 클릭
Fabric Type: S
Add PC/BD
Alteration:
Master Type
Halfpiece
Cutdown
None
Dynamic Alt:
Size Code:
Model Options
1
2
3
4
❼ 클릭
Size   Quantity   Direction
1 48   ❻ 클릭   1
2 60   1
3 62   1
4 64   ❿ 입력   1
5
6
7
8
9
10
11
Sizes
44   60
46   62
48   64
50
52
54
56
58
OK   ❾ 클릭
Cancel
❽ 선택
Order Constructs 1234 902
Ready   NUM

❿ 저장 – ⓫ 화살표 클릭 – ⓬ 확인 – ⓭ F5 연타 – ⓮ 생성된 마커 마크 클릭 – ⓯ 스타일 넘버가
다른 상태에서 함께 마킹이 가능하게 된다.

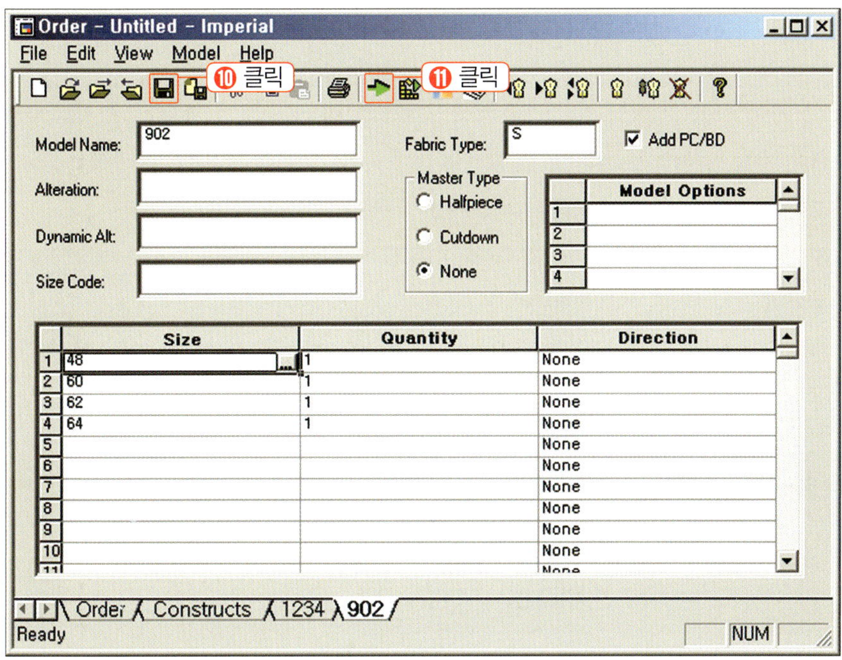

넘버가 다른 두 스타일을 함께 마킹 할 수 있는 조건이 되었다.

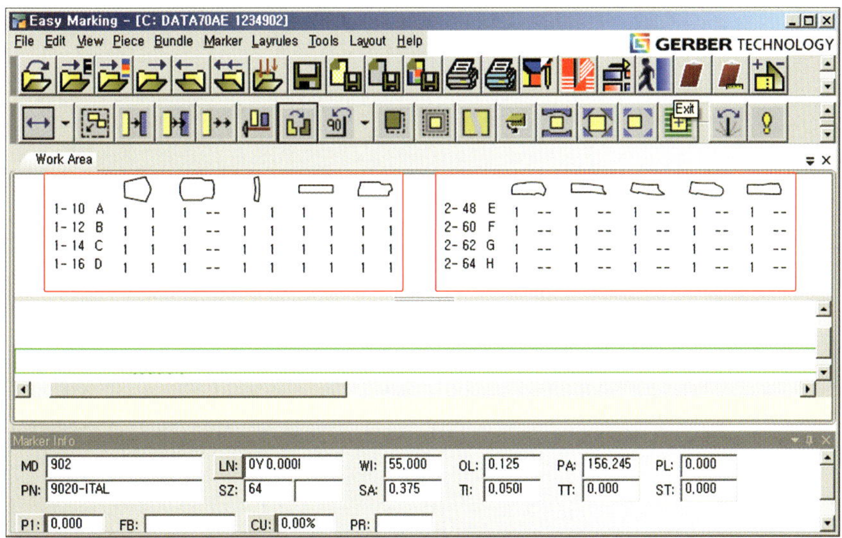

2) 마킹이 끝난 스타일 넘버가 다른 스타일을 하나의 마커로 만들기

두 개의 마커가 넣어진 상태에서 간단하게 하나로 합치는 기능이다.

예) #1234-902 두 개의 마커를 하나로 합친다.

❶ 1234 마커 오픈 – ❷ Marker – ❸ Attach – ❹ 902 & 1234 클릭 우측 란 확인 – ❺ Open –
❻ 새로운 마커 번호 입력 – ❼ Save – ❽ No를 클릭 – ❾ Accmark Explorer에커서를 놓고 F5를
연타 – 새로운 스타일 넘버 1234902를 확인한다.

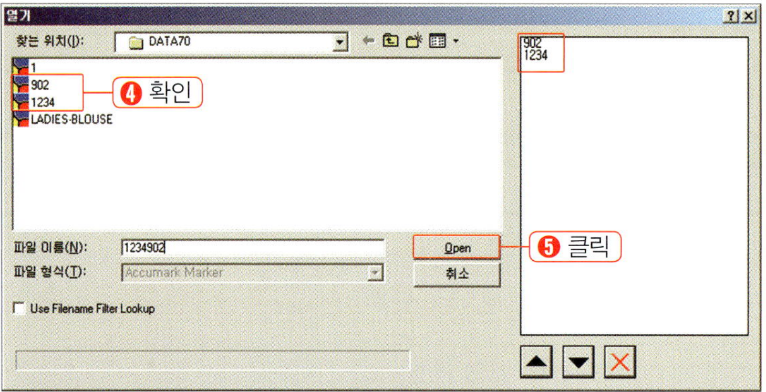

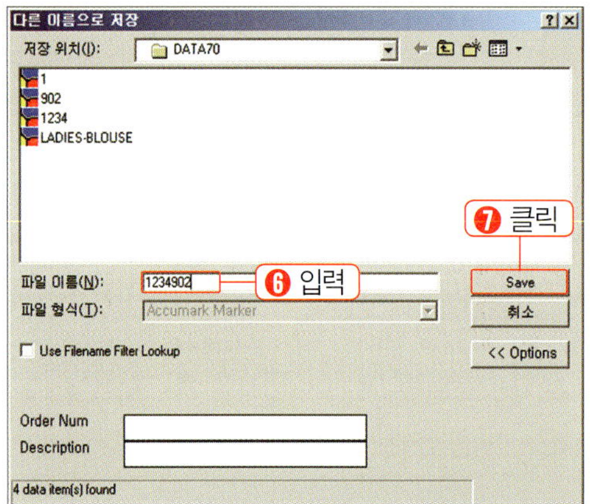

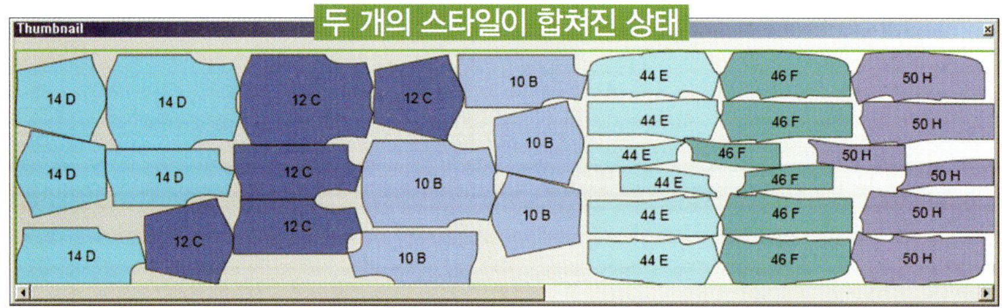

⚠ **참고 – 중요사항**

두 개의 마커를 하나로 합칠 경우 ❽ – no를 클릭하면 합치기 전 두 개 스타일 마커와 합친 마커
가 동시에 존재한다. ❽ 에서 no를 지정하지 않고 yes를 클릭하면 전에 있던 두 개의 스타일은 없
어진다.

마커에 다른 모양의 노치 적용하기
(노치 테이블 편집 참고)

❶ 메인에서 2번째 단추 클릭 – ❷ Notch Editor – ❸ View – ❹ Preferences – ❺ inch & cm 설정 – ❻ 저장

T– 형태의 노치로 바꾸기

❶ 2번란에 T형태로 설정 ❷ 노치의 깊이와 넓이 설정 ❸ 저장 명 : 노치 2번이라고 설정

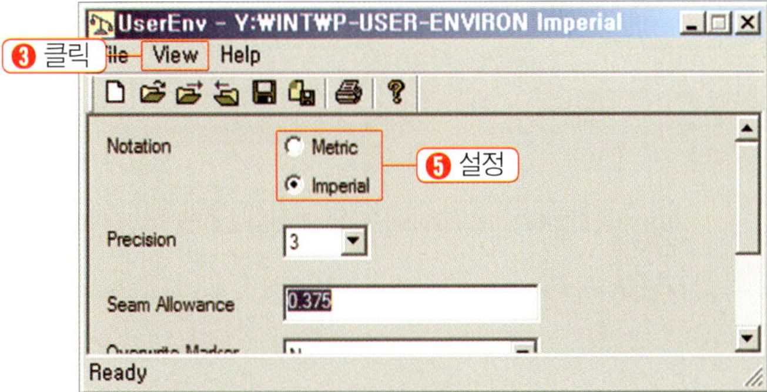

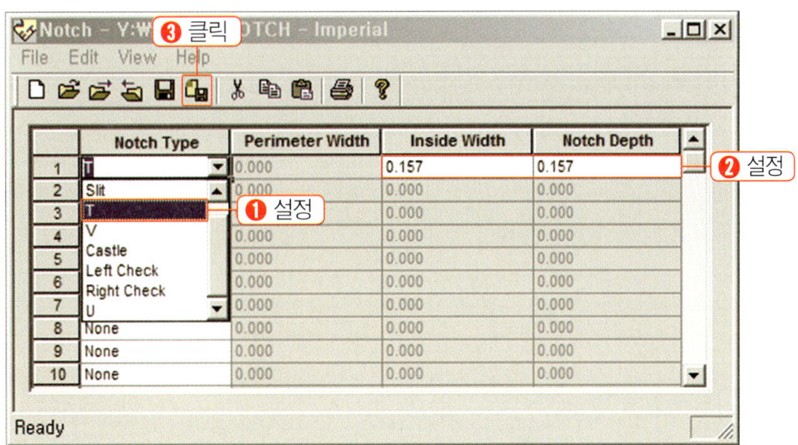

T- 형태의 노치로 적용하기

❶ Accu Mark Explorer에서 – ❷ 플로팅 하려는 Order 클릭 – ❸ Notch 편집란 우측 코너 클릭 – ❹ 저장한 노치 번호 선택 – ❺ Open – ❻ 저장 – ❼ 화살표 클릭 – ❽ Yes – ❾ 확인 – ❿ F5 연타. 마커를 플로터로 출력하면 적용된 노치대로 프린트된다.

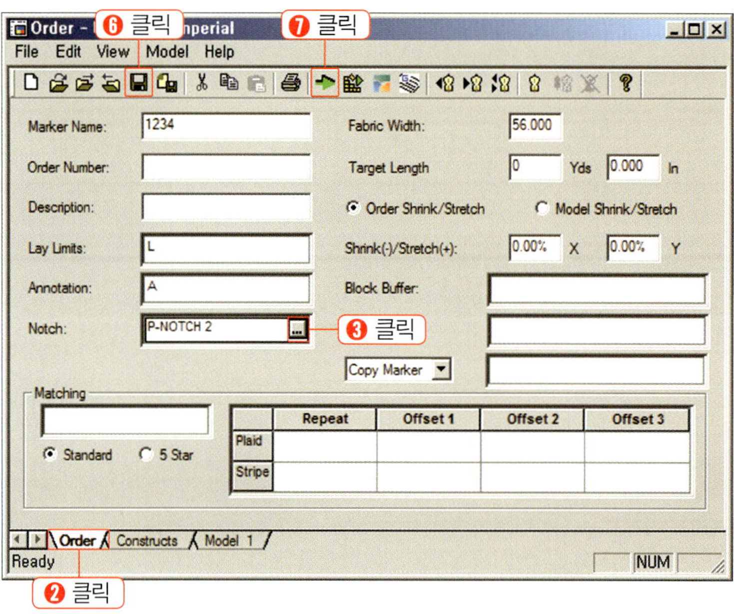

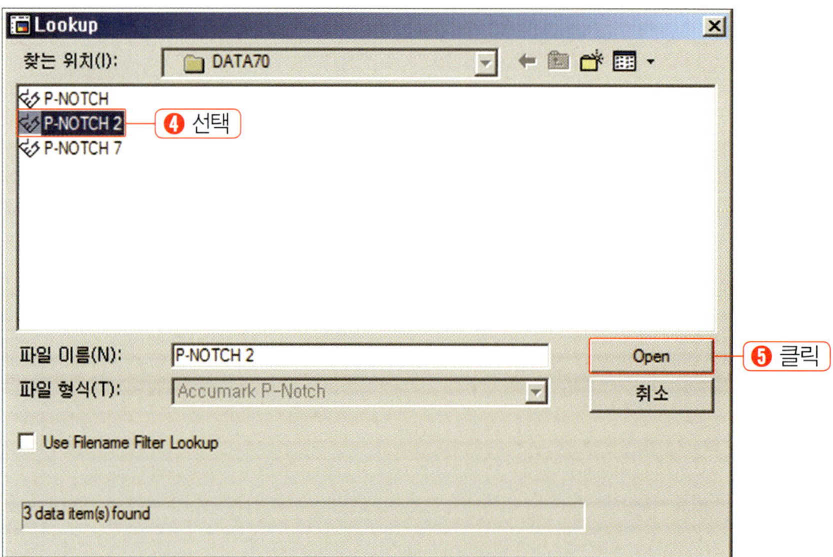

Plotter 정보 / 플로트 속도 설정

Plotter 정보
플로터 기종에 따라서 속도 조정이 안되는 경우도 있다.

플로트 넓이 설정
내 컴퓨터 – 로컬 디스크 C; – Userroot – System – Plotter – 컴퓨터에 연결된 플로트 기종을
찾아서 클릭한다.

Acc Mark Explorer에서 피스별로 출력할 때
플로트 넓이는 78.74″ 설정되어 있고 플로트에 설치한 종이의 넓이가 62″라고 했을 때 62″로 넓이를
수정해야 한다.

media_width=78.74 – 장착하는 종이의 폭을 입력한다.
edge_spacing=5 – 종이의 가장자리에서 안으로 들어가는 수치이며 cm 2.5정도로 수정한다.

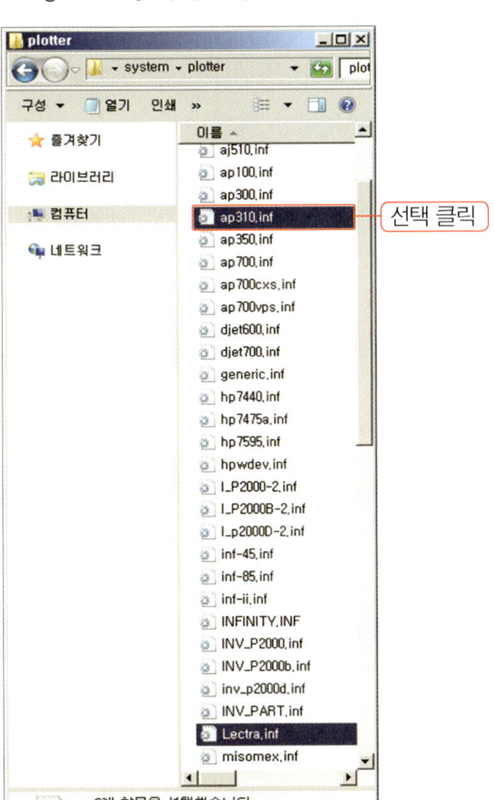

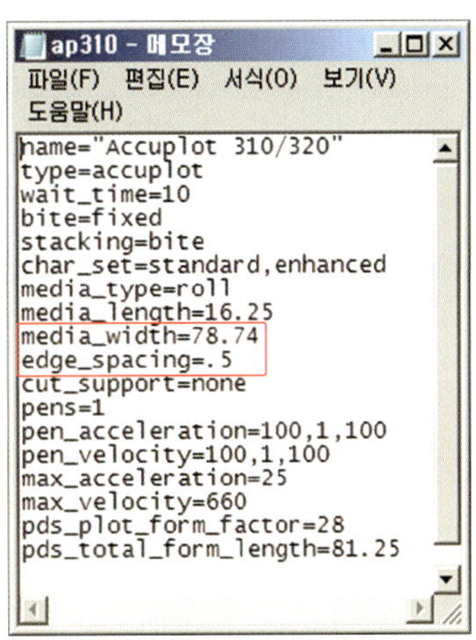

플로트 속도 설정

플로트 속도를 여러 가지로 입력해 놓고 플로팅 속도를 선택한다.

❶ 메인에서 4번째 단추 클릭 − ❷ Accu Mark Utilities − ❸ Configuration − ❹ Plotter Settings − ❺ File − ❻ New

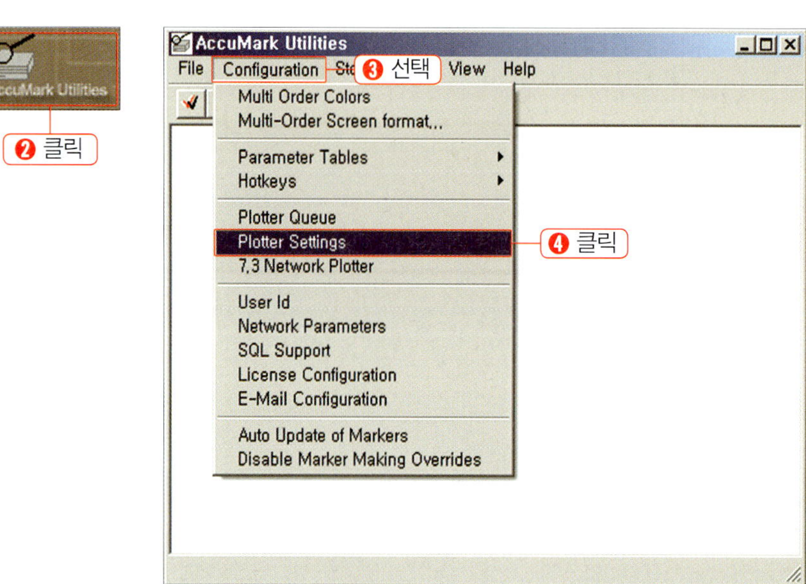

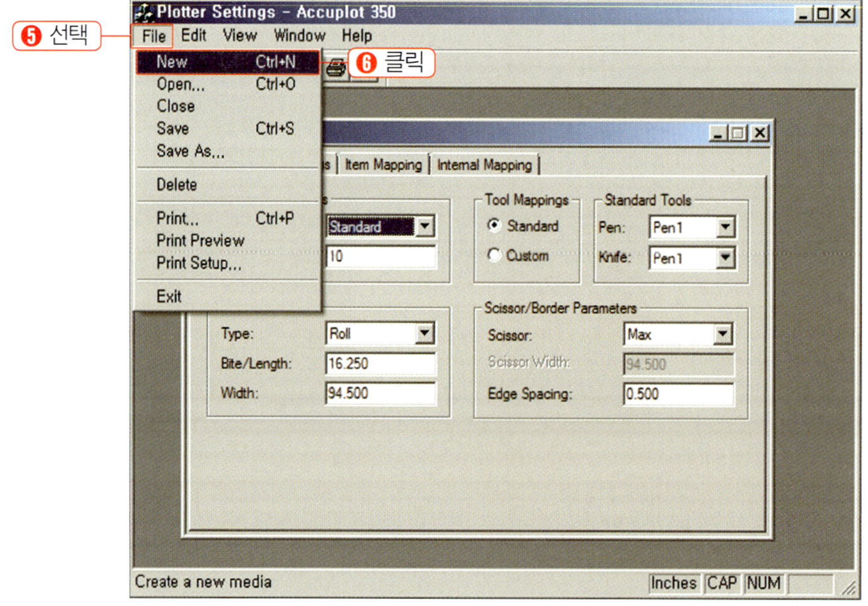

❼ Tool Settings – ❽ 속도 입력 예) 70 – ❾ File – ❿ Save AS – ⓫ 저장명 입력 종이 넓이 /속도/ 안으로 들어가는 수치 순으로 입력하여 구분이 쉽게 한다.

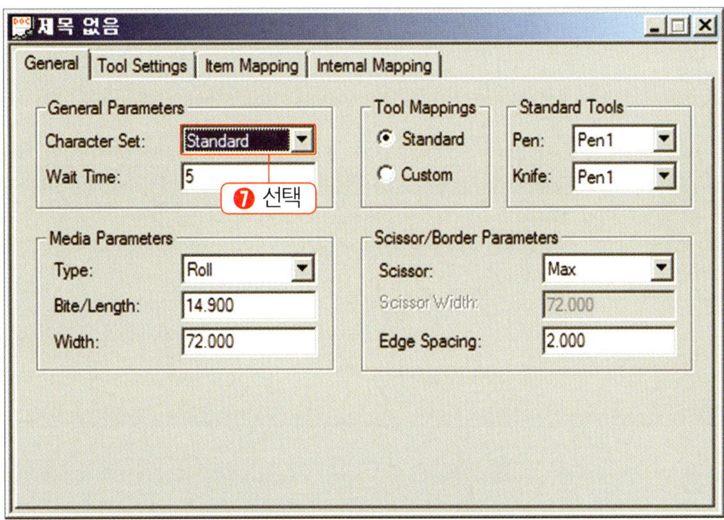

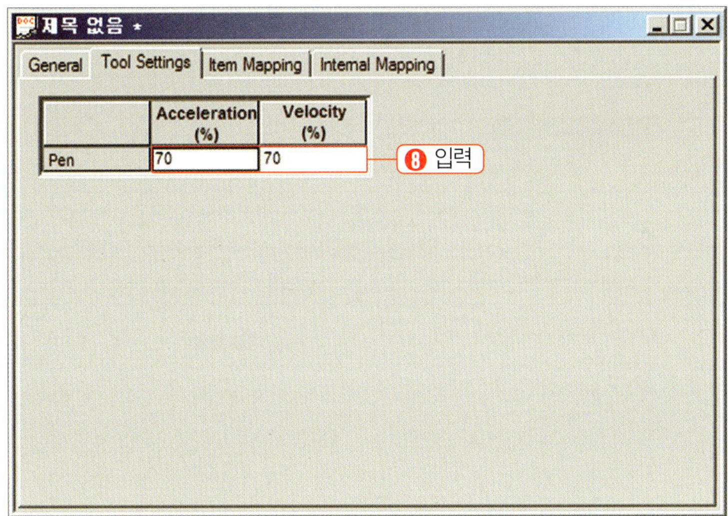

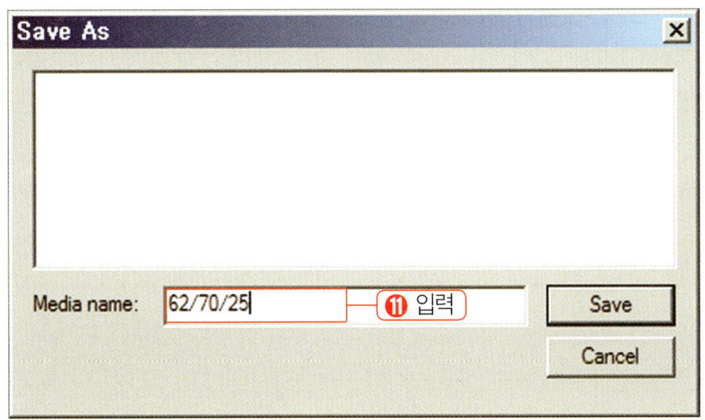

플로트 속도 설정 적용

Send To − Plotter − LOCAL − 원하는 플로트 속도를 선택한다.

마커의 넓이는 이미 설정이 되어있으므로 영향을 받지 않고 속도에 한해서 적용이 된다.

마커 출력 정보

피스 출력 정보

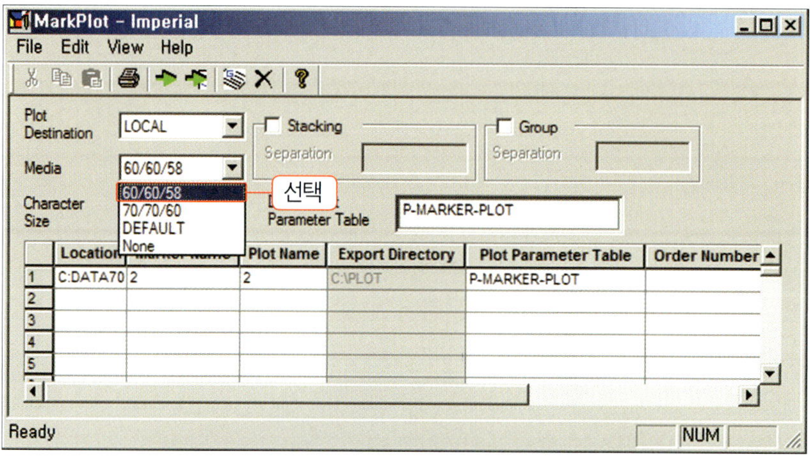

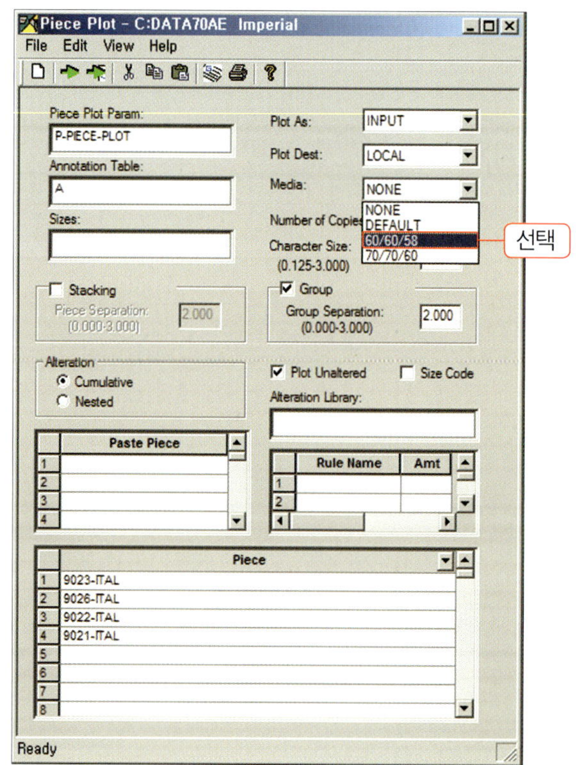

DXF 파일로 피스를 변환하기

DXF 파일로 피스를 변환하기

– 변환하려는 스타일에 Model과 Order가 작성되어 있으면 한 번에 변환이 되며 Pattern Desing에서 변환하려면 1피스씩 변환해야 한다.

– 내 컴퓨터 – 로컬 디스크 C; 에 파일명 DXF 폴더가 생성되어 있지 않을 경우 DXF 폴더를 만들어둔다.

Model과 Order가 작성되어 있을 경우

❶ 메인에서 4번째 단추 클릭 – ❷ Data Convergion Utility 클릭 – ❸ File type 삼각점 클릭 AAMA(*.dxf) 설정 – ❹ View – ❺ **Export from Accumark 클릭** – Options 클릭 – **Export Graded Nest** – ❻ Source Storage Area 우측 모서리 클릭 – ❼ AAMA(*.dxf) 로 변환할 파일이 있는 폴더 클릭 – ❽ Open – ❾ Source File Name에서 우측 코너 클릭

pattern Desing에서 변환하기

File – Export – 변환하고자 하는 피스 클릭 – 저장 폴더 dxf – 저장을 반복한다.

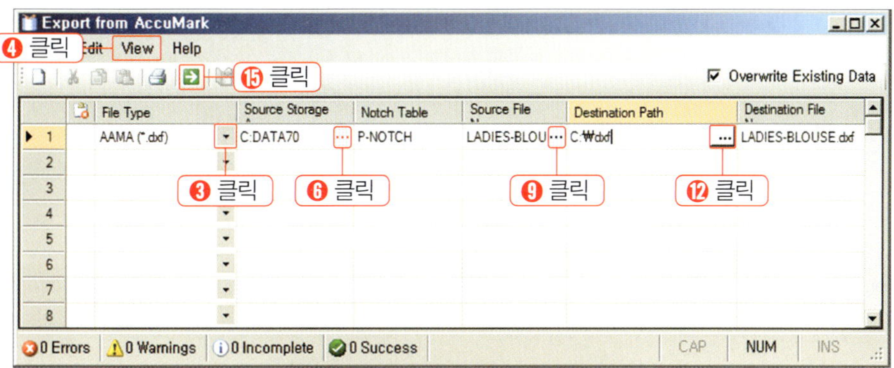

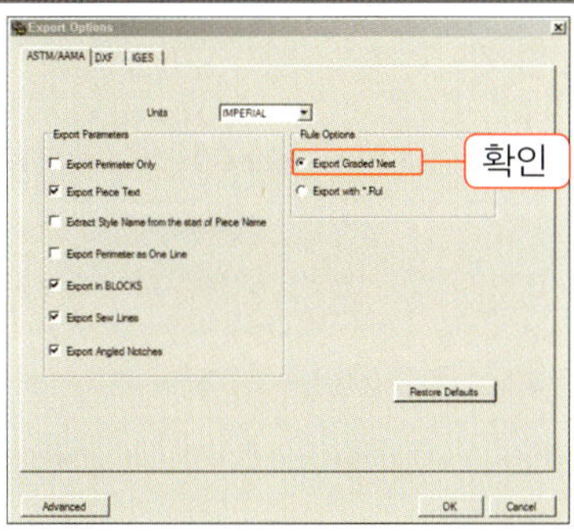

⚠ **참고**

　options. 에서 Export Graded Nest 클릭하지 않으면 그레이딩은 포함되지 않는다.

⑩ 변환하려는 Model 선택 – ⑪ Open – ⑫
Destination Path 우측 모서리 클릭 – ⑬ 저
장할 폴더 선택 C; DXF 폴더 – ⑭ 확인 – ⑮
상단 화살표 클릭 – ⑯ Export Results 하단
우측에서 Close

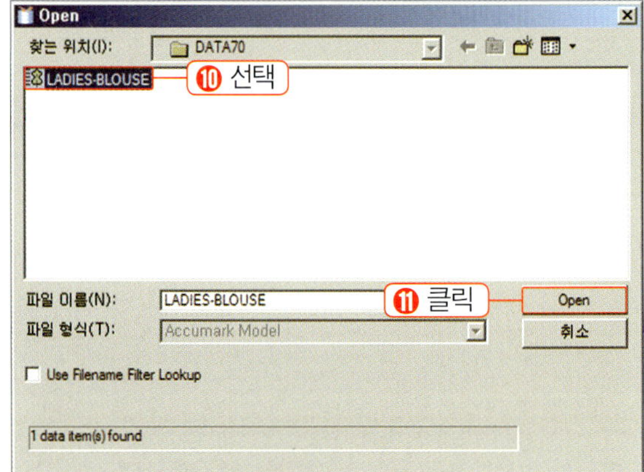

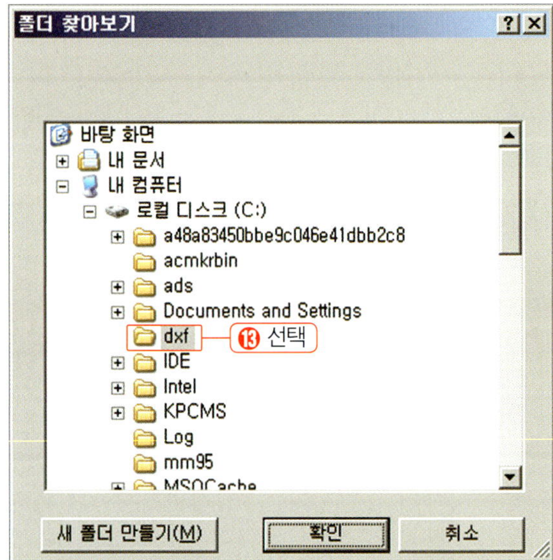

변환된 DXF 파일 찾기

내 컴퓨터 – 로컬 디스크 C; – DXF 폴더에서
변환된 파일을 확인한다.

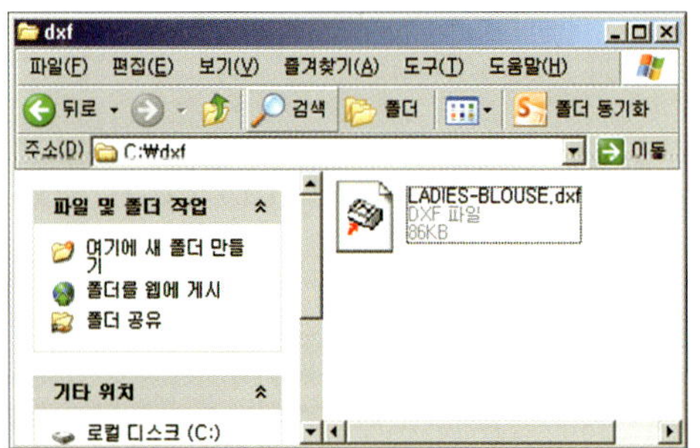

마커를 DXF 파일로 변환하기

❶ 마커에 커서 놓고 마우스 오른쪽 – ❷ Send To – Plotter – ❸ View – ❹ Piot Options – ❺ DXF 선택 – ❻ DXF 입력 – ❼ 코너 클릭 – ❽ C; dxf 폴더 선택 – ❾ 확인 – ❿ Process All Market 화살표 클릭 – C; dxf 폴더에 저장되어있다.

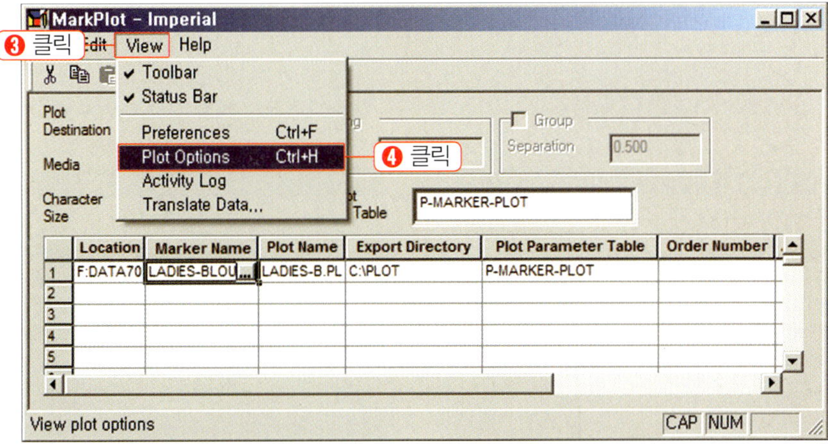

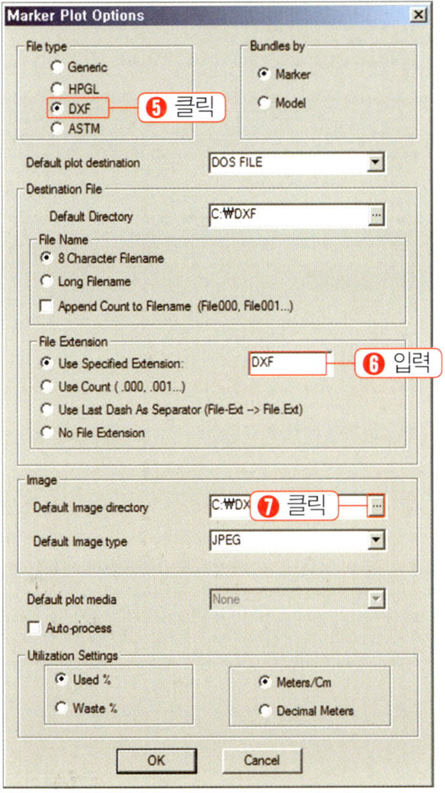

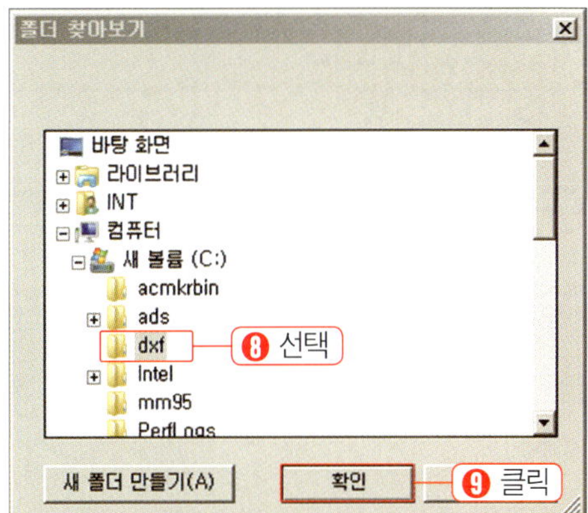

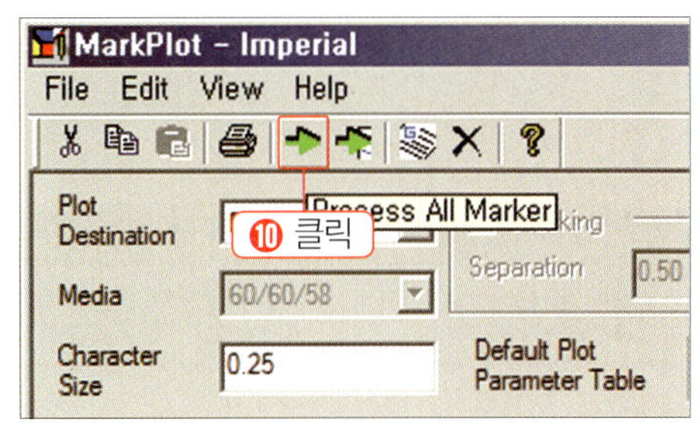

DXF 파일 열기

❶ 메인에서 4번째 단추 클릭 – ❷ Data Convergion Utility 클릭 – ❸ File Type 삼각점 클릭 – AAMA(*.dxf) 선택 – ❹ View – ❺ **Import to Accumark 클릭** – ❻ Source Path 코너 클릭 – ❼ DXF 폴더 선택 또는 DXF 파일은 저장한 폴더 선택 – ❽ 확인 – ❾ Source File Name 란 밑에 코너 클릭 – ❿ 열고자 하는 DXF 파일 선택 – ⓫ 열기 – ⓬ Destination Storage Area 밑에 란 코너클릭 – ⓭ P–Notch 코너클릭 – ⓮ P–Notch – ⓯ Open – ⓰ 저장할 폴더 선택 – ⓱ Open – ⓲ 화살표 클릭 – ⓳ Close – ⓴ 저장된 폴더에서 피스를 찾는다.

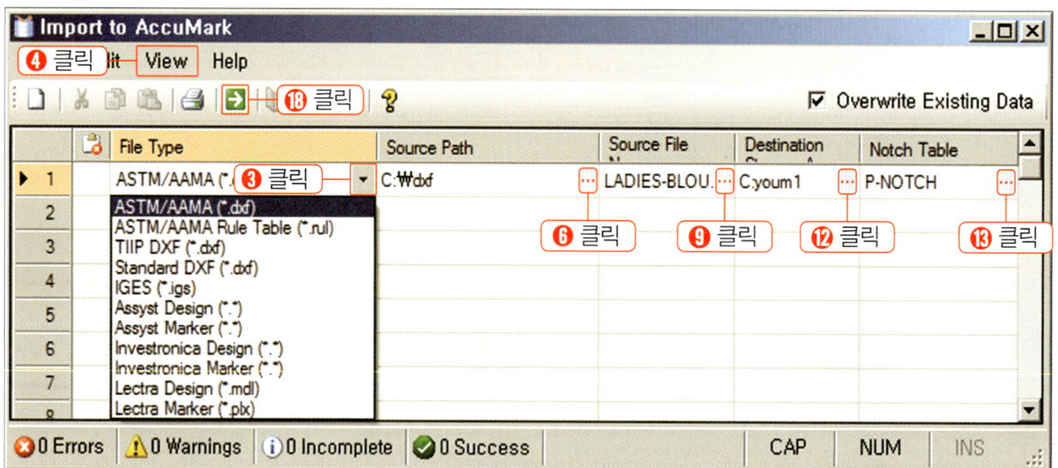

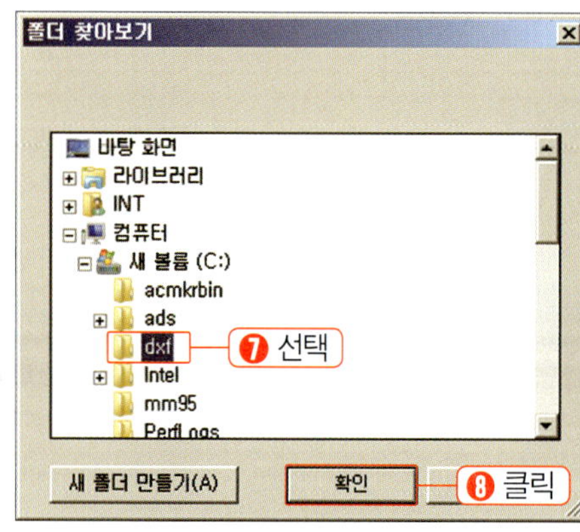

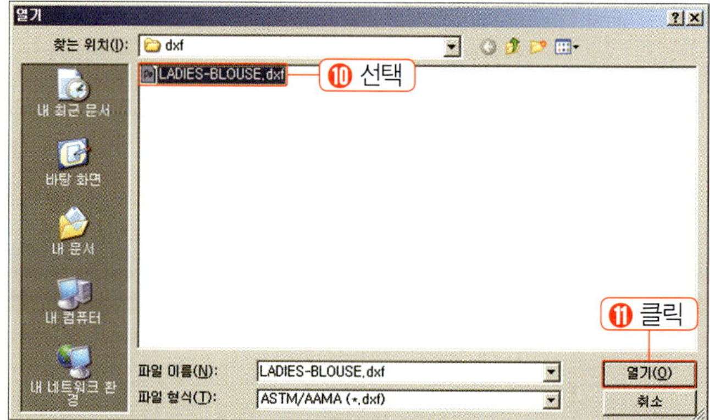

⚠ **참고**

렉트라의(*mdl)은 피스(*plx) 는 마커 압축된 zip일 경우 압축을 먼저 풀어야 한다.

Accu Mark Explorer에서 저장한 폴더를 열어서 저장된 피스를 확인한다.

Pattern Design에서 DXF 파일 열어보기 & 여러 가지 표식 깨끗하게 정리하기

피스 DXF 파일을 내 컴퓨터 – 로컬 디스크 C; – DXF 폴더에 저장한다.

❶ Flie – ❷ Open – ❸ AAMA(*.dxf) 설정 – ❹ 내 컴퓨터 – 로컬 디스크 C; – DXF 폴더 클릭 –
❺ DXF 파일 클릭 – ❻ 열기 – ❼ Close

⚠ **참고**

DXF 파일을 열었을 때 아래 그림과 같이 어지럽게 표식이 있을 때 깨끗하게 지우는 방법

1- 숫자 지우기 – Pattern Design에서 – Piece – Annotate Piece 클릭 – Delete Annotation
– 피스를 모두 드래그 한다. 마우스 오른쪽 클릭 – 손을 놓고 사각에 들어가게 드래그 – 마우스 오른쪽 클릭 – 마우스 왼쪽 클릭 – OK – 모두 지워진다.

2- 어지럽게 보이는 포인트 지우기 – 우측 기본 단축 아이콘 Delete Line (Ctrl+F1) 클릭 – 피스의 중앙에 커서 놓고 – 마우스 오른쪽 클릭 – 왼쪽 클릭 – OK – 포인트가 없어진다.

⚠ **참고**

1회 1pcs씩 지운다.

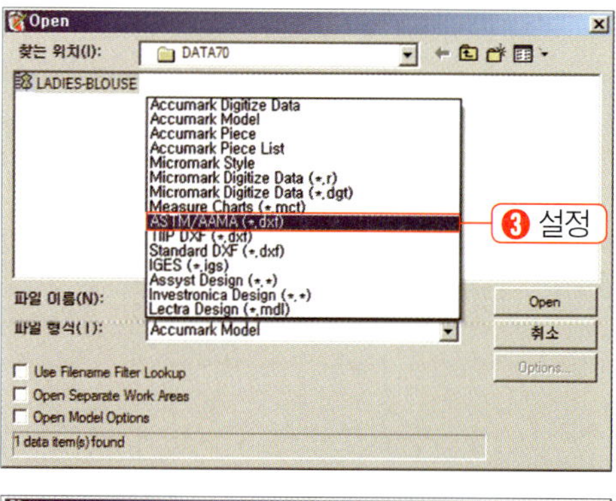

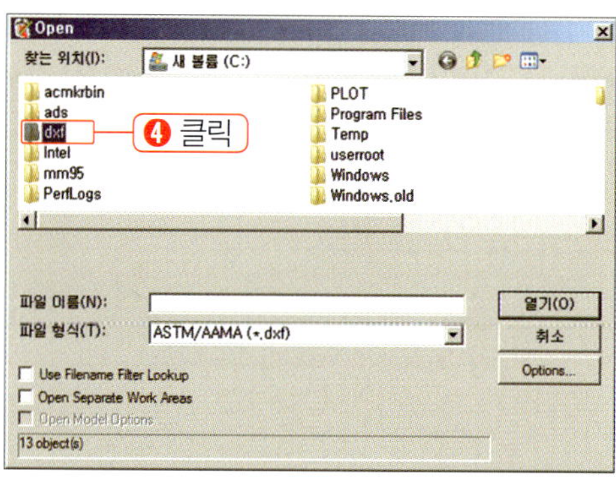

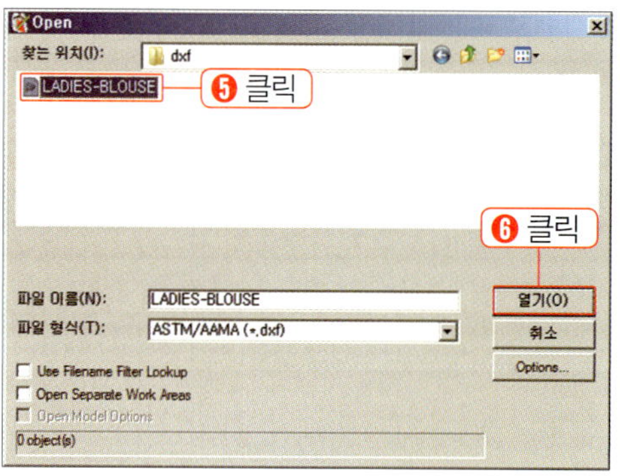

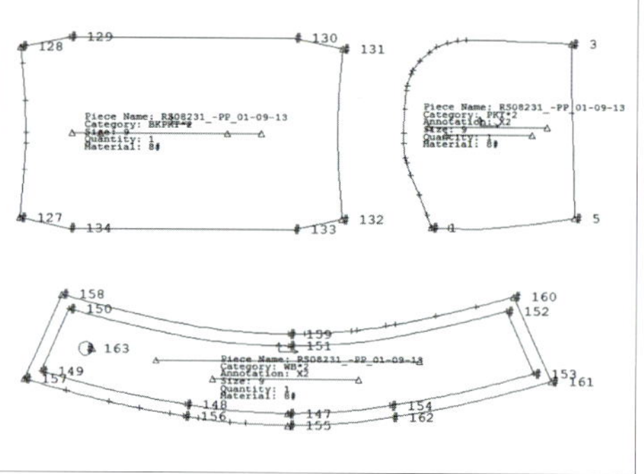

DXF 파일 열었을 때 사이즈가 작은 경우 해결 방법

DXF 파일 열기에서 참조

❶❽ 화살표 클릭 – ❶❾ Options 옵션 – ❷⓿ Units 아래 우측 코너 삼각점 클릭 – Inches 선택 클릭 –
OK – OK – Close

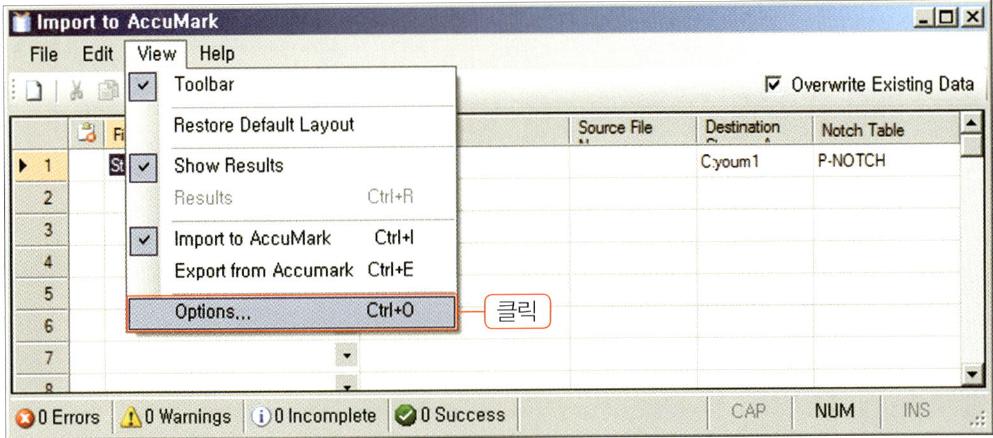

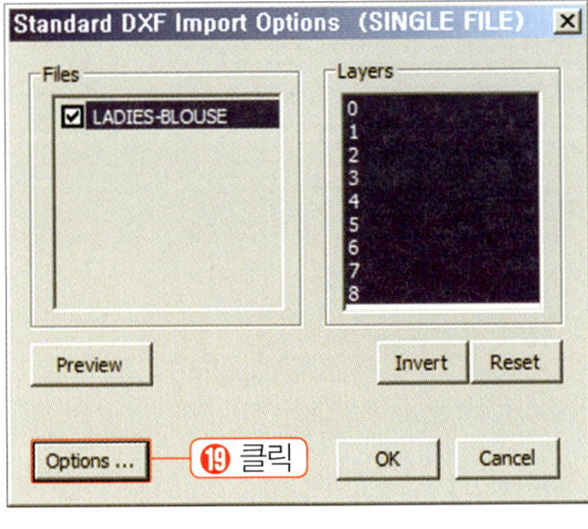

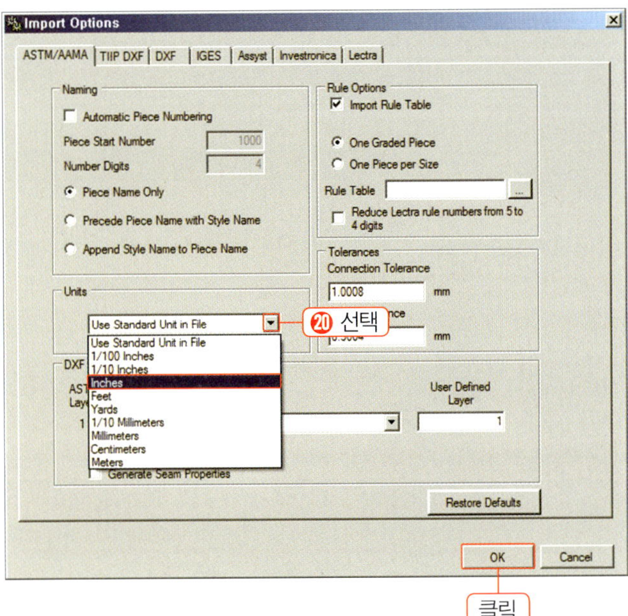

DXF & plt 파일 플로터로 보내기

❶ 우측 하단 플로터 아이콘에 커서 놓고 마우스 오른쪽 클릭 – ❷ 플로터 파일 클릭 – ❸ Add 클릭
– 파일 형식에서 우측 클릭 – ❹ 파일 설정 – ❺ 필요한 파일을 찾아서 선택 – OK

DXF 파일이 저장된 폴더를 찾아서 설정한다.

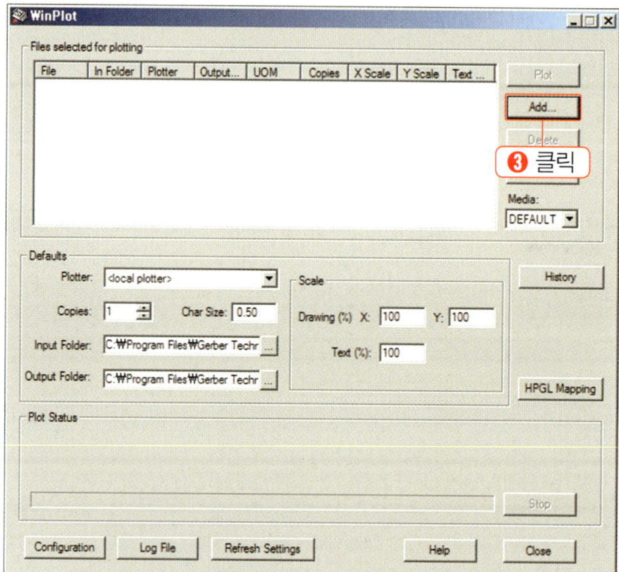

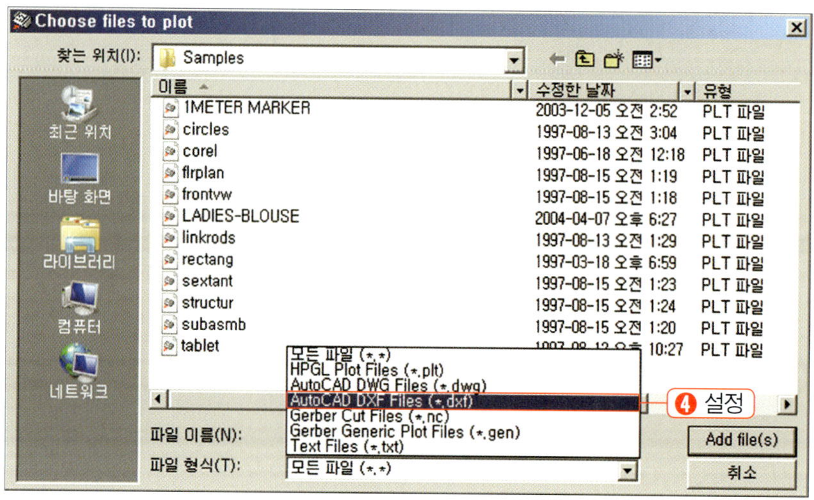

PLOT 파일 생성시키기 / PLOT 파일 폴더에 불러들이기

plt 파일 생성시키기

plt 파일은 마킹이 끝난 상태에서 마커를 plt 전용 파일로 만들 필요가 있을 때 실행한다.
plt 파일은 패턴 조각이 함께 발송되지 않으므로 컴퓨터에서 수정할 수 없기 때문에 패턴 수정을 방지
하기 위해서 발송용으로 필요할 때 실행하므로 마킹 방법과 패턴의 정확도에서 신뢰성이 있어야 한다.

Acc Mark Explorer에서 ❶ 마커에 커서 놓고 마우스 오
른쪽 클릭 – ❷ Send To – Plotter – ❸ View – ❹ Plt
Options

Plot Options에서 HPGL를 클릭한다.

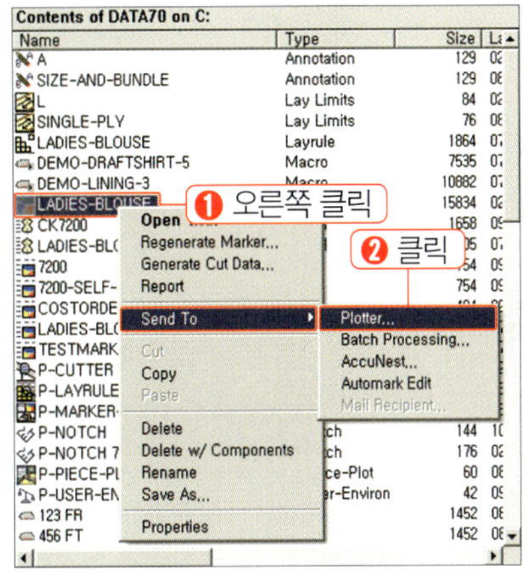

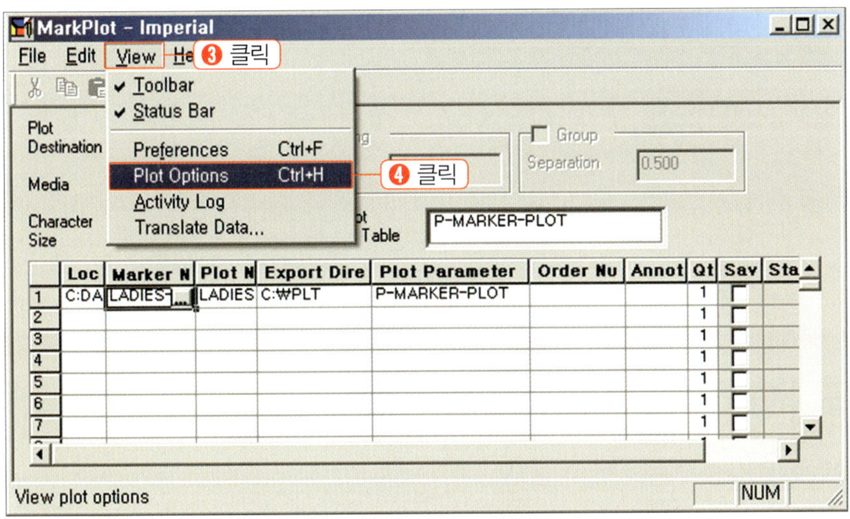

⚠ **참고**

- C: 드라이브에 plt 파일이 자동 생성되어 있지 않으면 plt라는 이름의 폴더를 만들어 놓고 재실행한다.
- 찾기 쉽게 저장하는 것이 중요하다.

❺ HPGL – ❻ Plt 입력 – ❼ JPEG – ❽ 코너 클릭 – ❾ Plt 폴더 선택 – ❿ 확인 – ⓫ OK – ⓬
Export Director 코너 클릭 – ⓭ Plt 폴더선택 – 확인 – ⓮ 화살표 클릭
C; 드라이브 Plt 폴더에 저장된다.

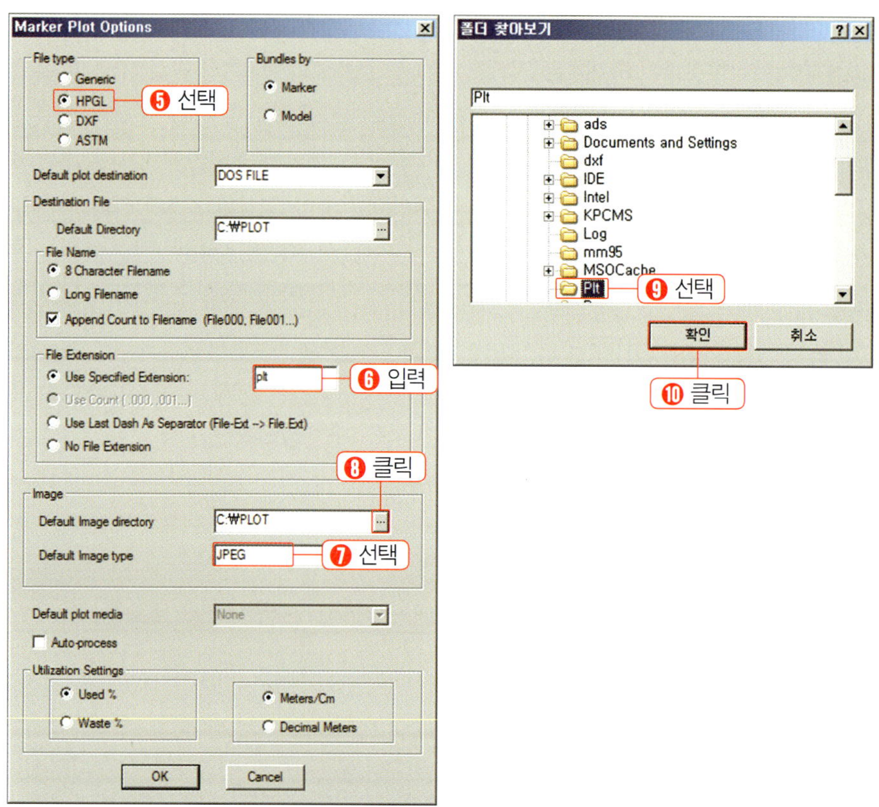

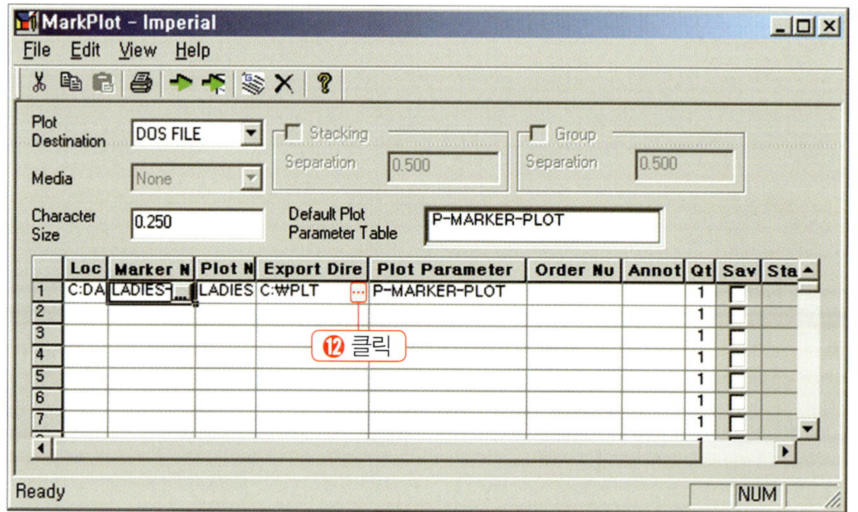

Acc Mark Explorer에서 plt 파일 폴더에 불러들이기 & 열기

plt로 받은 파일을 내 컴퓨터 C; 드라이브 plt 폴더에 저장한다.

Acc Mark Explorer에서 – ❶ 저장할 폴더 선택 – ❷ 좌측 상단 File – ❸ lmport – lmport Plot – ❹ (C; plt 폴더) Plot 파일 클릭 – ❺ 열기

C; 드라이브 plt 에 저장하지 않을 경우 새로운 폴더 또는 다른 폴더를 지정한다.

plt 파일이 열리지 않는 경우

1) – plt 파일이 열리지 않는 경우는 버전이 서로 다른 경우 열리지 않을 수 있으며 이런 경우 기존
   에 있는 C; 폴더를 지정하면 열린다.
2) – 파일에 날짜 등 길게 입력되어 있을 경우 스타일 넘버만 남기고 모두 삭제한다.

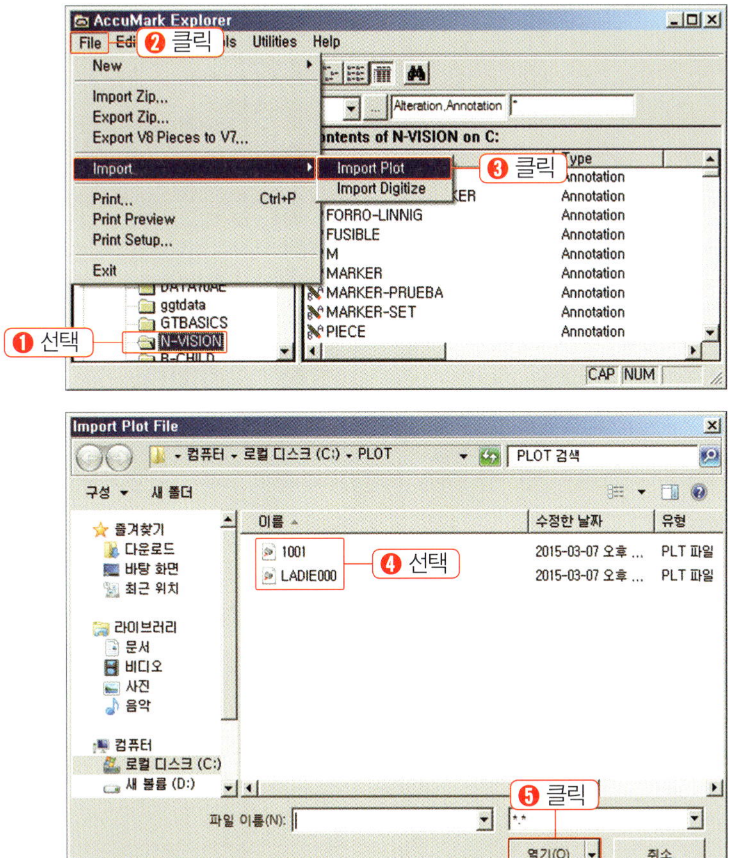

Pattern Design에서 plt 파일 열기

plt 파일에서 피스를 복사해 내는 방법으로 Acc Mark Explorer에 불러들인 파일은 실행되지 않는다.

plt 파일을 C; 드라이브 plt 폴더에 저장한다.
Pattern Design에서 − ❶ File − ❷ lmport − ❸ Browse 클릭 − ❹ Browse for Path에서 C; 드라이브 더블 클릭 − ❺ plt 파일 클릭 − ❻ OK − ❼ plt 파일 1234 클릭 − ❽ Preview 클릭 − ❾ 파일 1234 클릭 − ❿ 작업 화면에 커서 놓고 마우스 왼쪽 클릭

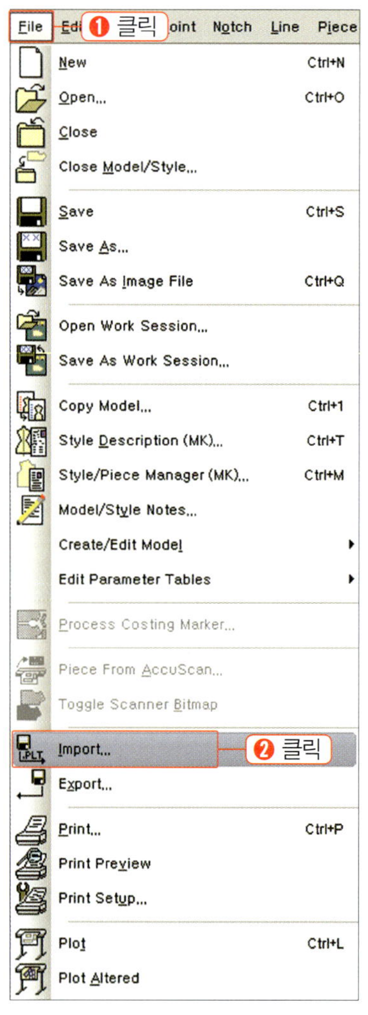

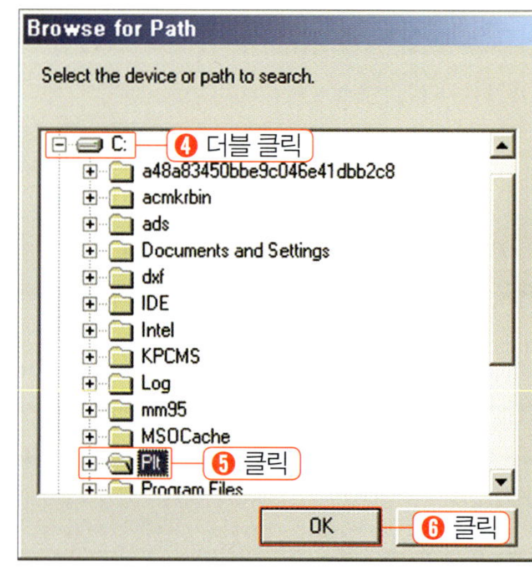

Pattern Design plt 파일이 열리지 않을 때

❽ Preview 클릭 하였을 때 다음과 같은 에러가 발생하며 파일이 열리지 않는다.

- 파일 생성 시킬 때 Plot Options에서 **HPGL**를 체크하지 않았기 때문이다.
- plt 폴더가 있는 C; 드라이브를 더블 클릭하지 않은 경우이다.

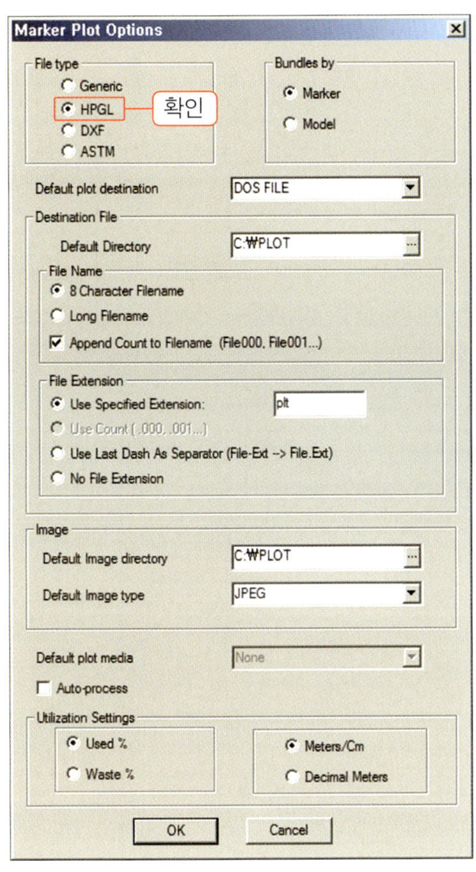

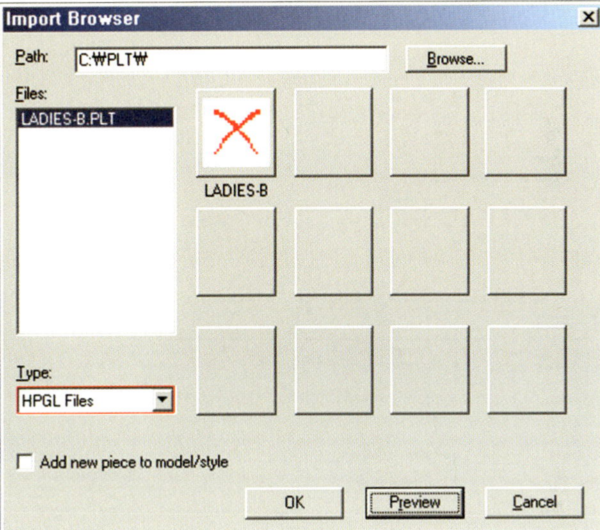

Pattern Design에서 plt 파일에서 피스 떠내기

1) Pattern Design에서 – ❶ Line – ❷ Modify Line – ❸ Split – ❹ 코너 클릭 선 절개한다.

2) Piece – Create Piece – ❸ Trace 클릭 – ❹❺ 절개된 선의 양쪽선을 정확하게 차례로 클릭 – ❻ 피스의 가운데 커서 놓고 마우스 오른쪽 클릭 – ❼ OK – ❽ 피스의 가운데 커서를 놓고 마우스 오른쪽 클릭 – ❾ OK – ❿ 4~5번 동작을 반복 – ⓫ 복사된 피스를 밖에 놓고 마우스 오른쪽 클릭

마커는 있으나 패턴이 없는 경우 피스 복원하기

마커 오픈 – 좌측 하단 MD란에서 스타일 넘버 복사 – AccuMark Explorer에서 – 스타일 넘버 찾기 입력란에 붙여넣기 – Enter – 패턴 피스가 복원된다.

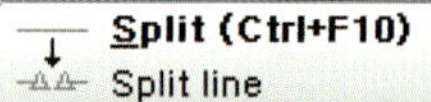

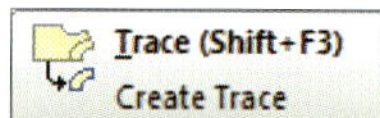

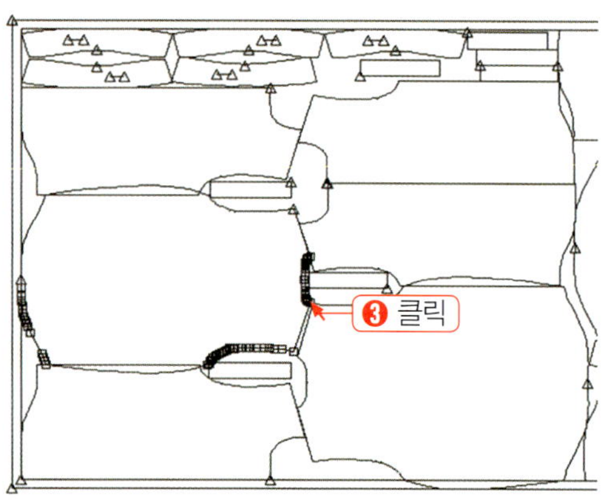

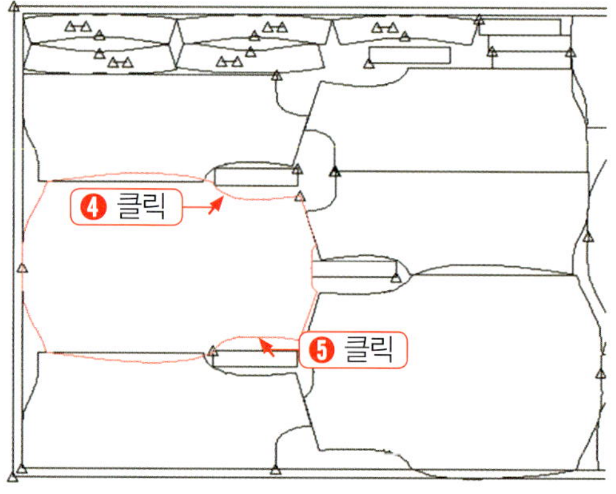

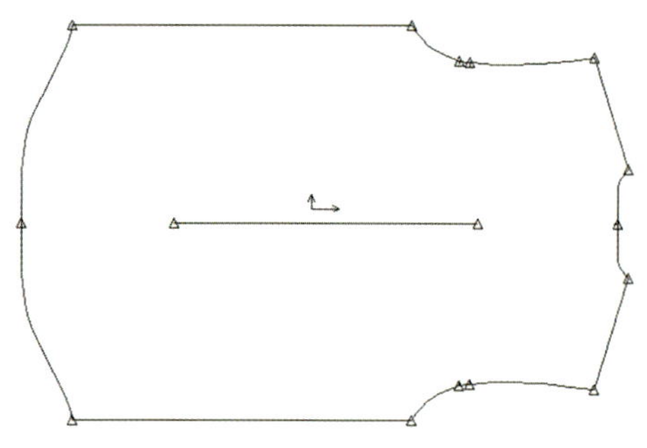

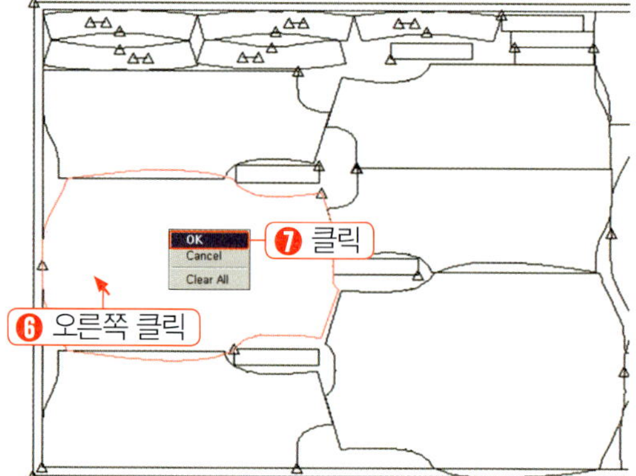

plt에서 떠낸 피스 저장하기

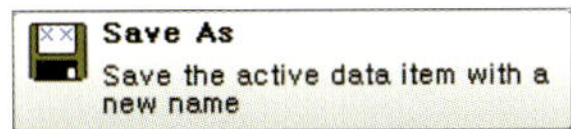

❶ Save As – 저장 아이콘 클릭 – ❷ 피스에 커서 놓고 마우스 왼쪽 클릭 – ❸ Save As – 상자에서 저장 폴더 설정 – ❹ 파일이름에서 스타일 넘버 입력 – ❺ Save 클릭

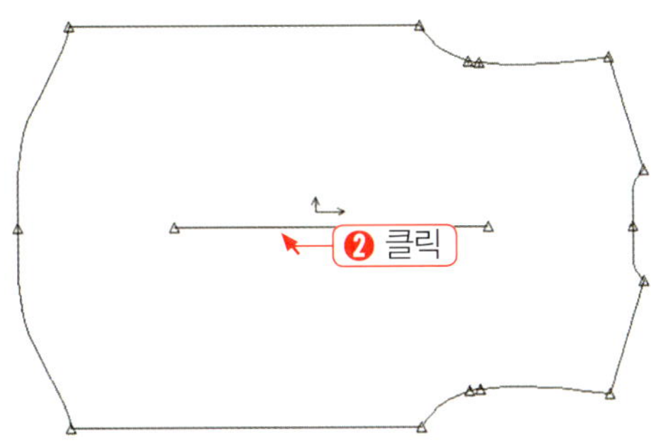

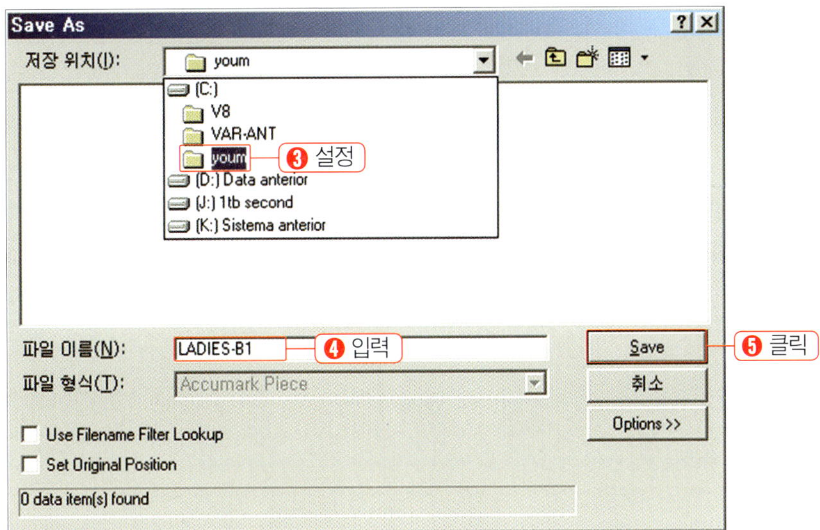

마커에서 피스 복원하기

마커는 있으나 패턴이 없는 경우 간단하게 복원한다.

마커 오픈 – 좌측 하단 MD 란에서 스타일 번호만 복사 – Accu Mark Explorer 상단 스타일 넘버 입력란에 붙여넣기 – Enter – 패턴 피스가 복원된다.

사이즈별로 불러들인 피스를 그레이딩 상태로 묶어주기

Pattern Design에서 – ❶ Grade – ❷ Create Nest – ❸ 기본 피스에 커서 놓고 클릭 – ❹ 기본 사이즈 입력 – ❺ 사이즈 스텝 입력 – ❻ 가장 작은 사이즈 입력 – ❼ OK – ❽ 큰 사이즈 입력 – ❾ OK – ❿ 가장 작은 사이즈 그레이드 포인트 클릭 – ⑪ 다음 사이즈 그레이드 포인트 클릭 – ⑫ 그레이드 포인트 클릭 – ⑬ 마우스 오른쪽 – ⑭ OK

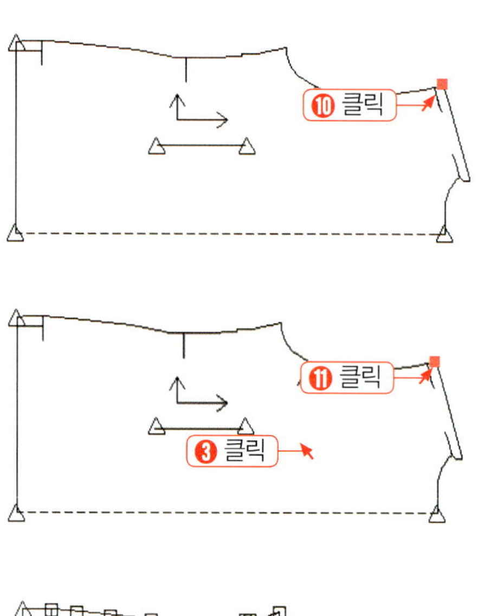

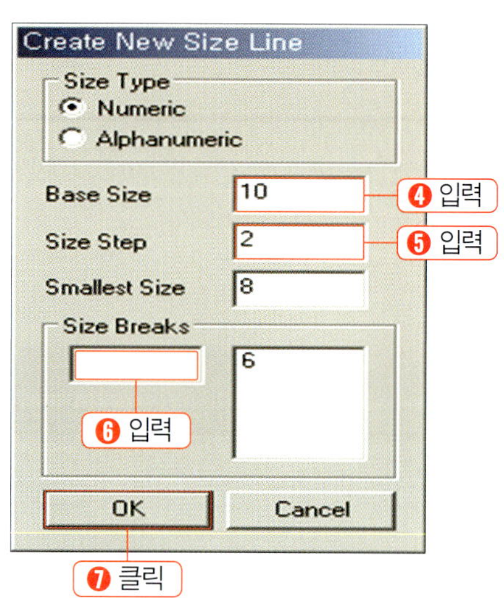

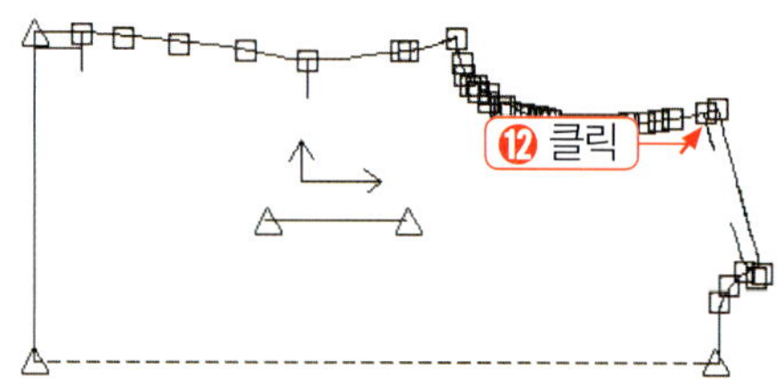

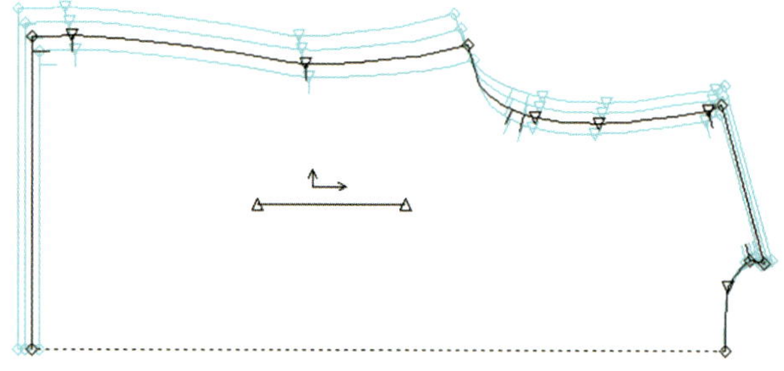

Maker에 축율 넣기

❶ 메인에서 3번째 단추 클릭

❷ Mark Plot Parameter 클릭

❸ Scaling에서 축율% 입력 예) Y에서 100.5% X에서 100.5%

❹ 저장 폴더 설정

❺ 파일 이름에서 확인하기 쉽게 축율을 파일명으로 입력

❻ Save

입력 방법

X 99.5 5% 줄일 때

Y 99 1% 줄일 때

X 100.5 5% 늘일 때

Y 100.1 1% 늘일 때

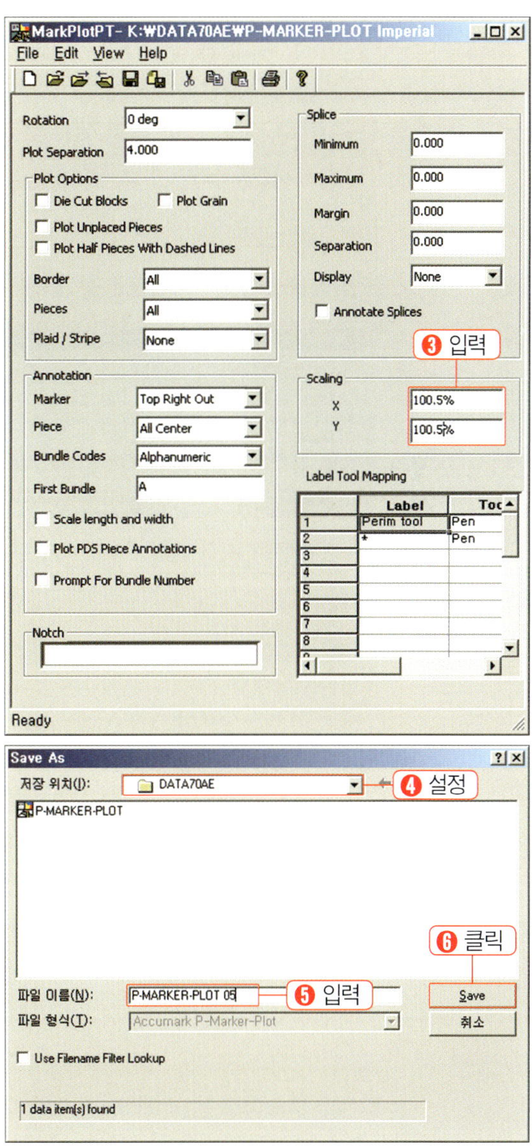

축율 적용

❶ 마커에 커서 놓고 마우스 오른쪽 클릭 – ❷ Send to – ❸ Plotter – ❹ 모서리 클릭 – ❺ 축율 파일 클릭 – ❻ Open – ❼ 화살표 클릭

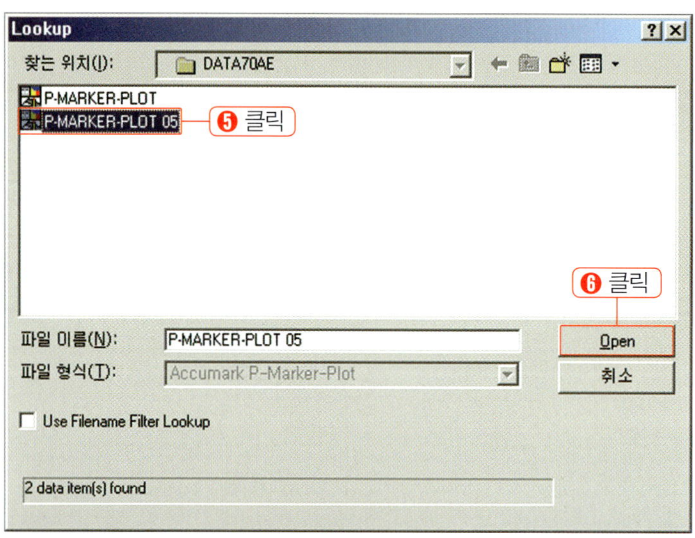

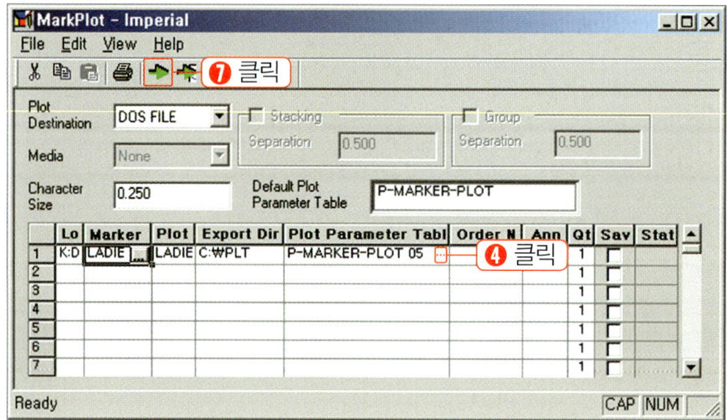

축소 마커 만들기

예) 10/1로 축소 마커를 만들려면 X에서 10.0% Y에서 10.0%이라고 입력한다.

❶ 메인에서 3번째 단추 클릭

❷ Mark Plot Parameter 클릭

❸ scaling에서 축소% 입력 예) 10/1 Y에서 10.0% X에서 10.0%

❹ 저장 폴더 설정

❺ 축소율을 파일명으로 입력

❻ Save

❼ F5 연타

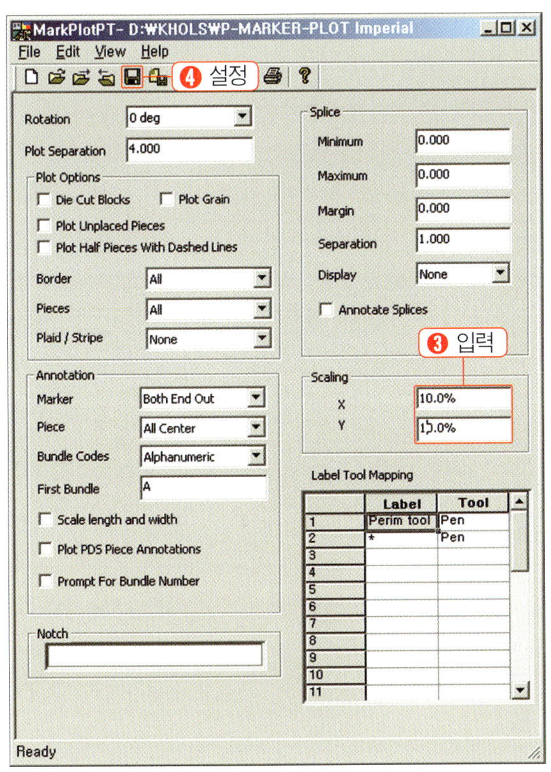

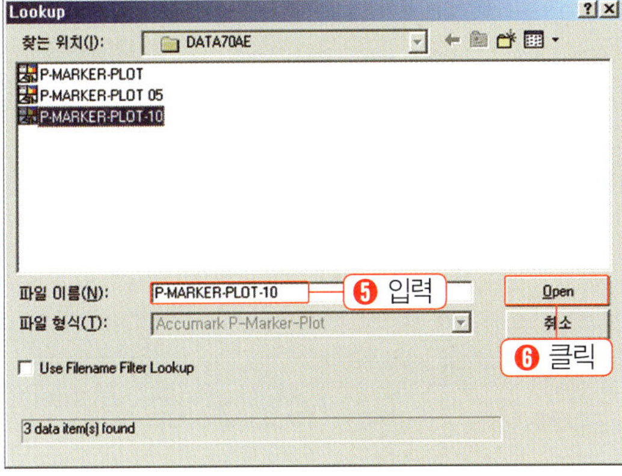

축소 마커 적용

❶ 마커에 커서 놓고 마우스 오른쪽 클릭 – ❷ Send to – ❸ Plotter – ❹ 모서리 단추 클릭 – ❺ 축율 파일 클릭 – ❻ Open – ❼ 화살표 클릭

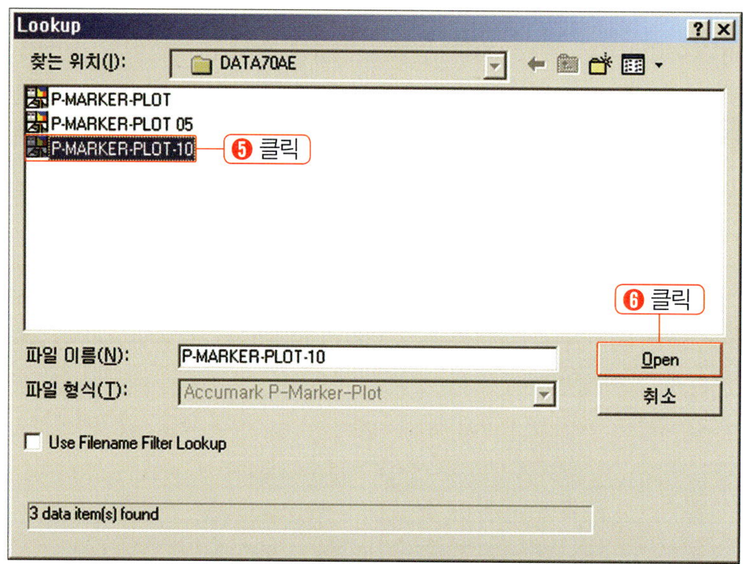

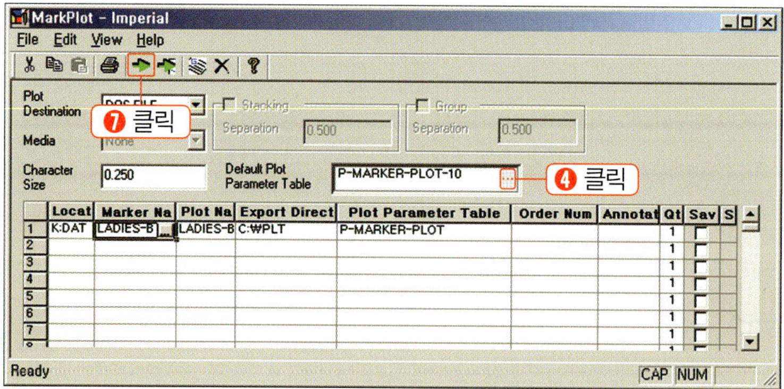

플로터 연결 설정

메인에서 4번째 단추 클릭 – Hardware Conflguration 클릭

❶ Plotter – ❷ 컴퓨터에 연결되어 있는 플로트 클릭 – ❸ Com 포트 설정 – ❹ 적용 – ❺ 확인

플로터가 연결되어있는 COM 포트 넘버를 정확하게 설정해야 한다.

 연결되지 않은 상태일 때 플로트 아이콘

 연결된 상태일 때 플로트 아이콘

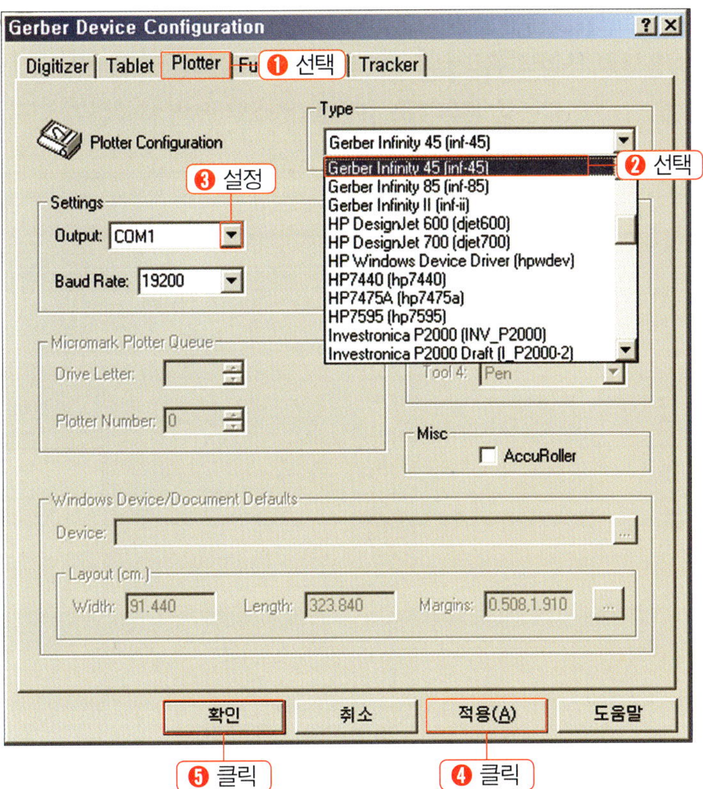

Accumark Explorer에서 피스 출력하기

기본 사이즈 또는 원하는 사이즈만 출력하는 방법

❶ 스타일 넘버 드래그 – ❷ Send To – ❸ Plotter 마우스 왼쪽 클릭 – ❹ Sizes 코너 클릭 – ❺ 한 사이즈만 출력하려면 원하는 사이즈 하나만 선택하고 두 개 이상의 사이즈를 출력하려면 ctrl 키를 누르고 필요한 사이즈를 모두 클릭 – ❻ OK – ❼ Group 클릭 – ❽ Plot Unaltered 클릭 – ❾ Process 화살표 클릭

AccuMark Explorer에서 그레이딩 상태로 출력하는 방법
Size Code 체크 아웃한다.

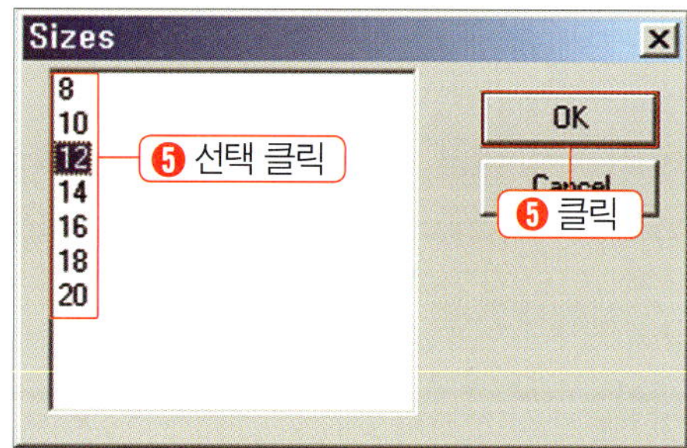

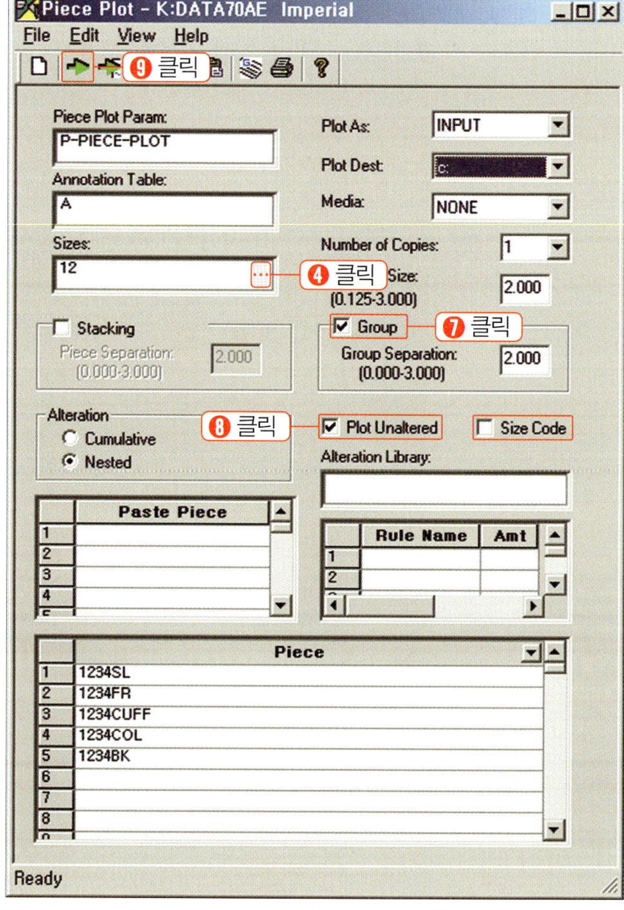

마커 출력하기

❶ 마커 넘버에 커서 놓고 마우스 왼쪽 클릭 – ❷ Send to – ❸ Plotter – ❹ LOCLA 설정 – ❺ 스타일 넘버 설정 – ❻ 코너 클릭 SIZE –AND–BUNDLE 클릭 – Open – ❼ Process 화살표 클릭 – YES

P–MARKER–PLOT 설정은 메인에서 3번째 단추 클릭 – 축율을 넣을 때 편집창이며 축율을 넣지 않을 경우 기존의 P–MARKER–PLOT를 설정한다.

Annotation – 마커에 프린트되는 사이즈 스타일 넘버에 관한 것으로 특별히 제거하거나 추가 내용이 없을 경우 기존의 SIZE –AND–BUNDLE을 그대로 적용한다.

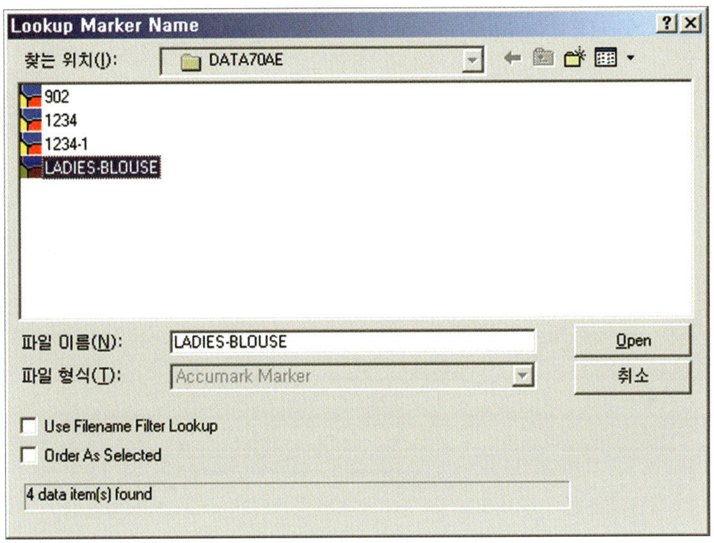

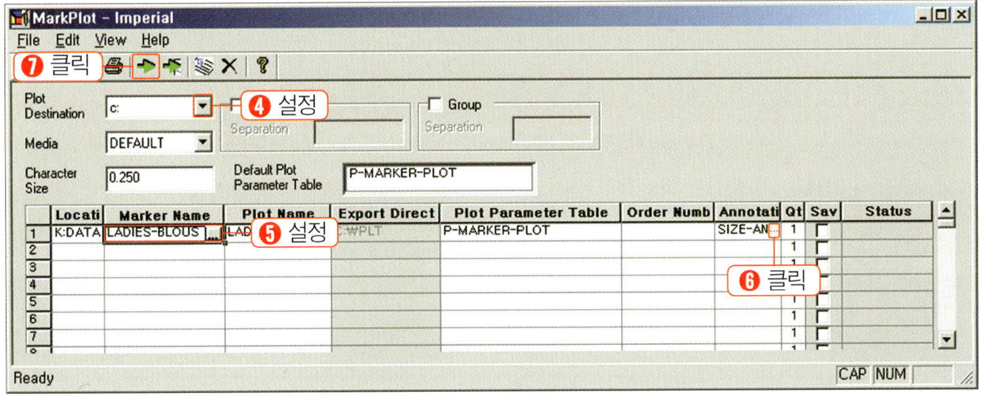

피스 출력 시 종이 절약 하는 방법

ⓐ Group을 클릭하면 피스의 조각이 폭 방향으로 나열되어 종이의 소모량이 적어진다.
　　Group을 클릭하지 않으면 길이 방향으로 나열되어 종이의 소모량이 많아진다.

ⓑ Piece Separation 피스와 피스의 간격 설정

ⓒ Group Separation 사이즈 그룹 간의 간격

ⓓ 플로터의 속도

ⓔ 피스를 플로트로 출력하기 위해서 체크한다.

ⓕ 문자 크기

마커가 아닌 피스 조각들을 플로팅 할 때 종이를 플로트의 기본 넓이보다 적은 것을 끼웠을 경우에 넓이를 종이 폭에 맞게 설정해 주어야 한다.

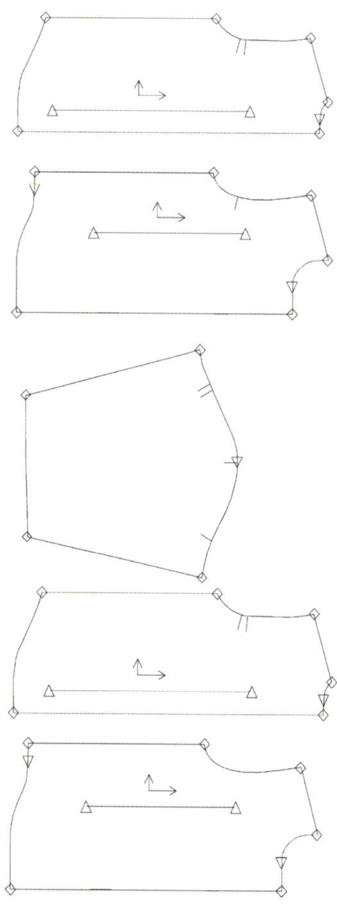

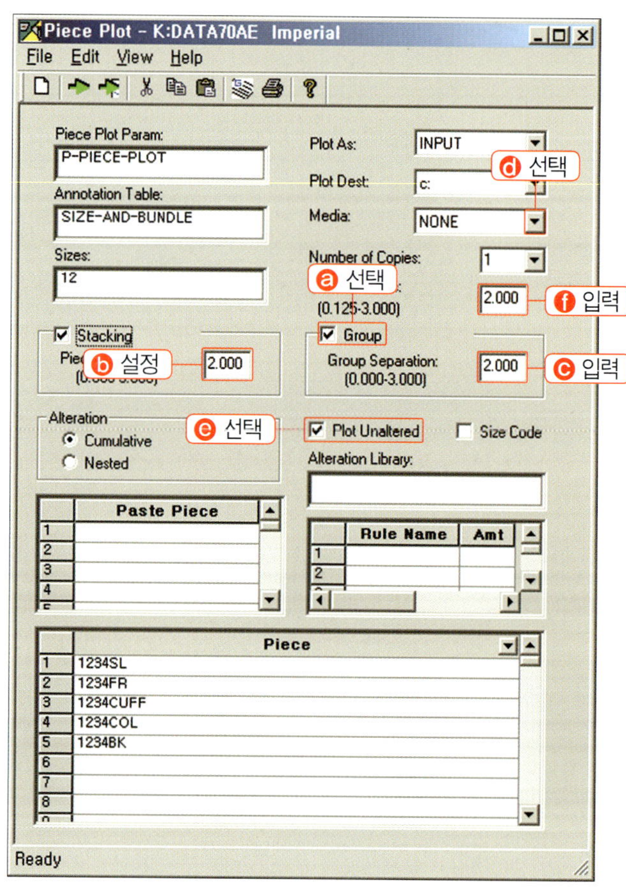

플로터에서 대기 중인 피스 & 마커 삭제하기 / 순서 바꾸기

플로터에서 대기 중인 피스 & 마커 삭제하기

마커 & 패턴을 플로터로 보낸 후에 지워야 할 때 모니터 우측 하단에서 플로트 아이콘에 커서 놓고 마우스 오른쪽 클릭한다.

Queue Manager – 지우려는 마커 클릭 – 마우스 오른쪽 – Delete

대기 중인 플로트 순서 바꾸기

– 플로터에서 대기 중인 마커 우선순위를 바꾸려면 파일을 커서로 집어서 위로 올려놓는다.

– 대기 중인 마커에 커서 놓고 마우스 오른쪽 클릭 – Plot Now 클릭한다.

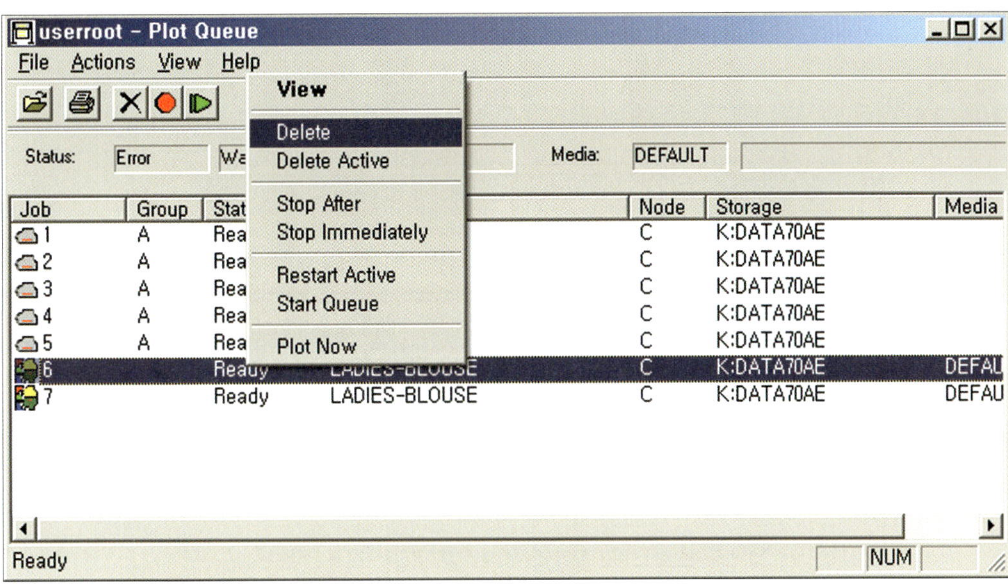

플로터 출력이 되지 않을 때

모니터 우측 하단에 플로트 아이콘이 활성화되어 있어야 한다.

아이콘이 활성화되지 않으면 플로트 no 상태에서 컴퓨터를 재시동한다.

아이콘이 활성화되지 않으면 컴퓨터 no 상태에서 플로트를 재시동한다.

❶ 플로트 포트 선을 컴퓨터 뒷면에서 1번에 연결한다. – ❷ 메인에서 4번째 단추 클릭 – ❸ Hardware Conflguration 클릭 – ❹ Plotter 클릭 – ❺ COM 1설정 – ❻ 플로트 기종 스타일 넘버를 정확하게 설정 – ❼ 적용 – ❽ 확인

정확한 기종 선택과 COM 연결을 확인한다.

 연결되지 않은 상태일 때 플로트 아이콘

 연결된 상태일 때 플로트 아이콘

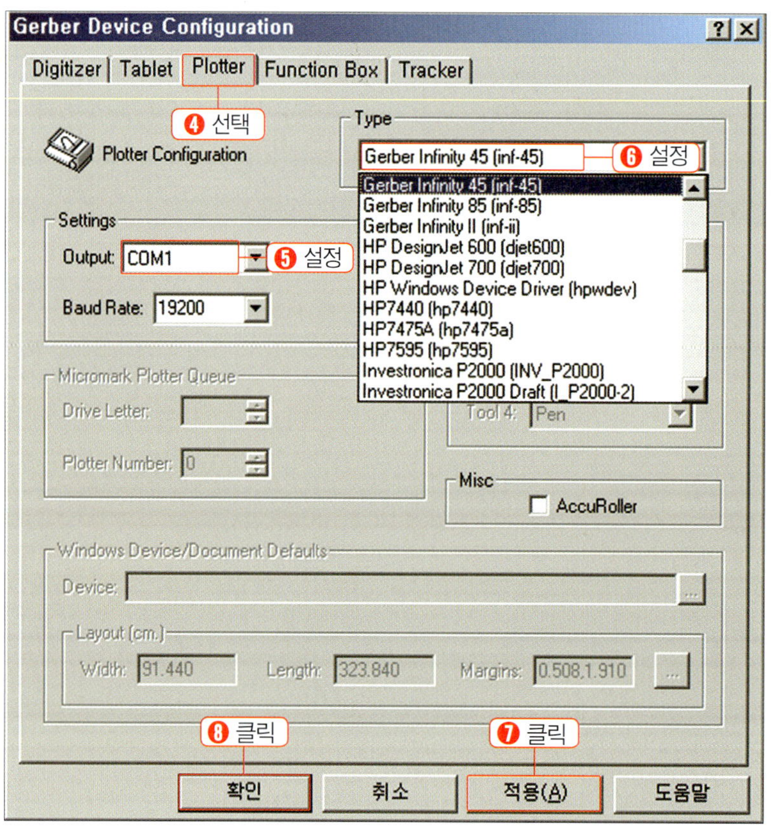

마커의 글자 크기 설정

마커의 글자 크기를 수정할 필요가 있을 때 실행한다.

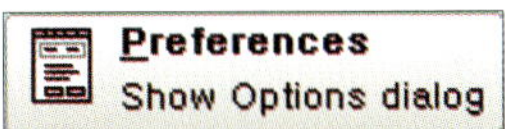 Preferences/Options

Pattern Design에서 – View – Preferences / Options – Plot (AM) 클릭 –
Character Size 0.63을 줄이거나 키운다.
Piece Separation 출력했을 때 피스 간의 간격
Plotter Address 플로터 LOCAL로 설정

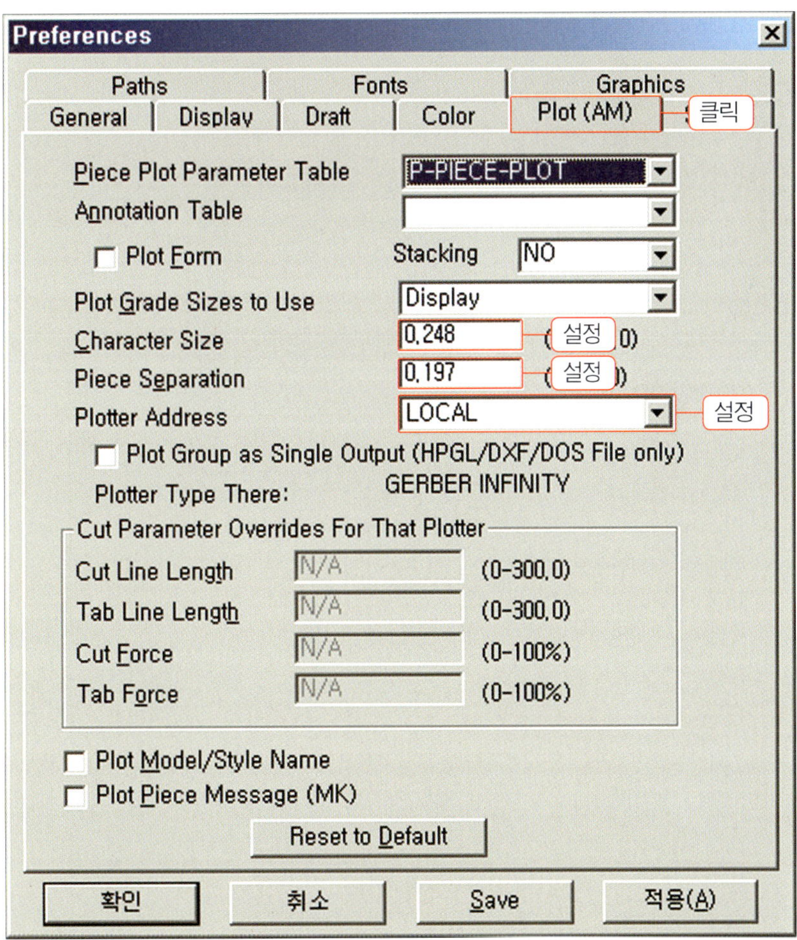

펜 플로터 속도 높이기 / 스타일 넘버 지우기

펜 플로터 스타일 넘버 지우기

스타일 넘버는 넣지 않고 호칭만 넣을 때 유용한 방법으로 펜 플로트의 경우 시간을 단축하려고 할 때 유용한 기능이다.

AccuMark Explorer에서

❶ 공간에 커서 놓고 마우스 오른쪽 클릭 – ❷ New – ❸ Annotation 클릭 – ❹ Annotation 코너 클릭 – ❺ 16.17 을 Selection 란에 넣는다 – ❻ OK

입력하는 방법 – Selection란 클릭 – Annotation Format에서 선택 – Add 클릭

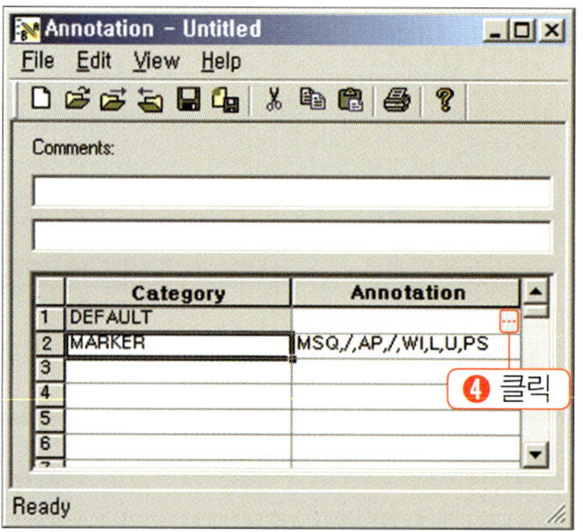

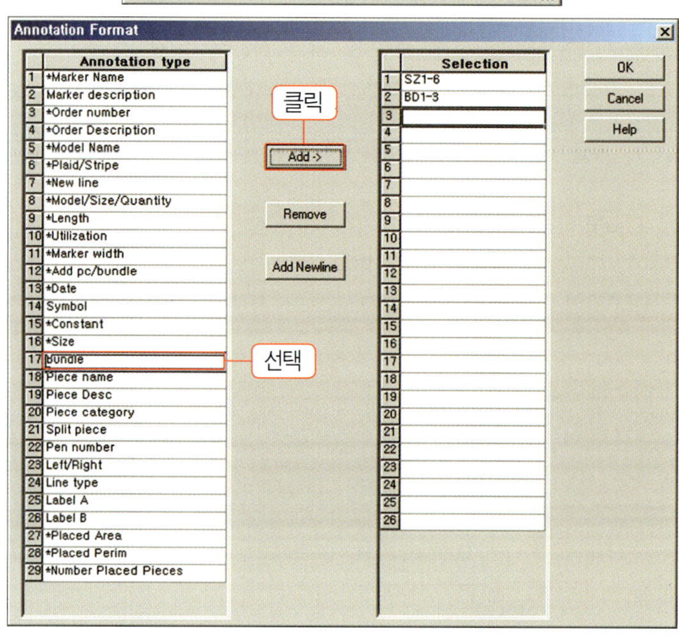

❼ 두 번째 코너 클릭 − Remove 클릭 내용 모두 삭제(Selection 클릭, Remove 클릭) − ❽
Annotation type에서 1~8, 9, 10, 11, 13번까지 우측 Selection 란에 넣는다. − ❾ OK − ❿ 저장
− ⓫ 파일 이름 입력 예) 1234 − ⓬ Save 저장 − ⓭ AccuMark Explorer에서 F5 연타

입력하는 방법 − Selection란 클릭 − Annotation에서 선택 클릭 − Add 클릭

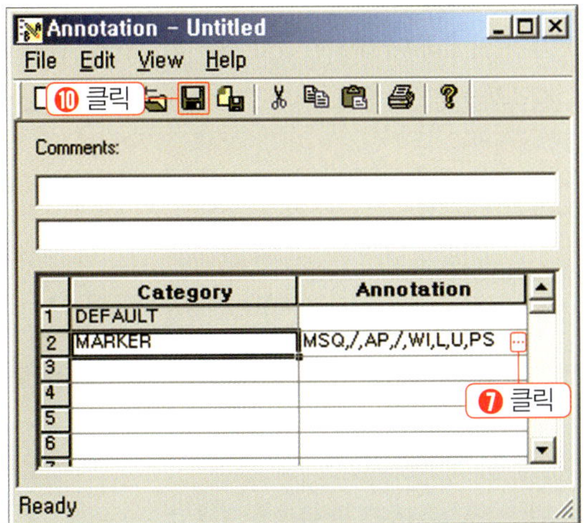
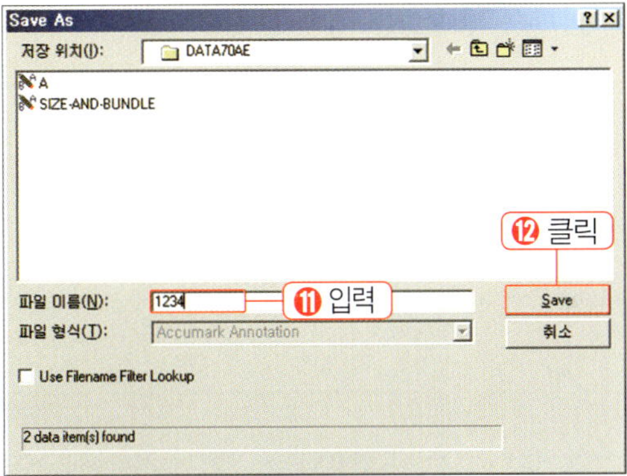
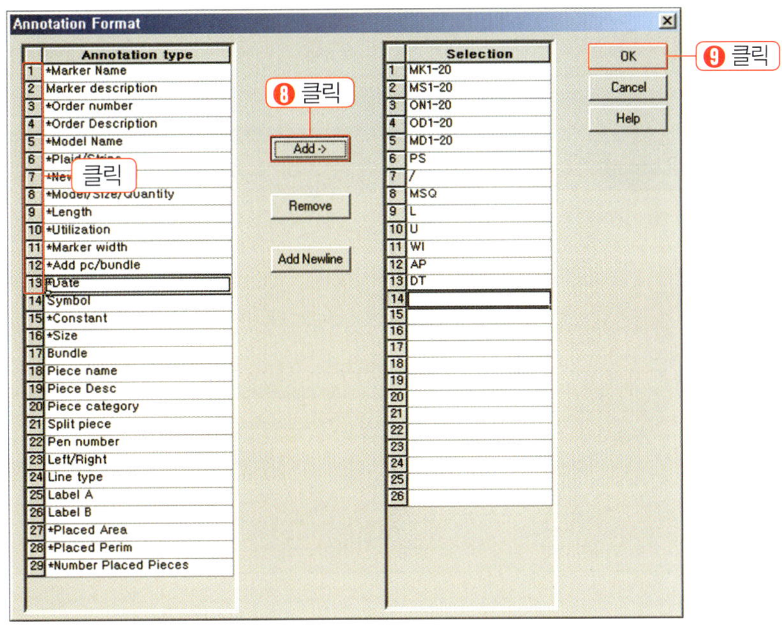

적용 시키기

❶ Order 클릭 – ❷ Annotation에서 코너 클릭 – ❸ Lookup 창에서 저장한 넘버 선택 – ❹ Open
– ❺ Order에서 저장 – ❻ Process Order 화살표 클릭 – ❼ 확인 – ❽ F5 연타

스타일 넘버 / 사이즈 그룹 / 원단 넓이 / 마커 길이 등은 외곽에 설정되고 피스 안에는 호칭만 프린
트된다.

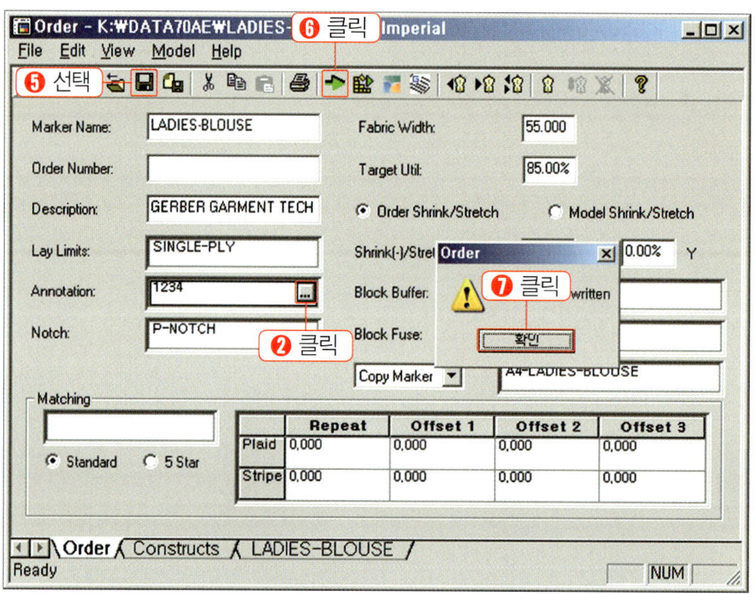

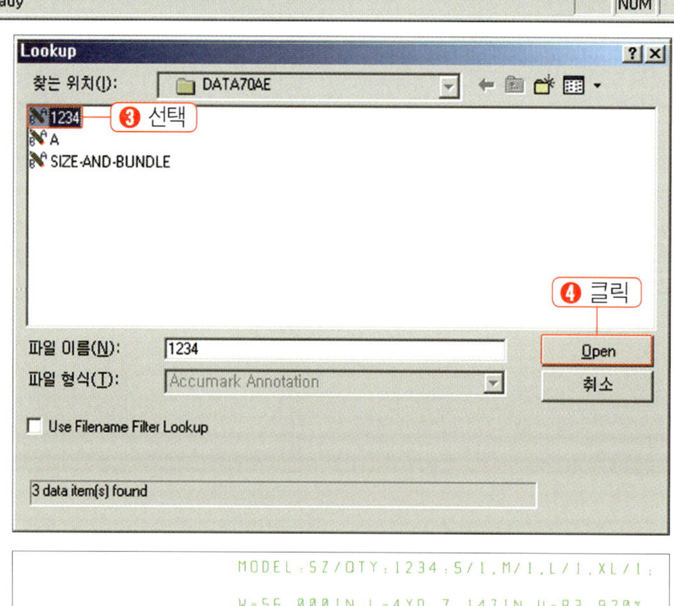

자동 마커

자동마커 넣기 / Accu Nest

자동마커 넣기 / Accu Nest

자동마커는 초보자라도 단시간에 최상의 마킹을 자동으로 구현할 수 있는 것이 장점으로 더욱더 진보된 결과를 얻기 위해서 많은 연습에 의한 결과를 표준적으로 분리하고 기록하여 실전에서 유용하게 사용할 수 있도록 준비한다.

개인의 능력에 따라 차이는 있으나 숙련된 경력자가 12개 사이즈 PANTS 마커를 넣는다면 소요되는 시간이 1시간 정도라고 할 때 오토마킹은 준비 시간까지 합쳐서 5분 정도이며 소요량 산출에 있어서도 혼합 마커의 경우 효율이 자동 마커가 단연 앞서고 있다.

오토마킹을 운용하는 방식에 개인의 테크닉이 적절하게 작용한다면 더욱 좋은 결과를 얻을 수 있다.

자동 마커의 기능

- Sections 원단의 폭 방향으로 사이즈별 배치
- Shade 원단의 길이 방향으로 사이즈별 배치
- 폭 방향에서 두 가지 사이즈를 혼합할 수 있도록 설정한다.
- 심지가 들어가는 조각들의 블록 설정이 가능하다.
- 마커 압축 – Tools – Compact Maker – 압축이 진행된다.

 Queue Submit

Queue Submit – 마커의 길이 / 폭 / 피스당 소요량까지 모든 결과를 확인한다.

Nesting Engine – 진행 상황을 확인하려고 할 때 클릭한다.

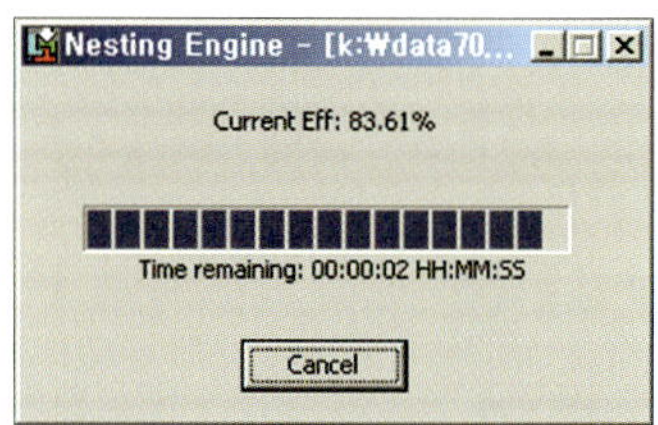

자동마커 실행하기 전에 No Flip을 설정해서 **order**에 적용해야 하고 일 방향 마커일 경우
No Flip과 One Way Piece를 함께 반드시 설정해야 한다

No Flip

두 개의 마주 보는 패턴 조각이 같은 방향으
로 설정되는 것을 방지하기 위해서 반드시 No
Flip 설정을 해야 한다.

❶ 메인 메뉴 두 번째 단추 클릭 – ❷ LayLimit
Editor 클릭 – ❸ Piece Options 밑에 란에
서 우측 코너 클릭 – ❹ Allow 180 rotation.
No Flip. 클릭 – ❺ 저장 – Save 파일이름 No
Flip이라고 입력한다.(확인하기 쉽다) – ❻ 저장

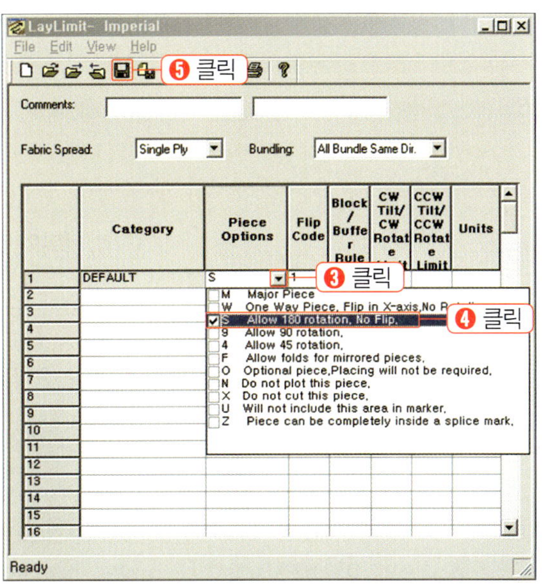

❶ Accu Mark Explorer에서– ❷ 마킹을 실시
하려는 Model 클릭 – ❸ Lay Limits:의 우측
모서리 클릭 – ❹ 저장해둔 No Flip 클릭 – ❺
Open – ❻ 저장

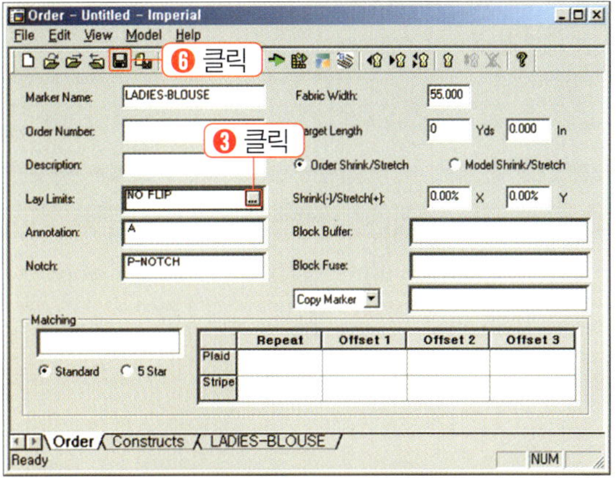

> ⚠ **참고**
>
> No Flip 설정은 안감 / 심지 / 등 양방향으
> 로 넣는 경우에 왼쪽과 오른쪽의 피스가
> 한 면으로 뒤집히는 현상을 방지한다.

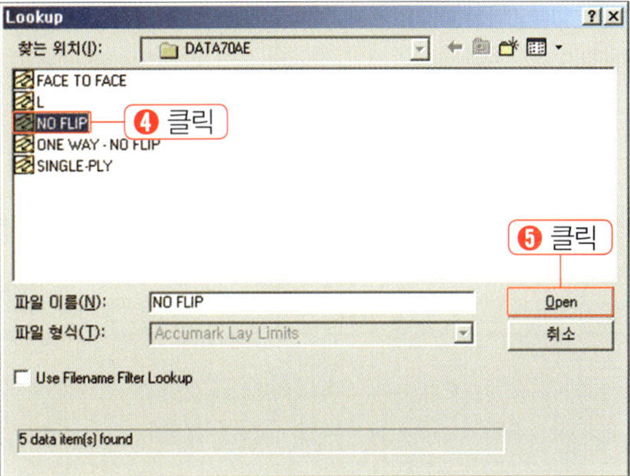

자동 마커에서 일방향 설정하기 / 자동마커 실행하기 / Accu Nest

자동 마커에서 일방향 설정하기

No Flip과 함께 One Way Piece를 반드시 함께 설정해야 한다.

❶ 메인 메뉴 두 번째 단추 클릭 – ❷ LayLimit Editor 클릭 – ❸ Piece Options 밑에 란에서 우측 코너 클릭 – ❹ One Way Piece – ❺ Allow 180 rotation, No Flip 클릭 – 저장 Save 파일 이름을 One Way no Flip이라고 입력한다.(확인하기 쉽다) – ❻ 저장

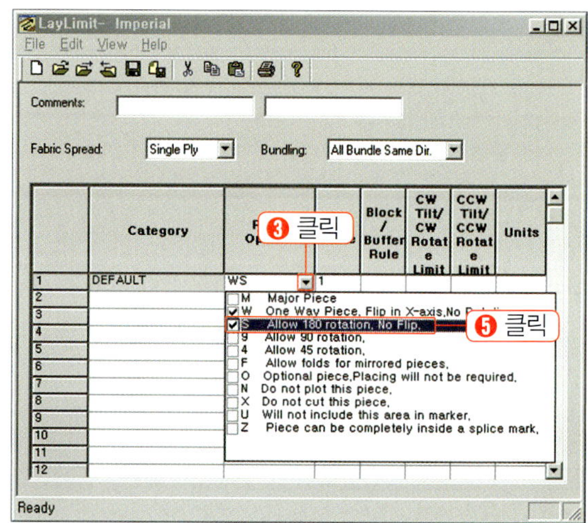

No Flip과 One Way Piece를 마커에 설정하려면

❶ Accu Mark Explorer에서 – ❷ 마킹을 실시하려는 Model 클릭 – ❸ LayLimits:의 우측 모서리 클릭 – ❹ 저장해둔 One Way No Flip 클릭 – ❺ Open – ❻ 저장

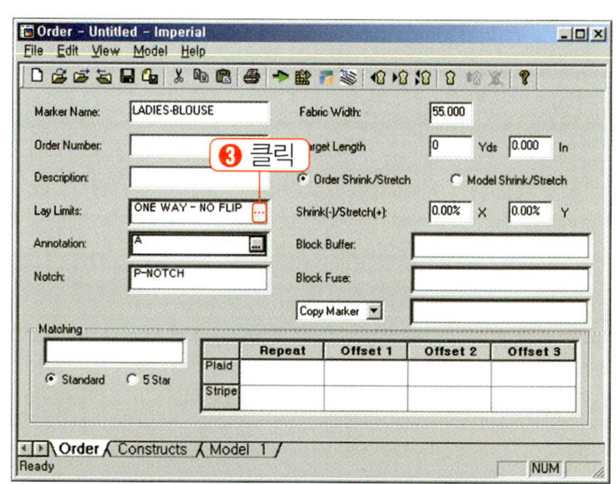

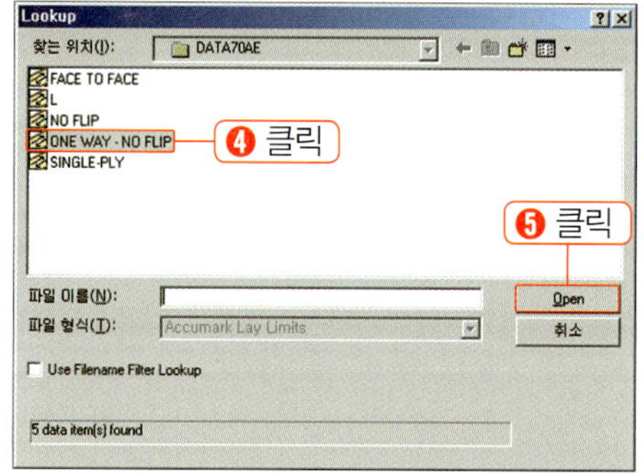

자동 마커 실행하기 / Accu Nest

Acc Mark Explorer에서 ❶ 마커에 커서 놓고 마우스 오른쪽 클릭 Send To – ❷ Accu Nest – ❸ Full – ❹ 시간을 1~ 3분 으로 설정 – ❺ 85% 이상 – ❻ 180° 설정 – ❼ Disable – ❽ Markers – ❾ 스타일 넘버 클릭 – ❿ 확인

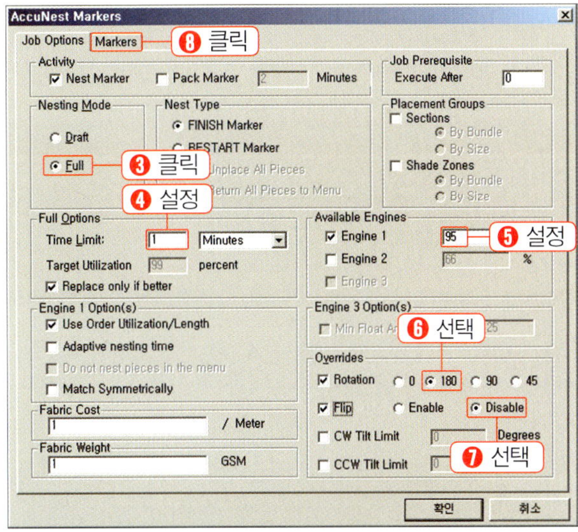

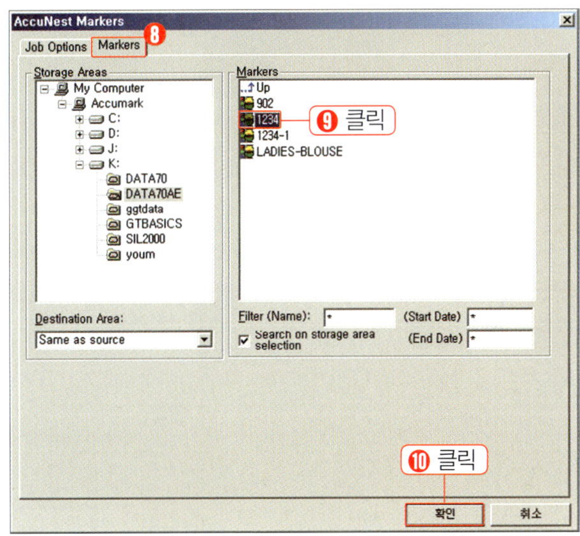

❶❶ 단축 아이콘 클릭 – ❶❷ Queue – ❶❸ Run Queue 클릭 – ❶❹ 하단에서 오토마킹 실행 아이콘 클릭 – ❶❺ 진행 상황 표시가 나타난다.

– Run Queue은 오토마킹을 처음 실시할 때만 실행한다.

– Queue Submit을 클릭하여 마킹이 끝난 상태를 확인한다.

– 에러가 난 경우 글자색이 빨갛게 표시된다.

– Configure – Units – Imperial은 inch로 – Metric는 cm으로 전환한다.

– 오토마킹 진행 아이콘을 클릭하면 진행 상황이 표시된다.

Queue Submit에서 마커의 총 길이 1pcs 소요량까지 모든 정보를 확인한다.

PR –   마커의 총 길이

BD –   1pcs 당 소요량

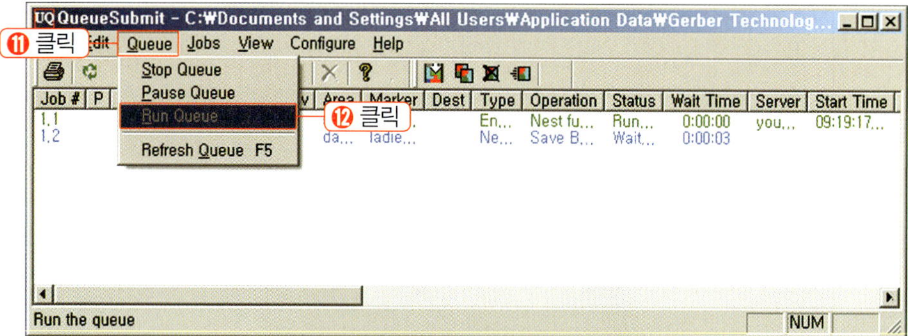

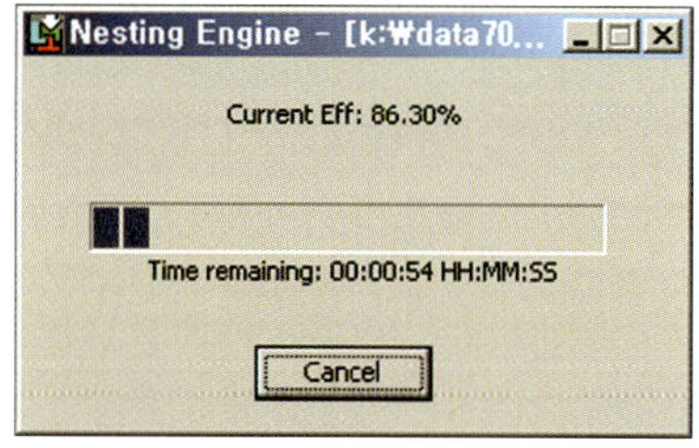

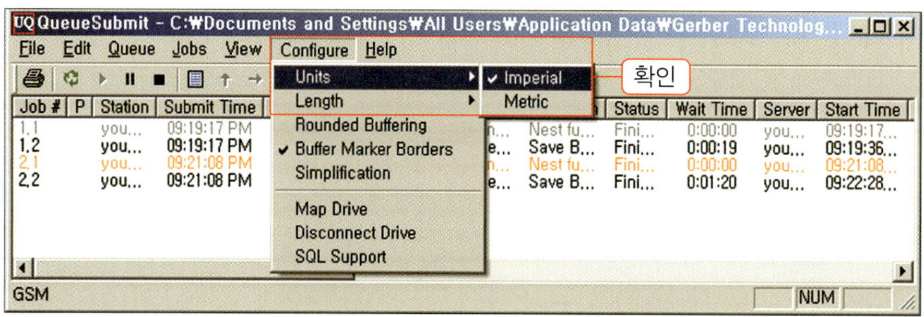

이색 방지를 위한 근접마커 Shade Zones

길이 방향에서 사이즈 별로 배치하며 이색 방지에 유용한 방법이다.

Acc Mark Explorer에서
❶ 마커에 커서 놓고 마우스 오른쪽 클릭
Send To – ❷ Accu Nest – ❸ Full –
❹ 시간을 1~10분으로 설정 – ❺ Shade
Zones – ❻ By Size – ❼ Markers – ❽
확인 – ❾ Allowed shade zone overlap
란에 20~30 정도로 설정 – ❿ OK

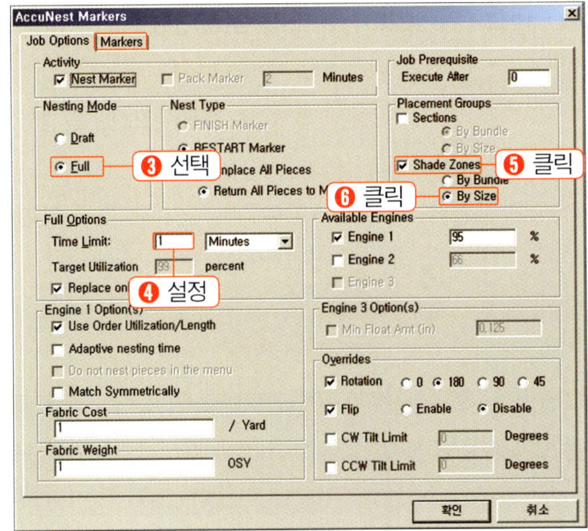

Allowed shade zone overlap –
일직선 상에 좌우로 침범할 수 있는 영역
표시이다.
마킹된 상태를 보면 같은 사이즈는 같은 선
상에 놓인 것을 볼 수 있다.

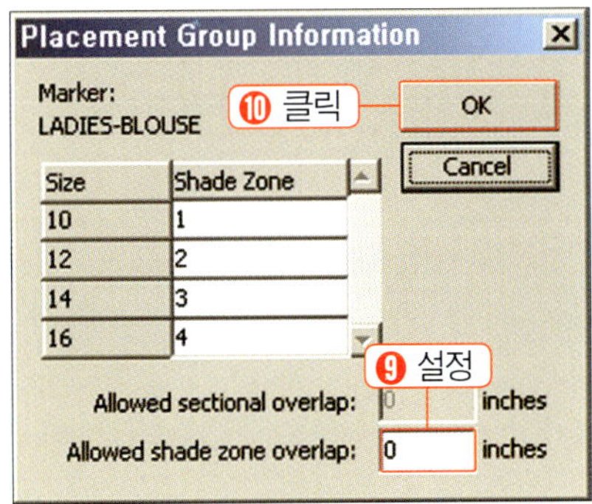

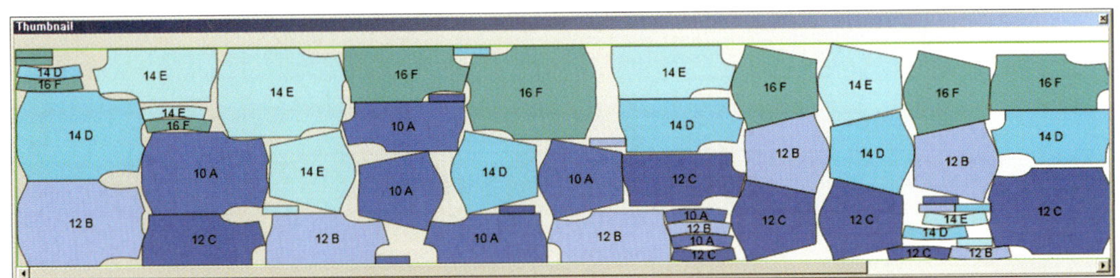

체크무늬 마커 Sections By Bunde

원단의 폭 방향에 한 사이즈씩 정렬시키는 것으로 첵크 무늬 또는 커트 무늬인 경우에 실시한다.

❶ 마커 마크에 커서 놓고 마우스 오른쪽 클릭 Send To – ❷ Accu Nest – ❸ Full – ❹ Sections – ❺ By Bunde – ❻ 확인 – ❼ OK

특별한 목적으로 실시할 수 있으며 실제 소요량의 증가로 사용하기에는 여러 가지 문제가 있다.

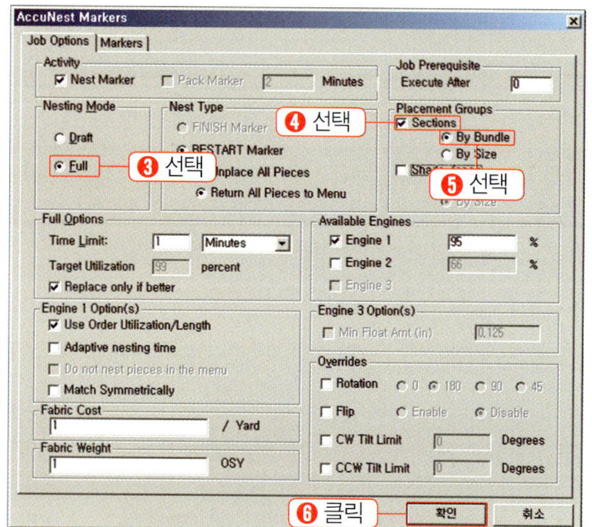

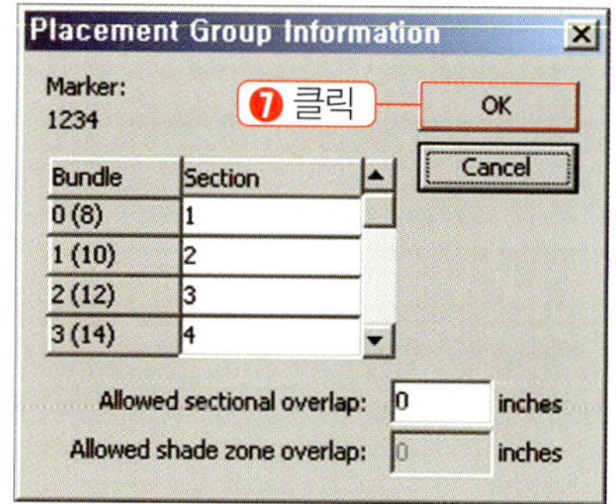

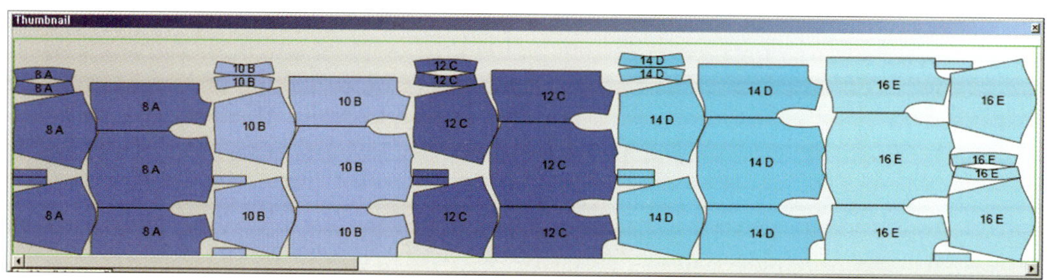

Shade By Bunde

원단의 길이 방향에서 이색 방지를 위한 근접 마커를 위한 사이즈 배열 방법이다.

❶ 마커 마크에 커서 놓고 마우스 오른쪽
클릭 Send To – ❷ Accu Nest – ❸ Full
– ❹ Shade Zones – ❺ By Bunde – ❻
확인 – ❼ 스크롤 바를 밑으로 내린다 – ❽
예) 4을 1번으로 5를 2로 6을 3으로 원하는
대로 사이즈 비율로 큰 사이즈와 작은 사이즈
를 짝으로 커서를 안에다 놓고 수치를 바꾸어
입력한다. – ❾ OK

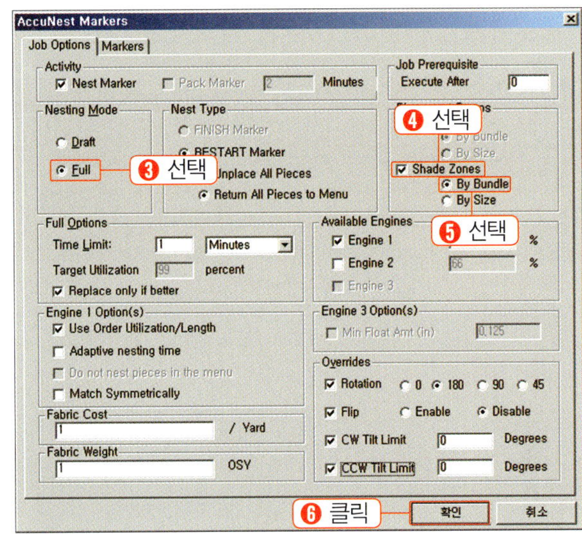

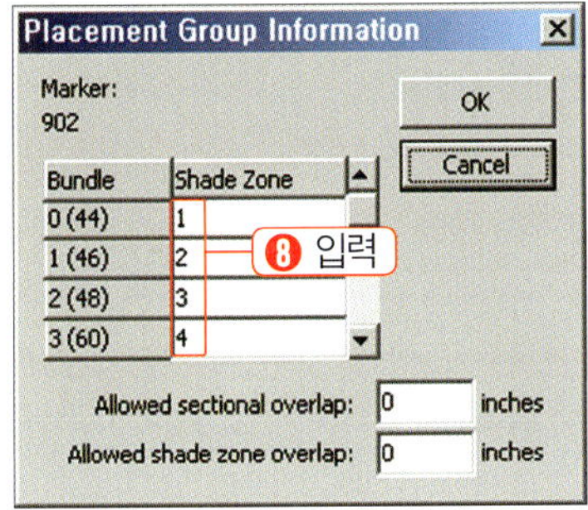

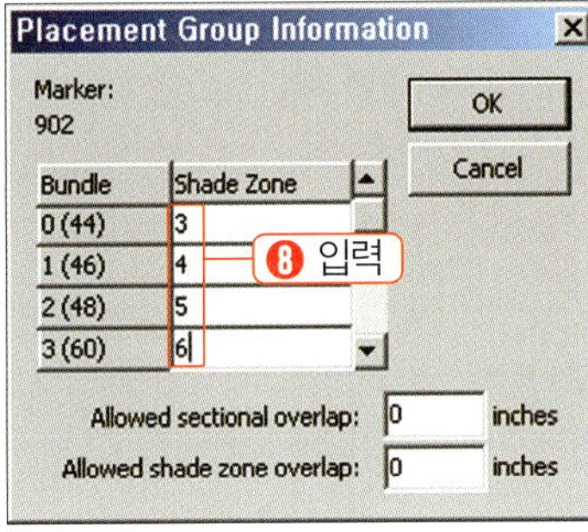

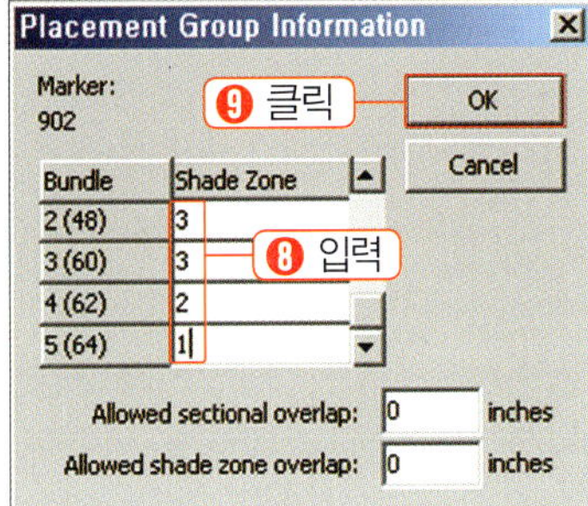

Allowed shade zone overlap – 란에 좌우로 겹칠 수 있는 수치를 설정한다.

⚠ **참고**

우측 하단의 CW Tilt Limit / CCW Tilt Limit – 기능은 왼쪽과 오른쪽으로 피스가 기우는 각도를
설정할 수 있으며 결선과 상관이 없는 경우에만 입력이 가능하다.
100이라는 수치를 입력했을 때 앞판. 뒤판. 주머니. 카라 등 한 면이 수직 각도로 이루어진 경우에
는 해당뇌시 않고 소매의 솔기처럼 사선 형태의 피스만 직용이 된다.

예) 1234로 설정한 것은 사이즈 차례대로 근접하도록 설정한다.

예) 8호와 14호와 근접하도록 설정한다.

Allowed shade zone overlap 는 10inch 피스
간의 교차할 수 있는 거리 설정

서로 묶어주는 숫자를 바꾸어가며 가장 이상적
인 소요량을 얻을 수 있도록 2~3회 실시한다.

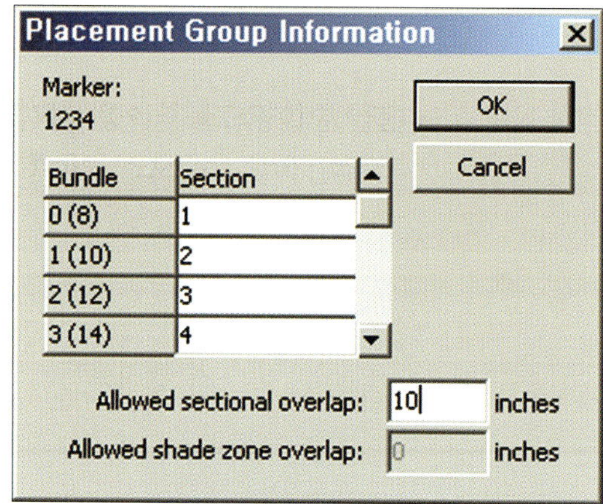

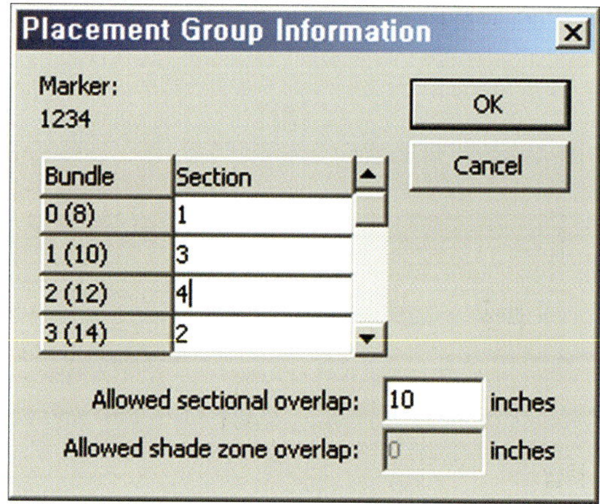

자동 마커에서 블록 설정

심지가 들어가는 피스를 묶어서 블록을 설정한다.

❶ Acc Mark Explorer – ❷ 마커 Open – ❸ 카라를 블록으로 묶는다 – ❹ 커프스를 블록으로 묶는다. – ❺ 카라와 커프스를 배치한 다음 저장하고 나온다.

– 블록으로 묶은 피스를 상단에 놓고 저장한 다음 오토 마킹을 실시하면 블록은 자동으로 필요한 자리에 안착한다.

– 블록으로 설정할 때 필요한 것끼리 모아서 두 개 또는 여러 개씩 묶어주는 것도 좋다.

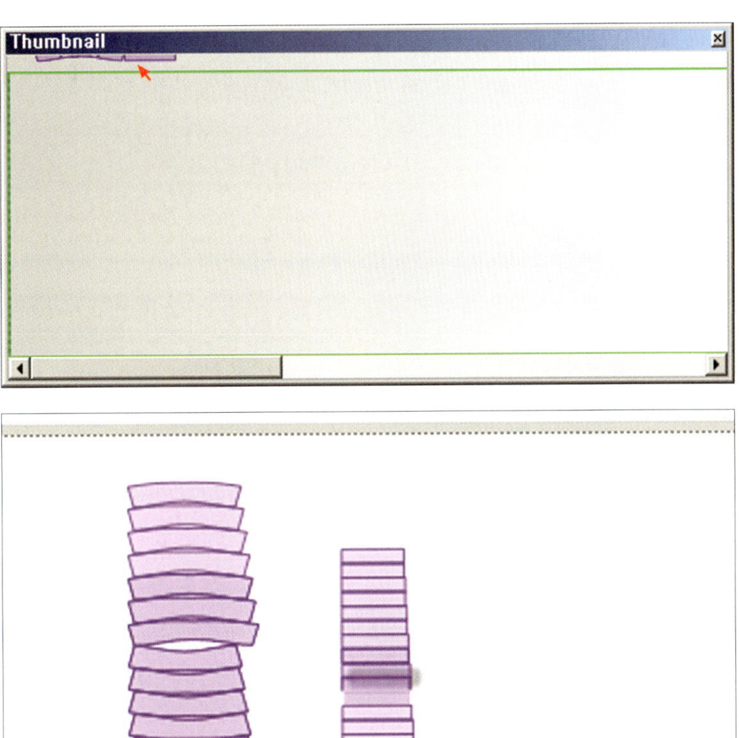

❻ Accu Nest 실행

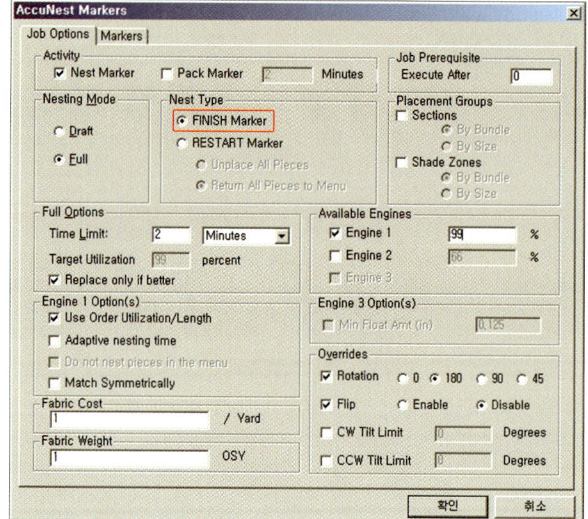

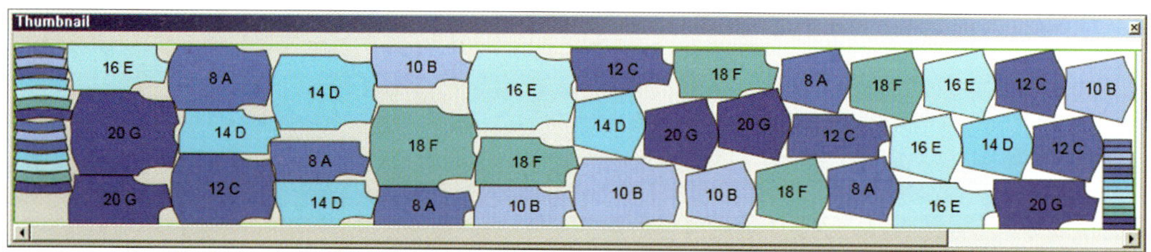

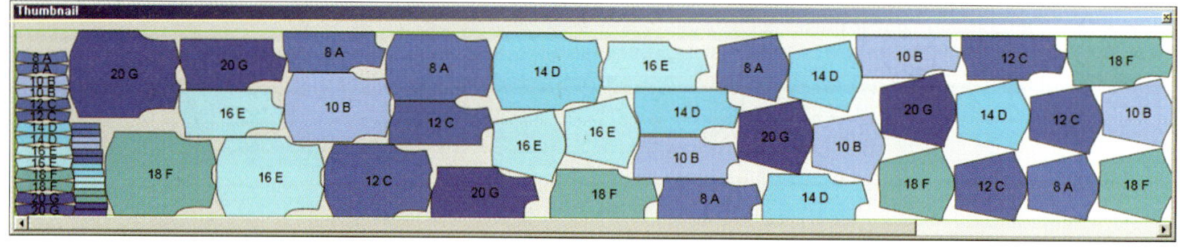

미니 마커 프린트 할 때 색상을 지우기

Marker Making에서 – Edit – Settings – Piece Display 란 밑에 – Fill Placed Pieces 란을 체크아웃한다.
환원시키려면 체크아웃 표시를 복원한다.

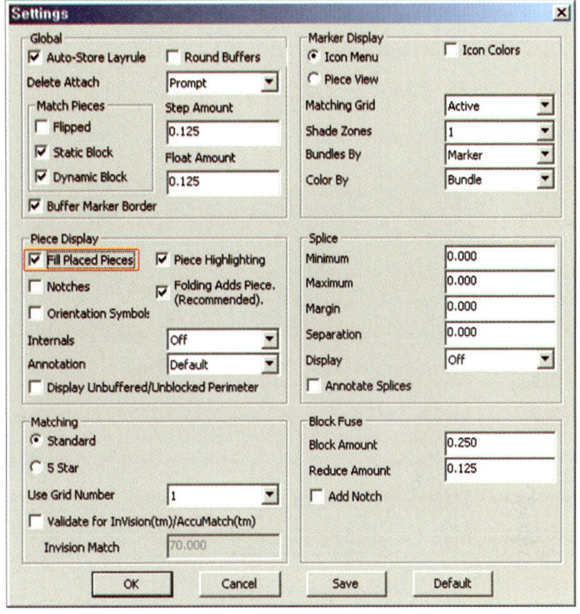

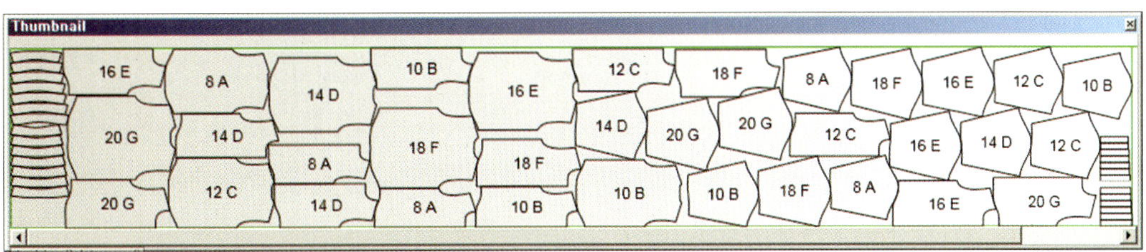

마커 정보 확인하기

마커를 열지 않고 마커에 대한 정보를 확인한다.

❶ 마커 스타일 넘버 클릭 – ❷ Send To – ❸ Automark Edit – ❹ Source Marker 모서리 단추 클릭 – ❺ 확인이 필요한 마커 넘버 클릭 – ❻ Open – ❼ Log 클릭 – 마커의 총 길이 / 사이즈별 마커 수량 / 1pcs 소요량 등에 관한 정보를 확인한다.

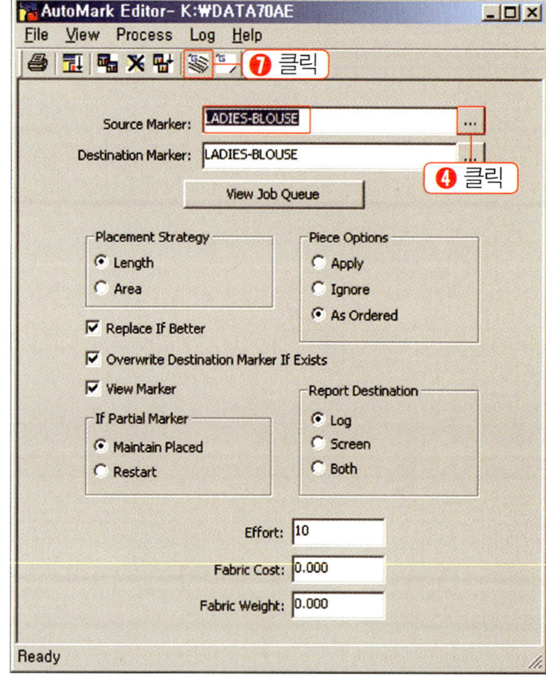

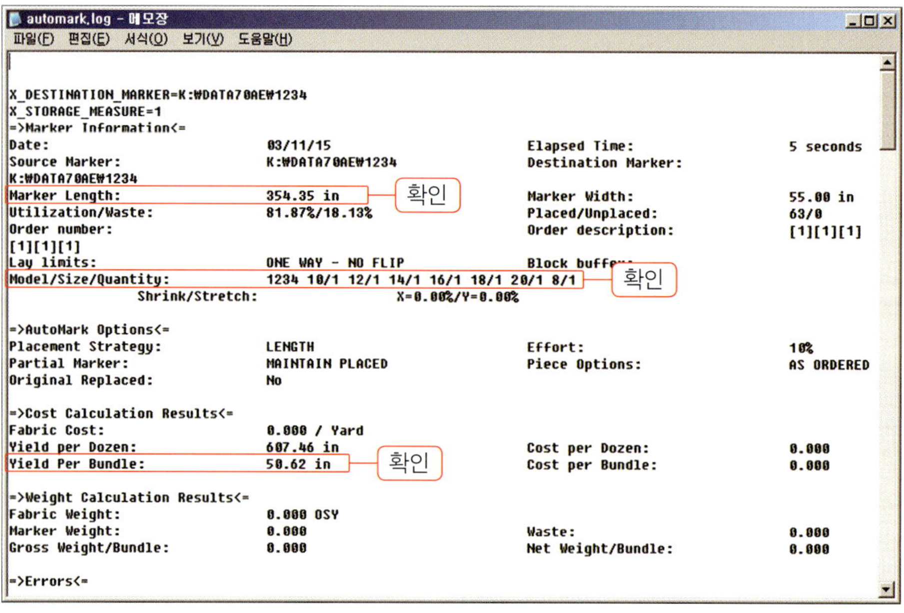

Mail 발송 미니 마커 편집 Automark Edit

❶ 마커 스타일 넘버 클릭 – ❷ Send To – ❸ Automark Edit – ❹ Source Marker 모서리 단추 클릭 – ❺ 확인이 필요한 마커 넘버 클릭 – ❻ Open – ❼ Overwrite Destination Marker If Exists 클릭 – ❽ Process Job List – ❾ Save As – ❿ 저장 폴더 설정 – ⓫ 파일명 – ⓬ 확인

⚠ **참고**

마커가 없는 상태에서 Automark Edit 를 실행하면 자동으로 마커를 넣게 되며 대강의 소요량을 확인할 수 있다.

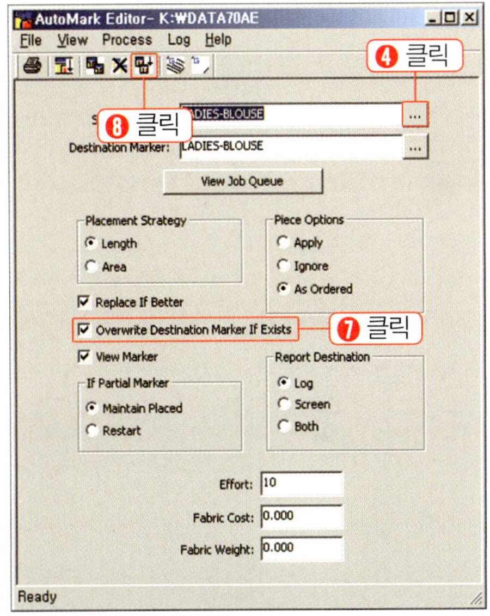

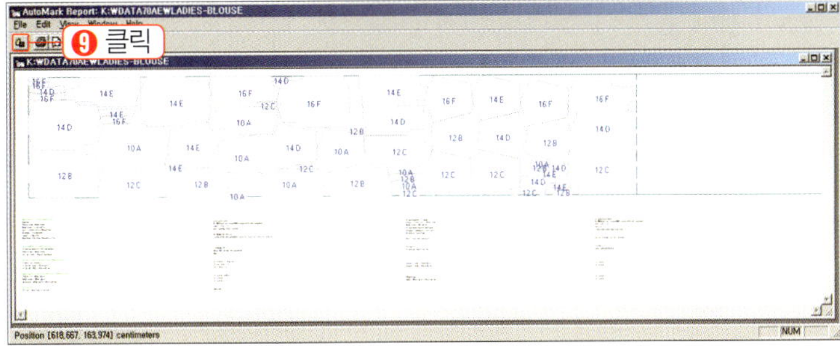

저장을 실시하면 마커에 대한 정보가 워드에 저장되며 RTFhelper.bmp 사진 파일도 생성되어 저장된다.

Mail로 발송하기 위한 마커의 형태와 정보가 함께 들어있다.

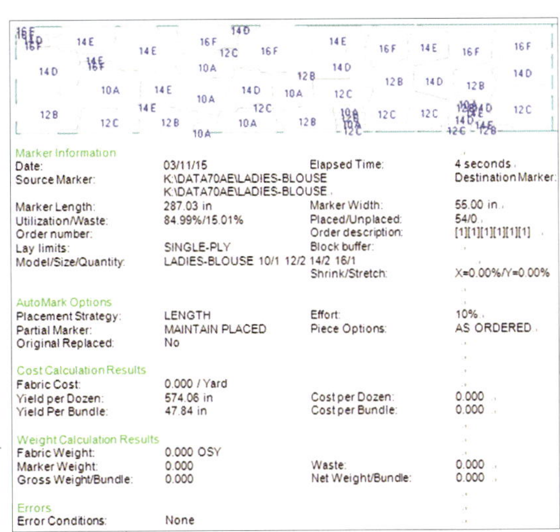

Marker Information

Date:	03/11/15	Elapsed Time:	4 seconds
Source Marker:	K:\DATA70AE\LADIES-BLOUSE		Destination Marker:
	K:\DATA70AE\LADIES-BLOUSE		
Marker Length:	287.03 in	Marker Width:	55.00 in
Utilization/Waste:	84.99%/15.01%	Placed/Unplaced:	54/0
Order number:		Order description:	[1][1][1][1][1][1]
Lay limits:	SINGLE-PLY	Block buffer:	
Model/Size/Quantity:	LADIES-BLOUSE 10/1 12/2 14/2 16/1		
		Shrink/Stretch:	X=0.00%/Y=0.00%

AutoMark Options

Placement Strategy:	LENGTH	Effort:	10%
Partial Marker:	MAINTAIN PLACED	Piece Options:	AS ORDERED
Original Replaced:	No		

Cost Calculation Results

Fabric Cost:	0.000 / Yard		
Yield per Dozen:	574.06 in	Cost per Dozen:	0.000
Yield Per Bundle:	47.84 in	Cost per Bundle:	0.000

Weight Calculation Results

Fabric Weight:	0.000 OSY		
Marker Weight:	0.000	Waste:	0.000
Gross Weight/Bundle:	0.000	Net Weight/Bundle:	0.000

Errors

Error Conditions:	None

마커를 JPEG 파일로 저장

마커를 오픈한 상태에서 – File – Save As Image – Save As Image – 저장 폴더 선택 – 스타일 넘버 – 저장

 Save As Image – 마커를 JPEG 파일로 저장한다.

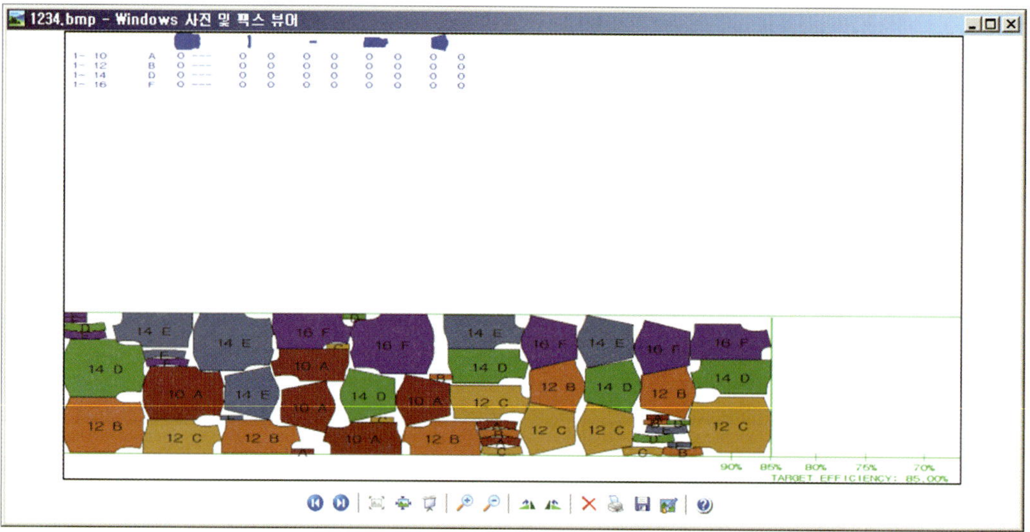

Mail 용 미니 마커 만들기

Mail 용 미니 마커 만들기
엑셀을 이용하여 아래와 같은 파일을 만들어 놓고 사용한다.

미니 마커 복사하기
마커를 열어놓고 키보드에서 윈도우 표시 단추와 Print Screen Sysrq 단추를 동시에 누른다.
시작 – 프로그램 – 보조 프로그램 – 그림판 클릭 – 편집 – 붙여넣기 – 선택 도구로 필요한 내용만
잘라내기 하여 YIELD LIST에 붙여넣기 한다.

YIELD LIST (참고용)

buyer									01-18	
style										
# PO										
ITEM	BL			size Group						
width	56			S	M	L	XL		TOTAL	
Length:	7yd	33.1191	마커수량	1	2	2	1		4	PCS

Self	S	285.1191	inch	net	1.32	loos	0.039	1.075	1.3596
				yd	예)3%				yd
Lining									
Fuse									
Combo									

네트워크 메인 컴퓨터 & 플로터 연결

네트워크로 메인 컴퓨터 접속하기

1) 내 컴퓨터 – 네트워크 – 드라이브 연결하기 – 찾아보기 – 접속하고자 하는 메인 컴퓨터 작업자 선택 – C; 메인 드라이브 선택 – OK

2) Accumark에서
 – View – Refresh Storage Areas 클릭
 (F5 연타, Refresh 클릭 다시 Open 클릭)

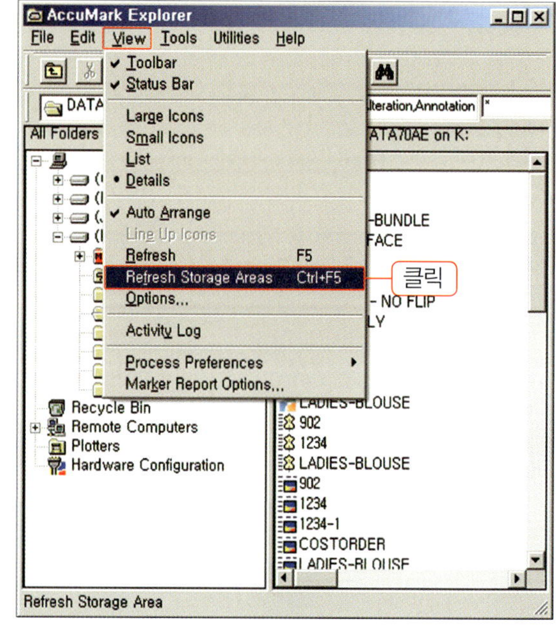

플로터 네트워크 연결하기

메인에서 4번째 단추 클릭 – Accumark Utilities 클릭 – Configuration – Plotter Queue – PEER 클릭 – C를 입력 접속하고자 하는 컴퓨터의 메인 드라이브 – OK – 컴퓨터를 On Off 한다.

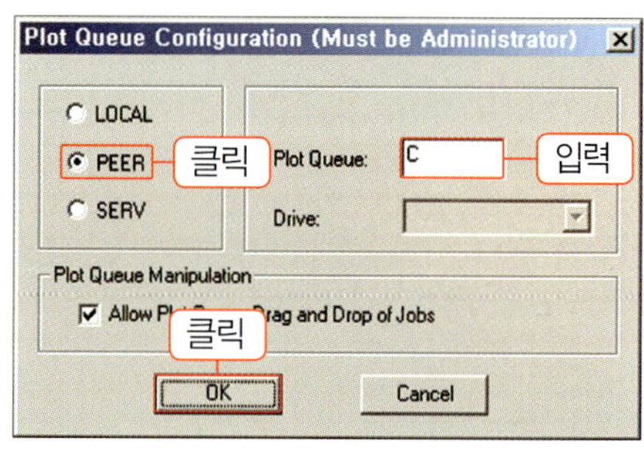

네트워크 연결 후 플로터 전송이 안 될 때

컴퓨터 우측 하단 플로터 아이콘에 커서 놓고 마우스 오른쪽 클릭 – Queue Manager – File – Open – 클릭 – 여기서 접속하고자 하는 메인 컴퓨터의 드라이브를 선택한다.

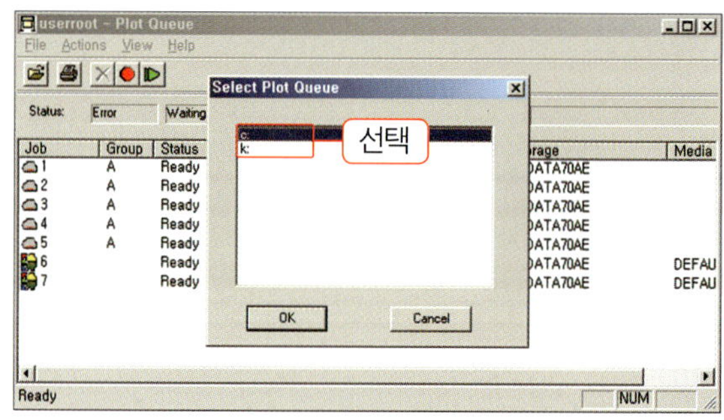

펜 플로터 처음 시작하기

※ 펜을 끌어다 가운데에서 앞쪽에 놓는다.

❶ 키를 눌러서 스위치 ON 메뉴에서 확인

    Accup lot 310 u10.3.0

    press Enter t0

    enable the pbteer. 알림 표시에서

❷ Enter 단추를 누른다

    OFF LINE

    UNTIALIZED

    ONLINE PAPER ADU

    INITIALIZE DRIGIN 알림표시에서

❸ F2를 클릭하면 펜이 서서히 움직이며 앞으로 이동하여 코너에서 정지한다.

❹ F1을 누르면 ONLINE OFELINE 상태로 전환된다.

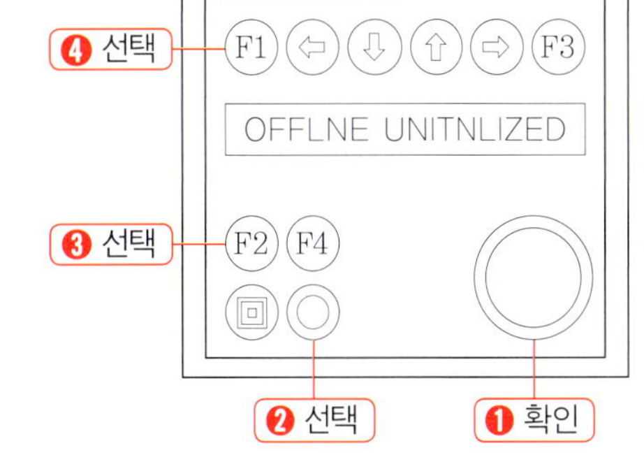

ONLINE OFELINE 재설정

F4를 누르고 + F1를 눌러 ONLINE OFELINE 상태로 전환한다.

플로터 종이를 천천히 보내기

❶ F3을 두 번 누르고 – ❷ F1을 누르고 있으면 천천히 감긴다.

빠르게 감기

❶ F3을 두 번 누르고 – ❷ F1
을 누르면 빨리 감긴다.

작동하는 플로터 멈추기

F3번 정지, F1번 재가동

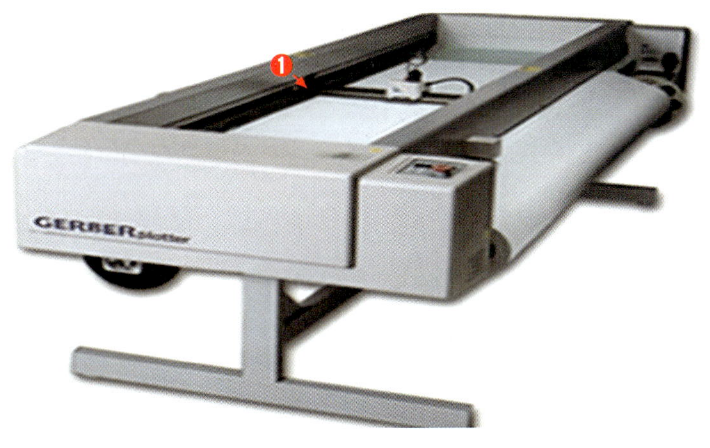

펜 플로터 / 플로트 / Infinity 사용방법

플로트·Infinity 사용방법

❶ 스위치 ON – ❷ PAPEROUT 에 램프가 들어올 때까지 기다린다 – ❸ ONLINE 누르면 ONLINE 에 램프가 들어오면 준비된 상태이다.

- CANSEL – 진행 중 삭제한다.
- **정지 명령** – ONLINE을 누르면 정지하고 재가동하려면 다시 ONLINE을 누른다.
- **종이를 빼내려면** – ONLINE을 누르고 PAPER ADV를 누르고 있으면 천천히 종이가 빠져나온다.
- 종이의 가장자리가 일정하지 않게 프린트될 때
- 4~5개의 그립을 움직여 조정한다.

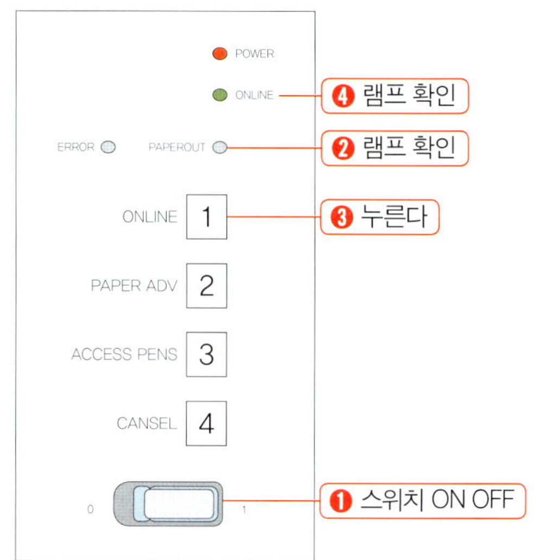

※ 모든 플로트 기계는 정기 점검표를 만들어 놓고 정기적으로 청소하는 것이 중요하다.

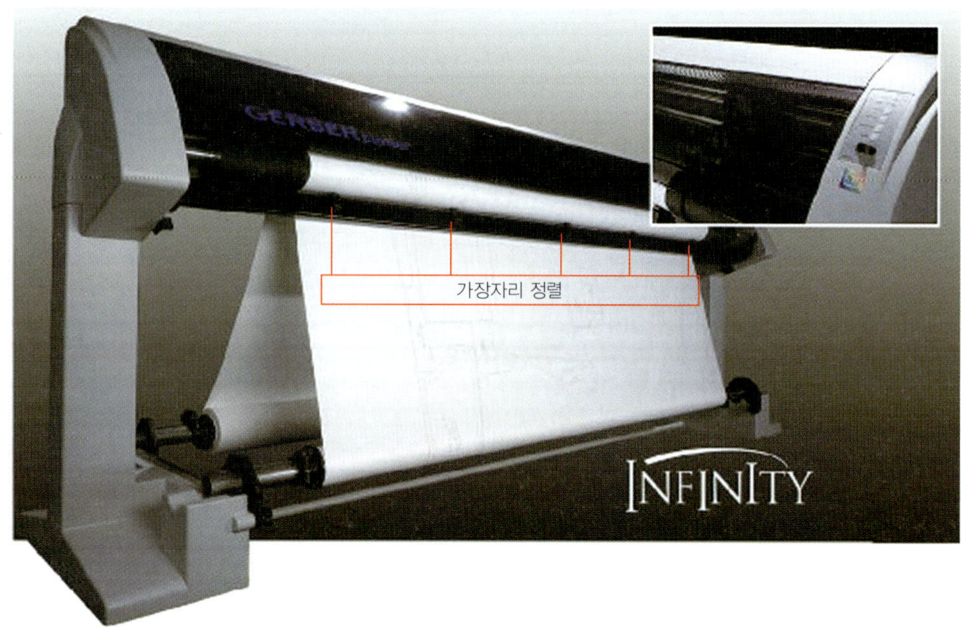

플로트의 정상가동 시험

Infinity 플로트의 정상가동 시험

플로트 시험인쇄 방법 시험인쇄 길이 72.2cm 주기적으로 테스트를 실시한다.

❶ Infinity Interface 아이콘 클릭 – ❷ D 클릭 – ❸ Box Test – ❹ Start Plot – ❺ 시험인쇄 72.2cm 정상

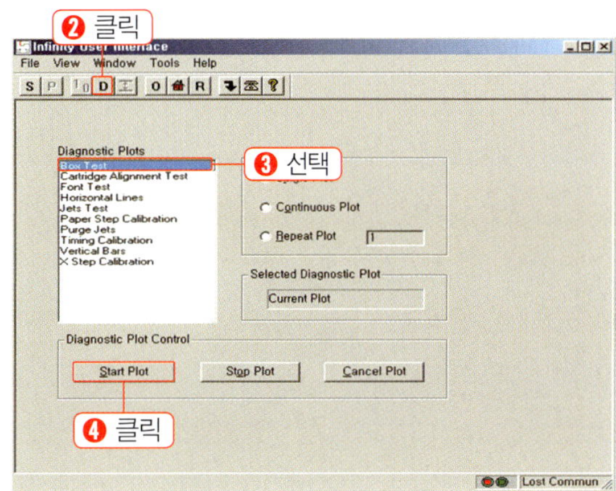

플로터의 가동이 멈추는 경우

❶ Infinity Interface 아이콘 클릭 – ❷ S클릭 – ❸ Error Messages 밑에 Error 표시를 확인하고 조치한다.

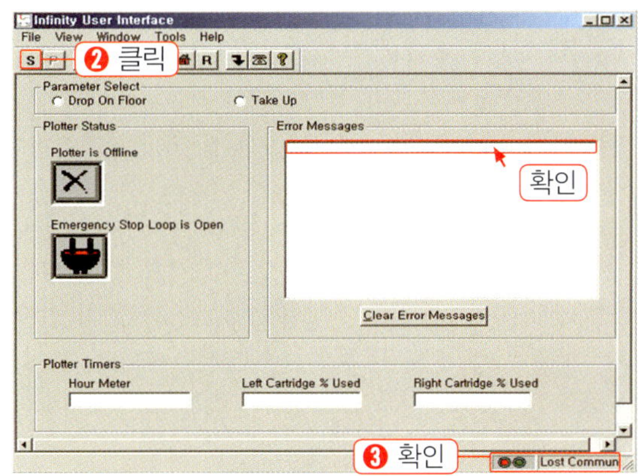

⚠ **참고**

플로터가 정상일 때 Lost Commun의 램프가 좌우로 반복하여 점등한다.

그레이딩

그레이딩이란

그레이딩이란?

본 장에서 설명하는 그레이딩 기법은 사이즈를 분할하는 방법에 있어서 방법론적인 설명으로 하나의 방법을 습득함으로써 다른 기법으로의 응용과 전환을 쉽게 할 목적으로 구성되었다. 그레이딩은 누구나 배울 수 있으나 누구나 잘할 수 있는 것은 아니며 항상 연구하는 정신이 요구되는 분야이다 기본 패턴을 기반으로 적은 사이즈와 큰 사이즈로 분할하여 줄이거나 늘이는 작업은 사이즈에 관계없이 기본 패턴의 균형을 유지하는 것이 중요하고 사이즈를 분할하는 부위와 고정하는 부위를 검토하고 결정하는 것이 중요하다.

부위별 스펙 균형이 맞지 않는 경우

부위별 사이즈 스펙을 보고 그레이딩 할 때 기본 패턴의 균형이 유지되지 못하는 것은 사이즈 분할이 알맞게 제시되지 않은 경우일 수 있다.

모니터 화면에서 어지럽게 나타나는 선의 교차점을 정확하게 파악하고 수정하는 작업은 오랜 시간 동안 단련하지 않으면 본인이 작업한 것도 잘못된 부위를 가려내기 힘들다

캐드 작업자의 오류는 발견되기 어렵고 발견되었을 때는 조치하기 늦은 경우가 대부분이므로 엄격한 검사 시스템을 구축한다.

검사 시스템 구성 및 방법

작업자 검사

그레이딩이 끝난 다음 화면에 합복 부위별로 근접시켜 나열시키고 관찰한다.

그레이딩 편차를 하나씩 클릭하여 분할한 수치를 확인한다.

검사 시스템 구성

1) 기본 사이즈의 적합성을 확인한다. 기본 사이즈의 균형이 맞지 않을 때 전 사이즈에 문제가 발생하기 때문이다.

2) 예) 사이즈 단계가 4-6-8-10-12-14-16로 구성되어 있을 때 4호 10호 16호만을 플로팅하여 그레이딩 사이즈를 검사하기도 하고 전체 사이즈를 검사하기도 한다.

3) 풀 사이즈를 모두 그레이딩 상태로 플로팅하여 전체 균형이 좋은지에 대한 육안검사를 반드시 실시한다.

그레이딩 사이즈 검사는 제 삼의 작업자가 부위별로 사이즈를 확인하는 것으로 시스템화하는 것이 중요하다.

스커트 그레이딩

본 장에서는 간단하고 쉬운 스커트를 모델로 제시하여 그레이딩의 핵심 원리를 이해하기 쉽도록 설명하고자 한다.

준비

1) – 그레이딩을 위한 사이즈별 스펙 확인
2) – 기본 패턴의 적합성 검사
3) – 룰 테이블 작성 저장
4) – Pattern Design에서 룰 테이블 적용-

그레이딩을 위한 사이즈별 스펙

- 사이즈 별 그레이딩 편차를 확인한다.
- 사이즈 별 묶이는 부위를 확인하다.

예문) 사이즈가 2~18까지 있으며 그레이딩 하지 않는 부위는 기본 사이즈 10호 란에만 기입되어 있다.

STYLE No. 1234		SKIRT Full size spec							
Description		6	8	10	12	14	16	18
1	Waist Top of Band	1	1	32	1½	1½	1½	2
2	Waist band Height			1¼				
3	High Hip (7″½) below Waist	1	1	40	1½	1½	1½	2
4	Center Back Length below Waist band	¼	¼	22	¼	¼	¼	¼
5	sweep	1	1	40	1½	1½	1½	2
6	Front Dart Length			3½				
7	Back Dart Length			4½				
8	hem			1½				
9	Zipper Length			7½				
10	Vent Length			7				
11	Vent over lap			2				
12								

스커트 치수 재는 위치

하동 Hip (7½"below) waist

라운드형 허릿단 위에서부터 길이를 놓는다.

일자형 허릿단은 허릿단 밑에서부터 길이를 놓는다.

하동의 (7½"below) 일자형 허릿단은 허릿단 아래에서 7½" 밑으로 하동의 치수를 놓은 위치이다.

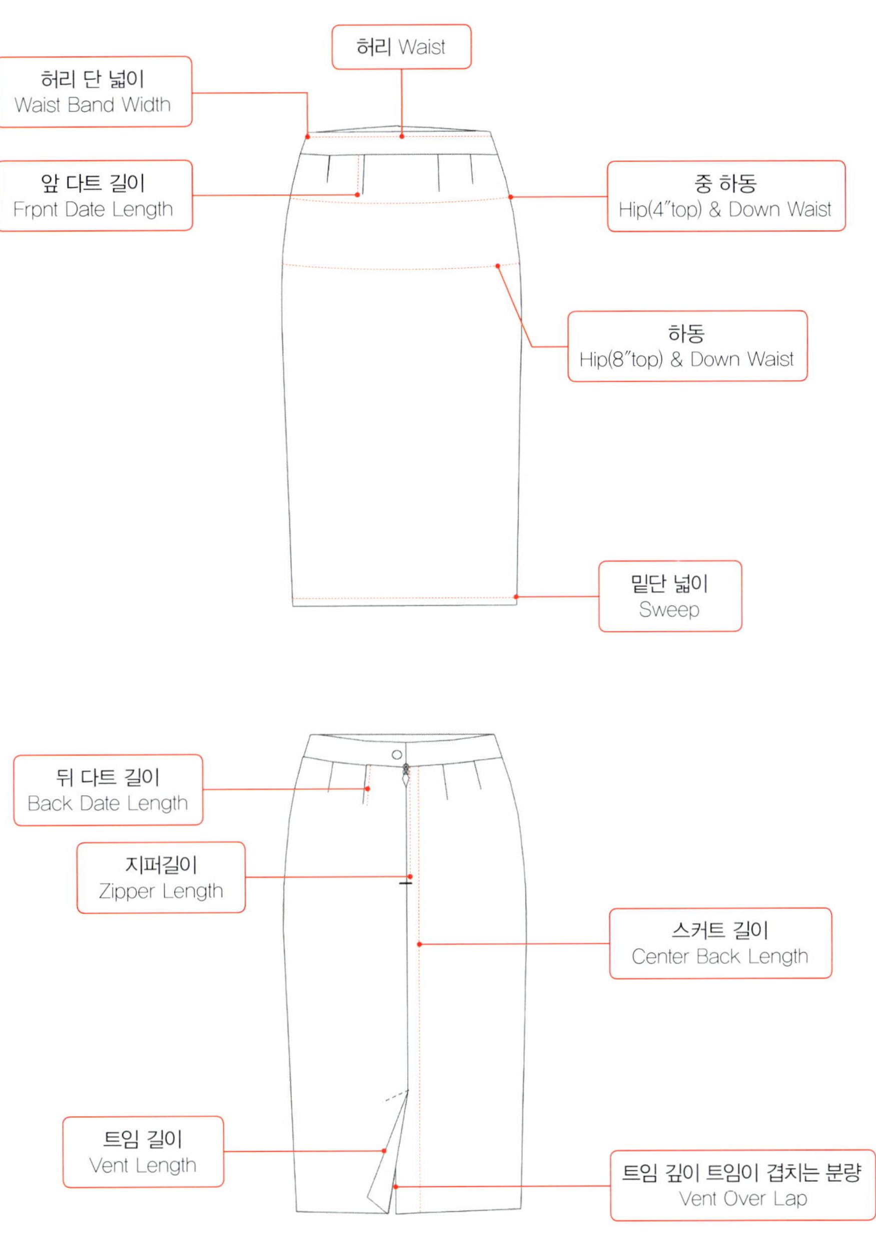

패턴 준비

앞판 / 뒤판 / 허릿단 / 뒤트임 심지 / 지퍼 부위 심지

연습

GTBASICS 폴더에서 A1–LADIES–SKIRT를 불러낸다.

- 사이즈 스펙에 맞추어 부위별로 모두 수정한다. (수정하기 각 항목 참고)
- 허릿단을 제도한다. (피스 만들어 넣기 참고)
- 위치별 합복 노치표시를 넣는다. (노치 넣기 참고)
- 허릿단 / 뒤 트임 심지 / 지퍼 부위 심지 / 를 떠낸다. (심지 떠내기 참고)
- 다트 닫기 실행 (오픈 다트와 크로스 다트 참고)
- 다트 포인트 설정 (포인트 넣기 참고)

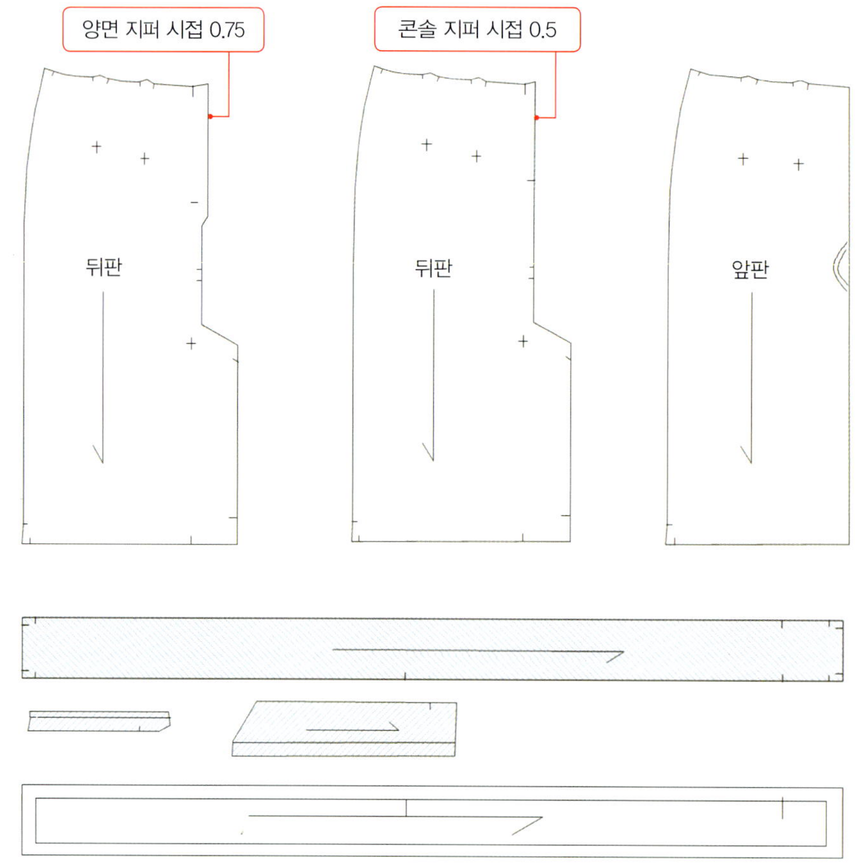

룰 테이블 작성 저장하기

룰 테이블 작성 저장하기

Rule Table은 제작된 한 개의 패턴에 여러 사이즈 그룹을 부여하는 기능으로
룰 테이블을 작성하여 패턴에 적용해 놓지 않으면 그레이딩이 불가능하다.
그레이딩에 들어가기에 앞서서 룰 테이블 작성 저장 적용을 모두 마쳐야 한다.
메인에서 Grade Rule Editor 클릭

Comments	: 스타일 넘버 입력
Smallest Size	: 4 제일 적은 사이즈 입력
Base Size	: 예) 10 기본 사이즈 입력
size step	: 2 사이즈 간의 편차 입력
Next Size Breaks	: 사이즈 그룹 입력

**저장 아이콘 클릭 – 저장위치 설정 SIL2000 – 파일이름에서 – 스타일 넘버 입력 – Save
SIL2000 폴더 클릭 – 룰 테이블이 저장되어있다.**

룰 테이블에 적용되는 사이즈 그룹의
예)
000-00-0-1-2-3-4
2P/4P/6P/8P/10P/12P/14P
2/4/8/10/12/14/16/18/20
12W/14W/16W/18W/20W
OX/1X/2X/3X/4X
XXS/XS/S/M/L/XL/XXL/

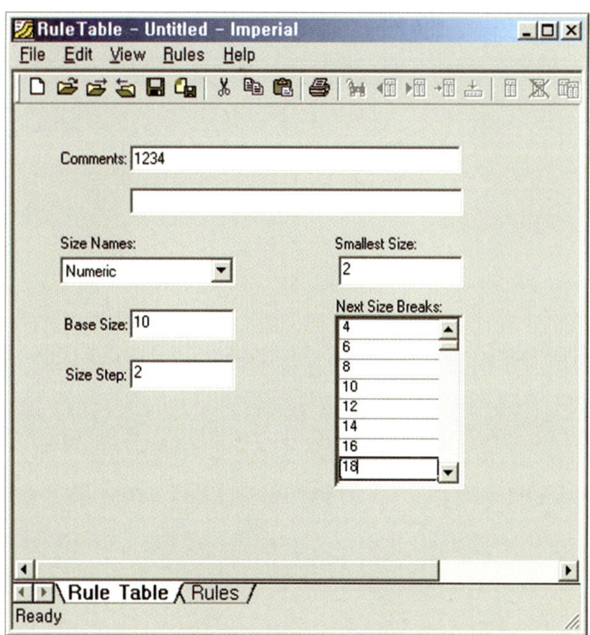

Pattern Design에서 룰 테이블 패턴에 적용하기

Pattern Design에서 작업 화면에 피스를 모두 불러낸다 – Grade – Assing Rule Tabie (Alt+T) – 좌측 상단에 커서 놓고 클릭 – 마우스에서 손을 놓고 마우스만 움직여 피스를 드래그 사각 안에 넣은 다음 마우스 왼쪽 클릭 – 오른쪽 – OK – Assing Rule Tabie 입력창에서 – 룰 테이블이 저장된 폴더를 찾아서 – 룰 테이블 클릭 – OK – 전체 저장한다.

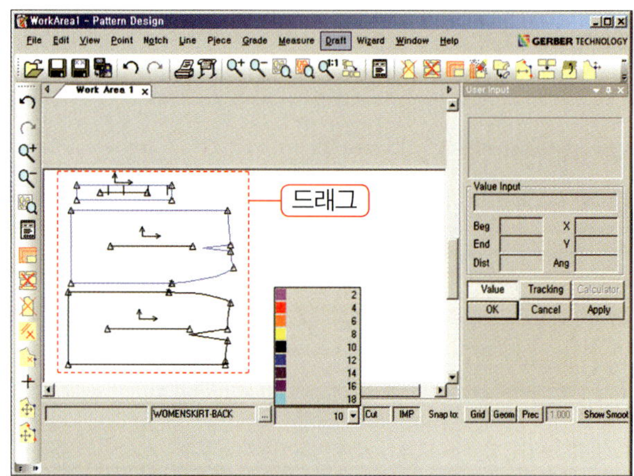

하단의 삼각점을 클릭하면 사이즈 그룹이 생성된 것을 볼 수 있으며 그레이딩 할 수 있는 조건이 성립되었다.

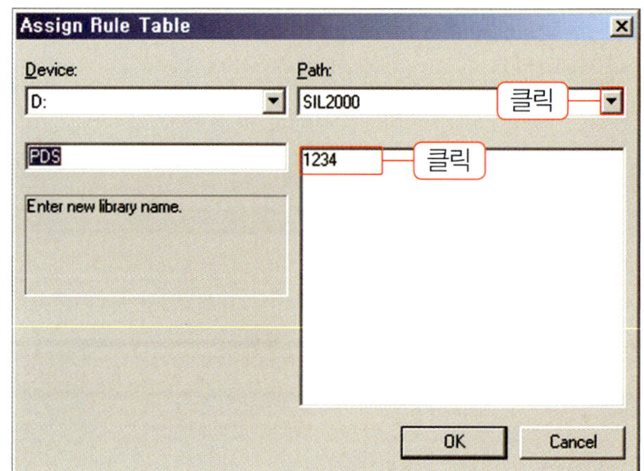

⚠ **참고**

다른 폴더에 있는 스타일 넘버가 다른 Rule Tabie 이라도 같은 Rule이라면 적용한다.

룰 테이블 추가 삭제하기

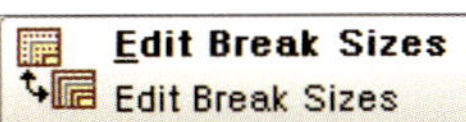

❶ Pattern Design에서 피스를 모두 화면에 불러들인다.

❷ Grade – Edit Sizes Line – Edit Break Sizes –

❸ 마우스 왼쪽을 클릭한 다음 손을 놓고 피스를 사각 안
   에 들어가도록 드래그 – 마우스 오른쪽 – OK

❹ Edit Size Break 입력창 – Add Break 밑에 란에 추가
   할 사이즈 입력 예) 18호 – OK

삭제하기
– 삭제할 사이즈 클릭 – Delete Break – OK –저장

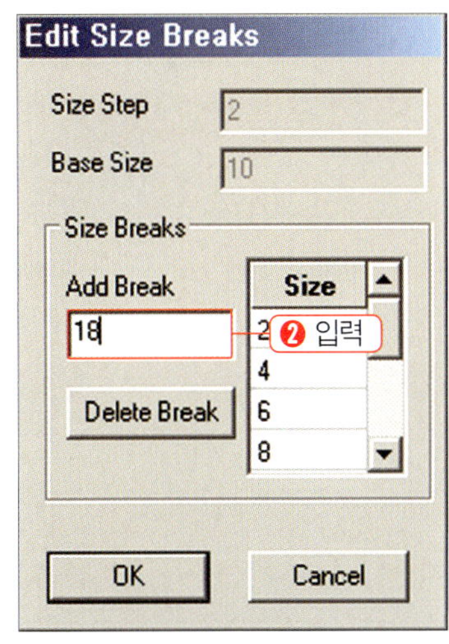

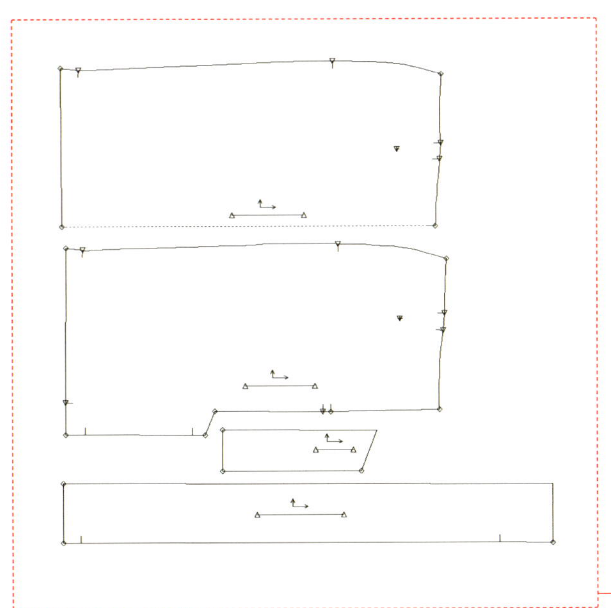

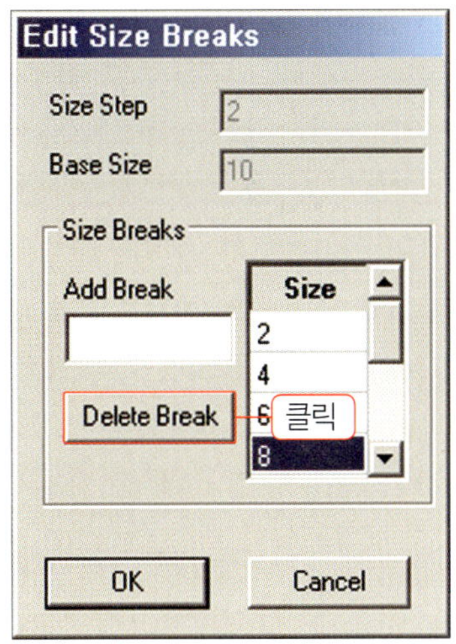

⚠ **참고**

그레이딩이 끝난 상태에서 18호를 추가하면 그레이드 룰 값이 적용되면서 자동 그레이드 된다.

기본 사이즈 바꾸기

❶ Grade –Edit Size Line – Chang Base Size –

❷ 패턴을 모두 드래그 Chang Base Size 입력 창에서 교체할 사이즈 선택 – OK – 저장

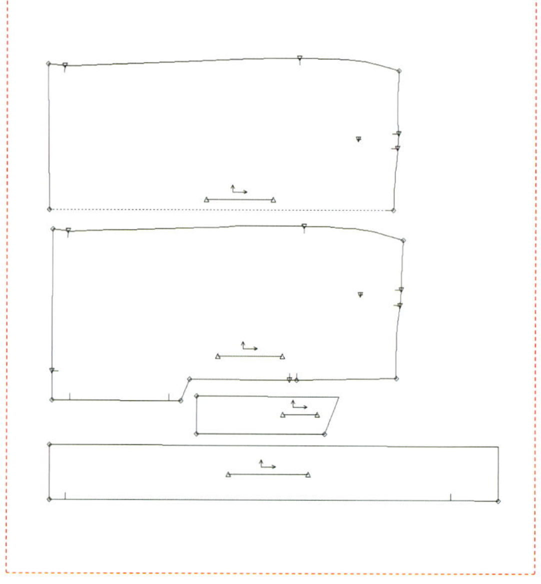

그레이딩이 되어있는 상태라면 기본 사이즈가 바뀌면서 패턴의 크기도 화면에서 바뀐다.

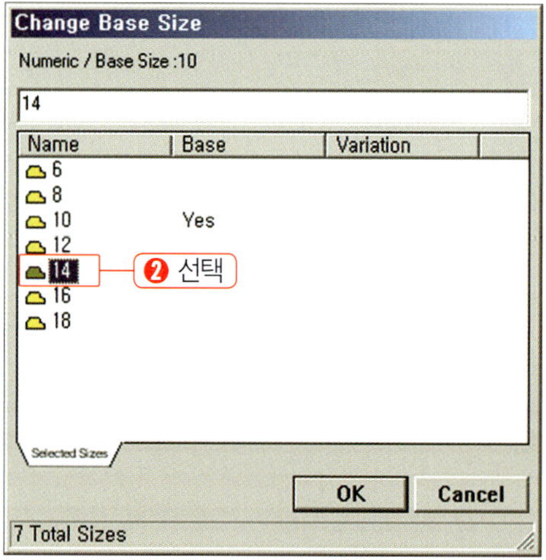

⚠ **참고**

한 사이즈만 나타내어 사이즈를 확인하는 데 유용하게 사용한다.

그레이딩에서 유용한 아이콘

그레이딩에서 필수적으로 필요한 아이콘 모음

❶ Edit Delta 그레이딩 입력

❷ Add Grade Point 그레이딩 포인트 설정

❸ Copy Grade Rule

❹ Flip X, Y 그레이딩 방향전환

❺ Line 사이즈별 그레이딩 시임이 있는 라인

❻ Distance 2pt/Measure Straigth 힙선 / 무릎선 등 시임선을 넣을 수 없는 부위 그레이딩 편차를 확인

❼ Change 룰 테이블

❽ ～ ❾ Keep 사선 각도 조정

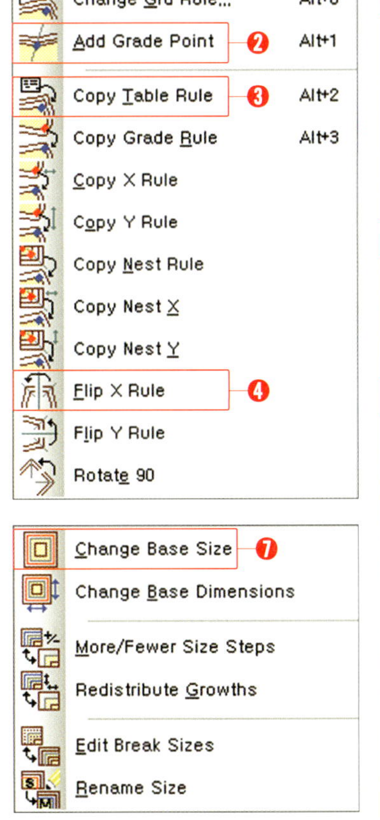

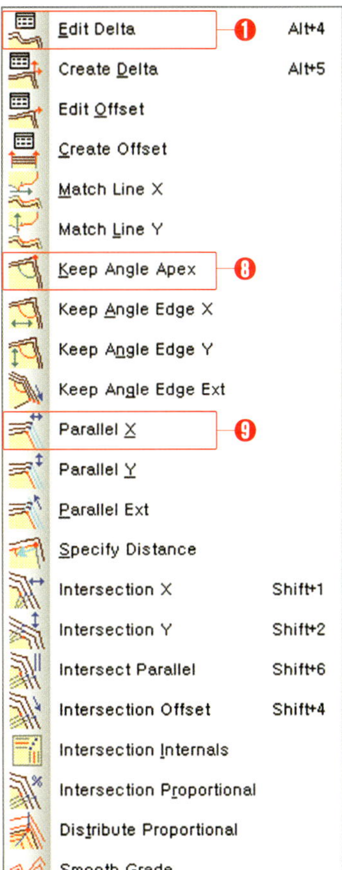

스커트 그레이딩 하기

스커트 그레이딩 하기

- Pattern Design - 작업 화면에 패턴을 모두 불러내어 정리한다.
- Add Grade Point (Alt+1) 단축 아이콘을 이용하여 그레이딩 포인트를 모두 클릭한다.
- 뒤판을 먼저 그레이딩/ 허리 / 힙 / 밑단둘레 / 다트 순으로 그레이딩 한다.

  Y는 폭 방향이며 X는 길이 방향

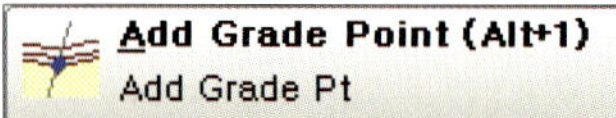

Grade - Create/Edit Rules - Edit Delta 클릭 - ❶ 옆 솔기 코너에 정확하게 커서 놓고 클릭 - ❷ 입력창에서 Clear Y 클릭 - ❸ 허리 편차 나누기 4를 입력 - ❹ OK - ❺ Previous 클릭 입력위치 이동 - ❻ Clear Y- 힙 편차 4를 입력 - ❻ 밑단 편차 4 입력 - ❼ OK

편차값을 4로 나누는 것은 앞판과 뒤판의 양쪽 옆 솔기에 4면이 되므로 편차를 4로 나누게 되며 이음 합복선에 따라 편차를 나누는 방법도 달라진다.

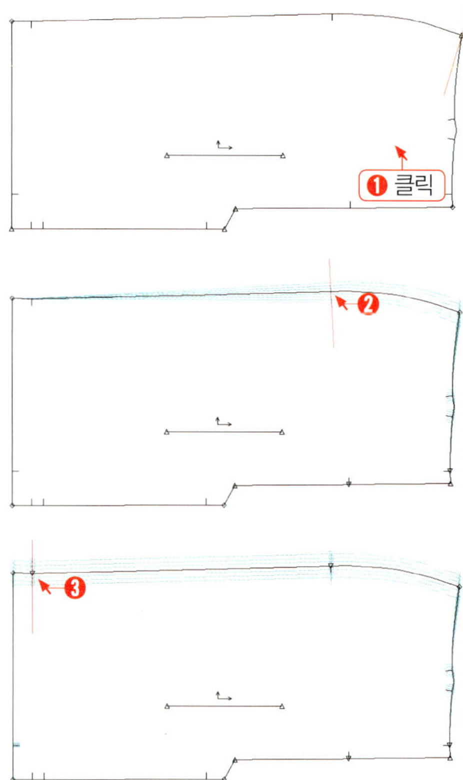

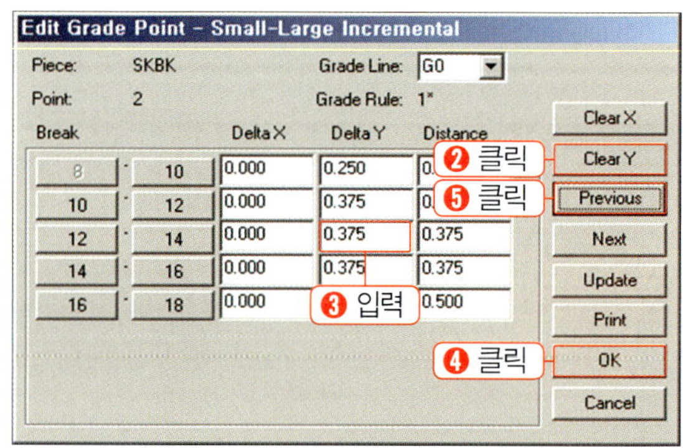

Dart 그레이딩

❶ Clear Y 클릭 − ❷ 허리 사이즈의 그레이딩 편차를 1/2로 나누어 입력한다.

허리의 1″ inch 그레이딩 2.5일 때 다트 이동 거리는 0.125가 된다.
허리의 1″½ inch 그레이딩 0.375일 때 다트 이동 거리는 0.1875가 된다.
허리의 2″ inch 그레이딩 0.5일 때 다트 이동 거리는 0.25가 된다.

2 − 다트의 양쪽을 모두 같은 수치로 입력하여 그레이딩 한다.
3 − 다트의 안쪽 끝 부분을 같은 수치로 입력하여 그레이딩 한다.

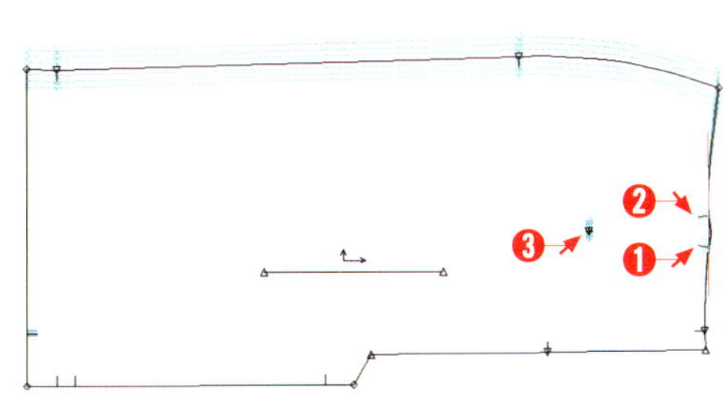

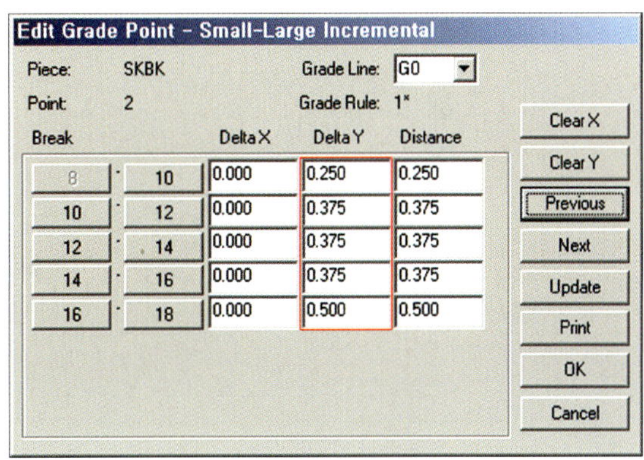

Edit Grade Point – Small-Large Incremental

| Piece: | SKBK | | Grade Line: | G0 |
| Point: | 2 | | Grade Rule: | 1* |

Break		Delta X	Delta Y	Distance
8	10	0.000	0.250	0.250
10	12	0.000	0.375	0.375
12	14	0.000	0.375	0.375
14	16	0.000	0.375	0.375
16	18	0.000	0.500	0.500

Clear X · Clear Y · Previous · Next · Update · Print · OK · Cancel

⚠ 참고

그레이딩 수치를 부여하는 위치가 대각선으로 놓일 때 90°각도에 맞추어 피스를 움직인다.

앞판 그레이딩 하기

앞판은 사이즈 편차가 뒤판과 같으므로 뒤판의 그레이딩 편차를 Copy Grade Rule로 복사하여 붙여넣기로 간단하게 정리한다.

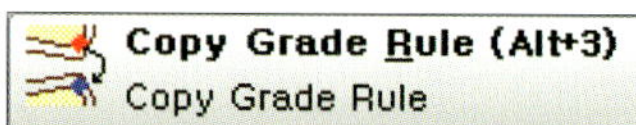

❶ Copy Grade Rule 아이콘 클릭 ❷ 뒤판의 옆 솔기 코너 복사 ❸ 앞판의 코너 클릭
붙여넣기를 하동과 밑단까지 반복해서 실시한다.

다트도 같은 방법과 동작으로 복사와 붙여넣기를 실행한다.

룰 값을 복사하여 붙여넣기 하는 동작은 아이콘을 클릭한 다음 마우스 왼쪽을 누른 상태에서 미끄러지듯이 선을 따라 포인트에 도킹해야 한다.

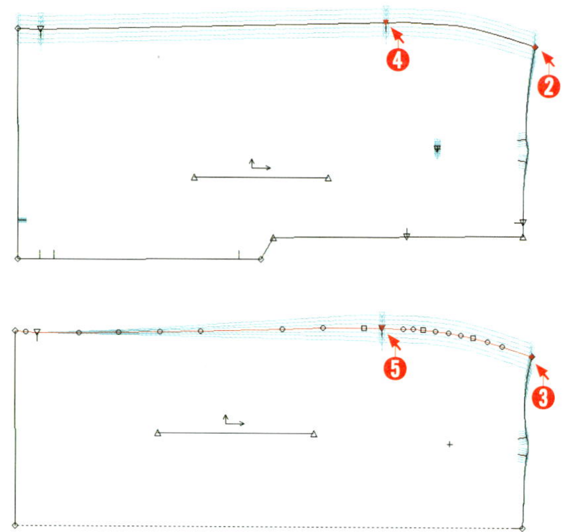

사이즈 설정 확인하는 방법

그레이딩 선 색상을 사이즈별로 다르게 설정하여 사이즈별 확인을 쉽게 한다.

작업란 하단 중앙에 룰 테이블에 적용한 기본 사이즈가 항상 나타나 있으며 우측 삼각점을 클릭하면
각 사이즈별 색상이 나타난다.
현재 작업하고 있는 그레이딩 선의 색상을 보고 방향이 바뀌었는지 확인할 수 있다.

A) 검정선이 밖으로 형성되어 있다.
B) 검정선이 안으로 형성되어 있다.

룰 테이블 적용에 따른 사이즈 별 색상을 확인해 보면 8호는 검정색이며 19호는 파란색으로 A번은
검정색이 밖으로 형성되어 있으므로 그레이딩 방향이 바뀐 것을 알 수 있다.

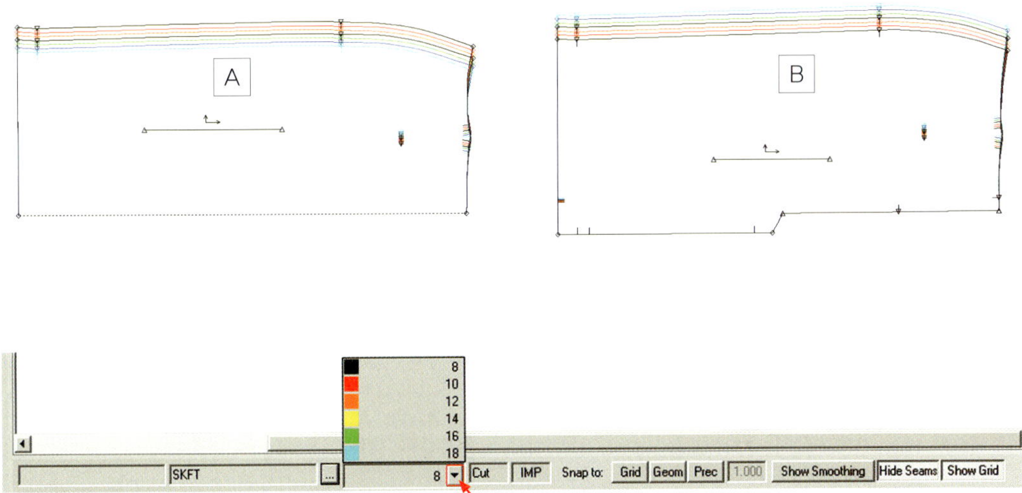

> ⚠ **참고**
>
> 하단의 삼각점을 클릭하여 사이즈별 색상을 확인하지 않으면 반대로 그레이딩 되었을 경우 알 수
> 없으며 큰 사고로 이어진다.
> 환경설정 편에서 color- Use Rainbow 체크아웃 하면 사이즈별 그레이딩선에 컬러가 다르게 설
> 정되며 해제 하면 사이즈별 색상 구분이 없어진다.

그레이드 룰 방향 바꾸기

마주 보는 상태에서 그레이딩 값을 복사하여 붙여넣기 한 경우로 위쪽은 검정선이 안에 있고 아래의 그레이딩 선은 검정선이 밖에 설정되어 있으므로 그레이딩 룰 방향을 전환해야 한다.

  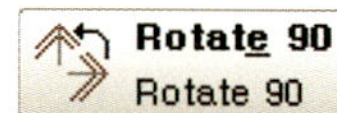

- 반대로 룰 값을 붙여넣기 작업하고 Flip Y Rule를 이용하여 원래의 방향으로 복원시키면 된다.
- 피스 끼리 서로 마주 보는 상태에서 복사하여 붙여넣으면 그레이딩 방향이 바뀌게 된다.

그레이딩 선의 사이즈별 색상을 자유롭게 조절하여 작업자의 편의에 따라 색상을 조절할 수 있다.

View – Preferences / Options – Color – Smallest 밑에 – Use Rainbow – Color Selection – 컬러 선택 – OK – Save

그레이딩 룰 방향 전환하기 Grade – Modify Rule –
❶ Flip Y Rule – ❷ 허리선 클릭 – ❸ 힙선 – ❹ 밑단 클릭 – 그레이드 방향이 바뀐다.
교정된 앞판의 그레이딩 선 색과 뒤판 선의 색상이 외곽에서 같아야 한다.

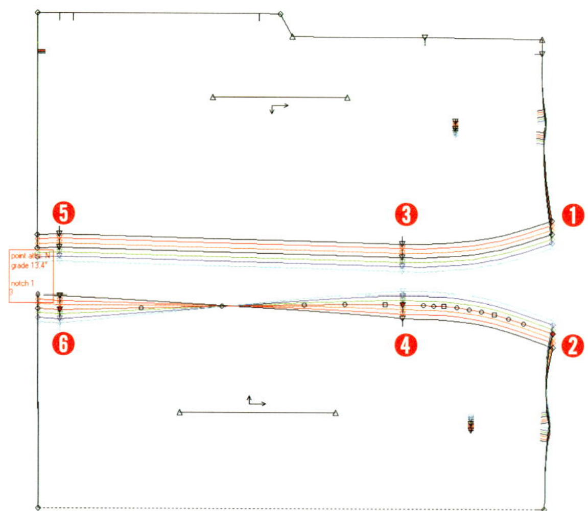

앞판과 뒤판의 합복 노치 포인트 확인

(A)와 (B)는 같은 합복 부위이므로 노치 위치가 같아야 한다.

NOTCH 표시의 경우 생산 현장에서는 합복 부위를 맞추는 것이 기본이므로 그레이딩 과정에서 길이나 위치에 대한 노치 표시를 정확하게 다루어야 한다.
조각의 크기가 비슷한 경우 특히 노치 표시가 중요하여 패턴 제도 과정에서부터 노치를 넣는 위치를 선정하여 넣으므로 그레이딩 과정에서도 중요하게 다루어야 한다.
8쪽 후레아 스커트의 경우 조각이 비슷하여 노치 위치로 옆쪽과 중앙 앞판과 뒤판을 구분하기 쉽게 노치로 표시하므로 노치의 중요성은 대단히 크다.

A – 의 경우 길이에 대해서 묶여 있으므로 노치 표시를 그레이딩 하지 않았다.
B – 의 경우 노치 표시가 그레이딩 되어 있으며 a와 같이 수직으로 설정되어야 한다.

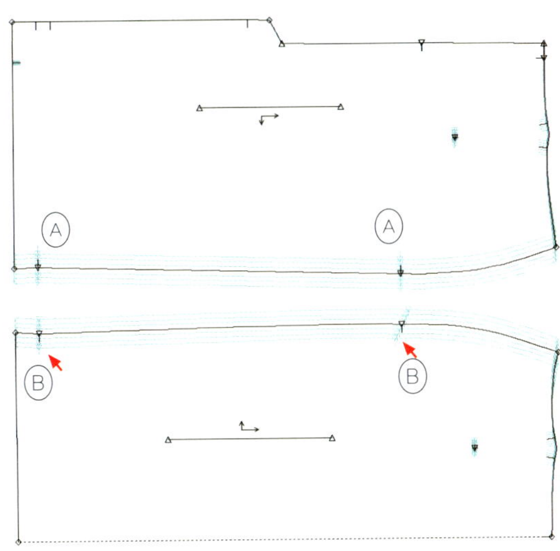

> ⚠ **참고**
>
> 노치를 0.5 간격으로 두 개 연속해서 넣으면 뒤판이라고 인식하는 것이 국제적으로 표준화되어 있으며 뒤판 중심과 암홀 스커트의 뒤판 바지의 뒤 밑 길이 부분에 두 개의 노치를 0.5 간격으로 넣는다. 특히 앞판과 뒤판의 피스 조각이 비슷한 경우 뒤판을 표시하는 두 개의 노치가 없으면 구분하기가 힘들다.

일자형 허릿단 그레이딩

중심의 노치 포인트 양쪽으로 허리 사이즈 편차를 1/2 나누어 그레이딩 한다.

❶ 단축 아이콘 Edit Delta 클릭 – ❷ 코너에 정확하게 커서 놓고 클릭 – ❸ 입력창에서 X란 클릭 – ❹ 1/2 분할된 허리 사이즈를 입력 – ❺ OK
코너를 모두 같은 수치를 입력하거나 복사하여 붙여넣기 한다.

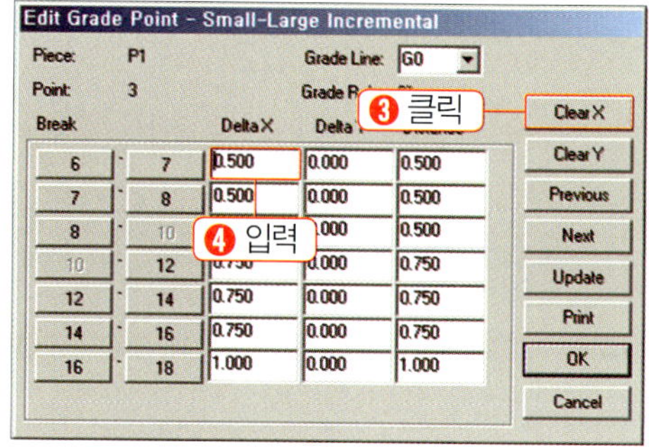

A– 의 양쪽 그레이딩선의 색상이 밖으로 안으로 모두 같다.

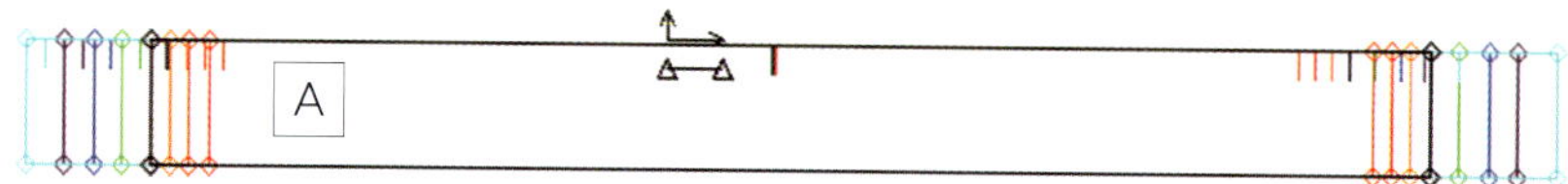

B– 의 경우 양쪽 선의 색상이 다른 것은 왼쪽으로 큰 사이즈가 안쪽으로 설정된 것으로 방향을 바꾸어 주어야 한다.
정사각형 형태의 그레이딩에서 특히 주의를 기울여야 하는 이유이다.

그레이딩 된 상태에서 원하는 사이즈만 나타내기

예) 18호 만을 따로 불러내어 부위별 사이즈를 확인한다.

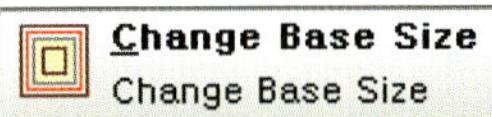

Change Base Size
Change Base Size

❶ Grade – Edit size Line – Chang Base Size
❷ 패턴을 모두 드래그 Chang Base Size 입력창에서
원하는 사이즈 선택 – OK

패턴의 크기가 화면에서 바뀌면서 선택한 사이즈만 남
는다.
같은 방법으로 환원시킨다.

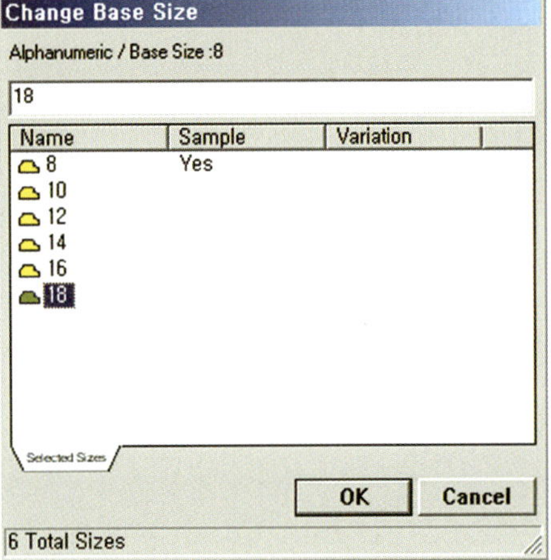

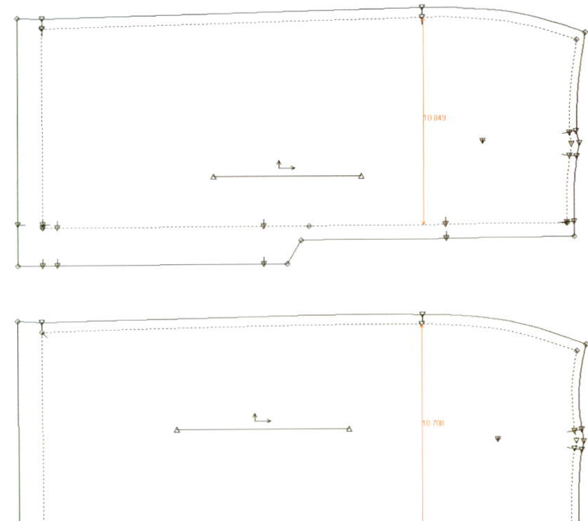

그레이딩 라인 스펙 검사

암홀 / 목둘레 / 허리 / 밑단 둘레 / 등 그레이딩 된 상태에서 합복 부위의 사이즈를 합산해 볼 수 있는 그레이딩 과정에서 필수적으로 필요한 아이콘이다.

❶ Grade − Measure − Line − 시임선 클릭 − 마우스 오른쪽 클릭 − OK − 사이즈별 스펙을 한 번에 확인하는 기능이다.

사이즈별 밑단둘레 확인하기

❶ Grade − Measure − Line − 밑단의 시임선 앞판 클릭 − ❷ 뒤판 클릭 − 마우스 오른쪽 클릭 − OK (피스별 & total 사이즈를 함께 확인한다.)

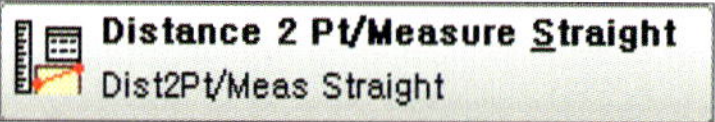

Distance 2 pt / Measure Straight − 힙 / 소매의 어퍼암 / 등 시임선이 없는 부위의 그레이딩 사이즈를 확인하는 대단히 중요하고 편리한 기능이다.

❶ Distance 2pt / Measure Straight 단축 아이콘 클릭 − ❷ 힙선 포인트 클릭 − ❸ 수직으로 내려가서 힙선 클릭 − 마우스 오른쪽 − OK − 다시 마우스 오른쪽 클릭 − OK − 사이즈별 그레이딩 상태를 확인할 수 있다.

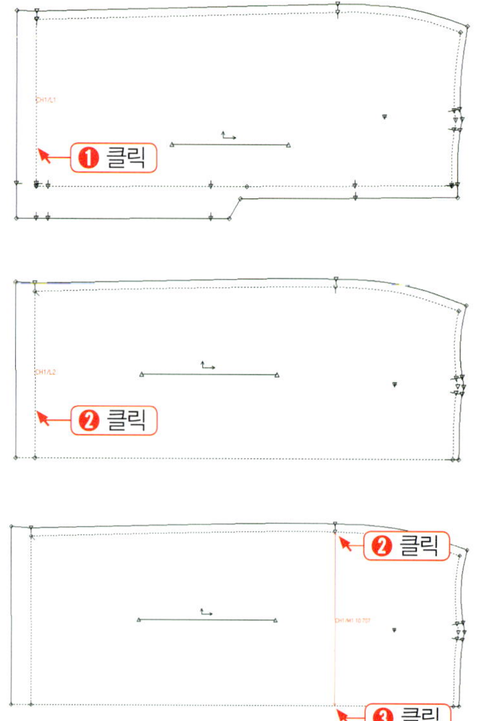

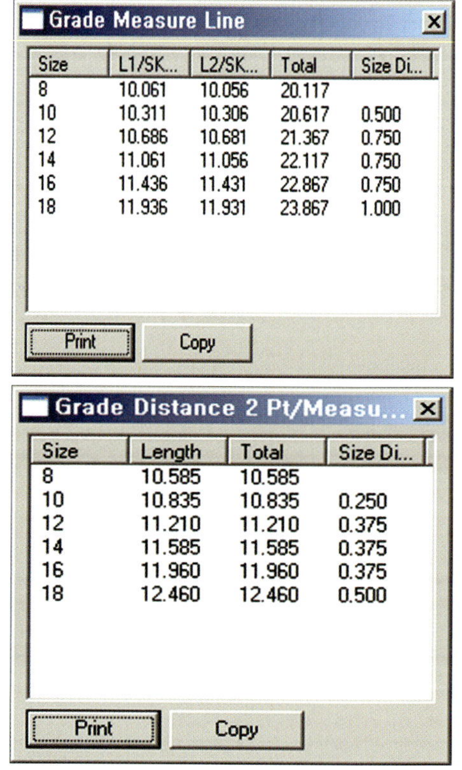

Grade Measure Line

Size	L1/SK...	L2/SK...	Total	Size Di...
8	10.061	10.056	20.117	
10	10.311	10.306	20.617	0.500
12	10.686	10.681	21.367	0.750
14	11.061	11.056	22.117	0.750
16	11.436	11.431	22.867	0.750
18	11.936	11.931	23.867	1.000

Print   Copy

Grade Distance 2 Pt/Measu...

Size	Length	Total	Size Di...
8	10.585	10.585	
10	10.835	10.835	0.250
12	11.210	11.210	0.375
14	11.585	11.585	0.375
16	11.960	11.960	0.375
18	12.460	12.460	0.500

Print   Copy

바지 그레이딩

Pant 의 특징은 앞과 뒤의 밑 길이가 있고 분할하지 않고 주어진 사이즈를 그대로 부여하는 것이 특
징이며 주머니 위치와 다트의 위치가 사이즈마다 다르게 제시되고 또는 몇 개씩 묶이는 경우가 있어
서 스펙의 세심한 관찰이 필요하다.
허릿단 넓이에 앞과 뒤의 밑 길이가 포함된 경우와 포함되지 않는 경우가 있으므로 제시된 스펙을 자
세히 관찰하여야 한다.

허릿단 그레이딩은 옆 솔기에 이음선이 있는 경우와 뒤 중심에만 이음선이 있는 경우 사이즈를 나누
는 방식을 다르게 한다.

바지 그레이딩

그레이딩을 위한 사이즈별 스펙

	STYLE No. P-56784		Pants Full sizepec				
	Description		8	10	12	14	16
1	Waist Top of Band	허리	1	29½	1	1½	2
2	Waistband Height	허릿단 넓이		1¾			
3	High Hip 3.5″ top Waist	중하동					
4	Low Hip Below 7.5″ top Waist	하동	1	35½	1	1½	2
5	Front Rise top of WB	앞 길이	¼	8	¼	¼	¼
6	Back Rise top of WB	뒤 밑길이	¼	12⅜	¼	¼	¼
7	Thigh 1″ Below Crotch	허벅지	¾	22¼	¾	¾	1
8	Knee Below Crotch 12″	무릎	¼	18	¼	¼	¼
9	Leg Opening	바지 통	⅛	16	⅛	⅛	¼
10	Inseam	인심		27			
11	Fly "J" Stitch	지퍼 스팃치					
12	J Stitch Width			1⅛			
13	Zipper Length	지퍼길이		3¼		3½	
14	Back Dart Length	뒤 다트 길이		2			
15	Back Darts CB at Waistline		¼	5	¼	⅜	⅜
16	Front Pkt below WB @ SS	옆 주머니		5			
17	Frt Pkt Placement Frm SS at Top Edge	뒤주머니		2½			
18	Back Pocket Opening	뒤 주머니		5			
19	Bk Pkt Placement from below Waistline	주머니 위치		2			
20	Besom Pocket Height	입술 주머니 위치		½			
21	Front Belt loops From SS			4			
22	Back Belt loops from CB at Waistline			7			
23	Belt Loops Width			⅜			
24	Belt Loop Length			2			

바지 부위별 사이즈 위치

❶ 허리 Waist Top of Band
❷ 허릿단 넓이 Waist Band Height
❸ 중 하동 High Hip 3.5″ top Waist
❹ 하동 High Hip 7.5″ top Waist
⓫ " J" 스팃치 길이 Fly "J" Stitch Length
⓬ " J" 스팃치 넓이 "J" Stitch Height
⓭ 지퍼 길이 Zipper Length Bottoms
⓰ 앞주머니 허릿단에서 내려오는 위치
　　Front Pkt Placement below WB @ SS
⓱ 앞주머니 옆솔기에서 중심으로 들어가는 위치
　　Frt Pkt Placement Frm SS at Top Edge
㉑ 앞 벨트 룹 중심에서 들어간 위치
　　Front Belt loops From SS

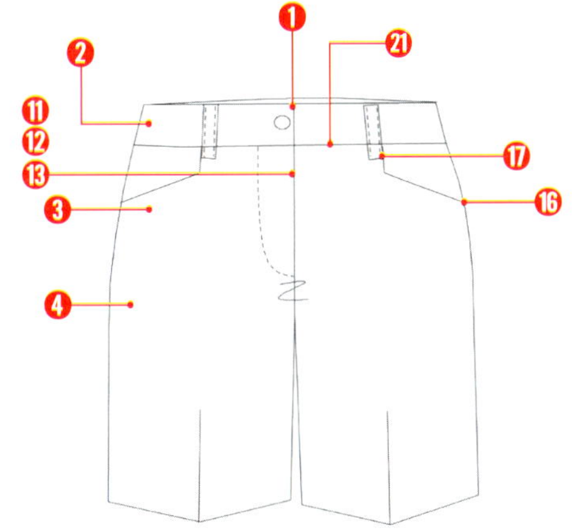

⓮ 뒤 다트 완성된 길이
　　Back Dart Length—Bottoms
⓯ 뒤 다트 중심에서 들어간 위치
　　Back Darts—from CB at Waistline
⓲ 뒷주머니 입구 Back Pocket Opening
⓳ 뒷주머니 허릿단에서 내려오는 위치
　　Bk Pkt Placement from below Waistline
⓴ 뒷주머니 넓이 Besom Pocket Height
㉒ 벨트 룹 중심에서 위치 Front Belt loops From SS
㉓ 벨트 룹 넓이 Belt Loops Width
㉔ 벨트 룹 길이 Belt Loop Length

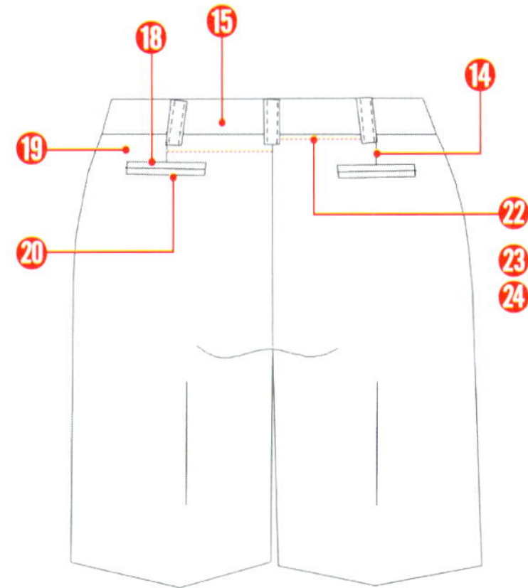

바지 부위별 사이즈 재는 위치.

Front Rise Frm Top Of Wstband — 라운드 형태의 허릿단은 위에서부터 밑 길이를 측정한다.

Front Rise Frm Wstband below — 일자형 허릿단 아래에서부터 밑 길이를 측정한다.

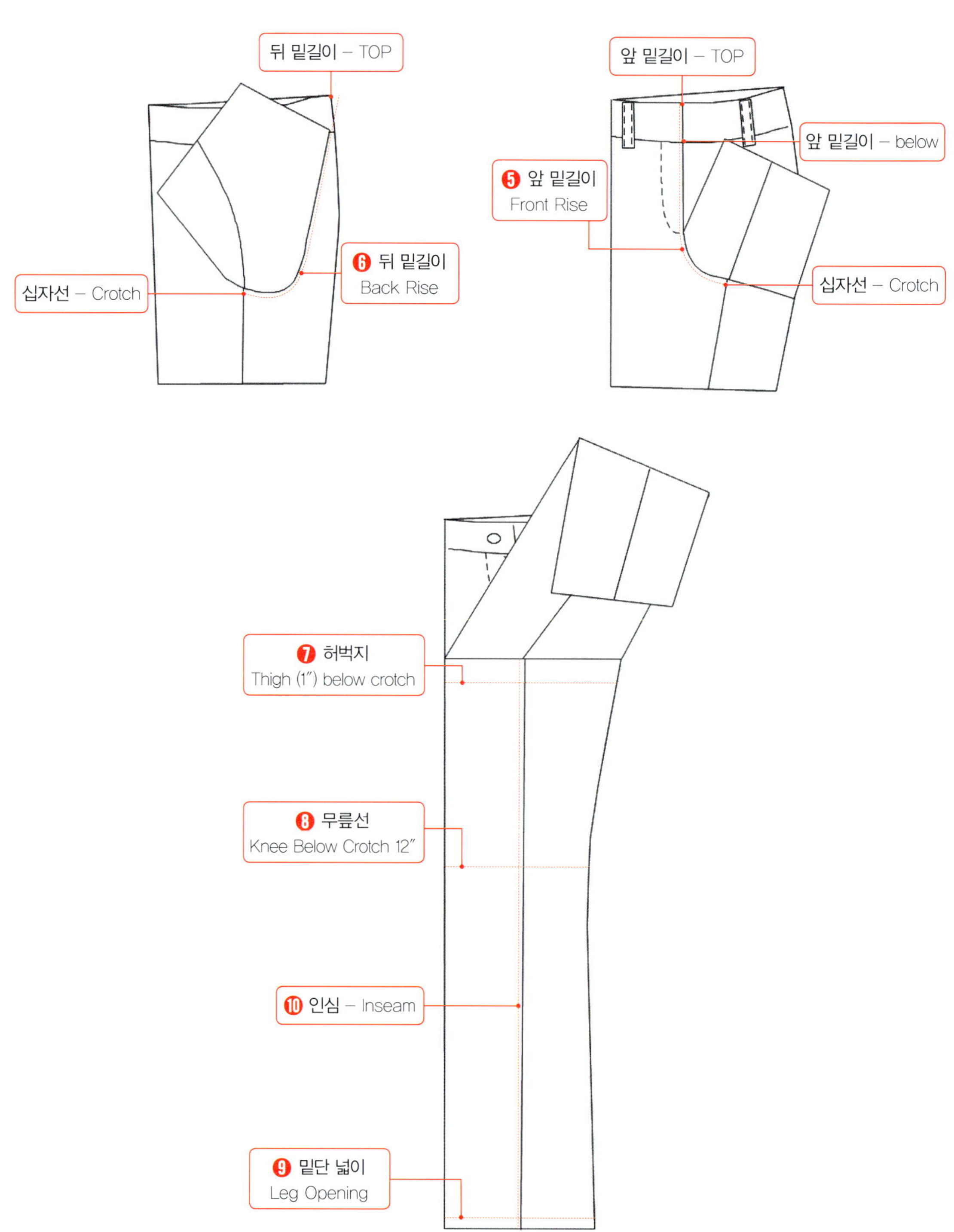

바지 부위별 부속 조각 명칭

❶ 허릿단 waist band
❷ 옆 주머니 입구 안단 Under pocket Facing
❸ 주머니 안단 Top pocket Facing
❹ 왼쪽 코단 1개 LEFT FLY
❺ 오른쪽 코단 1개 RIGHT FLY
❾ 옆 주머니 속감 Side pocketing

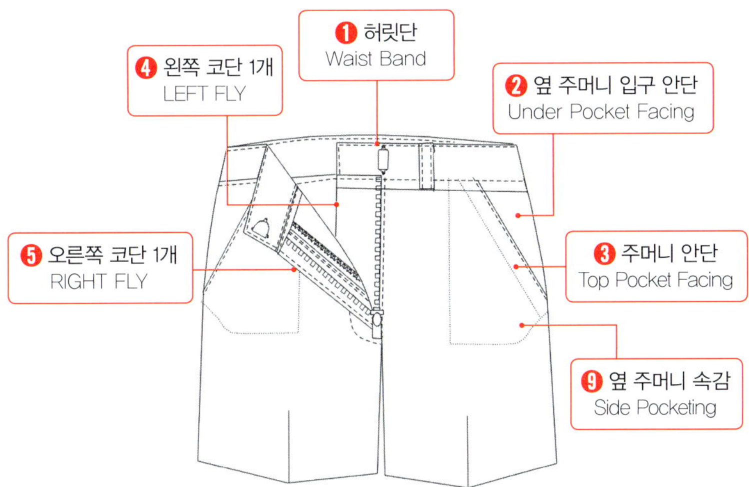

❻ 뒷주머니 입술감 Besom Pocket
❼ 뒤 속주머니 감 Back pocketing
❽ 벨트 룹 Belt loops
❾ 뒷주머니 안단 Back pocket Facing

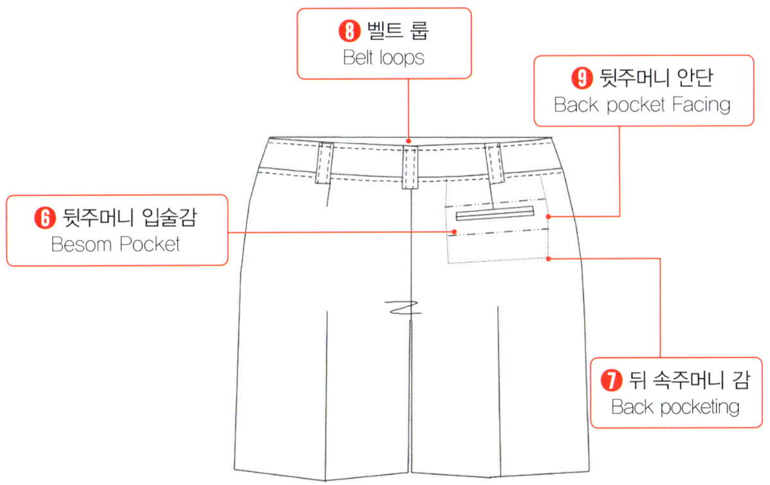

그레이딩 하기 Pattern Design

- Pants의 Waist 허리 / 힢 Hip의 경우 솔기마다 그레이딩 값을 부여하므로 편차를 8로 나눈다.
- 허벅지/ 무릎 / 밑단은 합복선이 4면이므로 편차를 4로 나눈다.
- Front와 Back Rise는 편차를 값을 나누지 않는다.
  (허릿단 넓이를 공제하거나 포함하는 경우에도 편차를 나누지는 않는다.)
- 앞판부터 그레이딩 한다.

❶ Grade – Create/Edit Rules – Edit Delta – 마우스 왼쪽을 누르고 앞판 중심 코너를 드래그 포인트 활성화 확인 – 마우스 오른쪽 – OK – ❷ Clear X 클릭 – ❸ Front Rise 편차 입력 – ❹ 사이즈 편차가 동일할 때 가장 적은 사이즈에 한 번만 입력하고 Update 클릭 – ❺ Clear Y 클릭 – ❻ Waist 편차 입력 – ❼ Update 클릭 – ❽ Edit Delta – ❾ 지퍼 노치 포인트 클릭 – ❿ Clear Y – ⓫ Hip 사이즈 편차 입력 – OK – ⓬ Previous & Next 클릭하여 입력 포인트 이동 힢 Hip 사이즈 편차 입력 – OK

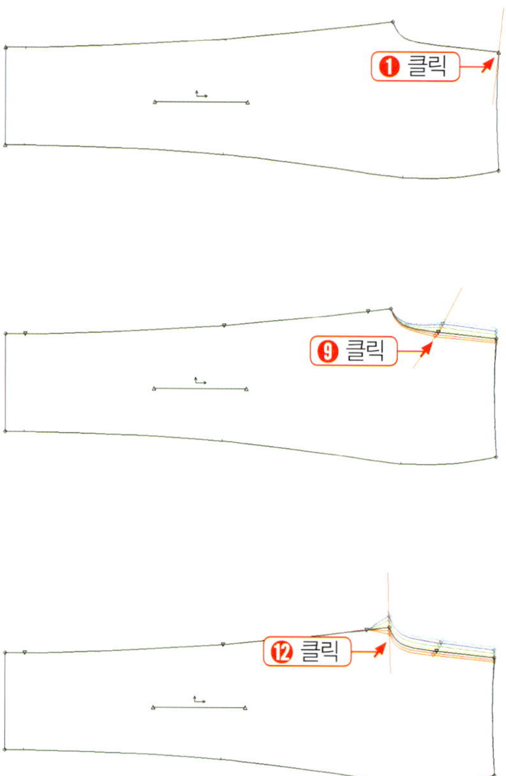

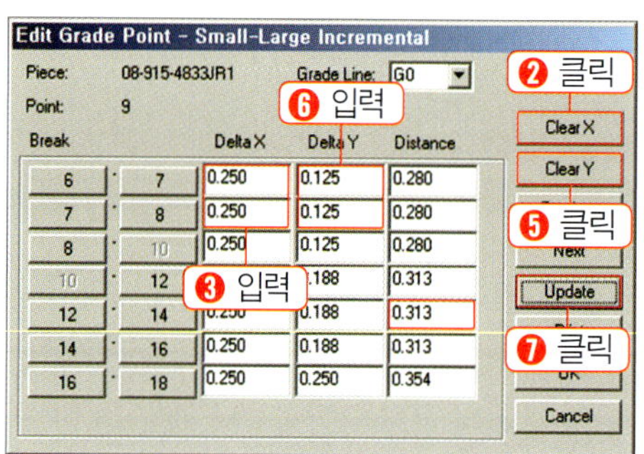

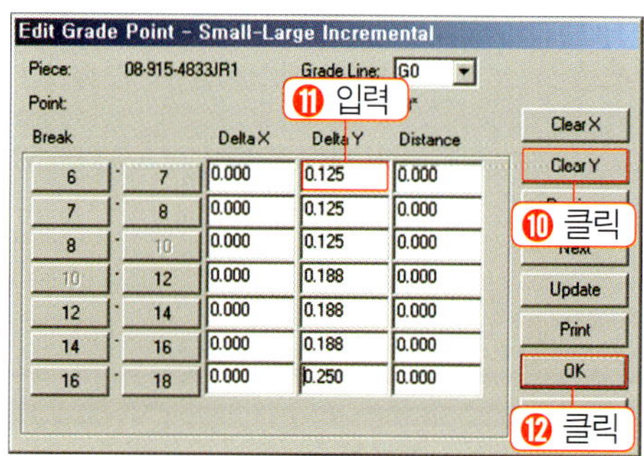

❸ Thigh (1″) below crotch 허벅지 사이즈 나누기 4를 입력한다.

❹ Knee Below Crotch 12″ 무릎 사이즈 나누기 4를 입력한다.

❺ Leg Opening 밑단 넓이 사이즈 나누기 4를 입력한다.

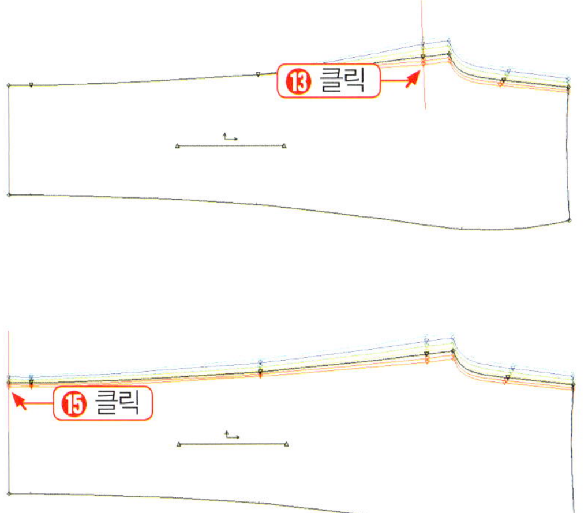

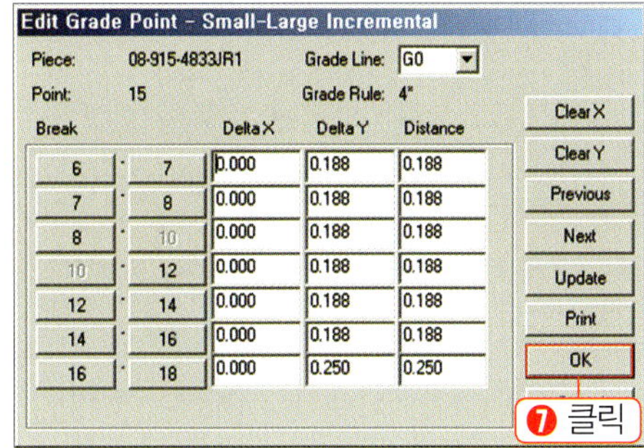

하단 그레이딩 입력 시에는 (−)를 함께 입력한다.

❻ 무릎 사이즈

❼ 밑단 넓이 사이즈

❽ Waist 허리 사이즈 입력

❾ 18번과 19번에서 Front Rise 앞 밑 길이를 입력한다.

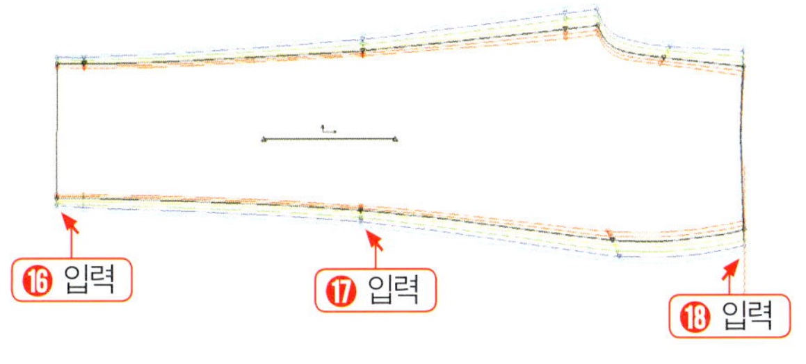

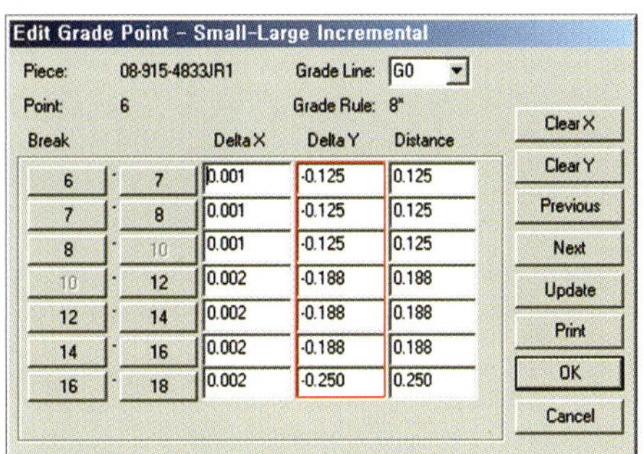

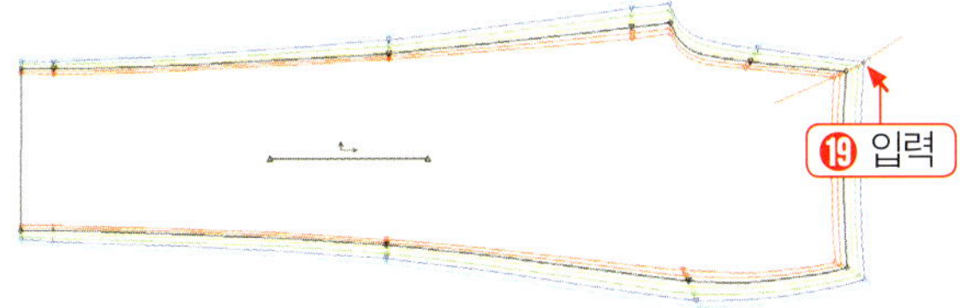

뒤판 그레이딩

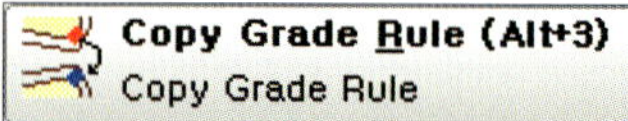

뒤판 그레이딩은 앞판을 복사하여 붙여넣기 한다.

Grade – Copy Size Line

❶ Copy Size Line – 앞판 옆솔기 코너 클릭 – 뒤판 옆솔기 코너 클릭 – 마우스 오른쪽 – OK

❷ Copy Size Line – 앞판 힙 포인트 클릭 – 뒤판 힙 포인트 클릭 – 마우스 오른쪽 – OK

❸ Copy Size Line – 앞판 무릎 포인트 클릭 – 뒤판 무릎 포인트 클릭 – 마우스 오른쪽 – OK

❹ Copy Size Line – 앞판 밑단 포인트 클릭 – 뒤판 밑단 포인트 클릭 – 마우스 오른쪽 – OK

❺ 앞판 중심 허리 포인트 복사 – 뒤판 중심 포인트 붙여넣는다.

❻ 앞판 중심 힙 포인트 복사 – 뒤판 힙 포인트

❼ 앞판 크로치 – 뒤판 크로치 포인트

❽ 앞판 허벅지 – 뒤판 허벅지 포인트

❾ 앞판 인심 라인 무릎 포인트 – 뒤판 인심 라인 무릎 포인트

❿ 앞판 인심 라인 밑단 포인트 – 뒤판 인심 라인 밑단 포인트

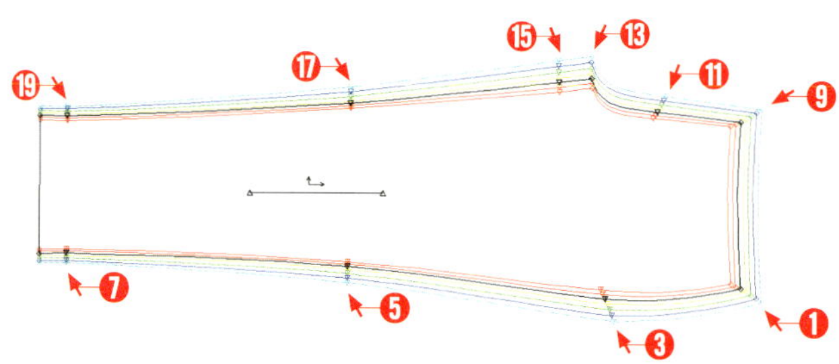

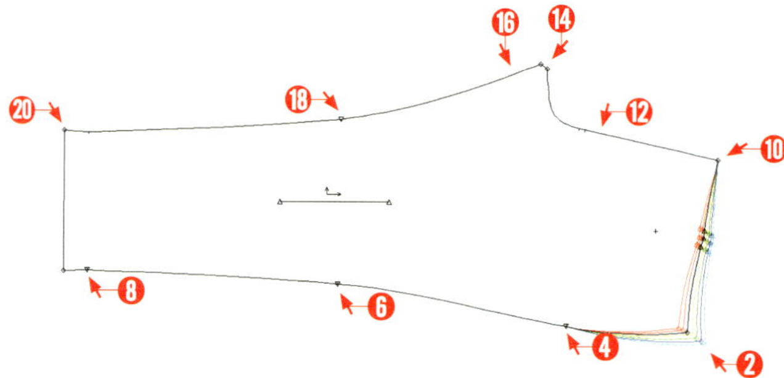

룰 값을 붙여넣기 하는 과정에서 X와 Y가 바뀌는 경우 단축 아이콘을 이용해서 간단하게 위치를 바꾼다.

Flip Y & X 단축 아이콘 클릭 – 룰 값이 바뀐 위치를 클릭 방향이 바뀐다.

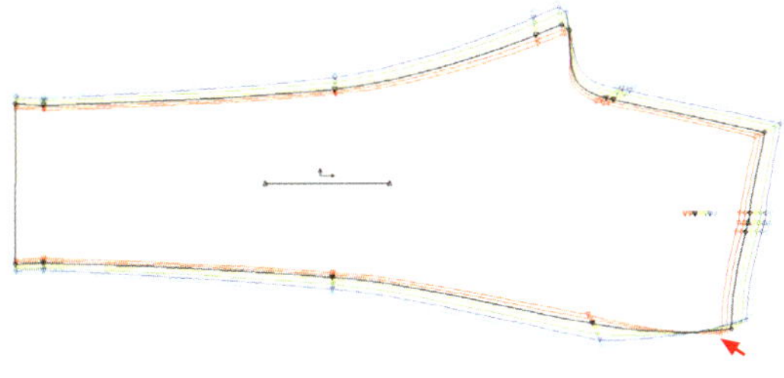

옆 주머니가 있으며 주머니 길이가 묶여있는 경우의 그레이딩 모습이며 뒤 다트의 길이와 위치가 모두 묶여있을 경우이다.

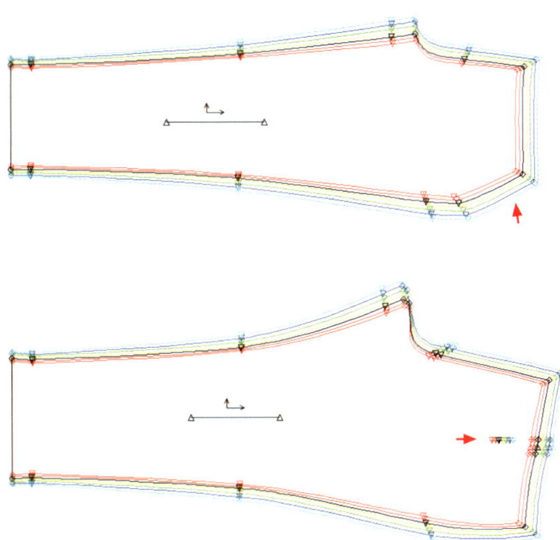

라운드 허릿단의 그레이딩

1) 양쪽 옆 솔기에 이음선이 있는 경우의 그레이딩은 앞 중심은 그레이딩 하지 않고 양쪽 합복 솔기
   에 그레이딩을 실시한다.

   합복선이 두 개이며 4조각이므로 허리 그레이딩 편차가 1″이라면 0.25씩 나누어 준다.

   작업 화면에서 방향을 회전시켜 90° 각도를 맞추어 놓고 입력한다.

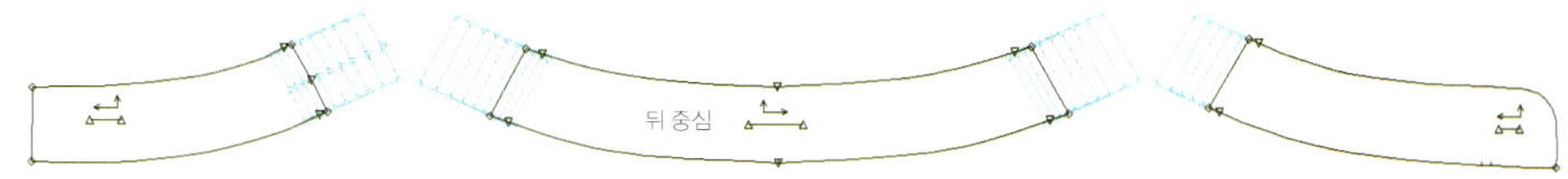

2) 라운드 허릿단 뒤 중심에 이음선이 있는 경우

   뒤 중심에 이음선이 있을 경우 그레이 편차를 앞 중심과 뒤 중심에 나누어 입력한다.

   허리 그레이딩 편차가 1″이라면 0.25씩 나누어 준다.

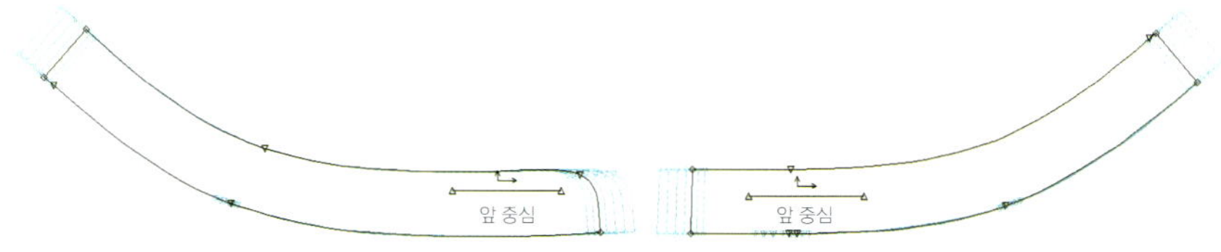

회전시키기 참조

Piece – Modify Piece – Rotate Piece – 패
턴에 커서를 놓고 마우스 왼쪽 클릭 – 마우스
오른쪽 클릭 – 입력창에서 설정하는 대로 각도
에 따라 움직이며 None를 체크하면 원하는 정
도만 회전시킬 수 있다.

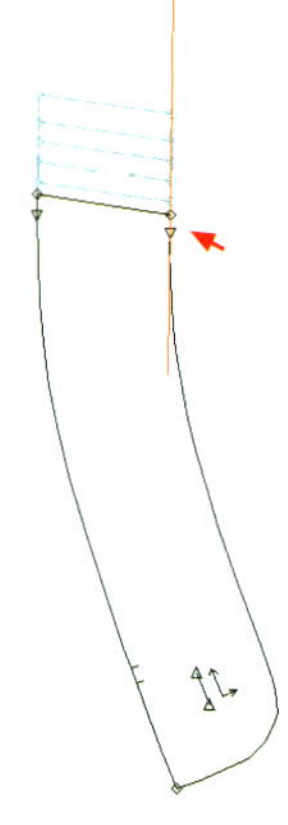

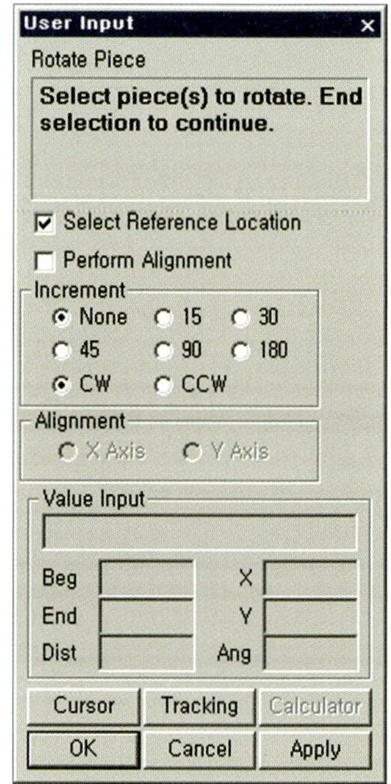

블라우스 그레이딩

상의 그레이딩의 중요한 포인트는 암홀과 소매의 합복 이즈" 량의 적당함과 카라와 몸판 합복 포인트 정확성이다
기본 패턴이 정확하지 않으면 전 사이즈에 문제가 이어지므로 기본 패턴이 정확하게 제도 되었는지에 대한 검토가 필요하다.

패턴의 부위별 명칭

〈앞판〉

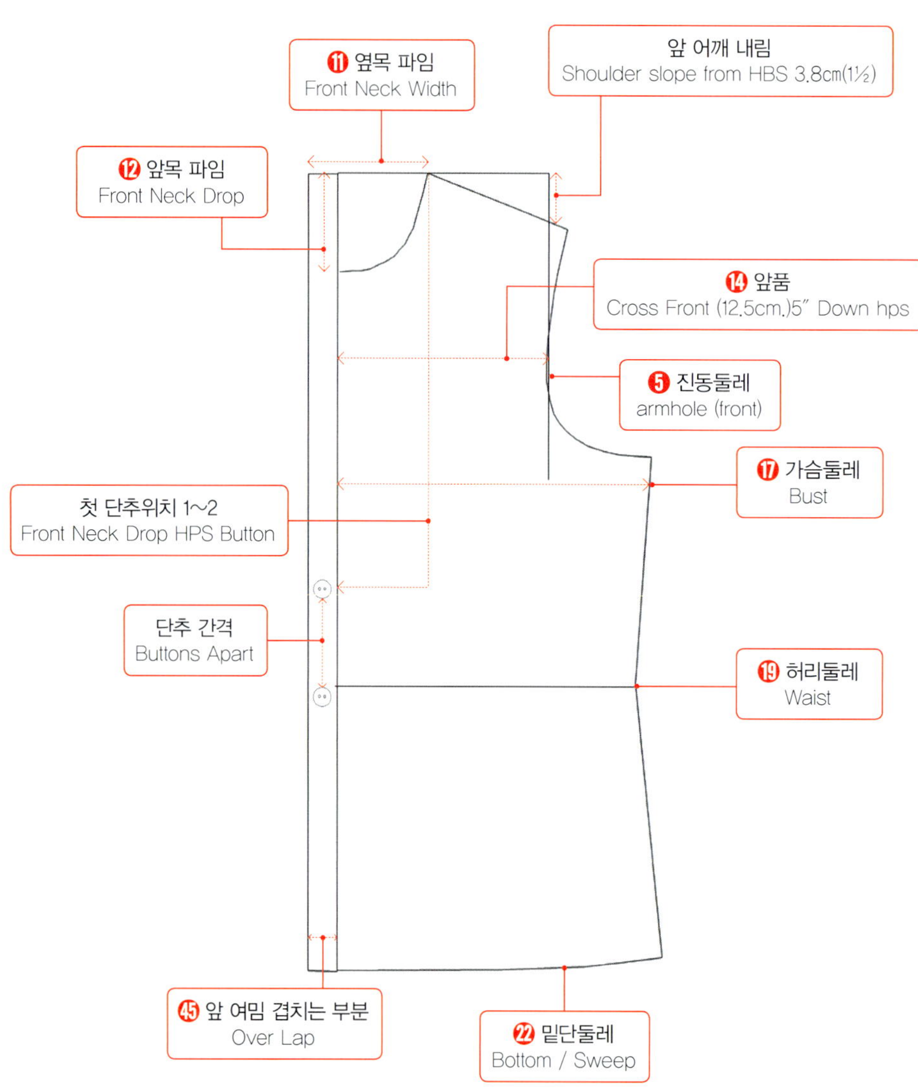

⓫ 옆목 파임
Front Neck Width
앞 어깨 내림
Shoulder slope from HBS 3.8cm(1½)
⓬ 앞목 파임
Front Neck Drop
⓮ 앞품
Cross Front (12.5cm.)5″ Down hps
❺ 진동둘레
armhole (front)
⓱ 가슴둘레
Bust
첫 단추위치 1~2
Front Neck Drop HPS Button
단추 간격
Buttons Apart
⓳ 허리둘레
Waist
㊺ 앞 여밈 겹치는 부분
Over Lap
㉒ 밑단둘레
Bottom / Sweep

사이즈 체크 포인트
〈뒤판 & 소매〉

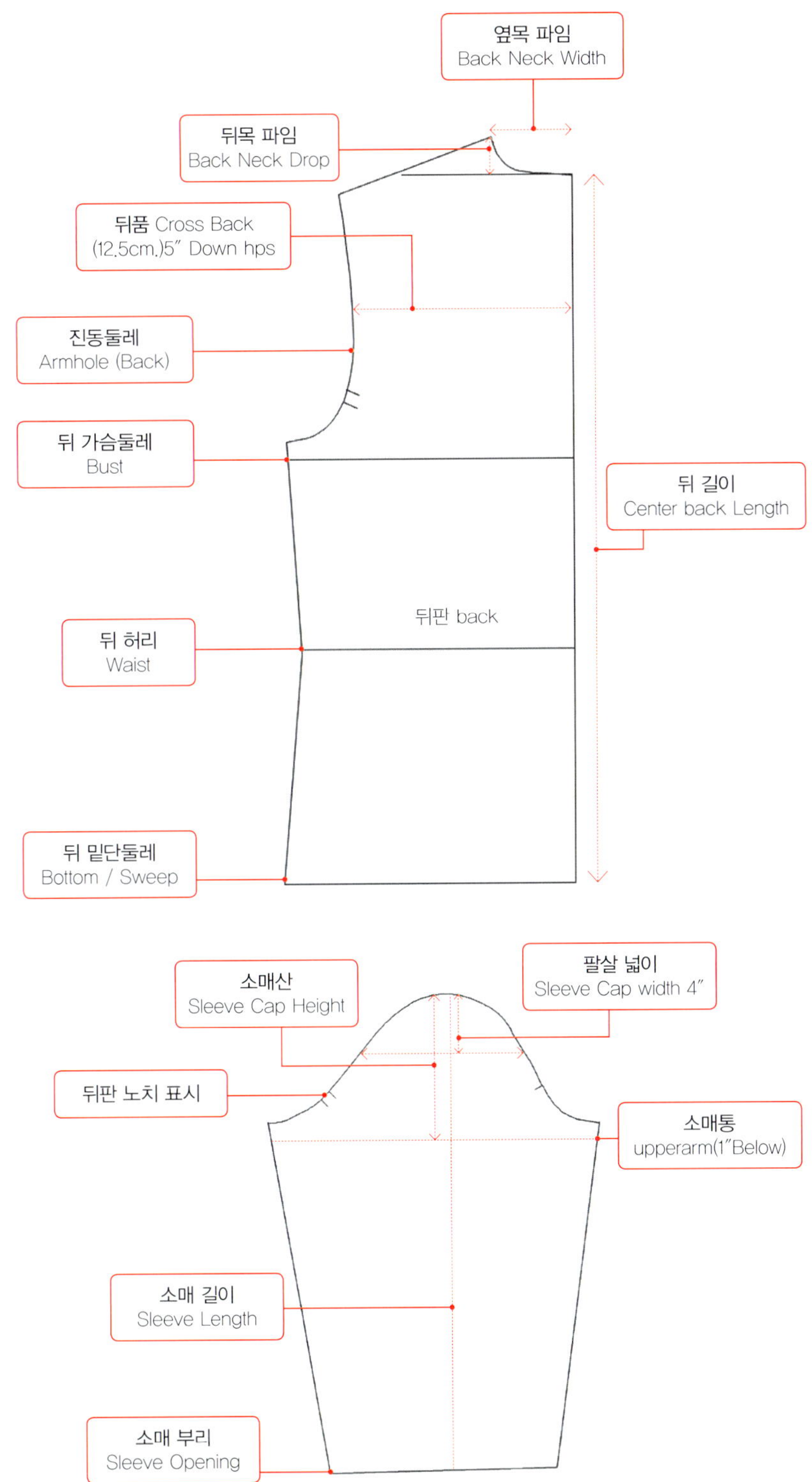

HPS – High Point Shoulder

완성된 작업물을 편안하게 놓으면 뒤판이 앞쪽으로 약간 넘어오게 되며 가장 높은 곳이 HPS가 된다.

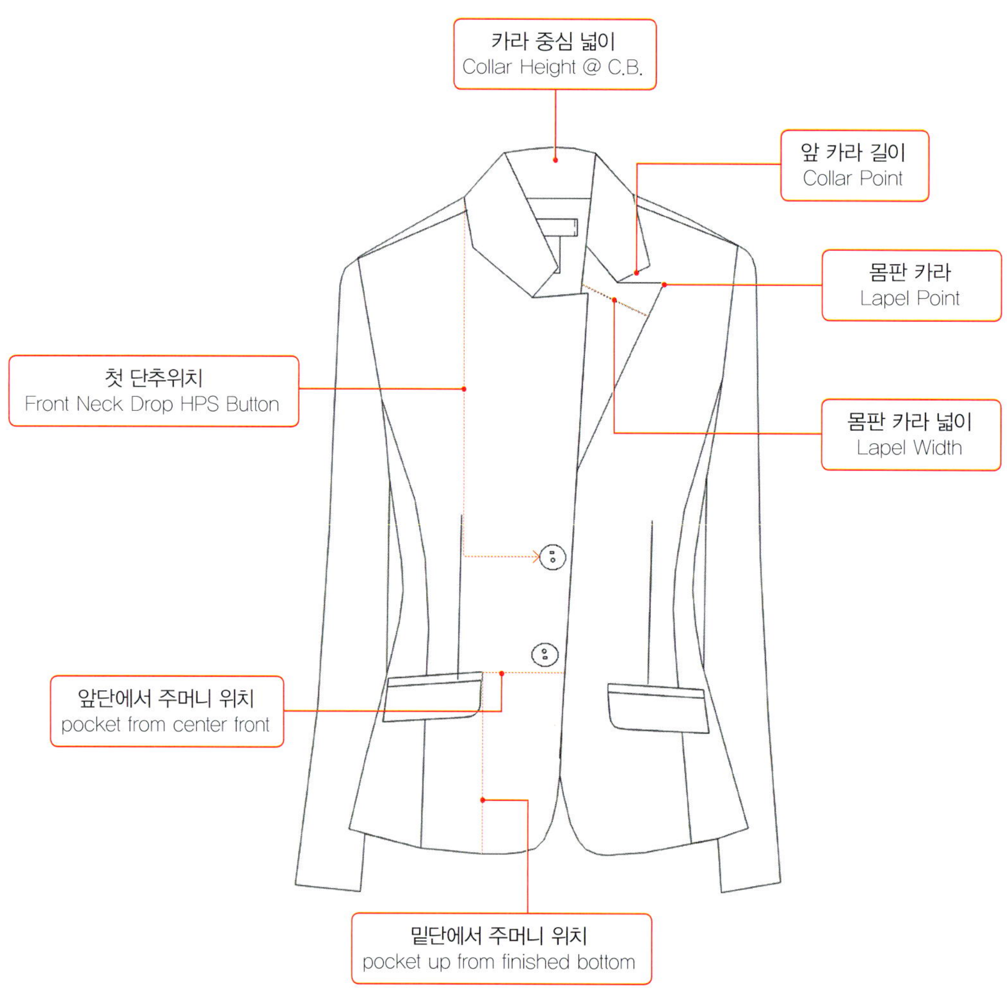

블라우스 그레이딩 하기

STYLE No. P-56784		Pants Full sizepec		S	M	L	XL
1	어깨	Across Shoulder		½	16¼	½	½
2	소매 길이	Sleeve Length		¼	22¼	¼	¼
3	소매통	upperarm (1"Below)		¾	19	¾	¾
4	소매부리	Sleeve Opening		¼	15½	¼	¼
5	진동둘레	armhole		½	21¾	½	½
6	뒤품	Cross Back (5" Down hps)		½	15¼	½	½
7	앞품	Cross Front (5" Down hps)		½	14	½	½
8	상의장	Center Back Length		½	23	½	½
9	뒤 목 파임 길이	Back Neck Drop		¼	1	¼	¼
10	뒤 목 넓이	Back Neck Width		¼	7	¼	¼
11	앞 목 파임 길이	Front Neck Drop		⅛	3¼	⅛	⅛
12	진동에서 다트 위치	Dart Placement from Armhole			2½		
13	솔기에서 다트 길이	Side Bust Dart Length			5½		
14	첫 단추 위치	Front Neck Drop HPS Button		¼	8	¼	¼
15	상동	Bust (1" Below Armhole)		2	40	2	2
16	허리선	waist placement (16" down HPS)		2	40	2	2
17	밑단 둘레	sweep		2	40	2	2
18	카라 뒤 넓이	Collar Height@ C.B.			3		
19	카라 끝 길이	Collar Point			2⅝		
20	아래 카라 넓이	Lapel Width			1½		
21	카라 떨어지는 거리	Lapel Point			⅞		
22	여밈 분량	Over lap			⅝		
23	밑단에서 단추	bottom up Buttons			4		

Neck Width와 Neck Drop 그레이딩 편차가 없으면 카라의 길이가 같아지고 사이즈에 따른 편차도 없게 되므로 Neck Width에서 그레이딩 편차를 0.15875㎝ (0.0625) **Back Neck Drop**에서 0.15875 ㎝(0.0625) 기본적으로 적용한다.

Neck Width와 Neck Drop에 대한 그레이딩 편차를 의도적으로 묶어놓은 경우는 예외이다.

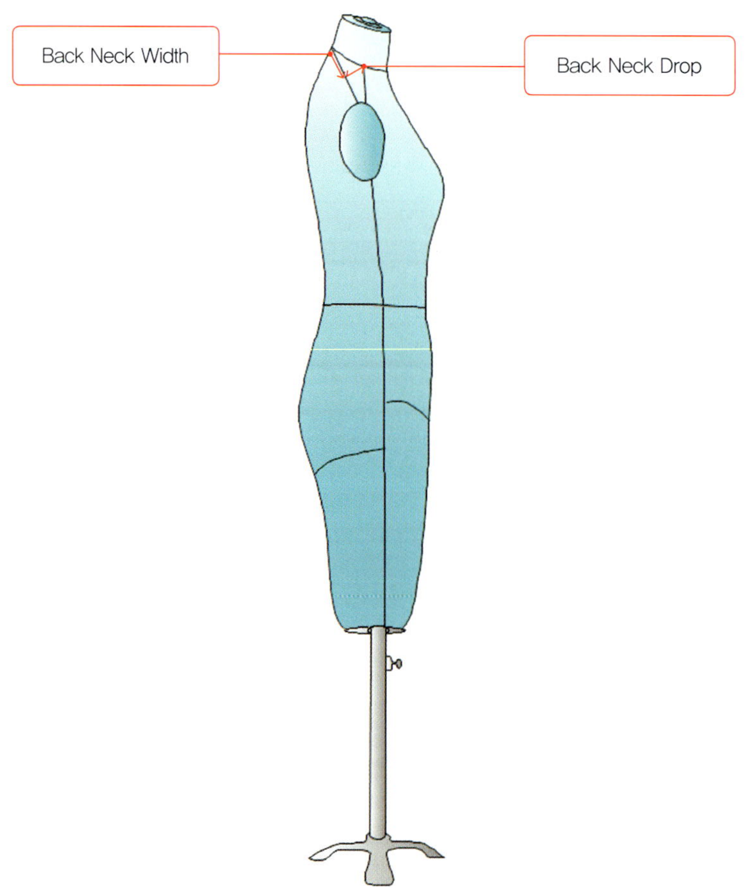

연습. GTBASICS 폴더에서 A4 – LADIES – BLOUSE를 불러내어 그레이딩을 지운다.
그레이딩 지우기 & 룰 테이블 작성 저장과 적용 참조

뒤판에서 Back Neck Width 와 Back Neck Drop을 먼저 그레이딩 한다.
Y는 폭 방향, X는 길이
– Back Neck Width 편차를 1/2로 나눈다.
– Back Neck Drop 편차는 나누지 않는다.

❶ Edit Delta – ❷ 마우스 왼쪽을 누른 상태에서 목둘레 코너에 접근 포인트 활성화 확인 마우스 오른쪽 클릭 – OK – ❸ 입력창 Clear X 클릭 – ❹ Back Neck Drop 편차 나누지 않고 입력 – ❺ Update 클릭 – ❻ Clear Y 클릭 – ❼ Back Neck Width 나누기 편차 1/2 입력 – ❽ Update 클릭 – ❾ OK

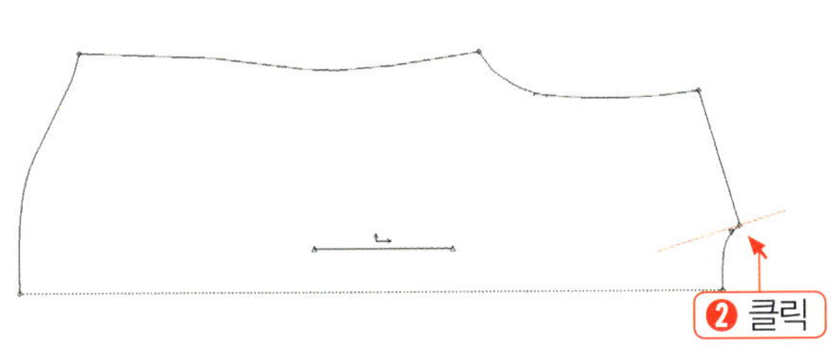
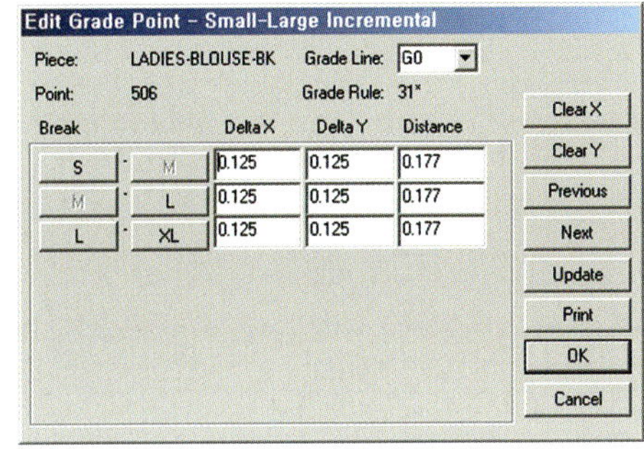

어깨 포인트 클릭 –Y란에 어깨 편차 1/2 입력 –X 란에 Back Neck Drop 편차 나누지 않고 입력 – OK

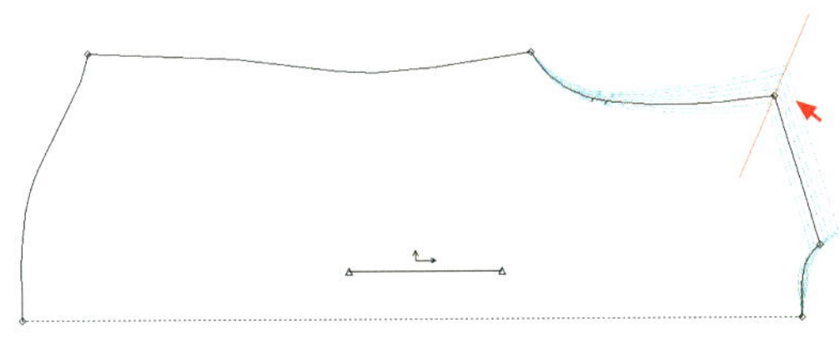
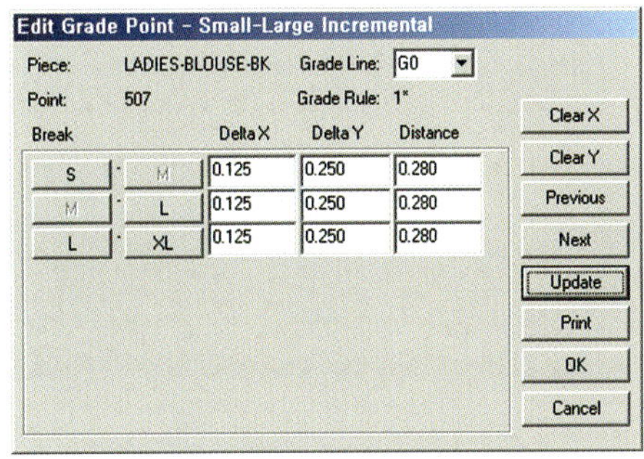

뒤품 편차 입력 Cross Back (5″ Down hps)

❶ Edit Delta – ❷ 마우스 왼쪽을 누른 상태에서 뒤품 포인트 접근 포인트 활성화 확인 – OK – ❸
입력창 Clear Y 클릭 – ❹ 뒤품 나누기 1/2 입력 – ❺ Update 클릭 – ❻ Clear Y 클릭 – ❼ Back
Neck Drop 편차 나누지 않고 입력 – ❽ Update 클릭 – ❾ OK

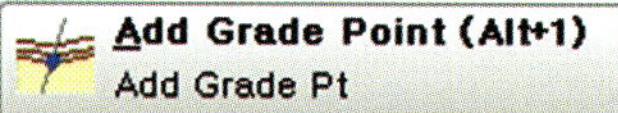

그레이딩 포인트 설정

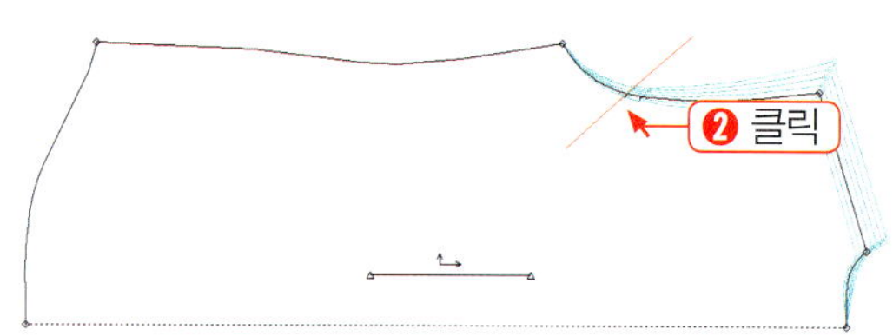

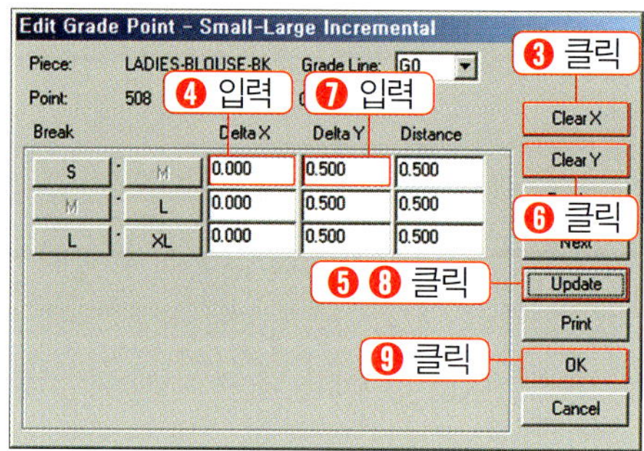

진동선에서 Bust 편차 입력

암홀 포인트 클릭 – Clear Y 란에 가슴둘레 편차 나누기 1/4 입력 – Update – OK

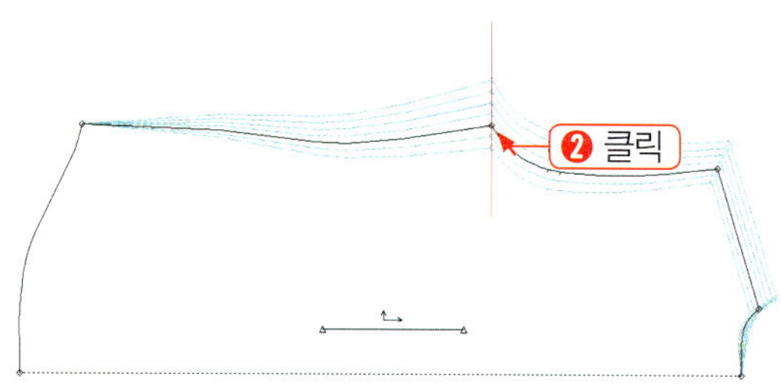

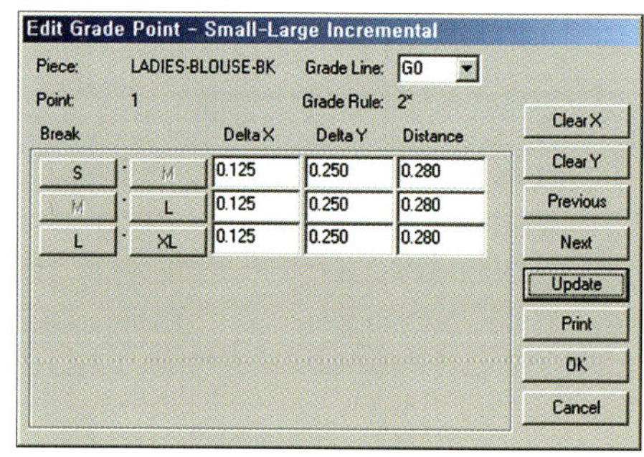

⚠ **참고**

- 입력창에서 Next & Previous 클릭하여 포인트 이동을 할 때 포인트에 접속되지 않으면 Add
  Grade point 단축 아이콘 클릭 포인트 클릭하여 접속 포인트를 활성화 시켜야 한다.
- Clear X란에 Back Neck Drop 편차 나누지 않고 입력하는 것은 사이즈별 노치 표시를 어깨 사
  선과 균등하게 맞추기 위해서이다.

밑단 둘레와 길이 편차 입력 Sweep Back Length

❶ Edit Delta – ❷ 밑단 포인트 클릭 – ❸ Clear X 클릭 – ❹ 길이 편차 나누지 않고 (–)와 함께 입력 – ❺ Update – ❻ Clear Y 클릭 – ❼ 밑단 둘레 편차 나누기 1/4 입력 – ❽ Update 클릭 – ❾ OK

뒤판 어깨 사선 각도를 맞춘다.
Greade – Greate / Edit Rules – keep Angle Apex – 어깨 포인트를 클릭한다.

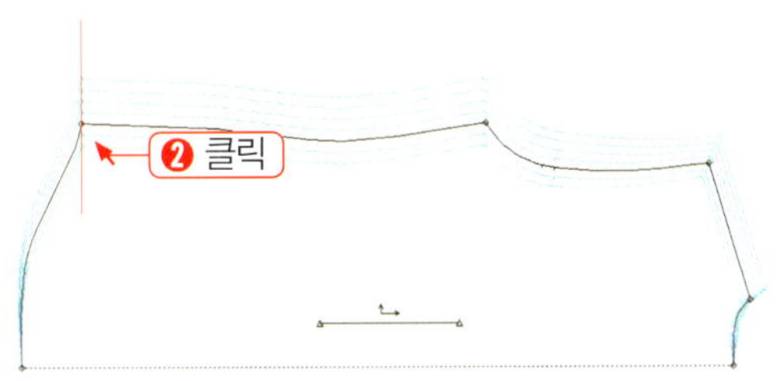

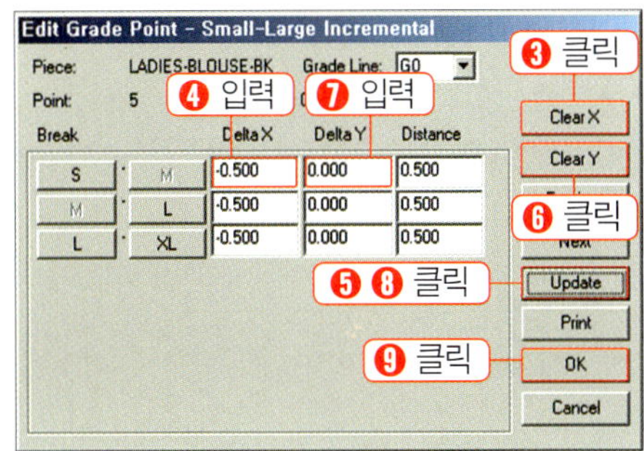

뒤 중심 길이 편차 입력 Center Back Length

❶ Edit Delta – ❷ 뒤 중심 포인트 클릭 또는 Previous 클릭하여 포인트 이동 – ❸ Clear X 클릭 – ❹ 길이 편차를 나누지 않고 입력 – ❺ Update – ❻ OK

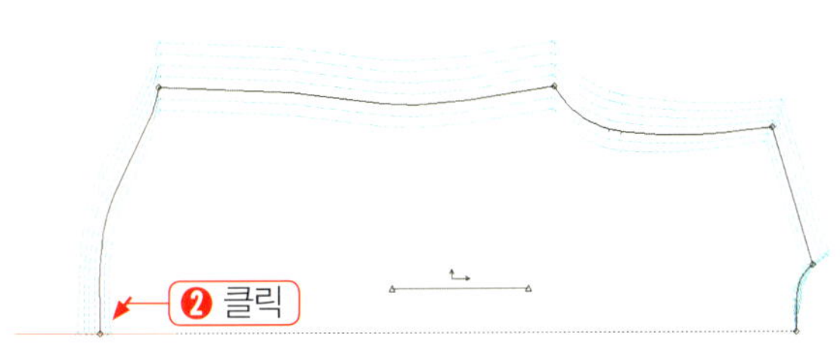

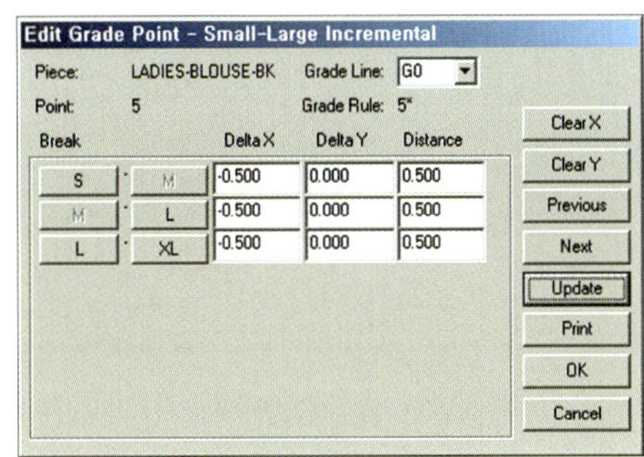

⚠ **참고**
길이 편차에서 (–)로 입력한다.

앞판 그레이딩 하기

앞판과 뒤판의 그레이딩 값이 같으므로 뒤판을 복사하여 앞판에 붙여넣기 한다.

복사하여 붙여넣는 룰 값을 같게 하기 위해서 같은 방향으로 설정한다. 피스의 중심에서 상단은 숫자만 입력하며 하단은 (−)로 입력한다.

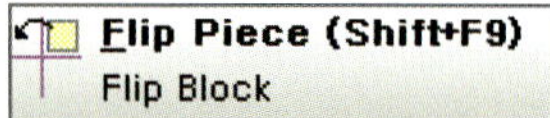

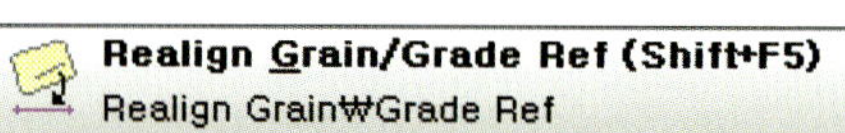

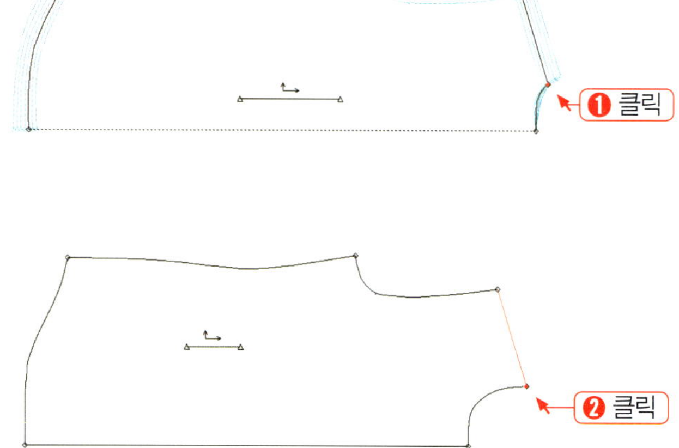

⚠ **참고**

- 복사하여 붙여넣기 할 때 피스의 방향은 비대칭 상태이어야 하며 옆 솔기가 위쪽을 향하고 있으면 붙여넣기 하는 피스의 방향도 위쪽으로 향해 있어야 한다. 서로 마주 보는 대칭 상태라면 붙여넣기 한 다음 Flip Y & X 단축 아이콘을 사용하여 룰 값이 바뀐 위치를 방향을 바꾸어주면 된다.

- 작업 화면에서 방향을 바꾸어 놓으려면.
  ❶ Flip Piece – ❷ 결선에 커서 놓고 마우스 왼쪽 클릭 – ❸ 오른쪽 클릭 – ❹ OK – 피스의 방향이 바뀐다. 영구적으로 바뀐 방향을 저장하려면 Realign Grain/Grade Ret 아이콘 클릭 피스의 결선 클릭 영구적으로 방향이 바뀐다.
  같은 방법으로 피스의 방향을 계속 바꿀 수 있다.

- 방향과 관계없이 복사하여 붙여넣고 방향전환을 할 수도 있다.

그레이딩 값을 복사하여 붙혀 넣기

Copy Grade Rule – 복사하려는 위치 클릭 – 붙여넣기 하려는 위치 클릭 – 룰 값이 적용된다.

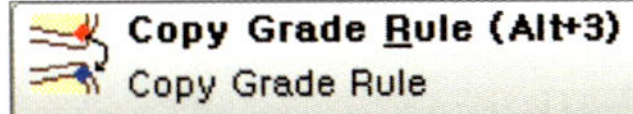

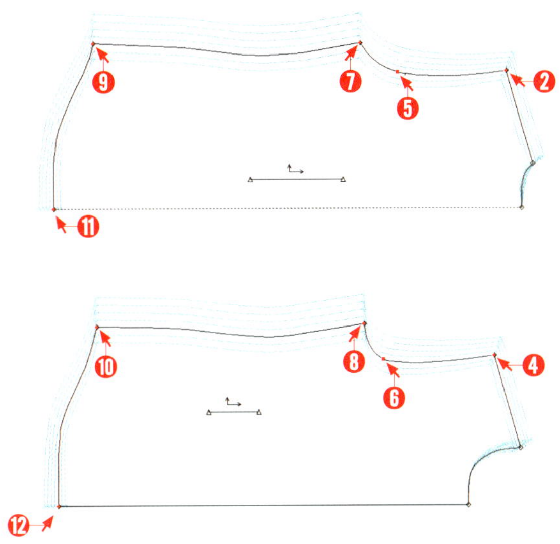

룰 값을 붙여넣기 하는 과정에서 X와 Y가 바뀌는 경우 단축 아이콘을 이용해서 간단하게 위치를 바꾼다.

Flip Y & X 단축 아이콘 클릭 – 룰 값이 바뀐 위치를 클릭 방향이 바뀐다.

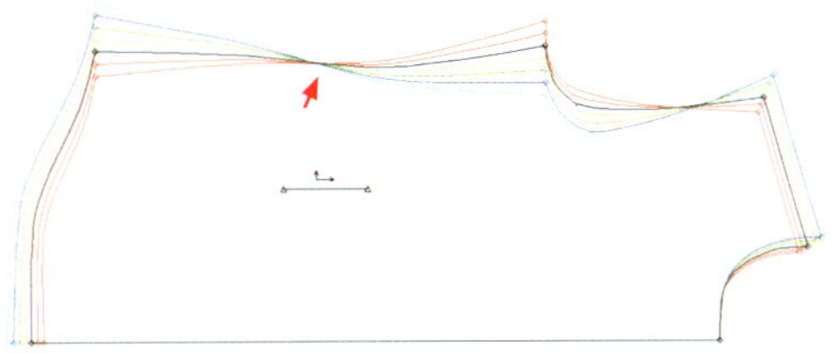

소매 그레이딩 Sleeve Length / Sleeve Opening
소매 통 upperarm (1″ Below) 그레이딩 편차 나누기 1/2를 입력한다.

❶ Edit Delta – ❷ 포인트 클릭 – ❸ Clear Y 클릭 – ❹ 소매통 upperarm 편차 1/2 입력 – ❺ Update– ❻ 소매 부리 그레이딩 Sleeve Opening – Previous 클릭하여 포인트 이동 – ❼ Clear Y 란 클릭 – ❽ 소매 Sleeve Opening. 편차 1/2 입력 – ❾ Update – ❿ Clear X 클릭 – ⓫ 소매길이 편차에서 1/8를 공제하고 입력 – ⓬ Update 클릭 – ⓭ OK

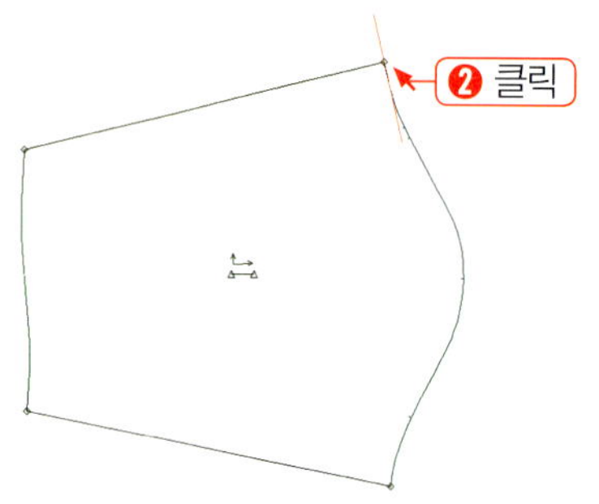

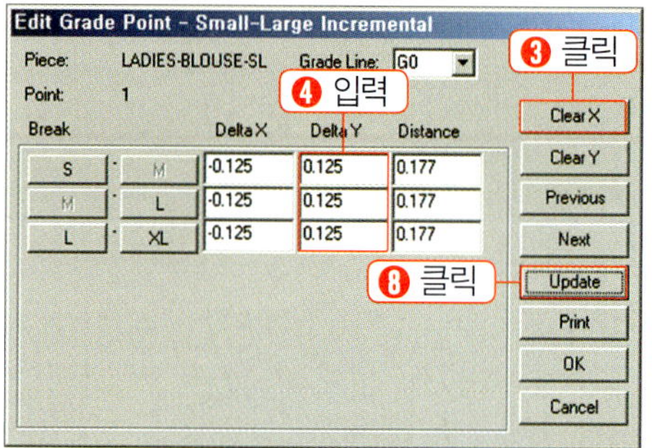

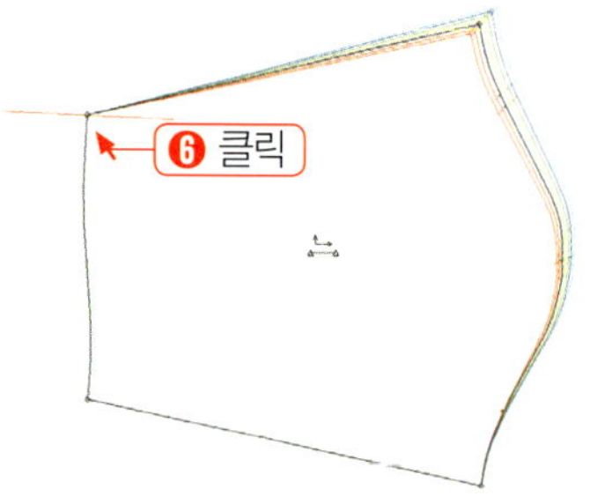

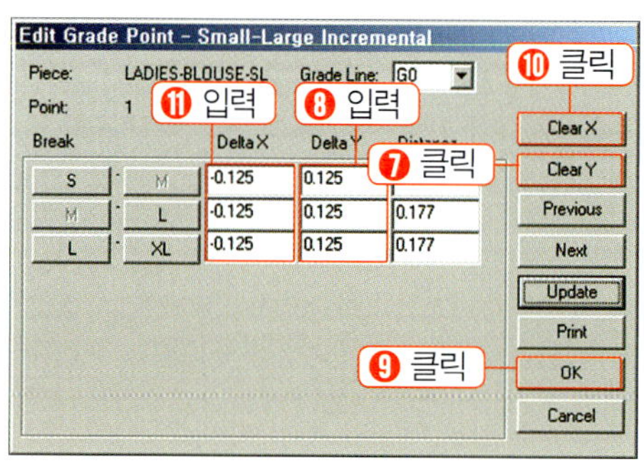

> ⚠ **참고**
> 소매 길이 편차에서 공제한 1/8은 소매산에 넣어준다.

소매 길이 편차에서 공제한 1/8을 소매산에 부여한다.

Sleeve Length 소매 길이에서 0.125를 공제하고 X 란에 입력하며 공제한 0.125는 소매산 그레이딩에 부여한다.

사이즈의 크기에 따라 Sleeve Cap Width "팔살" 부분의 넓이와 소매산이 증감되도록 하는 데 필요하다.

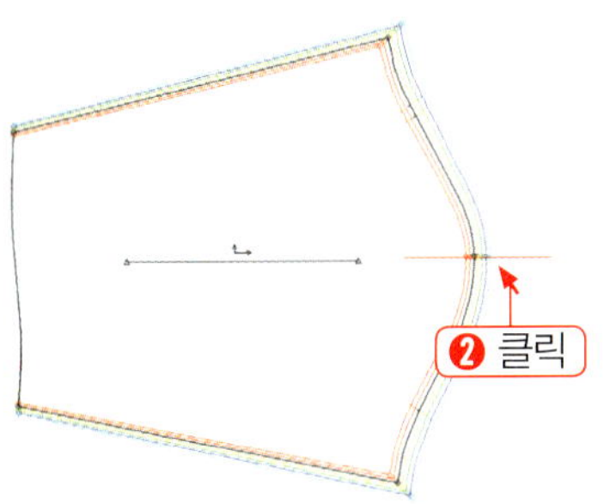

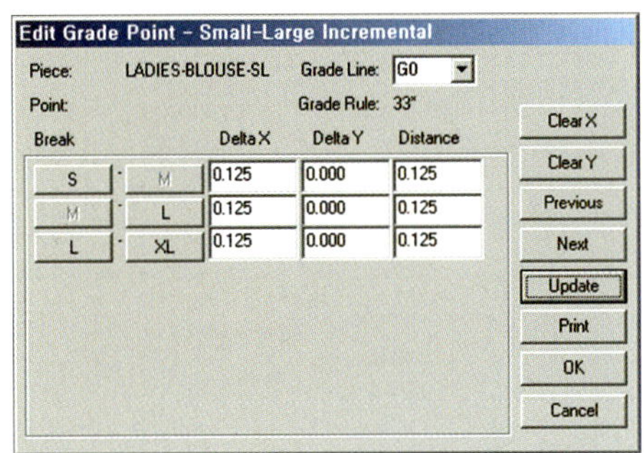

소매의 하단 부분은 입력란에 (−)와 함께 입력한다.

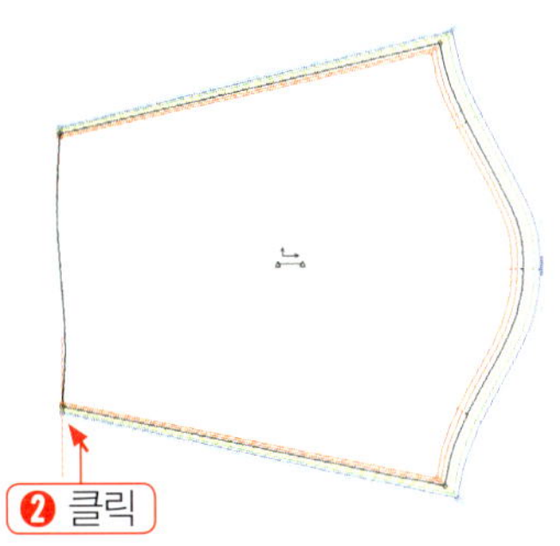

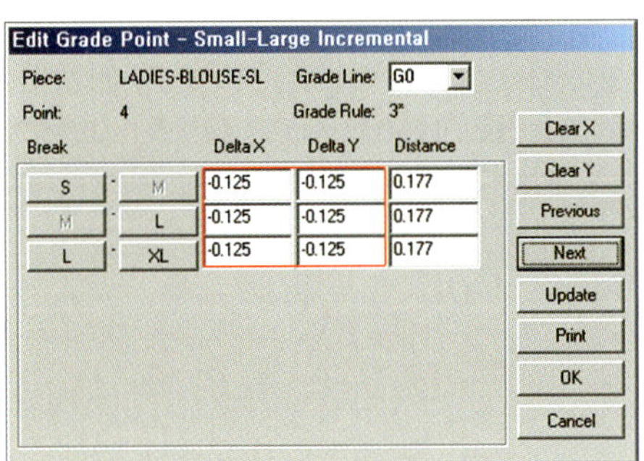

카라 그레이딩 하기

❶ Back Neck Drop 편차를 합산하여 카라 앞면을 그레이딩 한다.

❷ 옆목 합복점 노치에 Back Neck Drop의 편차 예) 0.125를 입력하여 카라 앞쪽으로 그레이딩 한다.

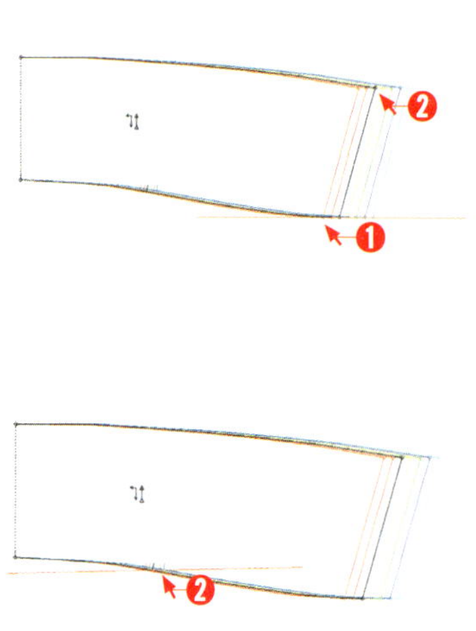

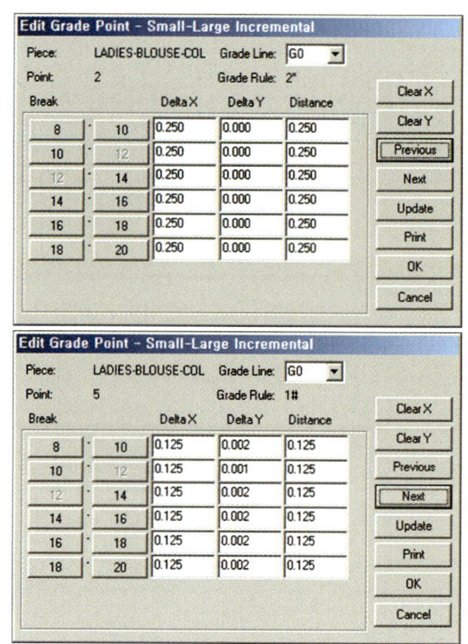

목선과 카라 합복 그레이딩 편차 확인하기

그레이딩 된 상태에서 앞판과 뒤판의 사이즈별 목둘레를 확인한다.

Grade − Measure − Line − ❶ 몸판 뒷목선 클릭 − ❷ 카라 뒷목선
클릭 − ❸ 마우스 오른쪽 클릭 − ❹ OK

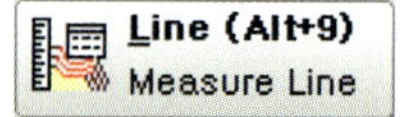

대화상자의 ❶ 번은 몸판 뒤목선 ❷ 번은 카라 뒤 목선

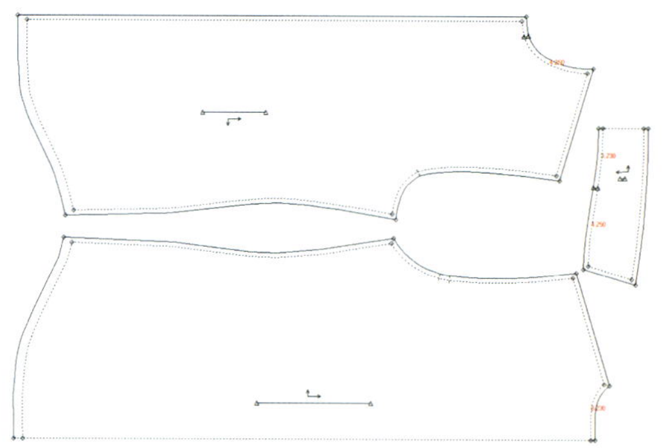

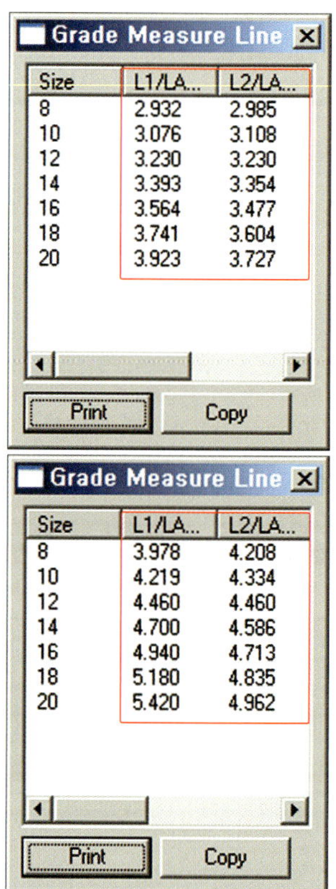

소매와 몸판의 암홀 합복 라인 이즈(ease)량 검사

정확한 패턴이란 작업 과정에서 사이즈가 자연 소실되는 부위와 늘어나는 부위 원단의 수축율 등이 모두 검토되고 반영된 패턴을 의미한다.

본 패턴은 소매산이 (Sleeve Cap Height) 낮으며 소매에 이즈량 없이 합복되는 패턴으로 몸판과 소매 암홀의 편차가 없이 같아야 한다.

Grade – Measure – Line – ❶ 앞 암홀 시임 점선 클릭 – ❷ 뒤 암홀 시임 점선 클릭 – ❸ 마우스 오른쪽 클릭 – ❹ – OK
❶ 번 앞 암홀 사이즈 ❷ 번 뒤 암홀 ❸ 앞과 뒤의 암홀 Total 사이즈

L1/LA. 뒤 암홀 둘레
L2/LA. 뒤 소매 암홀 둘레

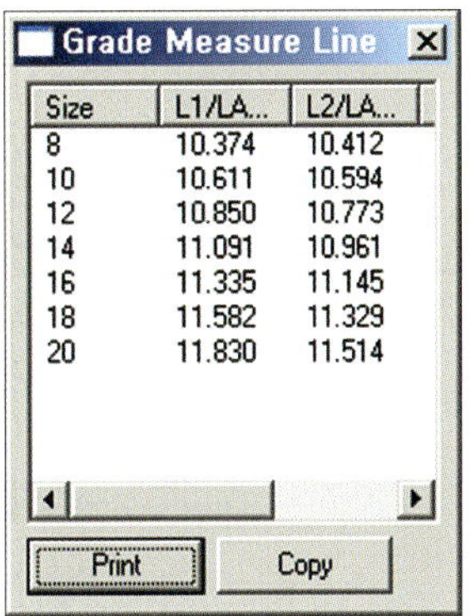

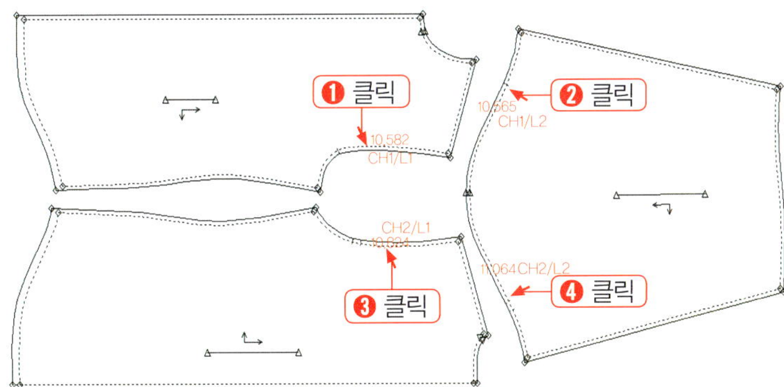

L1/LA. 앞 암홀 둘레
L2/LA. 앞 소매 암홀 둘레

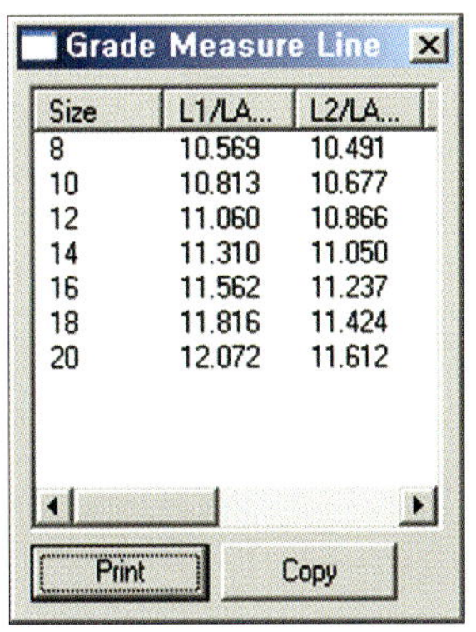

진동둘레 Armhole 사이즈별 편차 확인 교정하기

예) 0.5가 적으면 2.5 정도를 내려주고 0.5가 크면 2.5 정도를 올려주어 교정하고 스팩에 맞도록 반복해서
    조정한다.

암홀이 적을 때는 내려주고 클 때는 올려주는 방법으로 교정한다.

Edit Delta − 암홀 포인트 클릭 − Clear X 클릭 − (−)2.5 입력 − Update − OK

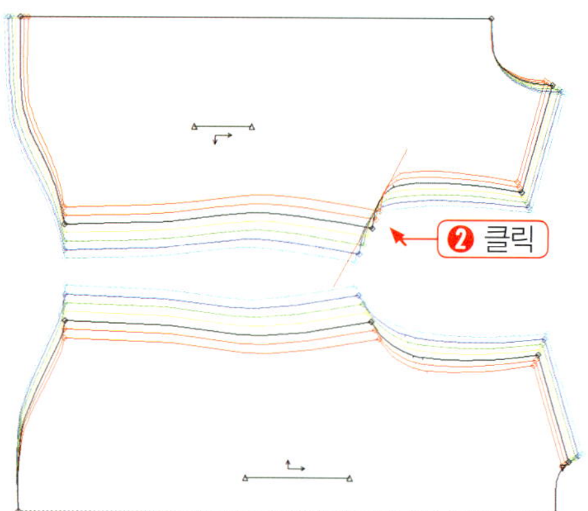

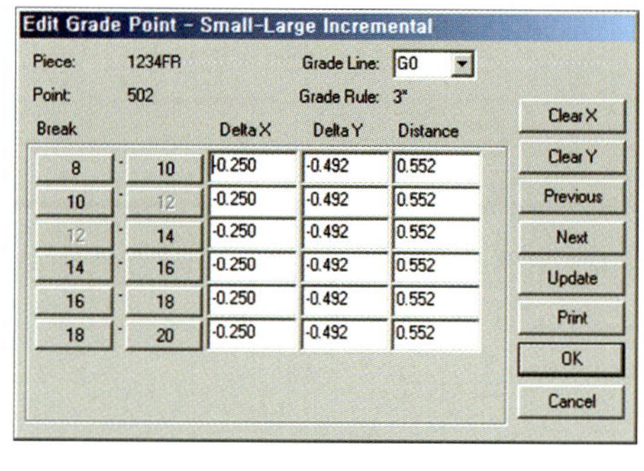

그레이딩 지우기

Pattern Design에서 작업 화면에 피스를 모두 불러낸다.

❶ Edit – ❷ Edit Point Info – ❸ Tracking Information에서 Filter 클릭 – ❹ Grade Point – ❺ Point – ❻ 작업화면에 커서 놓고 마우스 왼쪽 클릭 검지를 놓고 마우스만 움직여 드래그 사각 안에 피스를 모두 넣은 다음 – ❼ 코너 단추 클릭 –

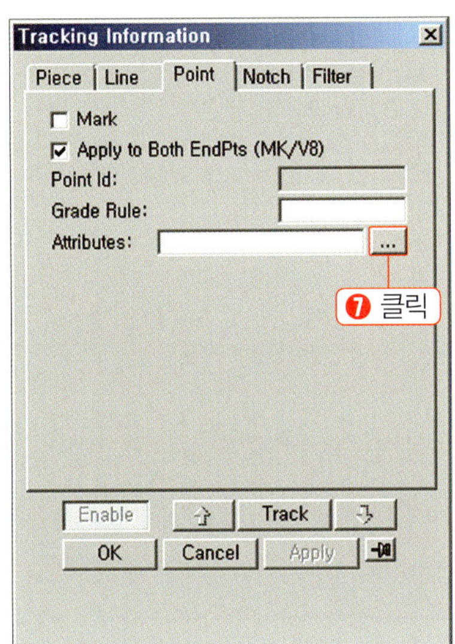

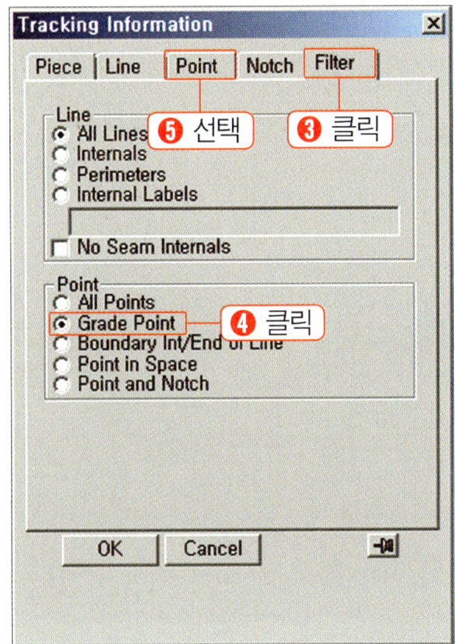

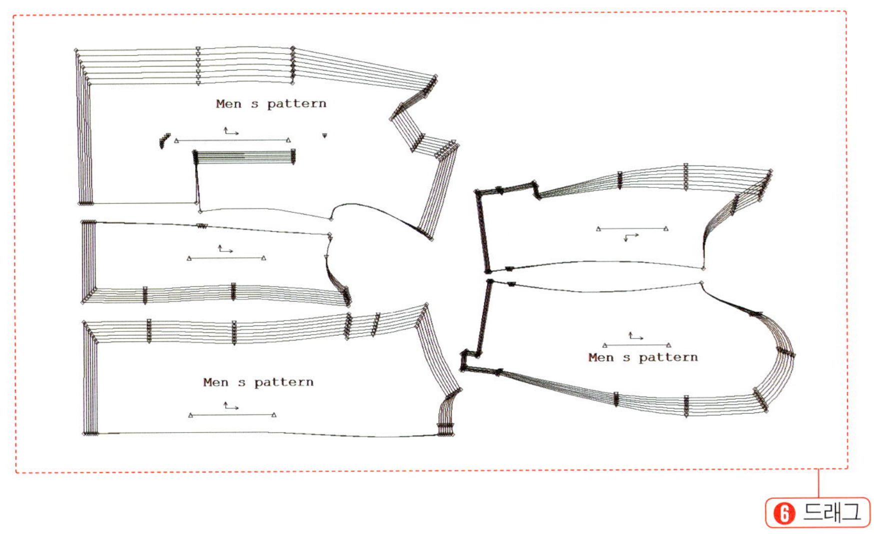

❽ A – Grade 클릭 – ❾ OK – ❿ OK – 그레이딩이 모두 삭제된다.

그레이딩을 모두 삭제한 다음 코너 복원을 실시한다.

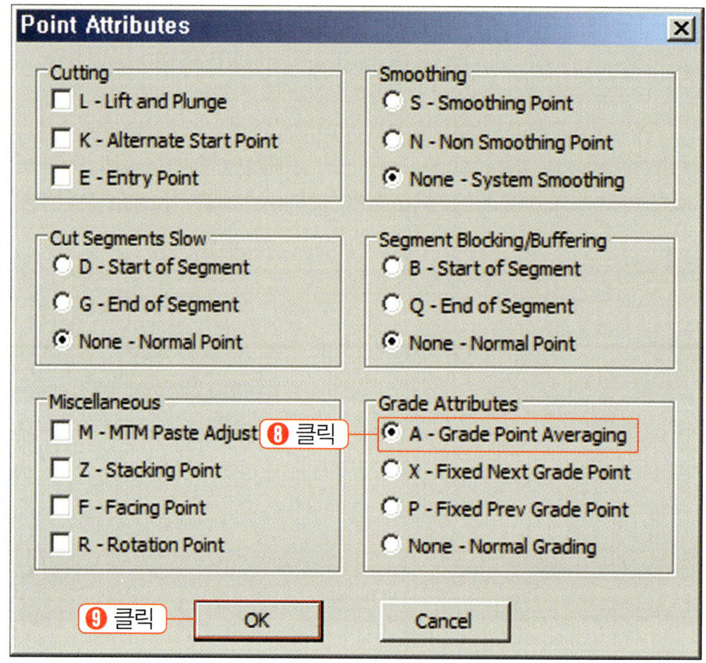

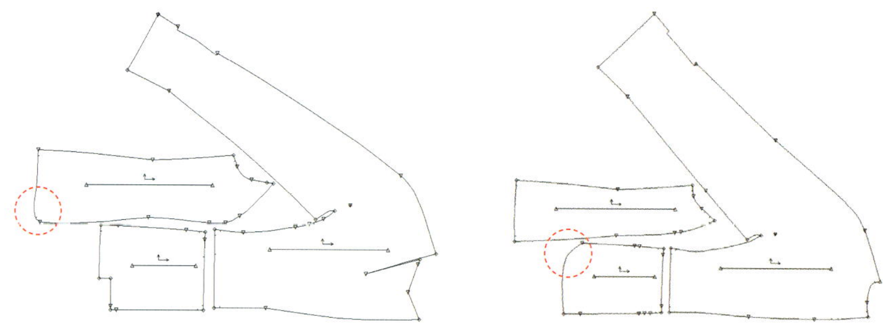

각도를 유지하고 있는 포인트의 균형을 유지하기 위해서 전체 피스의 코너 복원을 한번에 실시한다.

코너 복원

코너에서 균형이 무너질 수 있는 것을 미리 복원시킨다.
작업 중 각이 져야 할 코너 부분에서 둥글게 뭉그러지는 현상을 경험하게 되는데 다음과 같이 조치
하여두면 문제가 발생하지 않는다.

❶ Edit − ❷ Edit Point Info − ❸ 작업 화면에 커서
놓고 마우스 왼쪽 클릭 검지를 놓고 마우스만 움직여 드
래그 사각 안에 피스를 모두 넣은 다음 마우스 왼쪽 클
릭 − ❹ Attributes : 란에 (N) 입력 − ❺ OK

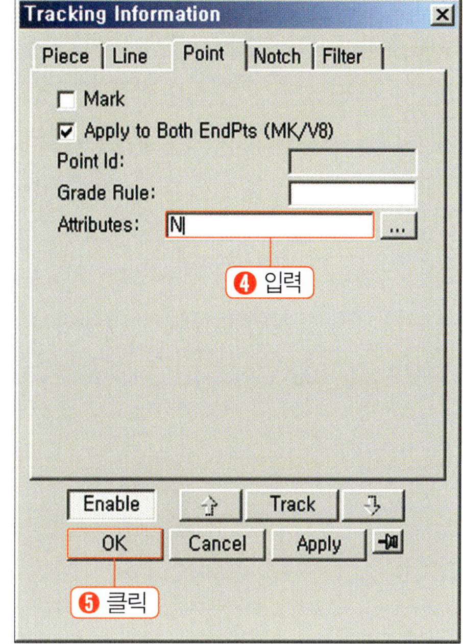

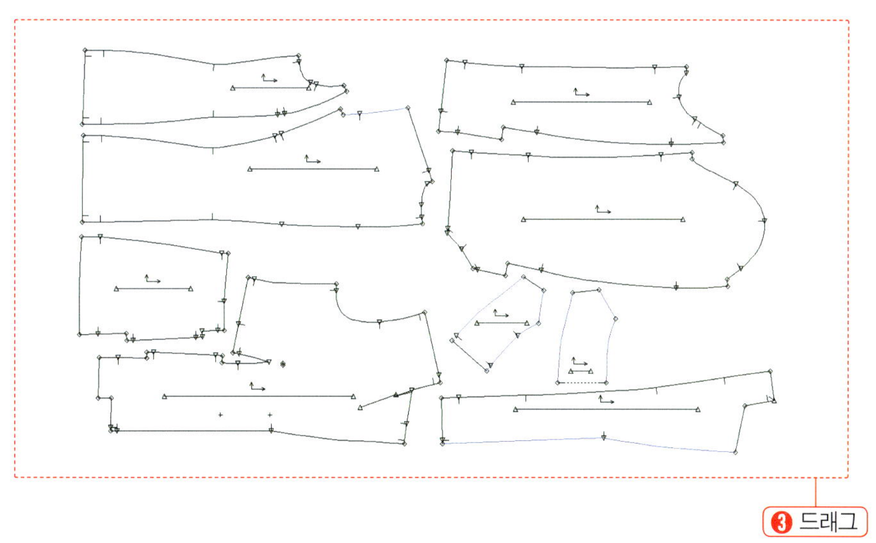

자켓 그레이딩

정밀성을 요구하는 자켓의 중요한 부위는 암홀과 소매의 합복 라인 이즈"량이며 정밀하게 제도 되는 것이 전제되어야 한다.

암홀과 소매 합복 라인의 이즈"량은 원단의 두께에 따라 많은 차이가 있으며 일반 원단을 기준으로 대략 암홀 둘레 보다 소매의 합복 라인이 cm 기준으로 전체 1.9㎝ ~ 3.81㎝ 정도 크게 제도 되며 같은 종류의 원단이라도 Missy / Woman 에 따라서도 차이가 있다.

자켓은 겉감과 안감 심지까지 피스 조각이 20~30 여개 이상이 되며 라인이 많고 소매가 Top Sleeve 와 Under Sleeve로 나뉘어 있다.

사이즈 편차를 라인에 따라서 나누어야 하고 그레이딩 하는 부위와 묶는 부위 설정을 신중하게 결정해야 한다.

기본 자켓 몸판 &부속 이름
겉감 (SHELL)

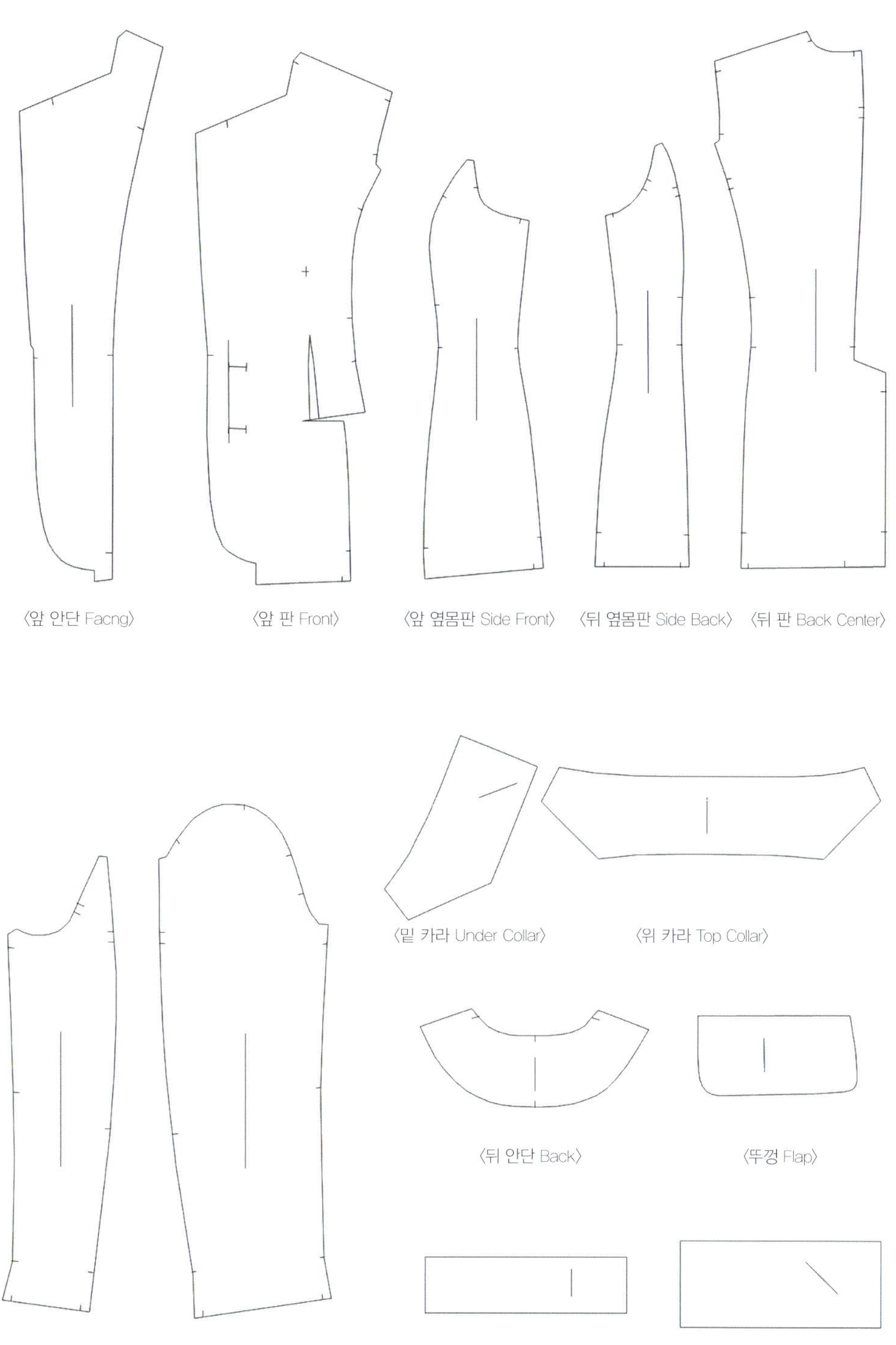

〈앞 안단 Facng〉　〈앞 판 Front〉　〈앞 옆몸판 Side Front〉　〈뒤 옆몸판 Side Back〉　〈뒤 판 Back Center〉

〈밑 카라 Under Collar〉　〈위 카라 Top Collar〉

〈뒤 안단 Back〉　〈뚜껑 Flap〉

〈작은 소매 Under Sleeve〉　〈큰 소매 Top sleeve〉　〈주머니 안단 Pocket Facing〉　〈입술 주머니 Besom Pocker〉

심지 (FUSE) 제도 방법에 따라 형태의 차이가 날 수 있다.

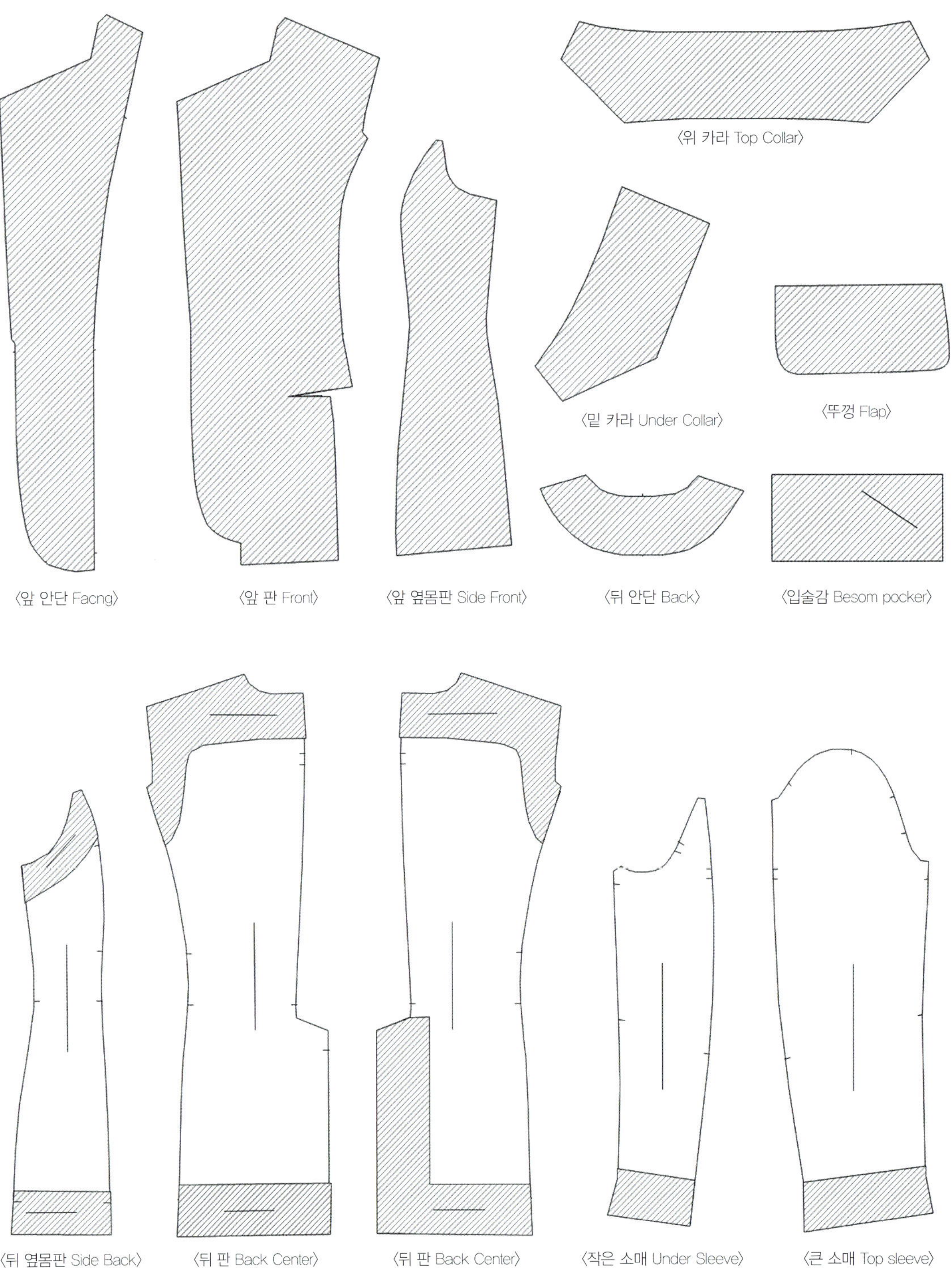

기본 자켓 안감

안감 (LINING) 제도 방법에 따라 앞판과 뒤판의 모양이 차이가 날 수 있다.

〈앞판 안감 Lining〉 〈앞 옆몸판 Side Front〉 〈뒤 옆몸판 Side Back〉 〈뒤 판 안 감 Back〉 〈착용시 왼쪽 Back〉

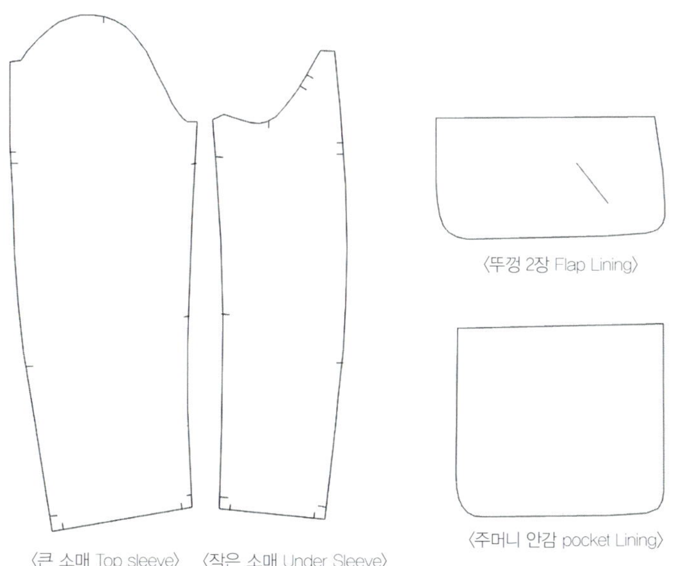

〈큰 소매 Top sleeve〉 〈작은 소매 Under Sleeve〉 〈뚜껑 2장 Flap Lining〉 〈주머니 안감 pocket Lining〉

자켓 그레이딩 하기

STYLE no.		JK Full sizepec					
Description		8	10	12	14	16	18
1	Bust 1″ Below Armhole	39½	40½	42	43½	45	47
2	Waist Circumference	35	36	37½	39	40½	42½
3	Waist Placement from HPS	16	16⅛	16¼	16⅜	16½	16⅝
4	Sweep	42	43	44½	46	47½	49½
5	Armhole	19½	20	20⅝	21¼	21⅞	22⅝
6	Center Back Length from CBN	25½	25¾	26	26¼	26½	26¾
7	Upperarm 1″ Below Armhole	14¼	14⅝	15⅛	15⅝	16⅛	16¾
8	Sleeve Length from Shoulde	22¾	23	23¼	23½	23¾	24
9	Sleeve Opening	10½	10¾	11	11¼	11½	11¾
10	Across Shoulder	15¾	16	16⅜	16¾	17⅛	17⅝
11	Across Front _5 1/2″ Below HPS	14	14¼	14⅝	15	15⅜	15⅞
12	Across Back _5 1/2″ Below HPS	15½	15¾	16⅛	16½	16⅞	17⅜
13	Back Neck Width	6	6⅛	6¼	6½	6¾	6⅞
14	Back Neck Drop	⅞	1	1⅛	1¼	1⅜	1½
15	Collar Points		1⅜				
17	Lapel Point Length		1½				
19	Lapel Width @ Widest Point		3¼				
21	Collar Height @ CB		3				
25	Pocket Length		5½				
27	Pocket Flap Height		1¾				
28	Pocket from Center Front	3¼	3⅜	3½	3⅝	4¾	4⅞
29	Pocket up from Finished Bottom @ FRONT		8½				
30	Pocket up from Finished Bottom @ SIDE		7½				
31	Button Placement from HPS	12½	12⅜	12½	12⅝	12⅞	13
32	Buttons Apart		3¾				
33	BACK Vent Length		5½				

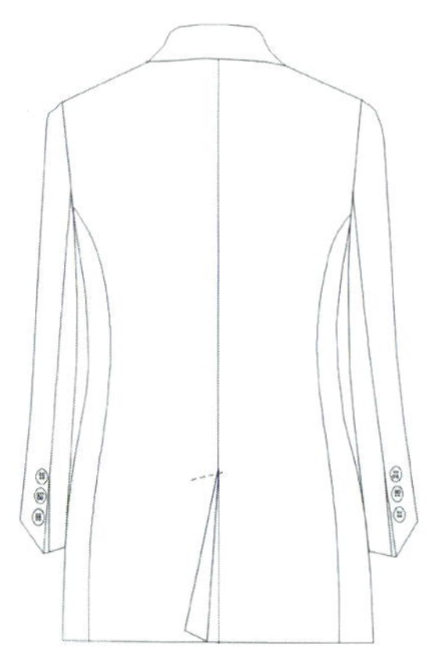

뒤판을 먼저 그레이딩 한다

Neck Width와 Neck Drop 편차를 0.3175㎝ (0.125)를 적용한다.

뒤판 옆 목선에서 Back Neck Width와 Back Neck Drop을 입력한다.

❶ Back Neck Width는 1/2로 나누어서 입력한다.

❷ Back Neck Drop은 나누지 않고 입력한다.

그레이딩 편차를 나누는 방법에 대한 이해

– Back Neck Drop과 Waist Placement 은 조각이 나누어지지 않으므로 나누지 않는다.

– Back Neck Width와 어깨 뒤품은 왼쪽과 오른쪽 2조각이 되므로 1/2로 나눈다.

– 가슴과 허리 밑단 둘레는 앞판 4조각 뒤판 4총 8조각이므로 8로 나눈다.

편차를 나누는 것은 길이와 폭에서 몇 조각으로 나뉘는가에 따라서 결정한다.

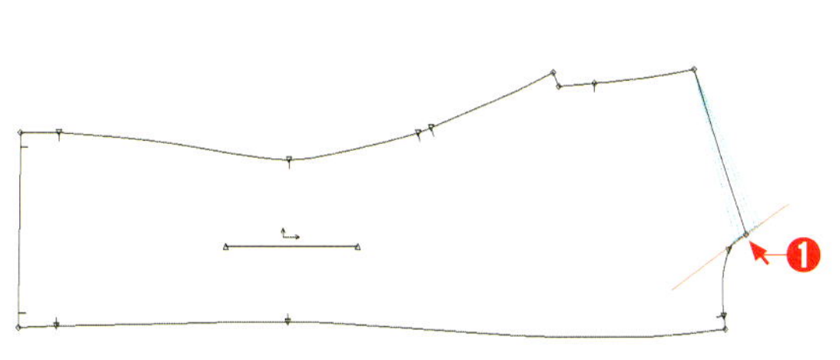

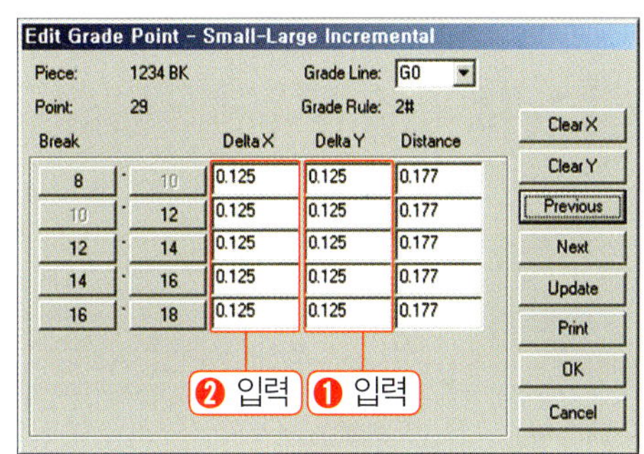

Back Neck Width와 Back Neck Drop의 그레이딩 된 모습으로 넓이와 깊이에서 0.3175㎝ (1/8)의 편차가 있다.

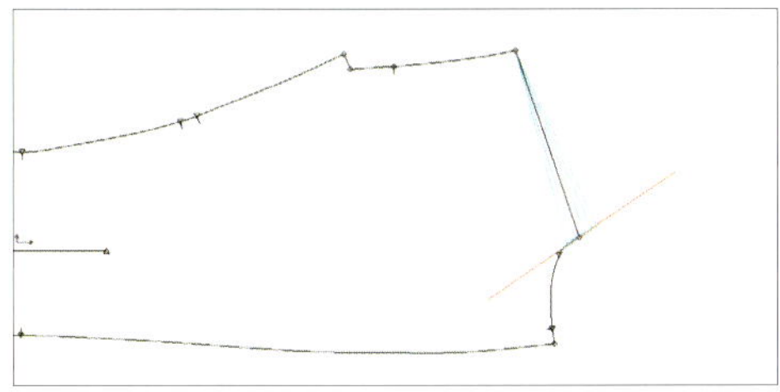

❸ 어깨선의 수평 각도를 맞추기 위해서 X″란에 Back Neck Drop 편차를 입력하고 Y″란에 어깨 편차 1/2을 입력한다.

❹ Y″란에 뒤품 편차 나누기 1/2를 입력하고 X″란에 노치 표시 그레이딩은 0포인트로 설정한다.

❺ 뒤품 편차를 1/2로 나누어 Y″란에 입력하고 X″란은 0포인트로 설정한다.

❻ 가슴둘레 그레이딩 편차를 1/8로 나누어 Y″란에 입력하고 X″란은 Back Neck Drop 편차를 입력한다.

❼ 허리 사이즈를 1/8로 나누어 Y″란에 입력하고 X 란은 Back Neck Drop 편차를 입력한다.

❽ 과 ❾밑단 둘레 편차를 1/8로 나누어 Y″란에 입력하고 X″란은 Center Back 편차를 나누지 않고 입력한다.

❿ 뒤 중심 노치선을 X에 Back Neck Drop 편차 입력

⓫ keep 아이콘을 이용하여 사선 각도를 맞춘다.

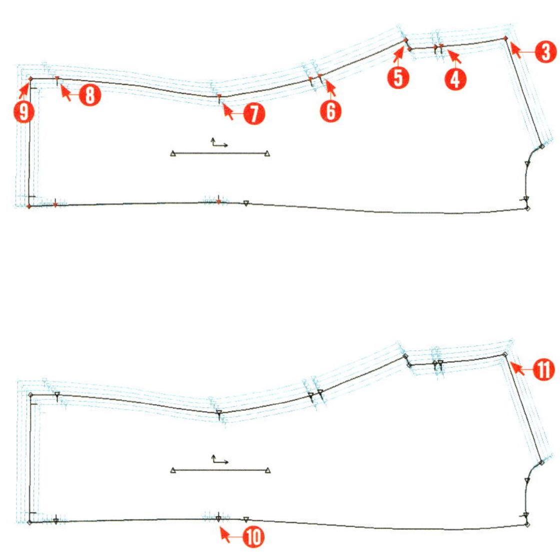

Side back 그레이딩

❶ 가슴둘레 그레이딩 편차를 1/8로 나누어 Y″란에 입력하고 X″란은 Back Neck Drop 편차를 입력한다.

❷ 허리 사이즈를 1/8로 나누어 Y″에 입력하고 X″는 (−) Back Neck Drop 편차를 입력한다

❸ 과 ❹밑단 둘레 편차를 1/8로 나누어 Y″란에 입력하고 X″란은 Center Back 편차를 나누지 않고 입력한다. (등길이 편차가 있으면 등길이 편차를 입력한다)

❺∼❽번의 경우 뒤판의 ❻∼❾ 까지를 복사하여 붙여넣거나 같은 수식으로 입력한다.

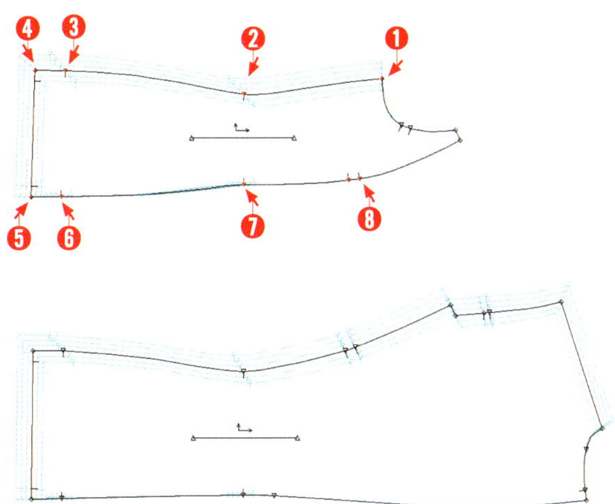

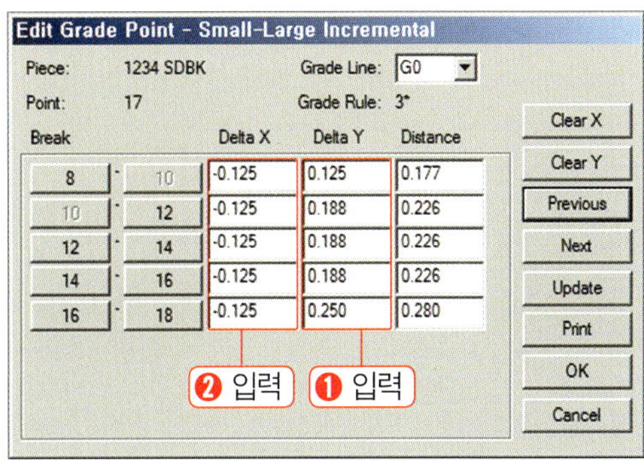

앞판 그레이딩 하기

앞판의 그레이딩 편차 입력은 뒤판의 ❸번~❾까지 같으나 ❷번과 ❸번은 앞판 편차를 입력하는 것이 다르다.

앞판 옆 목선 그레이딩 하기

Collar Points / Lapel Point / Lapel Width / 그레이딩이 묶여 있는 경우

❶ 앞판 옆 목선 Y″ Back Neck Width 1/2 입력 X Back Neck Drop 편차 나누지 않고 입력 – ❷ Y″ Neck Width 1/2 입력한다.

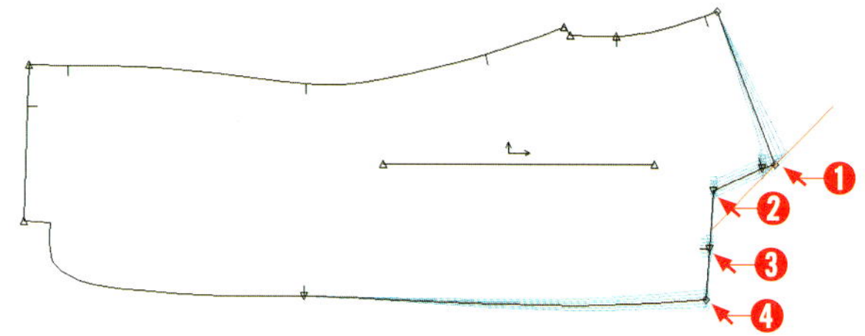

❶ Y″어깨 편차 1/2 입력 X″ Back Neck Drop 편차를 입력 – ❷번과 ❸번 앞품 편차 나누기 Y″ 1/2 입력 – ❹ 가슴둘레 그레이딩 편차 나누기 1/8 Y″ 란 입력 – ❺ 허리 사이즈를 나누기 1/8 Y″ 입력 X″ (−) Back Neck Drop 편차 입력 – ❻ 밑단 둘레 편차 나누기 1/8 Y″ 입력 X″ Center Back 편차를 나누지 않고 입력한다. (등길이 편차가 있으면 등길이 편차를 입력한다) – ❼ 앞 중심 Y 는 0 제로 포인트 설정 – ❽ 앞 중심 첫 단추 포인트 5″번 X″에 맞춘다.

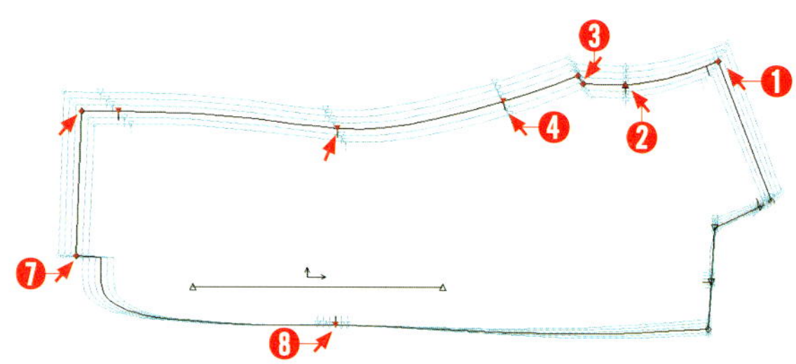

❷❸❹ 를 그레이딩 하지 않고 묶어 줄 경우 옆 목선의 사선이 심하게 기울어지는 문제가 발생한다.

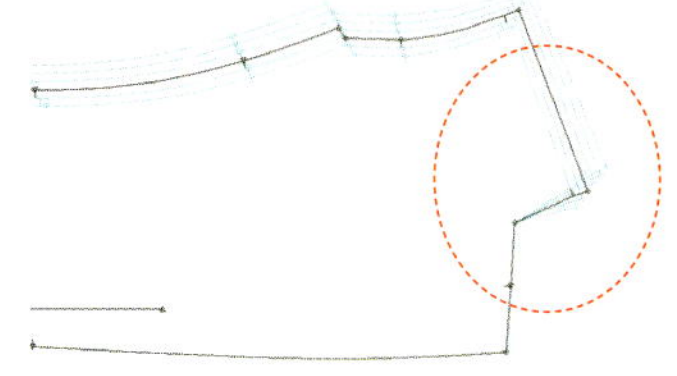

Side Front 그레이딩

❶ 가슴둘레 그레이딩 편차를 1/8로 나누어 Y″ 란에 입력하고 X″ 란은 0″로 한다.

❷ 허리 사이즈를 1/8로 나누어 Y″ 입력 X″ Back Neck Drop 편차 입력 (등길이 편차가 있으면 등길이 편차를 입력한다.)

❸ 과 ❹ 밑단 둘레 편차 1/8 Y″ 입력 X″ 길이 편차 입력

Side Front 와 Side Back 의 편차와 그레이딩 방법이 같으므로 뒤판을 복사하여 붙여넣기 한다.

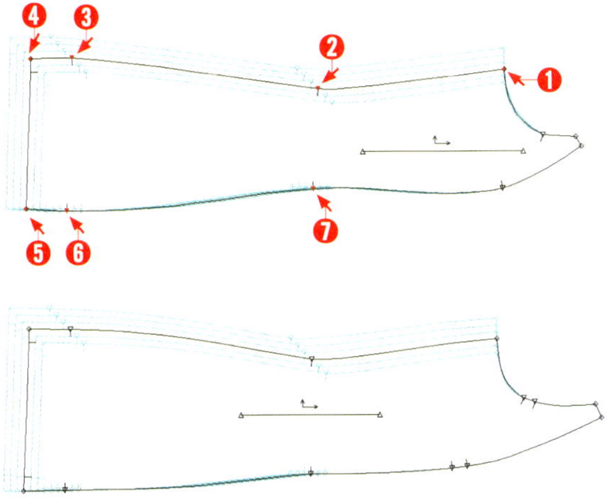

길이 편차 입력 시 참고 사항

1 − Center Back Length from CBN − 뒤목 중심에서 길이를 놓는 경우 그레이딩 편차를 나누지 않고 입력한다.

2 − Center Back Length from "H P S" 일 경우 길이 편차에서 Back Neck Drop 편차 0.125를 공제한다. (Back Neck Drop을 그레이딩 하기 때문에 길이에 반영되기 때문이다.)

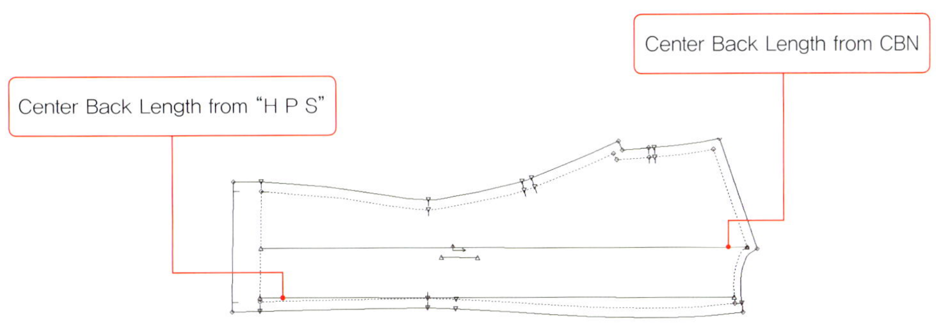

⚠ **참고**
  Neck Drop 편차 0.3175cm (0.125) 적용

소매 그레이딩

소매통 Upperarm과 소매부리 Sleeve Opening 모두 그레이딩 편차를 1/4로 나누어 4개의 솔기에 배분한다.

Top Sleeve를 먼저 그레이딩하고 Under Sleeve에 붙혀넣기한다.

암홀과 합복되는 소매산(Sleeve Cap Height)와 팔살 넓이(Sleeve Cap width 4″)

편차는 사이즈에 따라서 자연스럽게 넓이의 변화를 주어야 하므로 기본적인 차이를 0.125 부여한다.

(니트에서는 (Sleeve Cap width 4″) 스펙이 제시되는 경우가 있으나 일반 우븐에서는 스펙이 없는 경우가 대부분이므로 8번과 노치 포인트 ⓐ / ⓑ 에서 1/8 의 편차를 기본적으로 부여하여 사이즈 편차에 따른 소매산과 넓이가 자동적으로 증감되도록 한다.)

소매 길이에서 그레이딩 편차가 0.25이면 소매산 (Top Sleeve) ❽번 0.125를 분배하고 소매 길이 ❸번 ❹에 0.125를 부여하여 전체 0.25가 되게 한다.

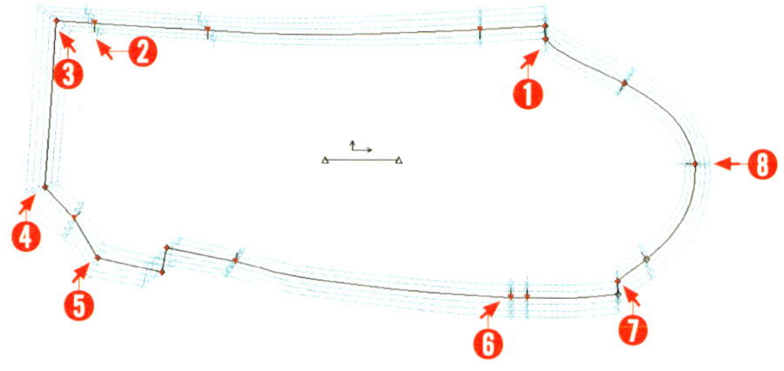

Under Sleeve ❽번 얇은 원단은 X″에서 0″ 로 그레이딩하지 않는 경우가 많으며 안감이 들어가는 자켓 종류에서 0.125 의 그레이딩을 실시하고 원단이 두꺼운 코트의 경우 자켓보다 많은 그레이딩 수치를 수치를 부여한다.

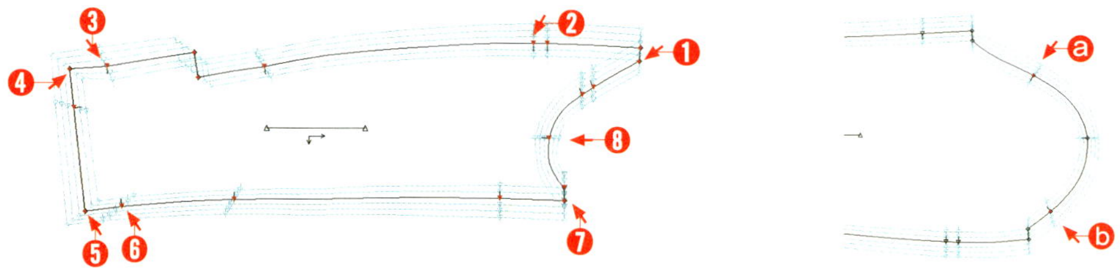

> ⚠ **참고**
>
> 셋인 슬리브의 소매 합복 품질은 이즈(Ease)량에 의해서 결정되는 대단히 중요한 부위이므로 소매와 몸판의 합복 노치 표시를 ⓐ 과 ⓑ X″에서 Back Neck Drop 편차를 입력하여 기본 패턴에 부여한 합복 이즈량을 유지한다.

소매 합복 위치 노치 표시 이즈량 검사

앞판 ❷번과 뒤판 ❹의 노치 표시는 길이에서 X″ 0로 설정하였으나 어깨 그레이딩에서 Back Neck Drop 편차를 부여하였으므로 실제 0.125의 그레이딩이 된 것으로 소매 그레이딩에서 노치 표시 X″에 0.125의 그레이딩 수치를 부여한다.

소매 합복 이즈량 검사

기본 사이즈 소매 중심에서 양쪽으로 4″ 의 거리가 있고 앞판과 뒤판의 어깨선에서 암홀 쪽으로 거리가 3.5로서 0.5의 이즈량이 있다.

Grade Measure Line의 10호를 보면 L1/12. 소매의 사이즈이며 L2/12는 앞뒤 암홀의 어깨 포인트에서 떨어진 거리가 3.5로서 0.5의 이즈량이 들어간 것을 볼 수 있다.
L1/12. L2/12의 사이즈별 편차를 보면 모두 0.5 정도 이로써 노치 표시의 그레이딩이 완성된 것이 된다.

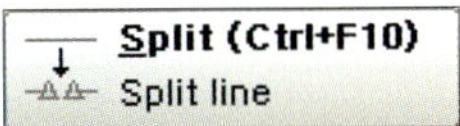

Split로 암홀과 소매의 합복 노치 표시선을 클릭하여 선을 끊어준다.

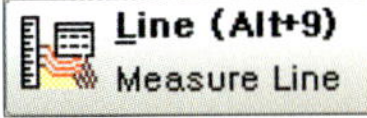

Line로 끊어진 선을 소매 시임선 클릭 + 암홀 시임선 클릭하여 사이즈별 편차를 확인한다.

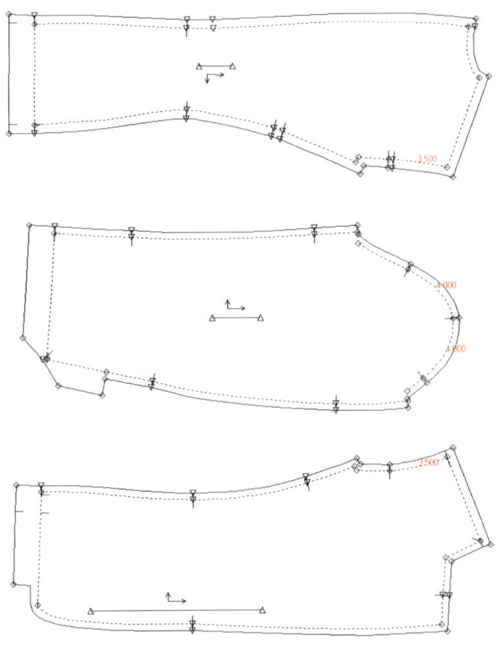

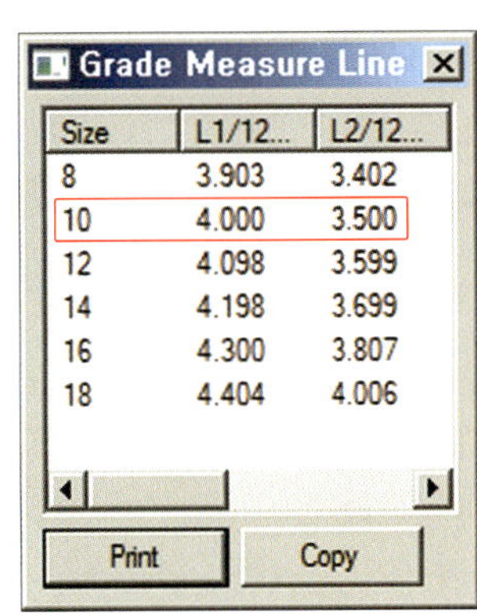

카라 그레이딩

❶~❷~❸ Back Neck Drop 앞 뒤 편차를 합산하여 카라 앞면을 그레이딩 한다.
❹ 옆목 합복점 노치 포인트를 Back Neck Drop의 편차 예) 0.125를 카라 앞쪽으로 그레이딩 한다.

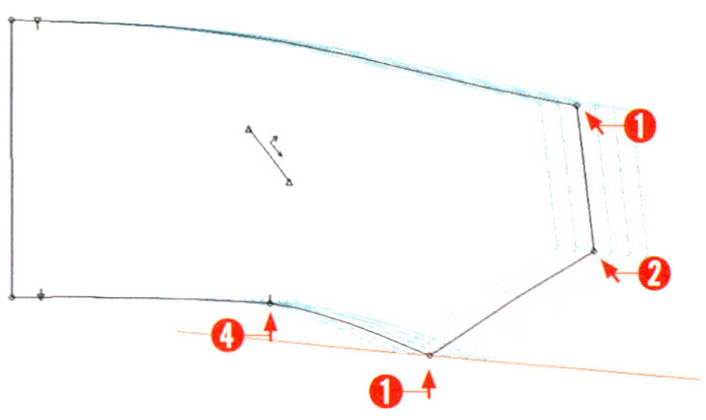

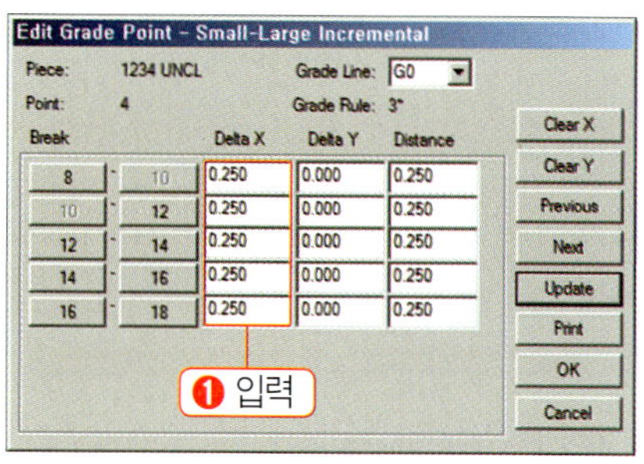

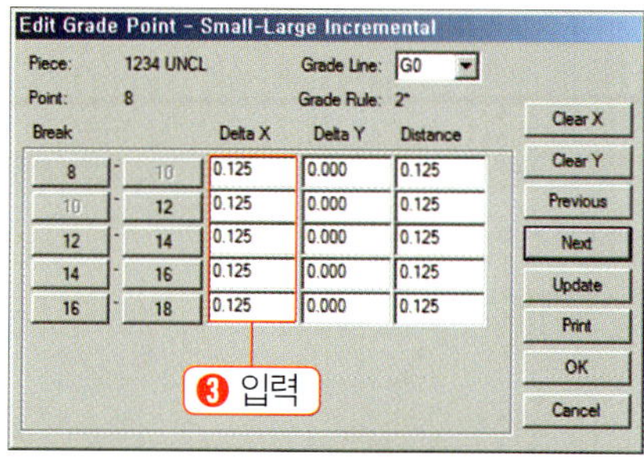

그레이딩 상태에서 원하는 사이즈 수정하기

특정한 사이즈의 선에 대하여 수정하는 유용한 방법이다.
그레이딩 과정 중에 보기와 같이 암홀 곡선에 문제가 있을 때 필요한 사이즈만 선택하여 수정한다.

Edit Delta에서 – ❶ 수정이 필요한 사이즈 클릭 – ❷ 포인트 클릭 선을 움직여 조정한다.

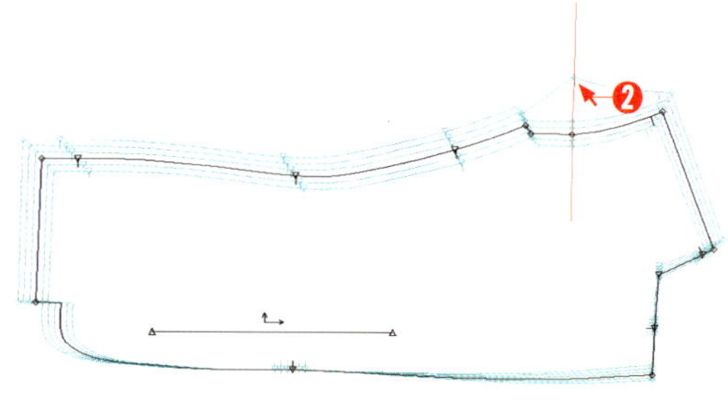

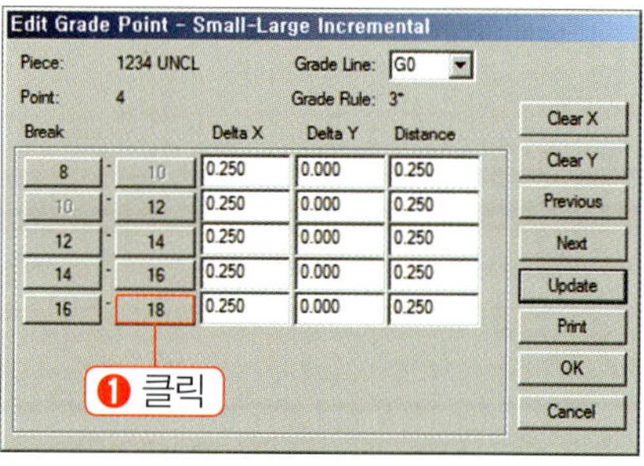

그레이딩 선이 엉켜 있을 때 조치 방법

엉킨 포인트에 커서 놓고 마우스 오른쪽 클릭 – Edit point
Info 클릭 – Enable 클릭 – 엉킨 포인트 클릭 – Grade Rule
우측란에 있는 숫자를 지우고 – Enter 또는 Apply 클릭 –
다시 엉킨 포인트 클릭 – Grade Rule 우측란에 있는 숫자를
지우고 – Enter 또는 Apply 클릭

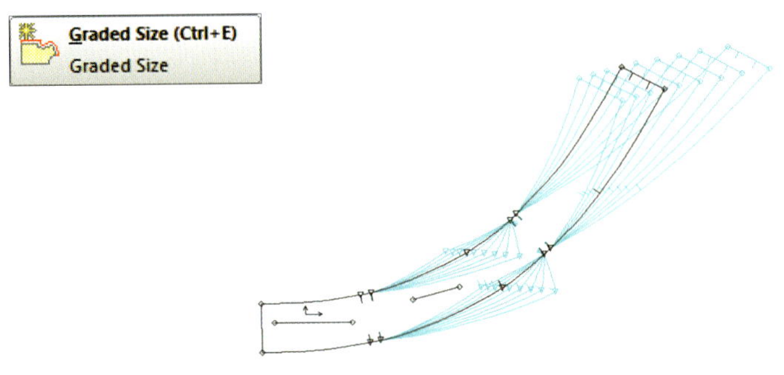

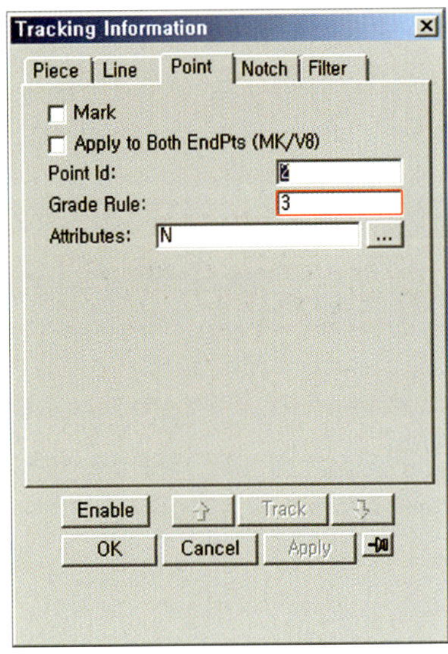

⚠ **참고**

마우스의 커서가 포인트에 접속이 안 될 때 포인트를 드래그한다.

그레이딩 된 상태에서 피스 복사하기

Piece – Create Piece – 피스의 중심에 커서 놓고 마우스 왼쪽 클릭 – 오른쪽 클릭 – OK – 복사
하려는 사이즈 클릭 – OK – 피스의 중심에 커서 놓고 마우스 왼쪽 클릭 – 오른쪽 클릭 지정한 사
이즈의 피스가 복사된다.

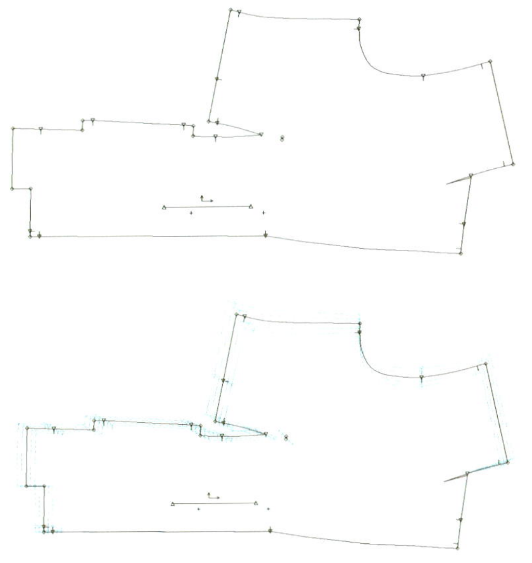

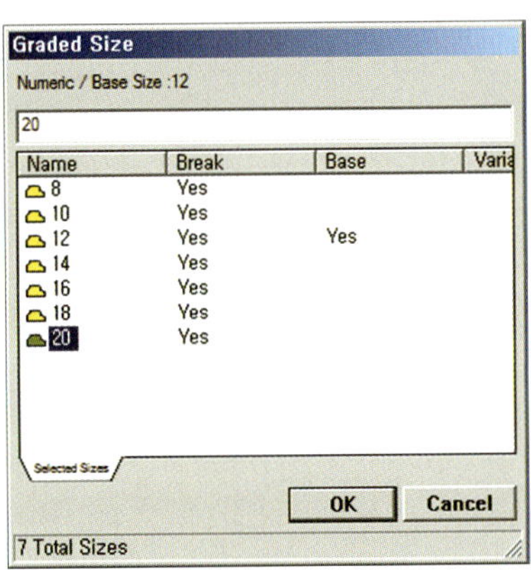

그레이딩 방향 바꾸기

그레이딩 된 패턴의 결선 방향을 수정하면 아래 그림과 같이 그레이딩 방향도 함께 바뀐다.

결선 방향을 바꾸면서 그레이딩 상태를 유지 하려면 Rotate Piece 피스를 90° 회전시킨 다음 Realign Grain/Grade Ret로 결선을 클릭하여 안정시켜야 한다.

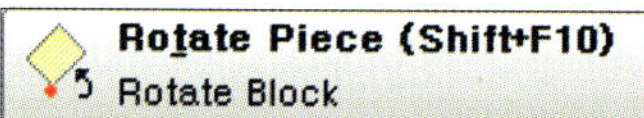

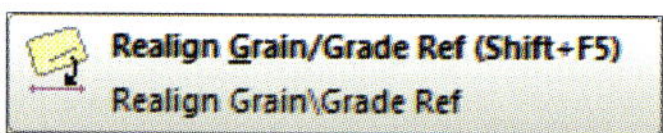

1) Realign Grain/Grade Ret – 90° 방향을 회전시킨다
2) Piece – Modify piece – Rotate Piece – 결선에 커서를 놓고 클릭 – 저장

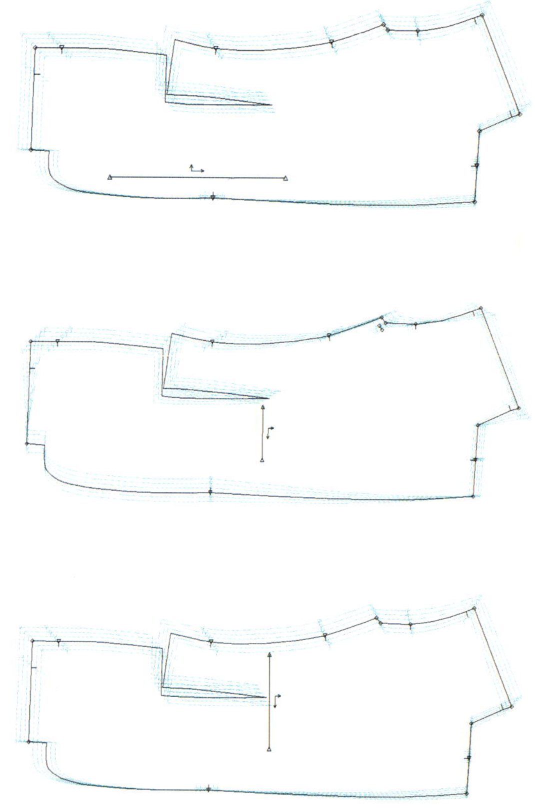